电源芯片
建模与应用
基于SIMPLIS的设计实战

周思阳 ◎ 编著

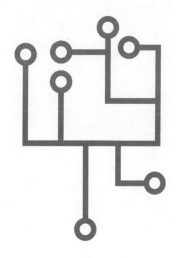

清华大学出版社
北京

<h2 style="text-align:center">内 容 简 介</h2>

本书主要介绍电源芯片建模,从建模的意义与方法、建模所使用的软件、建模使用到的基本元器件、补偿电路原理与分析设计方法展开阐述,最后以几个实际电源芯片的建模过程为例介绍具体的建模思路与方法。全书分为 8 章,内容包括芯片建模概述、芯片建模软件 SIMPLIS 基础、芯片建模基本元器件与模块、芯片建模中的环路分析与补偿设计、降压稳压器建模实例、升压稳压器建模实例、功率因数校正控制器建模实例和反激控制器建模实例等。

本书可供从事电源芯片仿真与设计的工程技术人员参考,也可供电子信息类、自动化控制、电路与系统等相关专业的高校师生参考。

图书在版编目(CIP)数据

电源芯片建模与应用:基于 SIMPLIS 的设计实战/周思阳编著.—北京:清华大学出版社,2023.8
(2024.11重印)

 ISBN 978-7-302-63703-5

 Ⅰ.①电… Ⅱ.①周… Ⅲ.①电源—芯片—系统建模 Ⅳ.①TM910.2

中国国家版本馆 CIP 数据核字(2023)第 102186 号

责任编辑:杨迪娜
封面设计:杨玉兰
责任校对:李建庄
责任印制:宋 林

出版发行:清华大学出版社
  网 址:https://www.tup.com.cn,https://www.wqxuetang.com
  地 址:北京清华大学学研大厦 A 座 邮 编:100084
  社 总 机:010-83470000 邮 购:010-62786544
  投稿与读者服务:010-62776969,c-service@tup.tsinghua.edu.cn
  质量反馈:010-62772015,zhiliang@tup.tsinghua.edu.cn
  课件下载:https://www.tup.com.cn,010-83470236
印 装 者:三河市龙大印装有限公司
经 销:全国新华书店
开 本:185mm×260mm 印 张:26.25 字 数:642 千字
版 次:2023 年 8 月第 1 版 印 次:2024 年 11 月第 3 次印刷
定 价:99.00 元

产品编号:089583-01

前言

电源系统是所有电子系统的动力源泉,是支撑电子系统运作和保证功能的重要组成部分。随着集成电路半导体产业的发展,基于半导体芯片设计和实现的电源系统占比越来越高,芯片的功能也越发完善和丰富。基于芯片的电源系统在体积、性能和保护等方面比传统方案更具优势。在此背景下,电源芯片产业蓬勃发展,国内外的研究机构和企业纷纷推出面向各类应用场景和功能的电源芯片。

各家企业和机构对电源芯片设计的方法论略有差异,但在电源芯片设计过程中,芯片建模无疑是一种性价比极高的方法。通过使用一些专业软件在项目开发初期搭建芯片行为模型,可以少走弯路,降低开发风险。关于芯片建模相关的知识,市面上暂无专业书籍介绍,这对于一些从事电源芯片设计的工作者是一种遗憾。本书基于此情况,总结过往的学习和工作经验,梳理了芯片建模中的常用知识点,并举例说明如何进行实际建模。

本书力图采用清晰简洁的语言介绍相关知识点,采用 SIMPLIS 软件平台,亦可移植到类似的软件平台,希望能帮助到一些从事电源系统应用、设计和电源芯片设计的朋友。

本书共 8 章。第 1 章简要介绍电源系统和芯片建模;第 2 章介绍芯片建模软件 SIMPLIS 的基本功能和使用方法;第 3 章介绍芯片建模中常用的元器件和基本模块;第 4 章介绍电源电路环路分析和补偿器原理、分析和设计;第 5 章介绍降压稳压器的分类、工作原理、控制策略、关键参数和芯片建模实例;第 6 章介绍升压稳压器的分类、工作原理、控制策略、关键参数和芯片建模实例;第 7 章介绍功率因数控制器的分类、工作原理、控制策略、关键参数和芯片建模实例;第 8 章介绍反激控制器的分类、工作原理、控制策略、关键参数和芯片建模实例。书中使用的芯片建模软件 SIMPLIS 自带电路元器件库,其电器符号不使用国标符号。对 SIMPLIS 软件生成的电路图不进行处理。SIMPLIS 建模软件引脚和元器件符号由软件生成,不进行处理。

由于作者水平有限,书中难免存在不足或错误之处,敬请广大读者批评指正,在此表示衷心感谢!

作　者

2023 年 7 月于上海

第 **1** 章

芯片建模之概述

芯片建模是芯片设计流程中的一个工作环节,是提高工程效率与节约开发费用的一项理论结合实际的方法论。本章将会初步带领大家去了解芯片建模的对象是什么,为什么要进行芯片建模,由谁来完成这项工作以及如何科学有效地完成这项工作。

本章包含以下知识点。

(1)典型电源系统的概念与组成。

(2)芯片建模在芯片设计环节中的作用。

(3)芯片建模的基本知识要求和技巧。

1.1 电源系统简介

从本节的标题就可以看出,本书所论述的建模对象是电源芯片系统,这是芯片的一部分,在大部分系统内都不够显眼,但是系统稳定的基石。下面就带大家深入了解电源系统和组成电源系统的电源芯片建模。

1.1.1 电源芯片应用与意义

电源系统是每个电子产品的基本组成部分,也是其他组成部分的力量来源,小到无线耳机,大到飞船、火箭等都离不开它的支撑,你能想象现如今突然大面积断电后的生活状态吗?这也是当很多自然灾害发生时,电力抢修保证电源供应正常是救灾最靠前的几项任务之一。虽然它不显眼,但默默地在背后贡献着自己的力量,为保证每一部分都能正常工作提供服务。以手机为例,其内部是一个比较复杂的电源系统,由电池通过很多的电源小系统产生很多不同电压和特性的电源给里面的每个芯片或模块供电。

电源系统的好坏直接影响整体产品的表现,如手机里的图像传感器供电部分,如果电源质量不高,则会直接影响用户的拍照体验,导致画面模糊或抖动等。又如 OLED 手机屏幕的供电电源不够纯净,纹波过大则可能会引起画面出现抖动或水波纹,严重影响使用者的体验。

从不同的应用角度看,电源系统的优劣差别很大,比如大功率电源输送系统,最强调效率和稳定性;数据采样系统的供电,讲究低纹波噪声;手机等可穿戴设备等,对效率和低功耗要求颇高;大 CPU、APU 等,对瞬间抽取和释放大电流的能力要求非常严苛等。

那么电源系统是如何构建的呢？传统的电源系统由一些分立的电子元器件组成，相对来讲体积比较大，功能单一，随着半导体集成化与信息化的发展，现代的电源系统基本上都离不开电源芯片，电源芯片就是专为电源转换而设计的一类芯片，也是整个电源系统的核心。电源芯片通常作为一个决策核心负责完成各种电源功能的实现。

1.1.2　电源芯片分类简介

电源芯片可依据不同的方法进行分类，比如按照是否开关控制结构可分为开关电源和线性电源；按照交直流转换分为交流转交流电源、交流转直流电源、直流转直流电源和直流转交流电源；按照应用场景的不同要求分为消费电源芯片、工业电源芯片、通信电源芯片和车载电源芯片等；按照应用场景的电压高低分为低压电源芯片、中压电源芯片、高压电源芯片以及超高压电源芯片等。

1.1.3　电源芯片系统组成简介

电源芯片系统集成了半导体器件、自动控制原理、磁性元器件和电路理论知识，是一套涉及多学科知识的复杂系统。一个通用的模拟开关电源芯片系统通常包括时钟模块、内部电压基准、内部供电部分、开关器件（中小功率集成在芯片内部，中大功率外置）、驱动模块（全集成在芯片内部或半集成）、采样模块、反馈补偿模块和逻辑模块，如图 1-1 所示。

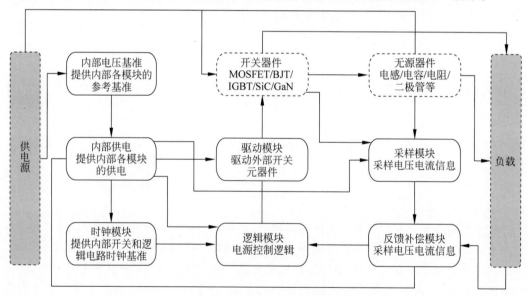

图 1-1　电源芯片系统组成

从图 1-1 可以看出，开关电源芯片是一个常见的闭环反馈网络，重心在于如何采集检测信息来更好地控制开关器件，让储能器件为输出端负载需求服务。对于不同需求和应用场景的电源系统，其需要的电源芯片架构不尽相同，内部的组成部分也会有不同的变化。

1.2　芯片建模概述

从上面的介绍中可以基本了解到建模的对象——也就是电源芯片的作用以及大致包含

哪些组成部分。那么在设计电源芯片时为什么需要对其进行建模？如何对其建模？需要具备什么样的基础理论和实践知识？本章将会梳理一下这方面的理论，为大家建立比较清楚的知识体系和框架，后续如果从事相关工作，那你的任务就是向这个框架内逐渐填充知识，累积经验。

1.2.1　芯片的开发过程

芯片的开发过程是一个复杂的课题，不同种类、应用和工艺等的芯片开发过程和方法都有所区别。这里仅针对模拟电源芯片开发行业而言，简单的开发流程可以概括如图 1-2 所示。

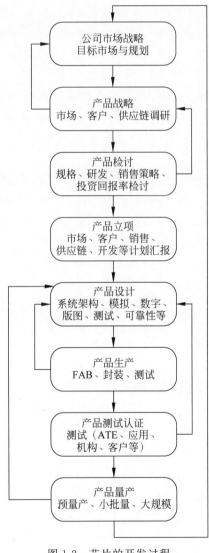

图 1-2　芯片的开发过程

1.2.2　芯片建模的作用

建模并不是一个只存在于本书介绍的电源芯片领域的概念，它广泛存在于各行各业，涉及硬件或软件产品。建模本质上是理解系统,理解理论或工作过程,建立数学模型,描述其核心功能。目前硬件行业主流的建模方式是利用软件特性,建立虚拟样机,通过虚拟样机可以极大地减少硬件或电气方面的错误,从而大大缩短产品开发周期,降低成本。

从电源芯片开发的角度看,建模是一个可以加快开发并预研新产品的重要步骤。结合上述电源芯片开发介绍,可以归纳出模拟芯片建模的通用作用。

(1)建模使用软件实现,速度快,试错成本低,是有效且非常有价值的前期投入。

(2)在芯片规格预研初期,可以利用建模构建芯片的粗糙模型,仿真芯片的行为,推演将要实现的各个功能模块以及规格是否可实现,以及实现难度如何。

(3)在芯片规格预研末期和开发初期,已经比较明确产品的功能与规格参数,这时候就可以将模型具体化,用行为级电路表征、划分功能和接口等。这时可以构建芯片的供电、时钟、采样反馈、控制模式、驱动、保护等各个子电路模型,验证一些电路设计原理与参数设计。

(4)在芯片设计过程中,可以利用芯片模型模拟一些应用表现或仿真一些设计思路与参数,加速开发进程。

(5)在芯片设计生产后可以比对测试,根据电路仿真和芯片模型仿真结果调整芯片模型参数,提供给内部和外部工程师,方便验证芯片的行为表现等。

(6)利用芯片建模可以搭建芯片行为级模型,可以预测在实际应用环境内的表现,有助于加深对系统和应用的理解。

(7)由于芯片建模中常用一些比较理想的元器件模型,整体模型规模不会太大,这使得仿真速度较快,可以快速预知一些参数变化对芯片行为表现的影响。

(8)利用芯片建模可以构建各类拓扑结构与控制方式,预研一些架构和控制模式的创新研究。

(9)利用芯片建模可以摆脱一些较为枯燥、不形象的公式推导而直接看到波形,便于初学者理解和形成一定的感性思维。

总而言之,对从事电源芯片行业的系统、应用和研发等工作的人来说,掌握一些建模的基础知识和熟悉一门建模软件的使用对于后续产品开发和职业生涯的发展都是一项大有裨益的基础技能。

1.2.3　建模工程师的角色

如前所述,芯片建模贯穿芯片设计从无到有的全部过程,那么是谁在中间承担芯片建模的这个角色呢?答案可能并非是一个人,应该是由系统工程师(承担芯片规格制定)牵头,联合研发工程师等逐步让模型完善。

在市场调研与规格收集阶段,系统工程师会逐渐形成一个产品的大致功能与规格说明,随着内外部的不断讨论交流,各项规格参数不断落地,这时就可能会搭建一个比较粗糙的芯片模型,验证一些功能与表现。接着研发负责人员等开始参与深入交流讨论,逐渐将功能与参数细化。在项目正式开发之前,系统工程师应该对所提供的规格表中的参数有深入的理解,最好的方法就是通过芯片模型验证这些参数,这样后面与研发工程师等交流讨论起来会顺畅很多,也更有说服力。当然随着研发的推进,一些市场需求或规格参数等可能会发生变化,这时就需要及时更新完善模型以验证对其他功能与特性的影响。

有部分公司也有类似的系统架构师或技术专家,他们的任务就是为公司预研一些芯片方向,包括新工艺、新材料、新架构等方向。他们平时的一部分工作就是搭建芯片模型来对比新技术的优缺点,从而为后面的产品开发打好基础。这时候芯片建模的作用就会比较大,是想法和数学推导等的具象化表现,也更加容易让研发工程师们了解。通常这类角色都具有非常强的理论功底与实战经验,因为他们所面对的方向可能没有参考资料或素材。

1.2.4 芯片建模方法论

芯片建模目前并没有一套非常系统、普遍适用的方法和理论,尤其是模拟电源芯片领域,这个设计理念与步骤在各家公司中的采用情况和理解程度也不同,总体而言还是处于比较初期的普及阶段。下面结合作者的一点经验和体会对芯片建模进行总结,仅供参考。

1. 建模理论基础

电源芯片建模需要对电路工作原理有比较扎实的基础,需要非常清楚的一点就是建模只是把思维具象化,借助软件等展现出自己的思维和逻辑。你首先需要从理论层面有一个清楚的方向和验证过程。电源芯片建模在理论层面大致包含以下几点。

(1) 电路理论,清楚地了解电路的基本概念、电路基本定理,如基尔霍夫定律、戴维宁定律,常见电子元器件原理与应用等。

(2) 模拟电路、数字电路基础,清楚地了解一些 MOSFET/BJT 工作原理,运放、反馈等工作原理。

(3) 信号理论与自动化控制原理,清楚地了解信号与系统概念,频域概念,拉普拉斯变换,零极点,负反馈和 PID 参数调节等。

(4) 开关电源与线性电源基本拓扑结构、控制方法、外围元器件设计以及基本模块原理与设计等。

2. 建模软件基础

现代化电路的设计非常方便,有很多的 EDA 设计工具。从电源芯片建模的角度来说,主要需要掌握以下两类软件:

(1) 计算类软件,这类软件主要是用来做一些参数推导和计算等,如计算元器件参数、推导传递函数设计补偿器零极点等,比较流行的有 MathCAD、MATLAB 等。

(2) 电子类专业软件,这类软件包含丰富的元器件库和仿真引擎,可以构建行为级或电路级别的芯片模型或引用电路,比较流行的有 SIMetrix/SIMPLIS、LTspice、Tina、PSIM 等。

3. 建模实战基础

建模是一项理论推导与实践操作相结合的工作,前期刚涉猎时,由于理论基础不够深入或广泛,或者经历的项目比较少导致思路欠缺,进度会比较慢。随着在项目中不断地遇到问题,再解决问题,逐渐做到理论与实际结合,在积累更多经验后,后续的建模过程会顺利很多。这一阶段没有捷径可走,只有一步步夯实基础,才能做到"闲庭信步,信手拈来"。

4. 建模技巧

"罗马并非一日建成。"虽说芯片建模能力不能一蹴而就,但是找到一些小技巧可以帮助大家更快地掌握这门技能。下面是作者的一些小技巧,希望可以给工程师朋友们提供一点帮助。

(1)芯片建模的目标很明确,尤其是电源芯片,基本上可以说大部分电源种类都有一些产品可以参考。尤其在打基础阶段,去找知名大厂一些比较经典的产品资料,阅读其中的框图、规格与细节说明,这些厂商除了愿意分享公开资料,还会把内部的一些原理和构思以及实现方法展示出来,这就是来自业界最好的学习材料。对照这些资料,尝试着自己慢慢构建模型,从最基础的供电模块、时钟电路等开始一步步实现一个个小模块,慢慢地整个芯片模型也就出来了。除了各大厂商的公开资料,在现在的移动互联网社会,有好多热心的工程师愿意分享一些资料,包括视频与课程等,这些都是非常好的信息来源。

(2)芯片建模的目标很明确,就是指导研发的设计工作,如果仿真出来结果就是错的,你怎么能指望它能对实际的项目有帮助呢? 这也是很多人对芯片建模保持一种怀疑态度的原因,很多人认为仿真结果太理想,和实际表现不一样,就没有参考价值。对于这个问题,我首先想问的是:你建模的时候有没有考虑清楚各个方面? 另外我的理解是,如果指导芯片建模的理论本身是有问题的,那么后面也没有怀疑的必要,所以最重要的是把理论彻底弄清楚。首先要保证建模时和实际电路尽可能保持一致,另外在建模时要保持一种唯物论的观点——通常仿真软件只会实打实地展示结果,不会欺骗我们,所以要客观地面对仿真结果。认真对待建模过程,尽可能考虑全面并使用实际元器件参数和特性,这样得到的结果不会偏离太多,建模也就有了价值。

(3)芯片建模不能脱离实际,需要多和实际芯片的测试结果比对,找到与实际出现差别的原因,尽可能接近实际电路表现。由于实际工艺厂的偏差等,会存在一些工艺偏差或器件差异,因此需要在芯片测试后对照仿真结果对一些参数做一些修调。

(4)芯片设计通常不是由一个研发工程师完成所有电路的设计工作,同样,芯片建模不能单打独斗,也分为不同的阶段。在芯片建模初期,系统工程师是主要负责人,这时的模型比较顶层。随着项目的不断深入,系统工程师要不断和研发工程师们交流讨论,因为实际电路的设计者是他们,具体的电路结构和参数是他们设计的,而且设计通常不会一帆风顺,总会小修小改,所以需要实时地更新模型中的电路结构和参数并与他们分享一些结果,赢得彼此的尊重。这里可以举一个小例子,开关电源的环路分析通常是一个难点,而且实际的电路并不方便运行交流小信号仿真,且仿真速度通常很慢,这时就可以借助芯片模型来提供帮助,加快研发进度。也正是在这样的一来一回中,模型更加精确,更贴近实际电路,也能更好地帮助实际电路的设计。

(5)在实际的芯片建模过程中,一定要牢记模块化建模概念! 牢记模块化建模概念!牢记模块化建模概念! 重要的事情说三遍。我在刚开始建模时,没有这些好习惯,经常在构建了比较复杂的芯片模型以后就期待得到与实物吻合的仿真结果。但是,大部分时候不可能这么幸运——构建的模型或多或少都有一些问题,这时就需要去排查,如果系统很庞大,那么排查起来将会无从下手并且可能感到绝望和沮丧,这时就会体会到模块化建模的优点和好处。

(6)模块化的建模鼓励根据芯片功能划分为多个子模块,划分好端口,对各个子模块分别建模,分别对各个子模块电路进行仿真分析,确保其功能正常以后再一起联调,这样效率就会高很多。这中间有一个实际的问题就是建模初期不可能把端口定义得很清楚,很多时候建模到一半时还会返回来增加或减少子电路端口,这都是非常正常且自然的过程,现实就是这样,好事多磨,要端正心态,耐心享受建模过程。另外,模块化建模的另一个优点就是便于IP重用,比如供电模块、驱动模块、补偿模块等,很多时候这些模块经过小修改就可以用在另一个芯片模型中,这样可以极大地提升建模速度与成功率。每个建模工程师都有一个属于自己的IP库。

没有一套方法论适合所有场景,不同公司有不同的流程,不同的工程师也有各自的工作风格和流程,最方便适用的就是最合适的。最后用一个简单的流程图来概括电源芯片建模的一般过程,如图1-3所示。

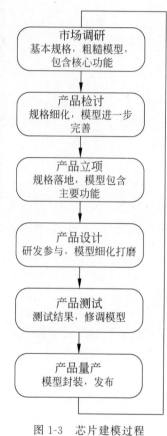

图1-3 芯片建模过程

1.3 本章小结

本章的目的在于为大家梳理芯片建模这一基本概念,包括电源系统是什么、为什么建模和怎么做。本章首先介绍了电源系统与典型电源系统组成部分,接着介绍了电源芯片设计过程和建模的作用,最后介绍了芯片建模涉及的基础知识点和技巧。

第 **2** 章

芯片建模基础之SIMPLIS简介

　　电源芯片建模时可以采用的软件平台很多,很多电源芯片公司推出了自己主打的芯片免费仿真软件,如原凌力尔特公司(现 ADI 公司)推出的 LTspice,TI 公司推出的 TINA-TI和 PSPICE-TI,还有第三方商业软件如 SIMPLIS、PSIM、Matlab、Saber 等。但要说到电源仿真领域,SIMPLIS 的专业性与操作性得到了业界广泛的认可和使用。

　　本书所采用的 SIMPLIS 仿真软件是美国 SIMPLIS Technologies,Inc. 公司推出的一套仿真软件,该公司是电力电子行业仿真软件的技术领导者。SIMPLIS 是开关电源设计的领先仿真引擎,近年来已迅速被业界领先的 OEM、电源和 IC 控制器制造商采用。它已成为供电系统仿真和新产品定义、分析的标准。

　　本章包含以下知识点。

　　(1) SIMPLIS 基本元器件特点和用法。

　　(2) SIMPLIS 构建仿真原理图方法。

　　(3) SIMPLIS 三种仿真模式的配置与应用。

　　(4) SIMPLIS 波形查看与测量。

　　(5) SIMPLIS 模块化设计。

　　(6) SIMPLIS 模型加密。

2.1　什么是 SIMPLIS

　　SIMPLIS(SIMulation of Piecewise Linear System,分段线性仿真系统)是一个电路仿真器,专门设计来应对开关电源系统的仿真挑战。与 SPICE 类仿真软件一样,SIMPLIS 工作在元器件级别,但仿真开关电路的瞬态工作时通常可以比 SPICE 软件速度快 10~50 倍。对于开关电源系统,与 SPICE 相比,SIMPLIS 采用的 PWL(Piecewise Linear,分段线性)建模和仿真技术在定性上具有更好的收敛性能。

　　SIMPLIS 通过使用一系列 PWL 直线段对器件建模,而不是使用 SPICE 技术中的指数表达式等方法来解决非线性问题。通过以这种方式对器件建模,SIMPLIS 可以将一个完整的非线性系统描述为一个个分段线性电路拓扑的循环序列。这种方法精确产生了一个典型的开关电源系统,其中半导体器件充当高频开关。

然而,在精度表现相当的前提下,PWL系统对非线性方程组比SPICE处理可以更快地求解。最终可以非常快速地得到一个精确的仿真结果,并且可以对用SPICE软件无法实现的复杂拓扑进行建模。

SIMetrix/SIMPLIS是闭环开关电源设计中使用最广泛的仿真工具,主要是因为SIMPLIS基于其以下能力使大型和复杂系统的分析在现实生活设计中具有实用性。

- 快速找到稳态周期工作点。
- 对全非线性时域开关电路进行交流分析。
- 执行时域瞬态分析比SPICE快10~50倍。
- 表现出优越的收敛行为。

2.1.1　SIMPLIS是时域仿真器

SIMPLIS的操作是基于时域处理的,就像我们在实验室里测量工作的电路一样。但是我们经常在各种技术资料中看到电路的时域或频域的分析方法和术语,例如直流工作点、交流模型、平均模型等。但实际上实验室的电力电子系统并没有这些概念,这些都是研究学者为了便于借助数学工具处理而提出来的概念。一个最广泛的概念就是所谓的电路平均交流模型,它通常被用来分析电路的交流响应。但事实上它在现实中并不存在。

设计SIMPLIS是为了模拟电力电子系统的实际时域行为。实际电路中只存在时域,而不存在频域。SIMPLIS一直在对非线性切换的时域行为建模。然而,就像在实验室中一样,稳态的时域切换系统可以在时域中测量,并在频域中绘制结果。在实验室中,可以使用网络分析仪或波特图分析设备来扰动时域电路,然后用傅里叶分析并处理时域数据,最后查看其频率扫描的结果。这是在实验室的实际硬件上进行频域描述的方式,尽管一些稳态时域行为可以在频域中有效地绘制出来,但它总是在时域中工作。SIMPLIS所有的交流分析都是这样在一个单一的时域电路中进行的,它不需要提前推导出平均模型,而且在很多平均模型的推导过程中做了很多假设和理想化,且只针对有限的电路推导出了平均模型。

2.1.2　PWL基本概念

在SIMPLIS中,所有非线性器件特性都是使用一系列PWL(Piecewise Linear,分段线性)来建模的。因此,针对此类器件的SIMPLIS行为模型不同于相应的SPICE模型,后者通常寻求将器件物理特性映射到器件特征参数上。因为整个SIMPLIS系统是由PWL器件模型组成的,所以SIMPLIS求解的系统方程集也是分段线性的。虽然这个方程组的拓扑结构和值随时都可能发生根本的变化,但SIMPLIS在每一步都在解一个线性方程组。其结果是,与SPICE方法相比,SIMPLIS可以更快、更准确地对其系统方程组求解。SIMPLIS解决PWL系统方程中每个变化的速度和精度都是SIMPLIS能够有效应对电力电子系统仿真挑战的关键原因。

SIMPLIS基于PWL建模,该建模使用一系列分段线性直线段逼近非线性器件的特性。虽然更多的PWL直线段可以获得更高的精度,但更多的PWL段也会导致更长的仿真时间。PWL建模的目标是消耗最少的CPU时间,同时达到所需的精度级别。SIMPLIS鼓励使用者只为了达到所需精度才去添加每个器件模型所需的复杂度。

新的SIMPLIS用户经常假设电力电子系统的分段线性建模,就其本质而言,必须是对现实的粗略近似。这不是大多数开关系统的情况。事实上,从实用的角度,所获得的仿真结果的精度水平与需要花费时间去建模与仿真是成正比的。PWL 建模通常性能优良,允许工程师分析复杂的系统,换句话说,PWL 建模通常可以超出典型 SPICE 建模方法的实际应用范围,关键是要将模型的复杂性集中在为精确结果提供最大贡献的地方。与实验室测量相比,典型的 SIMPLIS PWL 仿真结果表明,使用 PWL 建模技术可以实现较高的精度。

表 2-1 列出了基本 PWL 器件,其说明了 SIMPLIS 如何将 PWL 电阻、PWL 电容和 PWL 电感表示为一组 PWL 直线段。PWL 电阻在电流与电压平面上是分段线性的。这条曲线的斜率就是电导。SIMPLIS 自动将最左边和最右边的 PWL 段分别扩展到负无穷和正无穷。PWL 电容器定义在电荷与电压平面上,其斜率为电容。PWL 电感定义在磁链与电流平面上,其中斜率为电感。磁链单位为 Weber-Turns(韦伯-匝数)或 Volt-seconds(伏-秒)。

表 2-1　基本 PWL 器件

器件种类	PWL 电阻	PWL 电容	PWL 电感
器件符号			
器件特性图			
	X 轴:电压	X 轴:电压	X 轴:电流
	Y 轴:电流	Y 轴:电荷	Y 轴:磁链
	斜率:电导	斜率:电容	斜率:电感

1. 分段线性电阻

通常在 SIMPLIS 中使用分段线性电阻来建模二极管,典型功率二极管的正向传输特性如图 2-1 所示。两条曲线分别来自 SIMetrix-SPICE 仿真器的仿真结果和同一模型的 SIMPLIS PWL 仿真器的 SIMPLIS 仿真结果。

这是一个 PWL 二极管的例子。这种 PWL 二极管模型除了在二极管曲线的拐点附近不够顺滑外,其他特性表现都很好。图 2-1 给出了模型精度的一个例子,它对结果的准确性做出了最大的贡献。SIMPLIS 软件生成的图不做处理,全书如此。

上述二极管用作反激变换器中整流器的仿真结果如图 2-2 所示。点 A、B 和 C 表示任何开关周期中 3 个不同的时间瞬间。在下面波形中标注出了前面的正向转移特性中标注的同样的点。这 3 点信息状态信息列在表 2-2 中。

根据瞬态仿真波形,二极管在大部分开关周期内是导通(点 B)或关断状态(点 A)。事实上,在这个电路中,二极管在二极管曲线的拐弯处花费的时间很少,器件模型的准确性较低,因此尽管采用了三段 PWL 模型,但仍然可以准确地模拟系统的行为。在开关模式的功率转换中,整流二极管经常迅速地从导通状态切换到关断状态。对这些二极管使用 PWL 电阻模型可以产生准确的结果,因为在模型保真度较低的区域,工作的时间非常短。

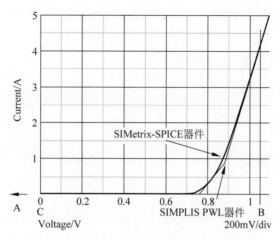

图 2-1 PWL 二极管模型

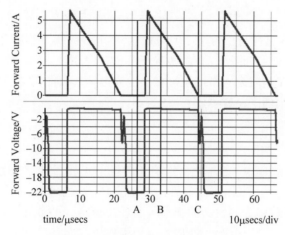

图 2-2 分段线性二极管瞬态仿真波形

表 2-2 分段线性二极管参数点

时 间 点	描 述	正向电流/A	正向电压/V
A	反向偏置	−22n(−22V/100MΩ)	−22
B	正向偏压	4.1	1.1
C	零偏置	0	0

  另外,如果使用此二极管来模拟一个乘法器电路中的二极管本质上的正向指数传递特性,那么仿真结果精度将很差,因为三段 PWL 模型没有充分代表二极管指数性电流与电压特性。

2. 分段线性电容

  PWL 电容器应用的一个很好的例子是二极管的结电容。在 PWL 电阻示例中使用的相同二极管可以选择性地包含 PWL 电容器,以模拟该器件的结电容。通过选择 1 级模型,二极管包括一个四段 PWL 电容器,其电容值由 SIMPLIS 模型参数提取程序确定。

  图 2-3 显示了二极管的电容与反向电压关系的曲线。该模型使用一个四段 PWL 电容来模拟二极管的结电容。在图 2-3 中,顺滑曲线表示 SPICE 模型在反向电压下电容的连续

变化。阶梯曲线显示 SIMPLIS 的逐步电容与反向电压曲线。

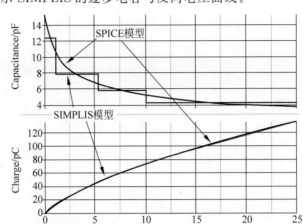

图 2-3　分段线性电容与 SPICE 电容

图 2-3 显示了电容电荷与反向电压的关系,虽然电容曲线上的点之间的误差通常很大,但两个电荷曲线之间的误差很小。在大多数开关模式应用中,总电容电荷与电压特性是决定器件从导电状态过渡到阻塞状态或反过来的主要因素。因此,PWL 电容器可用于精确表示开关模式功率转换中的结电容。

3. 分段线性电感

电感和变压器的饱和效应是开关模式功率转换的重要因素。通过使用 PWL 电感器,SIMPLIS 提供了一种简单的方法来对电感器或变压器的饱和状态进行建模。在如图 2-4 所示的电路示例中,变压器由理想的直流变压器 TX2 和磁化电感 L4、泄漏电感 Lleak 以及绕组电阻 RW1、RW2 和 RW3 组成。变压器的饱和度由 L4 的 PWL 定义决定。

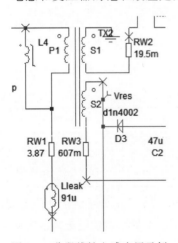

图 2-4　分段线性电感应用示例

本例中的变压器具有由 3 个 PWL 段组成的磁化电感。

(1) 正常或不饱和电感:1.6m Weber/0.4A 或 4mH。

(2) 当电感电流为 0.4～0.45A 时,电感器的第一个饱和部分出现。该区域的电感值为(1.65～1.6m)/(0.45～0.40)或 1mH。

(3) 最后的 PWL 段表示"硬"饱和。这段表现的电感为 $100\mu H$。

在瞬态仿真过程中,在 $100\mu s$ 时加上 1A 的突变负载,然后转换器进入过载状态,输出电压下降,变压器进入饱和状态,如图 2-5 所示。

这个过载状态显示了变压器的饱和以及 PWL 电感如何模拟一个饱和电感的表现。图 2-6 和图 2-7 显示了时域波形和所定义的 PWL 电感的电流-磁通量平面的细节图。在电流-磁链平面的瞬态波形和电感电流与磁通关系中可以看到 3 个明显的 PWL 电感段。

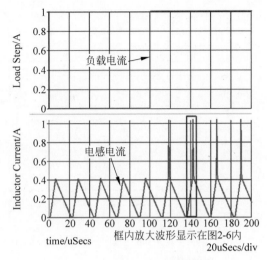

图 2-5 分段线性电感仿真波形

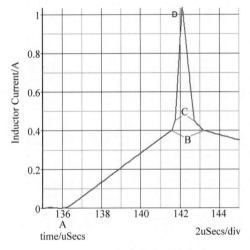

图 2-6 PWL 电感电流时域波形

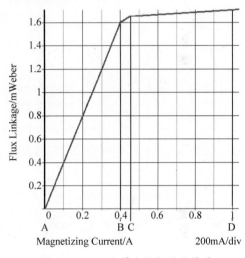

图 2-7 PWL 电感电流与磁通关系

4. PWL 模型的精确性

当用于建模开关电源系统时,PWL 模型提供了高度的精度表现。从数值的角度来看,SIMPLIS 在求解仿真时找到了一个精确的解决方案。这种精度包括控制路径中纹波电压的影响,这是平均模型中所忽略的东西。因此,当模型被精心构建以包括转换器运行的微小细节时,SIMPLIS 交流分析可以与实验数据高度匹配。

下面描述的 3 个示例将 SIMPLIS 仿真的结果与实际硬件测试的结果进行了比较。

1)交流仿真示例:自振荡反激转换器

图 2-8 中的两组曲线表示 SIMPLIS AC 分析与硬件原型机上的测量结果进行比较的结果。

2)瞬态仿真实例:准谐振反激转换器

这个例子来自一个用于交流适配器应用的准谐振反激变换器。其中主要的 MOSFET

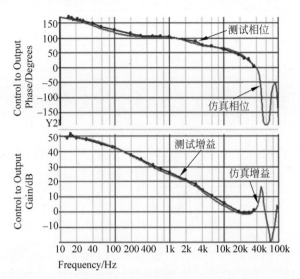

图 2-8　SIMPLIS AC 仿真实例与硬件测试对比

和输出整流器是用模型参数提取算法从 SPICE 模型中自动转换而来的。得到的 SIMPLIS
模型与硬件测量结果非常匹配,如图 2-9 所示。

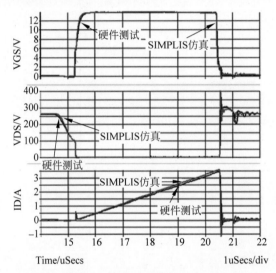

图 2-9　SIMPLIS 瞬态仿真实例与硬件测试对比

3) 瞬态仿真实例:单相数字控制降压稳压器

这个例子来自一个单相、数字控制的同步 Buck 转换器。这些示波器图是用硬件测量 3
次的结果,SIMPLIS 仿真数据叠加在硬件测试数据上。负载瞬态从 20A 降低到 10A,时域
仿真与实验测试结果如图 2-10 所示。

2.1.3　建立原理图

本节将通过一个仿真实例一步步介绍如何在 SIMPLIS 中建立一个原理图。先来认识
一下 SIMPLIS 软件的页面布局,如图 2-11 所示。

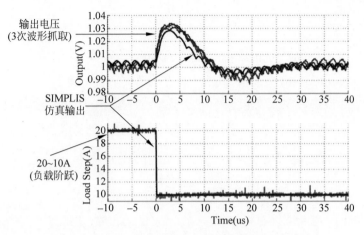

图 2-10　SIMPLIS 瞬态仿真结果与硬件测试结果对比

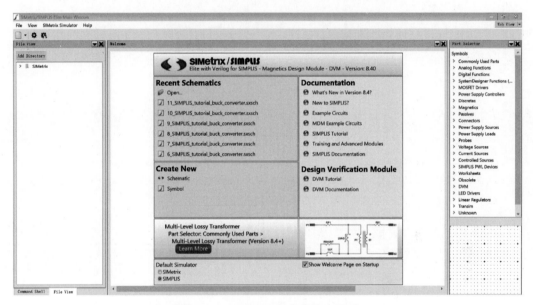

图 2-11　SIMPLIS 仿真软件主页面

1. 软件窗口介绍

SIMetrxi/SIMPLIS 的主窗口包括以下内容。

（1）Welcome 页面包含最近打开的文件链接、帮助文档和一些其他特性介绍。

（2）波形查看窗口用来查看仿真分析后的输出曲线和参数等（仿真后才出现此窗口）。

（3）符号编辑窗口用来创建和修改元器件符号等（创建元器件符号时出现此窗口）。

（4）Command Shell 窗口用来显示一些编译和错误信息。

（5）Part Selector 窗口显示编辑原理图中的元器件，可使用菜单栏 View→Show Part Selector 命令打开此窗口。

（6）File View 显示文件系统中的文件，包含官方提供的参考文件，也可以添加自己建立的文件目录。

2. 绘制原理图

先将仿真器设置为 SIMPLIS，在主窗口中单击 Files→Options→General 命令，在右上角的 Initial Simulator 选项区域选中 SIMPLIS 单选按钮即可，如图 2-12 所示。

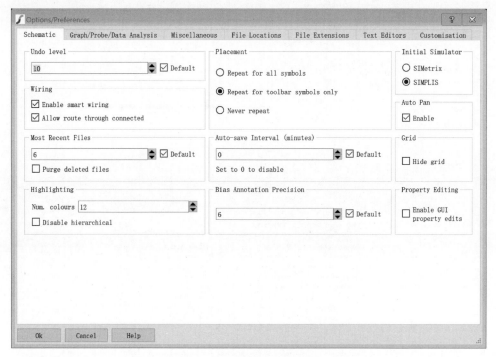

图 2-12   SIMPLIS 软件配置

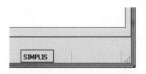

图 2-13   SIMPLIS 仿真器

在主窗口中单击 Files→New→SIMPLIS Schematic 命令新建一个使用 SIMPLIS 仿真器的原理图文件，可以检查软件界面右下角的显示以验证先前仿真模式是否为 SIMPLIS，如图 2-13 所示。

（1）从 Part Selector 中找到所需要的元器件，除了二极管和 MOSFET 外的大部分器件都可以从 Commonly Used 类别中找到，在 Commonly Used 列表中双击 Multi-Level Lossy Inductor（Version 8.0＋），将鼠标指针移动到原理图窗口中的位置，放置电感 L1。

（2）通过 Part Selector→Discretes→Diode 找到二极管器件，单击 Select from Model Library 按钮，在出现的窗口左下角的 Filter 中，将光标放在星号（＊）前面，然后输入 D1n41，在右上方的窗格中选择 D1n4148，然后单击窗口底部的 Place 按钮，如图 2-14 所示。

在打开的 Extract Diode Parameters 窗口中单击 Extract 按钮，以接受默认参数值并关闭对话框，如图 2-15 所示。

将二极管元器件符号 D1 放置到原理图窗口中。

（3）从软件菜单栏第二行中找到 N 型 MOSFET 图标，单击后出现 Extract MOSFET Parameters 窗口，如图 2-16 所示，也可以利用快捷键 M 找到 MOSFET 元器件。

单击 Extract 按钮以接受默认值并关闭对话框，放置 MOSFET Q1。

图 2-14 选择二极管器件

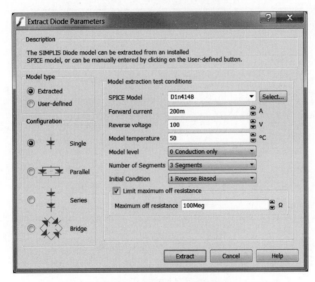

图 2-15 设置二极管参数

图 2-16 设置 MOSFET 参数

（4）按表 2-3 和图 2-17 放置其他元器件。

表 2-3　元器件列表

元器件标号	元器件类别	元器件位置
C1	Multi-level Capacitor Level 0-3 w/Quantity(Version 8＋)	Commonly Used Parts → Multi-Level Capacitor Level 0-3 w/Quantity(Version 8＋)
R1	Resistor(Z Shaped)	Commonly Used Parts→Resistor(Box Shaped)
V1	Power Supply	Commonly Used Parts→DC Voltage Source
V2	Waveform Generator(Pulse, Ramp…)	Commonly Used Parts→Waveform Generator (Pulse, Ramp…)
R2	Resistor(Z Shaped)	Commonly Used Parts→Resistor(Box Shaped)
-	Ground	Commonly Used Parts→Ground
Probe1-NODE	Probe-Voltage	Commonly Used Parts→Probe-Voltage
Probe2-NODE	Probe-Voltage	Commonly Used Parts→Probe-Voltage
IPROBE1	Probe-Inline Current	Commonly Used Parts→Probe-Inline Current

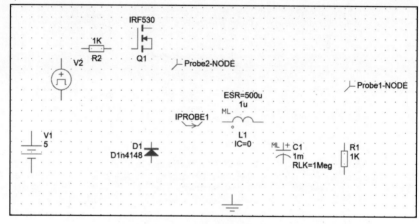

图 2-17　元器件摆放位置

（5）将鼠标指针放置到元器件符号引脚上，鼠标指针会变为铅笔形状，表示原理图处于连线模式，单击后开始连线，最后连接线如图 2-18 所示。

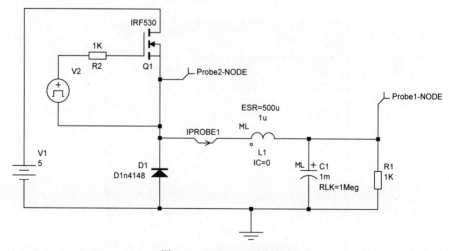

图 2-18　SIMPLIS 原理图

（6）编辑原理图中元器件参数值，双击元器件可进入元器件编辑模式，将 R1 的 Result
值改为 120m，R2 改为 1.5，V1 改为 12。

（7）双击探针元器件，更改其 Curve label 名称，将电压探针 Probe1-NODE 改为
VOUT，电压探针 Probe2-NODE 改为 SW，电流探针 IPROBE1 改为 IL。

（8）编辑波形发生器参数。

双击 V2，在 Edit Waveform 窗口右侧的 Wave shape 区域选择 Pulse 单选按钮，将
Frequency 修改为 500k，"Duty/％"修改为 11，Pulse 修改为 5，取消选中 Equal rise and fall
复选框，在 Rise 中输入 0 以设置上升时间为 0，如图 2-19 所示，单击 Ok 按钮以保存新参数值。

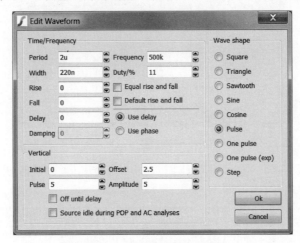

图 2-19　编辑波形发生器

（9）修改电容参数。

双击 C1，将 Capacitance 值更改为 220u，如图 2-20 所示，单击 OK 按钮。

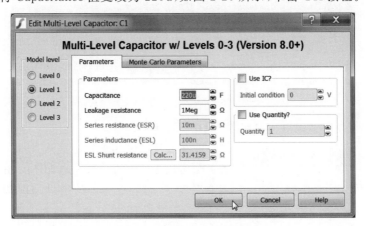

图 2-20　设置多级电容参数

（10）修改电感参数。

本节中使用的电感也具有多级模型。电感有两个模型级别，其中 0 级表示理想纯电感，
1 级表示增加了等效串联电阻（ESR）的电感。两个级别的电感模型都具有并联的分流电
阻，这个电阻可以限制电感的高频响应，在高于此限制的频率上，电感呈现电阻特性。双击
L1，将 Inductance 值更改为 680n，单击 Calc 按钮，出现 Calculate New Shunt Resistance

Value 对话框,该对话框有一个内置计算器,可以根据电感频率和期望值计算新的分流电阻值功能,Frequency 中的默认值 10G 适用于大多数开关电源应用,如图 2-21 所示。

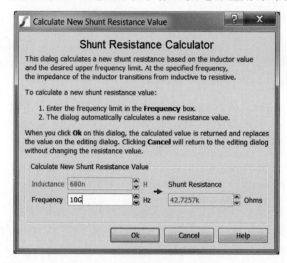

图 2-21　电感并联分流电路设置

单击 Ok 按钮回到 Edit Multi-Level Lossy Inductor：L1 对话框,单击 OK 按钮设置好电感参数,如图 2-22 所示。

图 2-22　多级电感参数设置

（11）使用模型参数提取工具修改 MOSFET Q1 参数。

图 2-23　选择 MOSFET

前述放置 MOSFET 时默认选择的是 IRF530,这是一个耐压 100V 的高导通电阻 MOSFET,而在此示例中需要一个耐压 30V 的低导通电阻 MOSFET,如 Si4410DY,其源漏额定电压值为 30V,导通电阻值为 18mΩ。双击 Q1,单击 Select 按钮,在 Search 框中输入 si441,单击出现的 Si4410DY,然后单击 Ok 按钮,如图 2-23 所示。

接下来继续修改参数。将 Drain to source voltage 修改为 20,Gate drive voltage 修改为 5,Drain current 修改为 15,Model temperature 修改为 55,如图 2-24 所示。

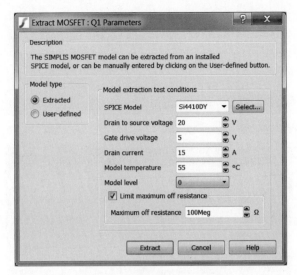

图 2-24　修改 MOSFET 参数

单击 Extract 按钮提取参数,软件就会自动仿真并生成供 SIMPLIS 软件使用的 PWL 模型。

(12) 使用用户自定义功能修改二极管参数。

SIMPLIS 中的二极管是使用 PWL 电阻模拟的,可以表现出高关断电阻和低导通电阻的特性。参数提取算法会使用三段模型,其中第三段表示截止电阻段和低导通电阻中间的电阻。而用户自定义的模型使用两段模型,用户可以输入电阻值和电压值,该模型可以代表理想同步整流器的以下特点:

- 二极管的正向电压为 0V。
- 当二极管电流为正时,二极管的正向电阻等于导通电阻。
- 当二极管电流为负时,二极管关闭,电阻很高,表示关断。

双击 D1 电路符号,选中对话框左上角的 User-defined 单选按钮,如图 2-25 所示。

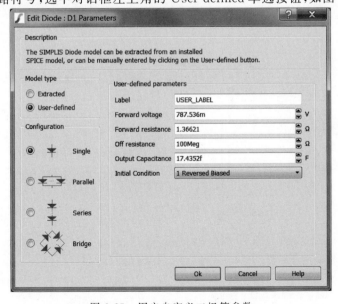

图 2-25　用户自定义二极管参数

对照表 2-4 修改二极管参数。

表 2-4　二极管参数

参 数 名	参 数 值	参 数 名	参 数 值
Label	ideal_sr	Forward resistance	10m
Forward voltage	0	Output Capacitance	0

修改后的二极管参数如图 2-26 所示。

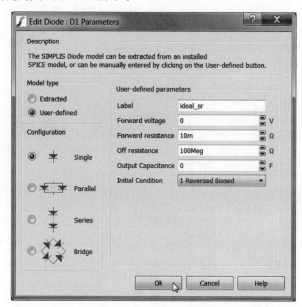

图 2-26　自定义二极管

单击 Ok 按钮，现在此二极管代表一个理想的同步整流器，具有 10mΩ 的导通电阻和 100MΩ 的关断电阻，正向压降为 0V。

到此为止，已经建立好了一个开环降压稳压器原理图并修改了元器件参数，如图 2-27 所示。

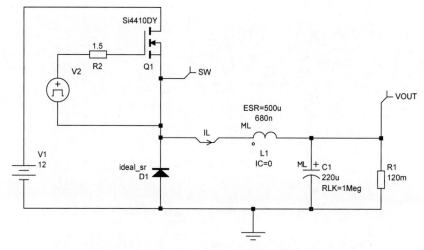

图 2-27　开环降压稳压器电路图

2.2 SIMPLIS 仿真模式

SIMPLIS 有 3 种基本分析模式：Transient（瞬态模式）、POP（Periodic Operating Point，周期工作点）模式和 AC（交流）模式。

(1) SIMPLIS 瞬态分析与 SPICE 类似，但通常运行速度要快 10～50 倍。

(2) POP 是一种对周期开关系统寻找稳态工作波形的独特分析方式。

(3) SIMPLIS 交流分析可以找到开关系统的频率响应，而不需要推导平均模型。这意味着 SIMPLIS 不需要在平均模型的推导中做出隐含的假设，例如，恒定的开关频率和对受控输出信号上脉动的相对幅度的限制。因此，SIMPLIS 交流分析并不局限于已经推导出小信号平均模型的电路拓扑或控制方案。

2.2.1 Transient 模式

SIMPLIS 瞬态分析模式类似于其他仿真器中提供的瞬态仿真分析，但使用的数学运算仿真器有很大的不同，这导致 SIMPLIS 能够比 SPICE 类软件更快地进行电路模拟，在节省仿真时间的同时还能保证仿真精度。

从原理图编辑窗口的菜单栏中选择 Simulator→Choose Analysis 命令，选中 Transient 标签，在右侧 Select analysis 选项区中选择 Transient 复选框。然后在 Analysis parameters 选项区中将 Stop time 参数设置为 500u，在右侧的 Save options 选项区中选择 All 单选按钮，如图 2-28 所示。

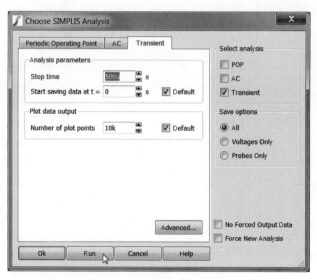

图 2-28　设置瞬态仿真参数

在对话框下面单击 Run 按钮，软件开始仿真，仿真结束后会打开波形查看器窗口，其中包含 3 个探针的曲线，如图 2-29 所示。

要更仔细地检查此图形，可以放大窗口并使用以下方法放大和缩小数据：

- 要放大，请按住鼠标左键并在图形区域周围拖出一个矩形。
- 要缩小，请按 Home 键。

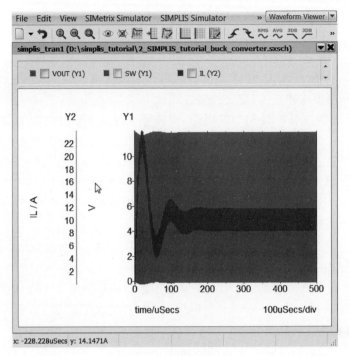

图 2-29　瞬态仿真结果

- 要返回上一个缩放系数,请按 Ctrl+Z 组合键。

2.2.2　POP 模式

1. 在原理图中增加 POP 触发器

继续使用上述瞬态分析的原理图,从 Part Selector 器件库中双击 Commonly Used Parts 类别展开器件列表,找到 Pop Trigger Schematic Device,将 POP 触发器放置到原理图上,按照图 2-30 连线。

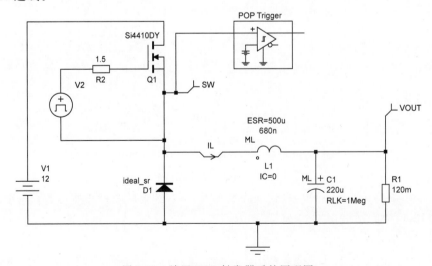

图 2-30　放置 POP 触发器后的原理图

2．设置 POP 分析参数

从原理图编辑器的菜单栏中，选择 Simulator→Choose Analysis 命令，单击 Periodic Operating Point 选项卡，在对话框右上角的 Select analysis 选项区中选中 POP 复选框并取消选中 Transient 复选框。

接下来需要指定电路的最大开关周期，转移到 Timing 选项区，设置 Maximum period 为 2.2u，最大周期时间参数限制 POP 搜索稳定状态的寻找空间，最大周期参数必须大于开关周期时间，但不建议设置为开关周期的 2 倍以上，如图 2-31 所示。

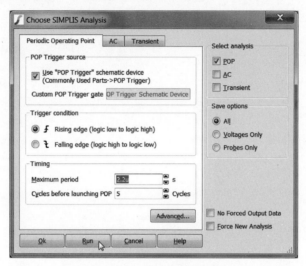

图 2-31　POP 仿真参数设置

单击 Run 按钮，软件开始运行，运行结束后打开波形查看器，其中显示了转换器的稳态波形，如图 2-32 所示。

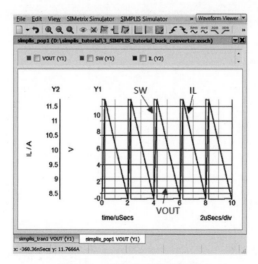

图 2-32　POP 仿真稳态波形

在图 2-32 中，显示了 5 个开关周期的 VOUT、SW 和 IL 波形，POP 仿真分析通过加速仿真到正确的稳态工作点来节省大量的时间。

2.2.3　AC模式

SIMPLIS AC分析可以直接对开关电路模型进行小信号分析,不需要平均模型,无须推导平均模型,且结果更加精确。

1. 修改原理图设置AC仿真分析

在前面原理图的基础上按照图2-33重新绘制和连接原理图,这里主要加入了交流小信号和波特图绘制仪等。

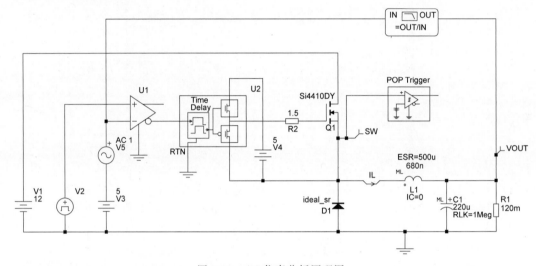

图2-33　AC仿真分析原理图

图2-33中新增加的元器件可以从表2-5中找到。

表2-5　元器件列表

元器件标号	元器件类别	参数值	元器件位置
V3	直流电压源	0.11V	Commonly Used Parts→DC Voltage Source
V4	直流电压源	5V	
V5	AC信号源	—	Commonly Used Parts→AC source(for AC analysis)
U1	比较器	—	Analog Functions→Comparator with Ground
U2	MOSFET驱动器	—	MOSFET Drivers→Multi-Level MOSFET Driver (Version 8.0+)
—	波特图绘制	—	Commonly used Parts→Probe-Bode Plot-Gain/Phase-w/ Measurements

图2-34　波特图绘制参数

其中放置波特图绘制元器件时出现如图2-34所示的对话框。

对信号发生器V2的参数修改为如图2-35所示,选择Sawtooth(锯齿波),将Amplitude(幅值)修改为1,修改图2-33内的电压源V3的幅值为110mV,这样占空比就为11%,如图2-35所示。

修改MOSFET驱动器U2的参数,选择Mode level

图 2-35　修改信号发生区参数

为 Level 0,取消选中 Use delay 复选框,如图 2-36 所示。

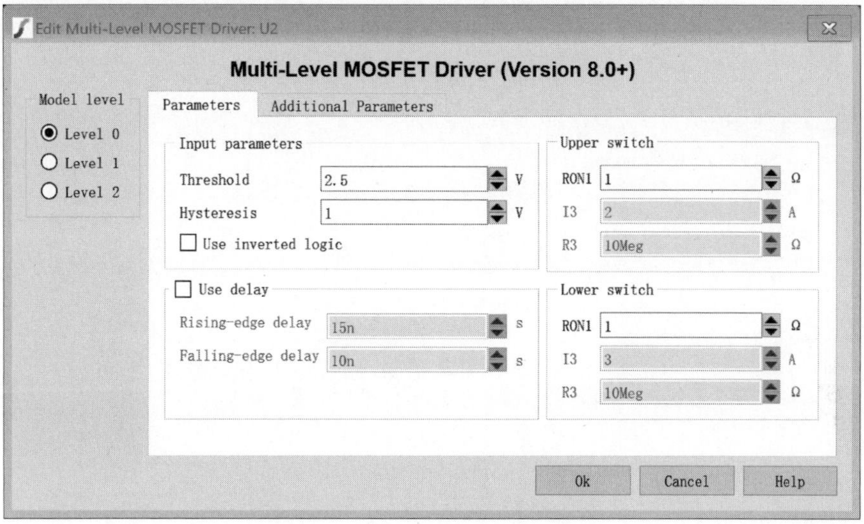

图 2-36　MOSFET 驱动器参数修改

2. 设置和运行 AC 分析

从原理图编辑器的菜单栏中,选择 Simulator→Choose Analysis 命令,在打开的对话框右侧区域,单击选中 AC 复选框,POP 复选框也会被选中并显示为灰色,这表示 POP 和 AC 分析都会被运行。对于每个 AC 仿真,SIMPLIS 都需要首先运行 POP 仿真,如图 2-37 所示。

单击 Run 按钮,开始 AC 仿真分析,在波形查看器中会看到降压稳压器控制到输出的响应波特图,如图 2-38 所示。

在这种情况下,增益穿越频率是增益达到 0dB 的频率。正如预期的那样,低频增益略大于 $20\text{dB}\left(20\log\dfrac{1.2\text{V}}{0.11\text{V}}=20.758\text{dB}\right)$,控制-输出传递函数有一个 LC 双极点频率,约为

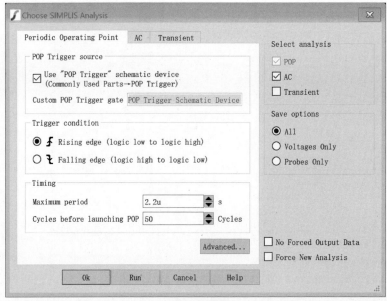

(a) POP参数设置

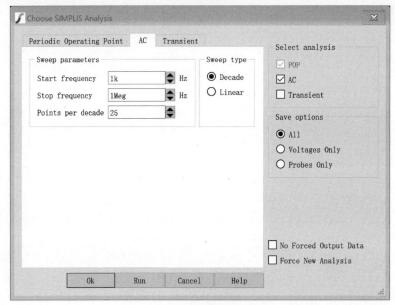

(b) AC参数设置

图 2-37　AC 仿真分析设置

12.5kHz。值得注意的是,该电路的交流响应取自完整的非线性开关模型,而不需要小信号 AC 模型。SIMPLIS 精确地模拟了设计中寄生元器件的影响,并将该影响自动包含在 AC 分析中。一个简单的例子是功率级的 DC 增益。直流增益是由于电路中的损耗略低于预测值。

　　注意,在进行上述 AC 交流仿真分析之前,先要运行一下 Transient 瞬态分析,保证电路已进入稳态,或者在上述的 POP 分析设置框中将 Cycles before launching POP 设置为 50,以保证在 POP 分析前电路已进入稳态。

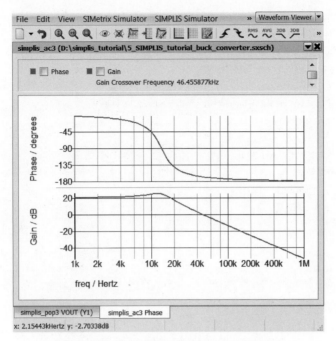

图 2-38　降压稳压器控制到输出响应波特图

2.2.4　多步分析

SIMPLIS 环境提供了自动运行多个 SIMPLIS 分析的工具,有两种模式:参数步进模式和蒙特卡罗模式。

- 在参数步进模式中,在每一步设置一个参数值,同时重复运行仿真。该参数可以以各种表达式的形式来描述器件或模型。
- 在蒙特卡罗模式中,在启用随机分布功能的情况下重复运行指定的次数。在正常分析模式下,参数是正态分布的;但在蒙特卡罗模式下,参数会根据指定的公差和分布返回一个随机数。任何模型或器件参数都可以根据这样的函数来定义,从而可以对生产制造误差进行分析。

下面借助前面的仿真电路来设置不同负载电阻值下的工作波形。

(1) 打开前述仿真电路图,双击 R1,修改 Result 为{Rload},如图 2-39 所示。

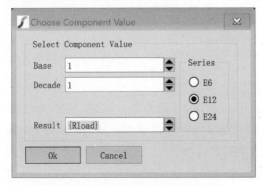

图 2-39　设置多步分析中的负载参数

（2）从原理图菜单中选择 Simulator→Setup Multi-step 命令，在 Parameter name 文本框内填入 Rload，如图 2-40 所示。

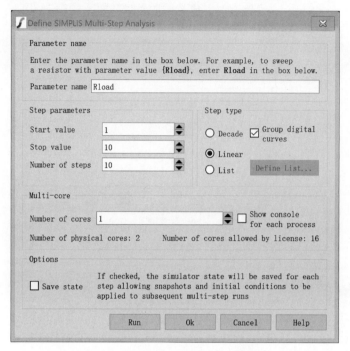

图 2-40　多步分析中的参数设置页面

（3）选中 List 单选按钮，单击 Define List 按钮，进入 Define list 对话框，通过单击 Add 按钮可设置负载参数，如图 2-41 所示。

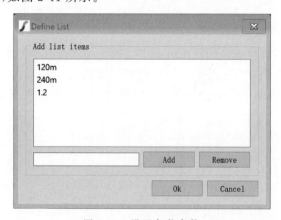

图 2-41　设置负载参数

（4）设置好负载的 3 个值，分别为 120mΩ、240mΩ 和 1.2Ω，单击 Ok 按钮，回到 Define SIMPLIS Multi-Step Analysis 对话框，单击 Run 按钮，如图 2-42 所示。

（5）开始多步仿真分析，每个 Rload 值下的 POP 和 AC 分析的工作点波形都会显示在波形查看器上，如图 2-43 和图 2-44 所示。

图 2-43 和图 2-44 为负载电阻分别为 120mΩ、240mΩ 和 1.2Ω 时的仿真结果，也可以看到不同负载下电感电流的不同位置以及功率级的波特图变化。

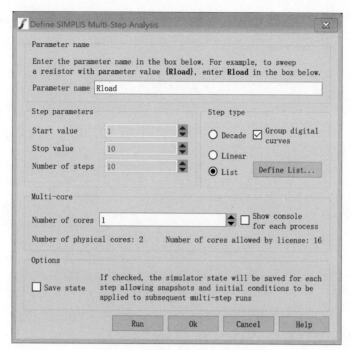

图 2-42 多步分析中的参数设置

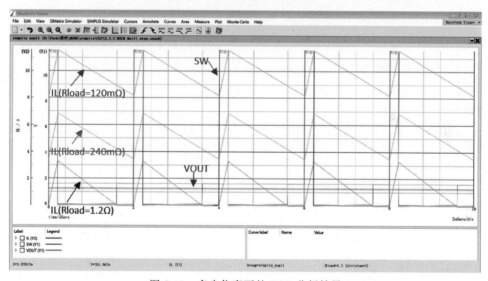

图 2-43 多步仿真下的 POP 分析结果

上述 SIMPLIS 多步分析允许工程师可以快速验证设计如何响应参数的变化,另外,上面只使用了参数值列表来设置参数值,还可以设置为线性扫描或对数性扫描参数,原理相同,可根据仿真需要设置。

2.2.5 蒙特卡罗分析

SIMPLIS 中的蒙特卡罗(Monte Carlo)分析可以帮助工程师深入分析参数变化对系统的影响,在实际电路中各种元器件或工艺都存在一定的偏差,当需要研究这些偏差对系统的影响时,蒙特卡罗分析可以提供参考建议。

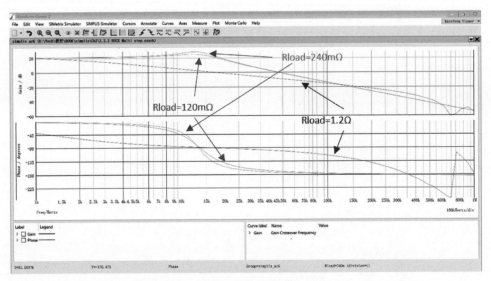

图 2-44　多步仿真下的 AC 分析结果

1. 蒙特卡罗分析参数统计分布函数

有 4 种统计分布函数可用于 SIMPLIS 蒙特卡罗分析：Gauss()、GaussTrunc()、Unif() 和 Wc()。调用函数时，每个函数都具有不同的数字返回值，图 2-45～图 2-48 所示的直方图描述了这些函数的功能。其中 tol 为 0.1 或 10%，平均值为 1。

1）Gauss(tol)：高斯分布

返回一个平均值为 1.0 且标准差为 tol/3 的随机数。随机值具有高斯分布或正态分布，如图 2-45 所示。

重要提示：Gauss(tol)函数可以返回大于(1.0+tol)且小于(1.0−tol)的值。当使用大容差时，这变得尤为重要，因为返回值可能超出合理范围所以要使用截断高斯分布。

2）GaussTrunc(tol)：截断高斯分布

与 Gauss(tol)一样，但是大于(1.0+tol)且小于(1.0−tol)的值被拒绝，并且程序在高斯分布内选择另一个随机数，如图 2-46 所示。

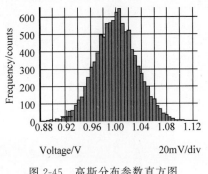

图 2-45　高斯分布参数直方图

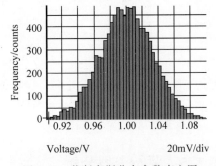

图 2-46　截断高斯分布参数直方图

3）Unif(tol)：均匀分布

返回 1.0±tol 范围内的随机值，具有均匀分布，如图 2-47 所示。

4）WC(tol)：最恶劣情况

返回随机选择的 1.0－tol 或 1.0＋tol，如图 2-48 所示。

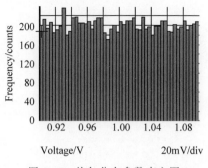

图 2-47 均匀分布参数直方图

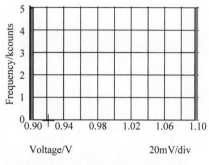

图 2-48 最恶劣情况参数直方图

2. 蒙特卡罗分析实例

打开前述 POP 分析下的 BUCK_POP 原理图，分别单击 SW、IL 和 VOUT 探针，在其中的 Axis type 下选中 Use dedicated grid 单选按钮，设置为波形单独输出。

双击电感 L1，在参数栏 Inductance 中输入{680n＊GAUSS(0.2)}，即设置该参数有高斯分布的 20％误差，如图 2-49 所示。

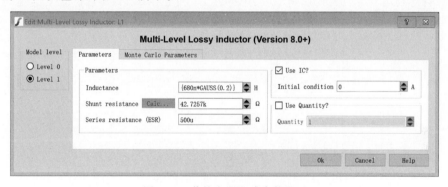

图 2-49 蒙特卡罗电感参数设置

双击电容 C1，在参数设置对话框的 Capacitance 编辑框内输入{220u＊GAUSS(0.2)}，即设置该参数有高斯分布的 20％误差，如图 2-50 所示。

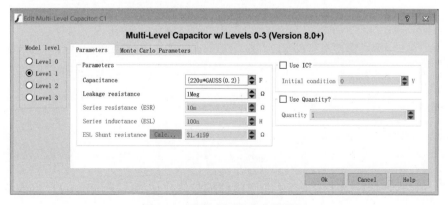

图 2-50 蒙特卡罗电容参数分析

在菜单栏内选择 Monte Carlo→Setup Monte Carlo 命令,通常,蒙特卡罗运行至少需要 30 个步骤,因为生成直方图至少需要 16 个步骤(一次运行过程)。对于本例,运行 10 次就足以演示基本概念,如图 2-51 所示。

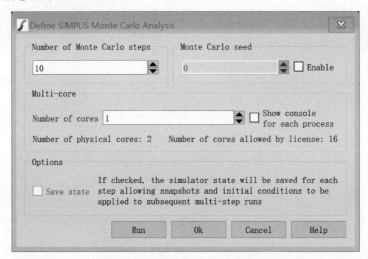

图 2-51　蒙特卡罗仿真分析设置

软件会连续运行 10 次仿真,这 10 次中电感 L1 和电容 C1 的参数值就是满足高斯分布的参数值,仿真结果如图 2-52 所示。

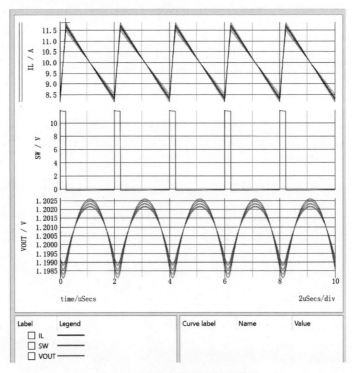

图 2-52　蒙特卡罗仿真分析结果

可以通过软件的日志文件来查看每个组件的具体使用值。在仿真结束后,可以通过菜单栏的 Monte Carlo→View Log File 命令查看日志文件,如图 2-53 所示。

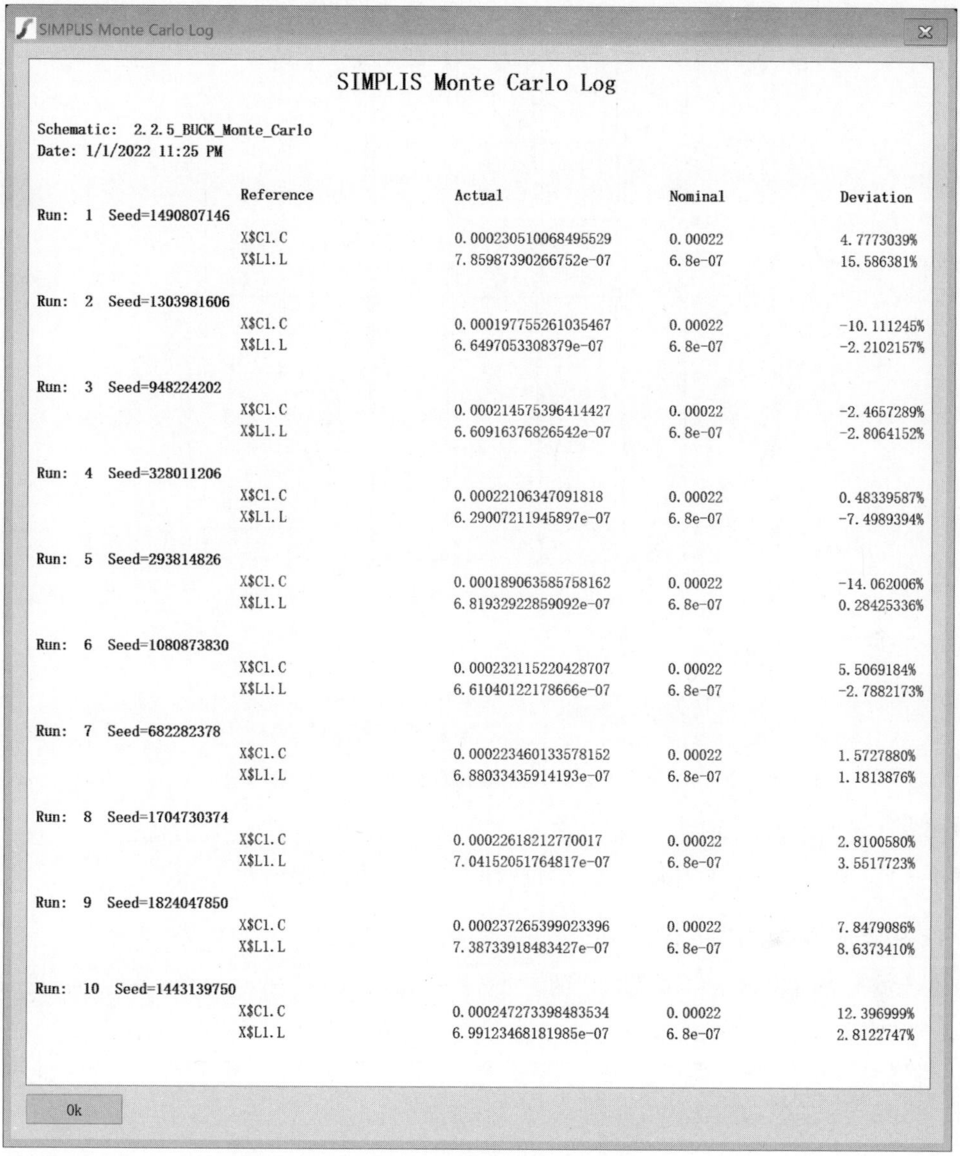
SIMPLIS Monte Carlo Log

SIMPLIS Monte Carlo Log

Schematic: 2.2.5_BUCK_Monte_Carlo
Date: 1/1/2022 11:25 PM

	Reference	Actual	Nominal	Deviation
Run: 1 Seed=1490807146				
	X$C1.C	0.000230510068495529	0.00022	4.7773039%
	X$L1.L	7.85987390266752e-07	6.8e-07	15.586381%
Run: 2 Seed=1303981606				
	X$C1.C	0.000197755261035467	0.00022	-10.111245%
	X$L1.L	6.6497053308379e-07	6.8e-07	-2.2102157%
Run: 3 Seed=948224202				
	X$C1.C	0.000214575396414427	0.00022	-2.4657289%
	X$L1.L	6.60916376826542e-07	6.8e-07	-2.8064152%
Run: 4 Seed=328011206				
	X$C1.C	0.00022106347091818	0.00022	0.48339587%
	X$L1.L	6.29007211945897e-07	6.8e-07	-7.4989394%
Run: 5 Seed=293814826				
	X$C1.C	0.000189063585758162	0.00022	-14.062006%
	X$L1.L	6.81932922859092e-07	6.8e-07	0.28425336%
Run: 6 Seed=1080873830				
	X$C1.C	0.000232115220428707	0.00022	5.5069184%
	X$L1.L	6.61040122178666e-07	6.8e-07	-2.7882173%
Run: 7 Seed=682282378				
	X$C1.C	0.000223460133578152	0.00022	1.5727880%
	X$L1.L	6.88033435914193e-07	6.8e-07	1.1813876%
Run: 8 Seed=1704730374				
	X$C1.C	0.00022618212770017	0.00022	2.8100580%
	X$L1.L	7.04152051764817e-07	6.8e-07	3.5517723%
Run: 9 Seed=1824047850				
	X$C1.C	0.000237265399023396	0.00022	7.8479086%
	X$L1.L	7.38733918483427e-07	6.8e-07	8.6373410%
Run: 10 Seed=1443139750				
	X$C1.C	0.000247273398483534	0.00022	12.396999%
	X$L1.L	6.99123468181985e-07	6.8e-07	2.8122747%

Ok

图 2-53 蒙特卡罗分析日志文件

2.3 波形查看与测量

本节将介绍一些图形查看与参数测量的基本操作，这些操作有助于分析仿真的结果，让图表能够显示更多的信息以便于理解。

2.3.1 输出波形曲线分离操作

打开前面进行 POP 分析时的原理图编辑器。POP 分析后，单击选中波形显示窗口，里面的三路波形是在叠加在一起的，如图 2-54 所示。

在图 2-54 中，电压显示在 Y1 轴上，电流在 Y2 轴上，每个物理单位都有自己的 Y 轴。

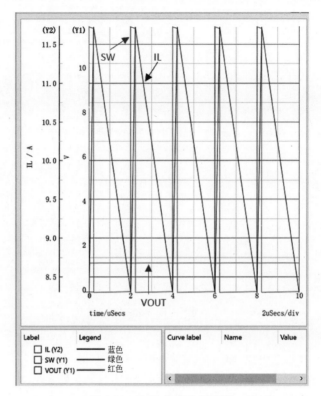

图 2-54　POP 仿真分析波形

由于所有 3 条曲线都在同一个网格中(VOUT 为红色,SW 为绿色,IL 的蓝色),而且物理单位都不一样,所以很难查看具体波形。有两种方法可以把波形展开。

1. 在波形查看器内展开

在此波形查看窗口下单击菜单栏的 Curves→Stack All Curves 命令,波形会随之展开,如图 2-55 所示。

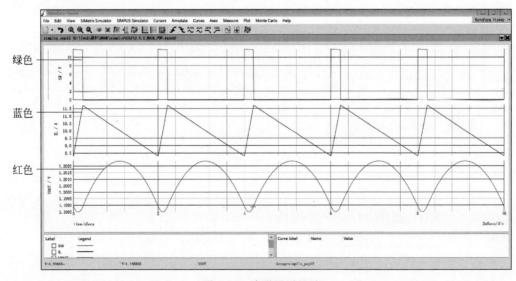

图 2-55　波形展开显示

2. 探头设置波形展开

关闭波形查看器，返回原理图编辑器，双击 VOUT 探针，在 Axis type 区域选中 Use dedicated grid 单选按钮，然后单击 Ok 按钮，如图 2-56 所示。

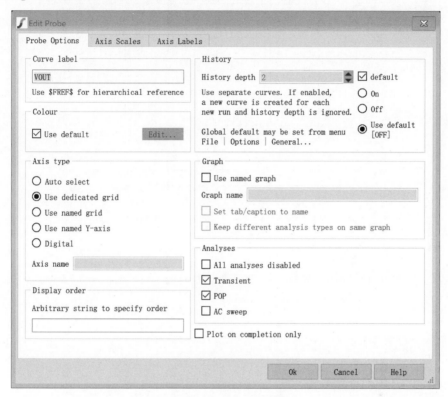

图 2-56　探针分离设置

再次执行 POP 仿真分析，可以从波形查看器中看到 VOUT 已被分离出来，如图 2-57 所示。

2.3.2　在输出波形曲线上增加测试项目

打开前述 BUCK_POP 原理图编辑器，进行 POP 仿真分析，在波形查看器内单击菜单 Curves→Stack All Curves 命令，展开三路输出波形，在波形查看器工具栏的左下方选中 SW 复选框，在菜单栏内选择 Measure→Minimum 命令，可以看到 SW 电压波形的最小值显示在波形图中，如图 2-58 所示。

2.3.3　在测量探针上增加测量项目

本节将介绍如何通过使用探针器件来完成参数测量功能，可以将任何内置或用户自定义的测量项添加到原理图的固定探针上，测量项目添加后，在每次仿真后，在波形查看器中就会出现测量的结果。

打开前述 BUCK_POP 原理图，在原理图编辑器中，单击标签为 VOUT 的探针，右击，从弹出的菜单中选择 Edit→Add Measurement 命令，从第一列的 Measurement 下拉列表中

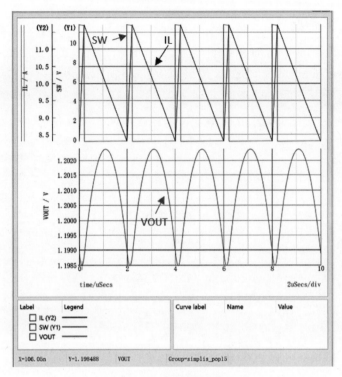

图 2-57　VOUT 波形分离显示

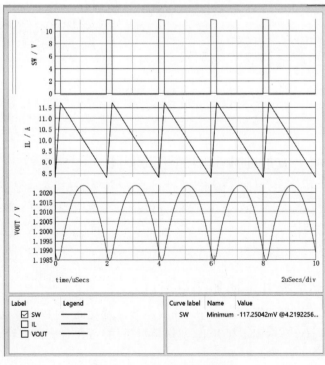

图 2-58　SW 波形最小值测量

选择 Mean。单击右侧的 Add Measurement 按钮，然后选择 Peak To Peak 作为第二个测量项，在第五列 Display on Schematic 中，将 Mean 和 Peak to Peak 对应的选项选为 Yes，在对话框底部，单击 Ok 按钮以保存探针测试项，如图 2-59 所示。

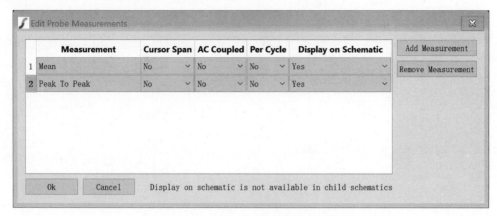

图 2-59　VOUT 探针测量项目设置

在原理图编辑器内，选择 IL 探针，重复上述设置步骤，添加 Mean 和 Peak to Peak 测量项目。

在原理图编辑窗口内，选择 SW 探针，重复上述步骤，添加 Minimum 和 Maximum 测量项目。

设置完成以后进行 POP 分析，仿真结果如图 2-60 所示。

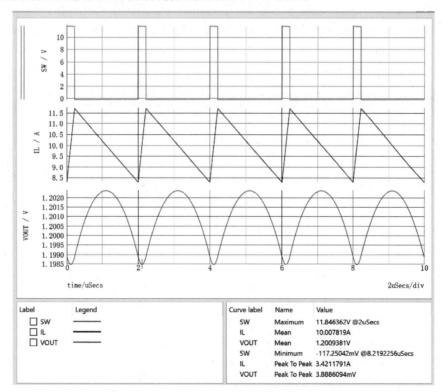

图 2-60　添加探针测量项目后的仿真波形

仿真后,前述探针测量结果也会显示到原理图中,如图 2-61 所示。

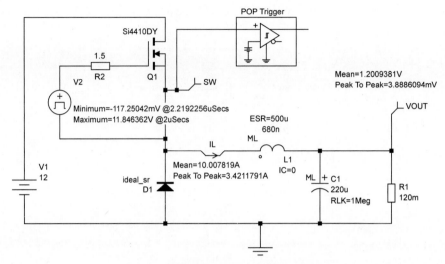

图 2-61　添加探针测量项目后仿真原理图

2.4　F11 窗口的使用

在 F11 窗口中可以方便地定义一些变量,计算并绘制一些波形。有两种方式可以打开 F11 窗口:一是在原理图编辑窗口内按键盘上的 F11 键;二是在原理图编辑窗口内使用鼠标从底部向上拖。本节将会继续以上述的降压稳压器电路为例,构建补偿网络,并使用 F11 窗口来计算补偿器。

按照前述原理图构建过程,从 Part Selector 元器件库内找到元器件,按照图 2-62 构建 Ⅲ 型补偿电路并加入到原理图内进行连接,该补偿器的设计目标为设计一个稳定的闭环系统。

本节暂时不详细介绍补偿器设计选择与参数值的计算方法,相关内容将在第 4 章节内详细介绍。

进行 AC 分析可得到开环传递函数的波特图,如图 2-63 所示。

从仿真与测量结果可以看出,加入补偿器后系统穿越频率超过了 98kHz,且相位裕度超过 47.9°以上,系统稳定且带宽足够宽,可保证比较快的动态响应速度。

接下来介绍如何使用 F11 窗口计算这些补偿器参数。在 F11 窗口内输入计算这些补偿器参数的公式后,当元器件或输入输出参数改变时,可以自动或快速地改变补偿器参数值,从而避免每一次都需要手工计算或更改每个元器件的参数值。

在此之前,需要将补偿器内的元器件值变为变量的形式,如对于补偿电容 C2,双击 C2,在弹出的对话框内输入"{C2}",通过将变量名放在花括号内来为每个元器件添加参数化值。依次对其他元器件也进行类似的操作,如图 2-64 所示。

按下键盘的 F11 键打开 F11 窗口,如图 2-65 所示。

找到最后一行.SIMULATOR DEFAULT,在其下方输入如图 2-66 所示的内容。

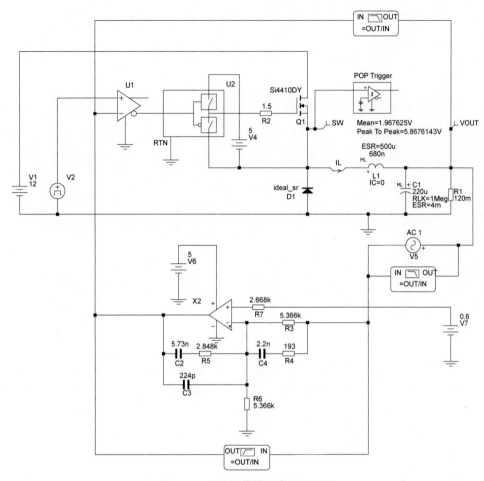

图 2-62 Ⅲ型补偿器的降压稳压器

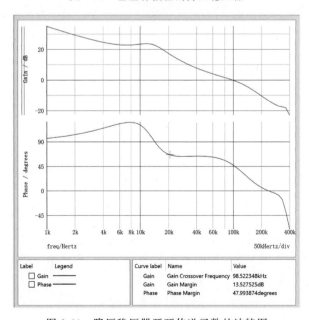

图 2-63 降压稳压器开环传递函数的波特图

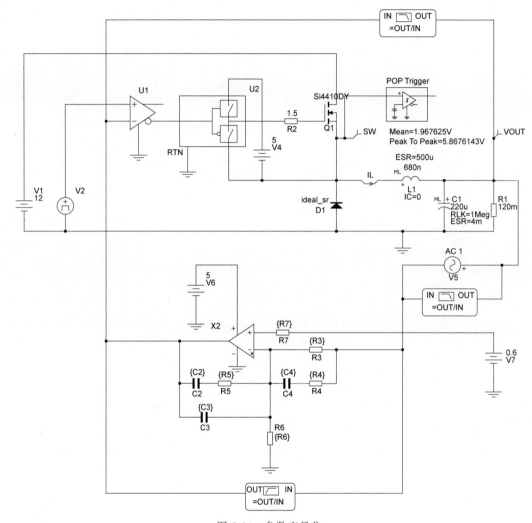

图 2-64　参数变量化

```
1 .SIMULATOR SIMPLIS
2 .AC DEC 25 1k 400k
3 .PRINT
4 + ALL
5 .OPTIONS
6 + PSP_NPT=10001
7 + POP_ITRMAX=20
8 + POP_OUTPUT_CYCLES=5
9 + SNAPSHOT_INTVL=0
10 + SNAPSHOT_NPT=11
11 + MIN_AVG_TOPOLOGY_DUR=1a
12 + AVG_TOPOLOGY_DUR_MEASUREMENT_WINDOW=128
13 .POP
14 + TRIG_GATE={TRIG_GATE}
15 + TRIG_COND=0_TO_1
16 + MAX_PERIOD=2.2u
17 + CONVERGENCE=1p
18 + CYCLES_BEFORE_LAUNCH=5
19 + TD_RUN_AFTER_POP_FAILS=-1
20 *.TRAN 500u 0
21
22 .SIMULATOR DEFAULT
```

图 2-65　F11 窗口

在 F11 窗口内输入的内容可以分为 4 个部分：第一部分为定义该降压稳压器的参数值，包括输入电压、输出电压、所使用的元器件参数值等；第二部分为计算并定义补偿器零极点放置的频率位置；第三部分为详细的根据前述两部分内容计算的补偿器参数值；第四部分为输出设置语句，以方便查看计算结果，供调试和实际选择元器件时使用。

在 F11 窗口内，以.VAR 开头的语句表示定义变量，以"＊"开头的语句表示注释语句，

```
 1 .SIMULATOR SIMPLIS
 2 .AC DEC 25 1k 400k
 3 .PRINT
 4 + ALL
 5 .OPTIONS
 6 + PSP_NPT=10001
 7 + POP_ITRMAX=20
 8 + POP_OUTPUT_CYCLES=5
 9 + SNAPSHOT_INTVL=0
10 + SNAPSHOT_NPT=11
11 + MIN_AVG_TOPOLOGY_DUR=1a
12 + AVG_TOPOLOGY_DUR_MEASUREMENT_WINDOW=128
13 .POP
14 + TRIG_GATE={TRIG_GATE}
15 + TRIG_COND=0_TO_1
16 + MAX_PERIOD=2.2u
17 + CONVERGENCE=1p
18 + CYCLES_BEFORE_LAUNCH=5
19 + TD_RUN_AFTER_POP_FAILS=-1
20 *.TRAN 500u 0
21
22 .SIMULATOR DEFAULT
23
24 ***        电路参数定义        ***
25 .VAR VIN = 12
26 .VAR VRAMP = 1
27 .VAR L = 680n
28 .VAR C = 220u
29 .VAR VOUT = 1.2
30 .VAR VREF = 0.6
31 .VAR ESR = 4m
32 .VAR FXOVER = 80k
33 .VAR FSW = 500k
34
35 *** 计算LC双极点频率, 输出电容的ESR零点频率
36 .VAR FLC = 13012.31
37 .VAR FESR = 180857.89
38
39 ***       补偿器设计, 零极点放置法            ***
40 *** 在LC共轭双极点处放置第二个补偿零点FZ2
41 .VAR FZ2 = {1/(2*pi*SQRT(L*C))}
42
43 *** 在FZ2零点频率的75%位置放置第一个零点FZ1
44 .VAR FZ1 = {0.75*FZ2}
45
46 *** 放置第二个补偿极点(第一个极点在零频率处)在输出电容ESR零点处
47 .VAR FP2 = {1/(2*pi*ESR*C)}
48
49 *** 将第二补偿极点放置在输出电容ESR零点频率更高处可以获得更高的相位
50 .VAR FP2 = {0.75*FSW}
51
52 *** 将第三个补偿极点放置在开关频率二分之一频率处
53 .VAR FP3 = {0.5*FSW}
54
55 *** 先设定 C4为2.2nF作为补偿器参数设置起始点
56 .VAR C4 = 2.2n
57
58 *** 由C4和FP2计算公式, 计算R4
59 .VAR R4 = {1/(2*pi*C4*FP2)}
60
61 *** 由C4, R4 和FZ2,计算R3
62 .VAR R3 = {1/(2*pi*C4*FZ2)-R4}
63
64 *** 由R3, VREF 和VOUT, 计算R6
65 .VAR R6 = {R3*VREF/(VOUT-VREF)}
66
67 *** 将R7设置为R3和R6的并联阻值
68 .VAR R7 = {R3*R6/(R3+R6)}
69
70 *** 计算R5
71 .VAR R5 = {2*pi*FXOVER*L*C*VRAMP/(VIN*C4)}
72
73 *** 由R5和FZ1, 计算C2
74 .VAR C2 = {1/(2*pi*R5*FZ1)}
75
76 *** 由R5和FP3, 计算C3
77 .VAR C3 = {1/(2*pi*R5*FP3)}
78
79 *** 下面的表达式可以在仿真后查看具体的计算值              ***
80 *** Simulator -> Edit Netlist (after preprocess) 打开文件 ***
81
82 {'*'} FZ2 : {FZ2}
83 {'*'} FZ1 : {FZ1}
84 {'*'} FP2 : {FP2}
85 {'*'} FP3 : {FP3}
86
87 {'*'} C4 : {C4}
88 {'*'} R4 : {R4}
89 {'*'} R3 : {R3}
90 {'*'} R6 : {R6}
91 {'*'} R5 : {R5}
92 {'*'} C2 : {C2}
93 {'*'} C3 : {C3}
```

图 2-66　F11 窗口计算补偿器参数

不参与程序编译与计算,程序内也内置了一些默认变量与表达式,如 pi 和 SQRT()等。

　　保存原理图后,应重新进行仿真。注意,此时将 POP 触发器的位置更改为锯齿波发生器 V2 上,并将触发值改为 0.5V。这样做可以保证输入信号在每个开关周期内都能达到 POP 触发器的阈值点,这样就与开关调制器的占空比调制无关,这个锯齿波发生器独立于占空比调制电路,后续电路也应尽量使用类似器件来作为 POP 触发器的输入信号源。

进行 AC 仿真分析,仿真结果如图 2-67 所示。

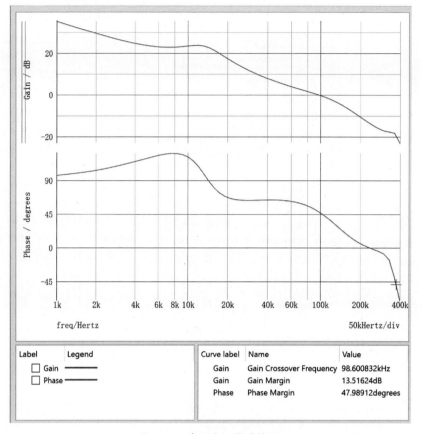

图 2-67　降压稳压器波特图

通过原理图编辑器的Simulator→Edit Netlist (after preprocess)命令打开网表文件,可以看到,由 F11 窗口输入的公式计算得到的实际补偿器参数如图 2-68 所示。

```
8  * FZ2  : 13012.3080131893
9  * FZ1  : 9759.23100989196
10 * FP2  : 375000
11 * FP3  : 250000
12 * C4   : 2.2e-09
13 * R4   : 192.915082535631
14 * R3   : 5366.67940889006
15 * R6   : 5366.67940889006
16 * R5   : 2848.37733925475
17 * C2   : 5.72541552580328e-09
18 * C3   : 2.23502610975745e-10
```

图 2-68　网表中的补偿参数值

2.5　模块化建模

现在的电路系统规模越来越大,为了便于理解、维护、修改和复用一些成熟的子电路,普遍采用模块化的建模方法,无论是电路设计还是仿真,都可以见到模块化的设计思想与方法。SIMPLIS 同样支持这种建模方法,SIMetrix/SIMPLIS 集成了一个封装子模块的系统,可将原理图划分为子模块,子模块的文件格式为 Schematic Component。本节就以上述构建的补偿器电路部分为目标,构建子电路模块。

2.5.1　子电路与符号创建

从原理图中创建分层模块需要 3 个主要步骤：

（1）创建子电路原理图，将模块端口添加到子原理图中以标明节点连接到其他子模块。

（2）将子电路原理图文件保存为原理图元器件文件（文件格式为 Schematic Component）。

（3）创建一个图标符号，该符号具有与底层模块端口对应的引脚。

接下来将上述降压稳压器电路经过补偿器电路设计为一个子模块，按照如下步骤设计。

（1）在一个新创建的子电路中复制补偿器电路，如图 2-69 所示。

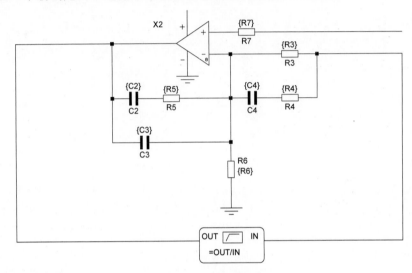

图 2-69　补偿器电路

（2）在原理图编辑器菜单中，选择 Hierarchy→Place Module Port 命令，添加模块端口以及运放的两个输入端口、一个输出端口和电源端口，并重命名端口名称，如图 2-70 所示。

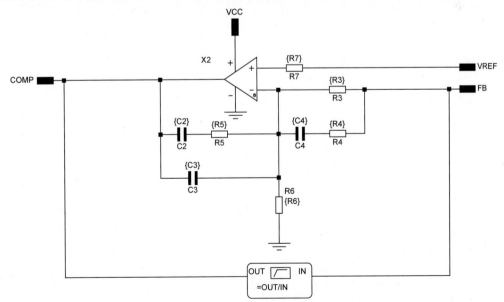

图 2-70　在补偿器电路中添加模块端口

（3）将子电路模块另存为原理图元器件文件，选择 File→Save Schematic As 命令，将原理图组件重命名为 3p2zcompensator. sxcmp。

（4）为原理图元件创建符号。在补偿器原理图元件的菜单栏选择 Hierarchy→Open/ Create Symbol for Schematic 命令，为此原理图组件创建一个新符号。符号编辑器被打开时带有自动创建的默认符号，此符号包含所有连接信息和符号属性，符号引脚会根据子原理图中模块端口的位置自动放置在符号的四周，如图 2-71 所示。

（5）可以对自动创建的符号进行缩放编辑，操作方法为按住鼠标左键，在符号一侧、引脚或文本处拖出一个框，选中符号后拖动来调整大小，调整后如图 2-72 所示。

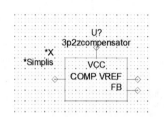

图 2-71　子电路自动创建符号

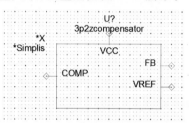

图 2-72　调整后的符号

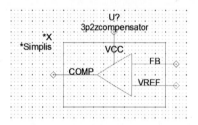

图 2-73　绘制图形后的符号

（6）为了增强阅读性，也可以添加描述底层功能的图形符号，符号上绘制线就像原理图编辑器中绘制线一样，双击开始画线，单击可添加拐弯角，右击或按 Esc 键结束绘制线，如图 2-73 所示。

（7）保存子电路和符号。单击"保存"按钮，出现如图 2-74 所示的提示框，单击 Ok 按钮。

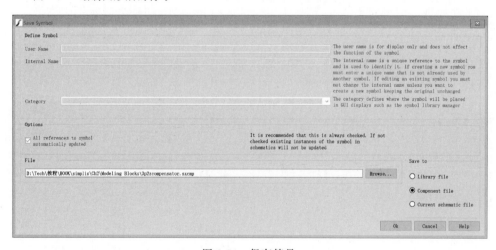

图 2-74　保存符号

2.5.2　应用子电路与符号

接下来就可以将封装好的子电路模块应用到前述的电路中。打开前述包括补偿器电路的原理图，删除补偿器电路，剩下的电路如图 2-75 所示。

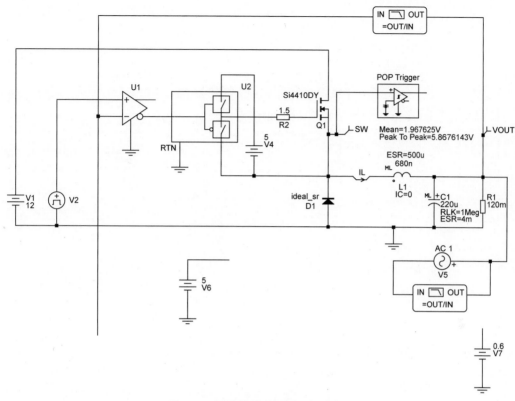

图 2-75　删除补偿器电路后的电路图

（1）从菜单栏中选择 Hierarchy→Place Component(Relative Path)命令，找到并选择之前新建的 3p2zcompensator.sxcmp 原理图子模块组件，然后单击 Open 按钮，将出现的符号放在原先补偿器电路所在的位置，如图 2-76 所示。

（2）将补偿器符号连接到功率级电路中，如图 2-77 所示。

（3）清除顶层原理图的 F11 窗口中的内容。打开 F11 窗口，先复制再删除.SIMULATOR DEFAULT 后的所有内容，如图 2-78 所示。

（4）返回原理图编辑器窗口，选中并右击补偿器符号，在弹出的菜单中选择 Descend Hierarchy 命令进入子原理图，按 F11 键进入子电路的 F11 窗口，删除 F11 窗口中的所有内容后再粘贴刚才复制并删除的内容，如图 2-79 所示。

（5）保存子电路和顶层电路原理图文件，接下来就可以使用新原理图文件进行仿真，瞬态仿真结果如图 2-80 所示。

此时的原理图是完整的分层模块设计，虽然这里只有一个子电路模块，但是本节介绍的概念可用于创建更大规模和更高复杂度的多层次电路模型。

本节介绍的模块化建模具有以下几个优点：

（1）子电路模块可以被其他需要Ⅲ型补偿器的控制器建模复用；

（2）可使用替代控制方案替换为不同种类的补偿器电路；

（3）可以方便地使用顶层电路中的规格参数来对补偿器子电路参数化，可快速更改补偿器的参数值。

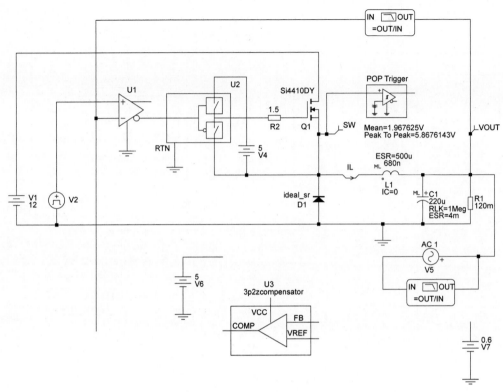

图 2-76 将符号加入原理图中

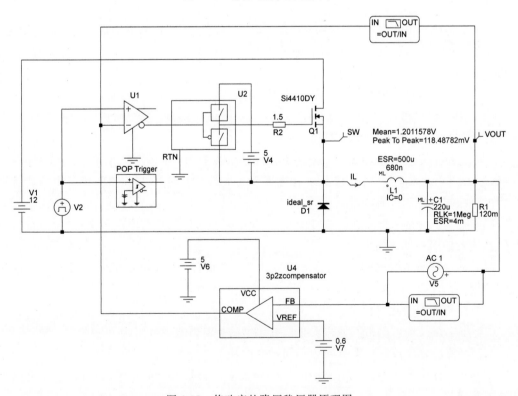

图 2-77 修改完的降压稳压器原理图

```
 1 .simulator SIMPLIS
 2 *.ac DEC 25 1k 400k
 3 .print
 4 + ALL
 5 .options
 6 + PSP_NPT=10001
 7 + POP_ITRMAX=20
 8 + POP_OUTPUT_CYCLES=5
 9 + SNAPSHOT_INTVL=0
10 + SNAPSHOT_NPT=11
11 + MIN_AVG_TOPOLOGY_DUR=1a
12 + AVG_TOPOLOGY_DUR_MEASUREMENT_WINDOW=128
13 *.pop TRIG_GATE={TRIG_GATE} TRIG_COND=1_TO_0 MAX_PERIOD=2.2u CONVERGENCE=1p CYCLES_BEFORE_LAUNCH=5 TD_RUN_AFTER_POP_FAILS=-1
14 .tran 500u 0
15
16 .simulator DEFAULT
17
```

图 2-78 顶层原理图 F11 窗口

```
 1 ***        电路参数定义              ***
 2 .VAR VIN = 12
 3 .VAR VRAMP = 1
 4 .VAR L = 680n
 5 .VAR C = 220u
 6 .VAR VOUT = 1.2
 7 .VAR VREF = 0.6
 8 .VAR ESR = 4m
 9 .VAR FXOVER = 80k
10 .VAR FSW = 500k
11
12 *** 计算LC双极点频率, 输出电容的ESR零点频率
13 .VAR FLC = 13012.31
14 .VAR FESR = 180857.89
15
16 ***        补偿器设计, 零极点放置法                    ***
17 *** 在LC共轭双极点处放置第二个补偿零点FZ2
18 .VAR FZ2 = {1/(2*pi*SQRT(L*C))}
19
20 *** 在FZ2零点频率的75%位置处放置第一个零点FZ1
21 .VAR FZ1 = {0.75*FZ2}
22
23 *** 放置第二个补偿极点(第一个极点在零频率处)在输出电容ESR零点处
24 .VAR FP2 = {1/(2*pi*ESR*C)}
25
26 *** 将第二补偿极点放置在输出电容ESR零点频率更高处可以获得更高的相位
27 .VAR FP2 = {0.75*FSW}
28
29 *** 将第三个补偿极点放置在开关频率二分之一频率处
30 .VAR FP3 = {0.5*FSW}
31
32 *** 先设定 C4为2.2nF作为补偿器参数设置起始点
33 .VAR C4 = 2.2n
34
35 *** 由C4和FP2计算公式, 计算R4
36 .VAR R4 = {1/(2*pi*C4*FP2)}
37
38 *** 由C4, R4 和FZ2, 计算R3
39 .VAR R3 = {1/(2*pi*C4*FZ2)-R4}
40
41 *** 由R3, VREF 和VOUT, 计算R6
42 .VAR R6 = {R3*VREF/(VOUT-VREF)}
43
44 *** 将R7设置为R3和R6的并联阻值
45 .VAR R7 = {R3*R6/(R3+R6)}
46
47 *** 计算R5
48 .VAR R5 = {2*pi*FXOVER*L*C*VRAMP/(VIN*C4)}
49
50 *** 由R5和FZ1, 计算C2
51 .VAR C2 = {1/(2*pi*R5*FZ1)}
52
53 *** 由R5和FP3, 计算C3
54 .VAR C3 = {1/(2*pi*R5*FP3)}
55
56 *** 下面的表达式可以在仿真后查看具体的计算值                    ***
57 *** Simulator -> Edit Netlist (after preprocess) 打开文件 ***
58
59 {'*'} FZ2 : {FZ2}
60 {'*'} FZ1 : {FZ1}
61 {'*'} FP2 : {FP2}
62 {'*'} FP3 : {FP3}
63
64 {'*'} C4 : {C4}
65 {'*'} R4 : {R4}
66 {'*'} R3 : {R3}
67 {'*'} R6 : {R6}
68 {'*'} R5 : {R5}
69 {'*'} C2 : {C2}
70 {'*'} C3 : {C3}
```

图 2-79 子电路的 F11 窗口

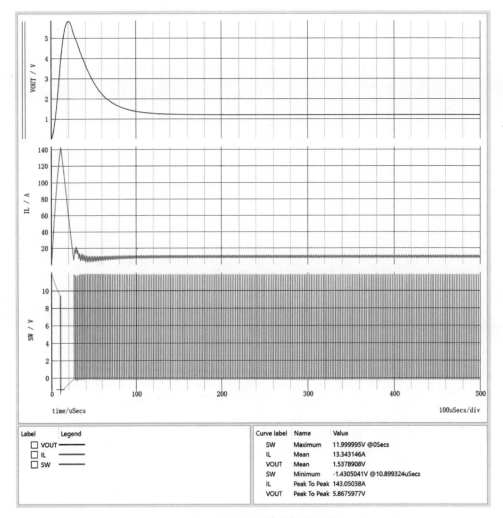

图 2-80　新原理图瞬态仿真结果

2.6　模型加密与保护

使用 SIMPLIS 搭建芯片仿真模型或子电路后需要分享给客户或其他人,但是又不想分享内部的详细设计电路,这时给子电路或模型加密是一种常用的方式。半导体公司通常也是采取这种做法将芯片模型发布到官网上供使用者下载仿真。接下来以前述补偿器子电路为例介绍两种发布包含加密电路的方法。

2.6.1　对模型加密

(1) 打开前述包含封装补偿器子电路模块的降压稳压器原理图,如图 2-81 所示。

(2) 选中补偿器图标 3p2zcompensator,右击选择 Create ASCII Model and Symbol from . sxcmp 命令,如图 2-82 所示。

(3) 软件会运行脚本程序,出现如图 2-83 所示对话框。

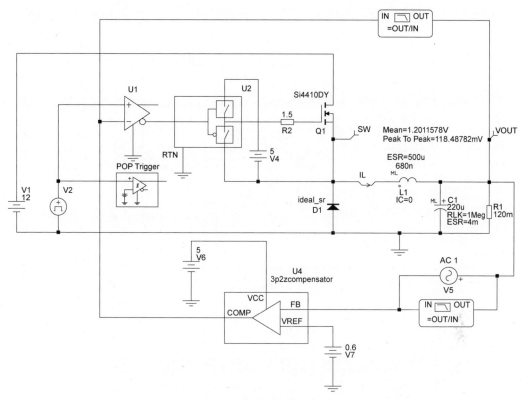

图 2-81　降压稳压器原理图

（4）单击 Yes 按钮，脚本程序会保存从子电路模块复制来的图标文件，将图标文件安装到库文件内。Command Shell 窗口会出现如图 2-84 所示的内容。

这段内容包含了非常多的信息，首先提示按照前面步骤操作后脚本程序生成了 3 个文件：

- 3p2zcompensator.lb 文件是非加密的 LIB 网表文件；
- 3p2zcompensator_encrypted.lb 文件是加密的 LIB 网表文件；
- 3p2zcompensator.sxslb 文件是图标文件。

并且将上面的图标文件安装到了软件库文件内。第二部分内容详细介绍了如何在原理图中使用此加密电路模块，这也是我们将要介绍的第一种方法。

可以从本地文件夹内找到上述建立的 3 个文件，如图 2-85 所示。

2.6.2　模型加密方法一

下面按照 Commend Shell 窗口内介绍的步骤进行操作。

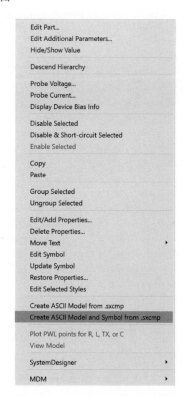

图 2-82　创建 ASCII 模型与图标

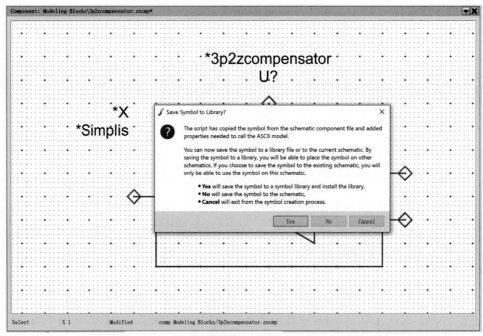

(a) 运行脚本，出现对话框

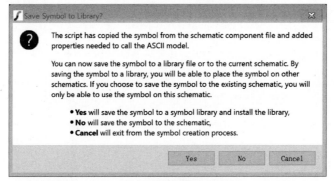

(b) 对话框具体内容

图 2-83 保存图标到库文件

图 2-84 Command Shell 窗口信息

3p2zcompensator.lb	1/8/2022 9:24 PM	LB File	6 KB
3p2zcompensator.sxslb	1/8/2022 9:28 PM	SXSLB File	2 KB
3p2zcompensator_encrypted.lb	1/8/2022 9:24 PM	LB File	8 KB

图 2-85　新创建的 3 个文件

（1）将前面使用的原理图另存为一个原理图文件，可取名为 2.7.2_BUCK_3p2zcompensator_encrypted. sxsch，删除 U3 补偿器元器件图标，如图 2-86 所示。

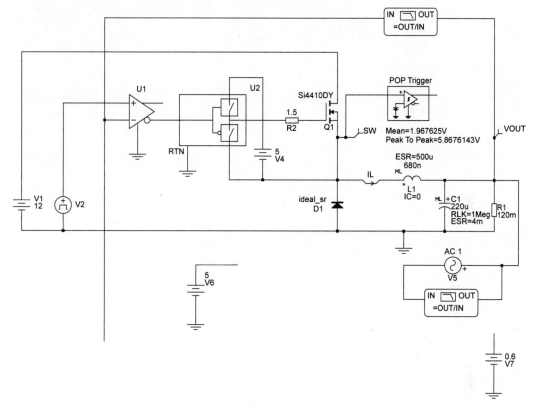

图 2-86　删除 U3 后的原理图

（2）单击键盘上的 Q 键，出现安装的 ASCII 新模型图标，替换删除的 U3，如图 2-87 所示。

（3）将 ASCII 模型库包含到原理图中，打开 F11 窗口，在 . simulator DEFAULT 命令行上方添加 . include 3p2zcompensator_encrypted. lb 命令行，如图 2-88 所示。

（4）保存原理图，单击运行仿真，检验可以正常运行。

使用这种方式分享模型时，需要将原理图加上包含刚才运行脚本文件生成的 3p2zcompensator. sxslb 和 3p2zcompensator_encrypted. lb 两个文件。

2.6.3　模型加密方法二

上面介绍的第一种方法存在一定的不便，因为需要包含多个文件，接下来介绍一种更加简单的方法。

（1）重复方法一的前两个步骤，将原理图另存为 2.7.3_BUCK_3p2zcompensator_encrypted. sxsch，替换 U3。

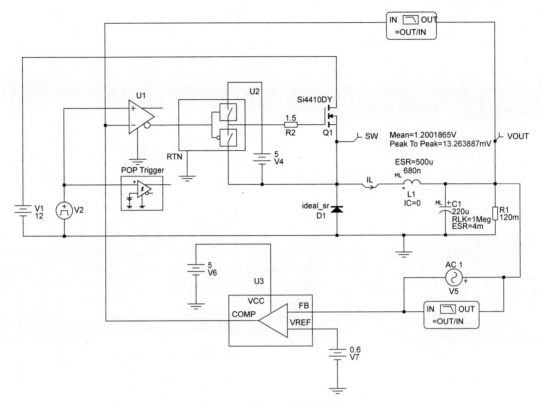

图 2-87　替换 U3 后的原理图

```
1 .simulator SIMPLIS
2 *.ac DEC 25 1k 400k
3 .print
4 + ALL
5 .options
6 + PSP_NPT=10001
7 + POP_ITRMAX=20
8 + POP_OUTPUT_CYCLES=5
9 + SNAPSHOT_INTVL=0
10 + SNAPSHOT_NPT=11
11 + MIN_AVG_TOPOLOGY_DUR=1a
12 + AVG_TOPOLOGY_DUR_MEASUREMENT_WINDOW=128
13 *.pop TRIG_GATE={TRIG_GATE} TRIG_COND=1_TO_0 MAX_PERIOD=2.2u CONVERGENCE=1p CYCLES_BEFORE_LAUNCH=5 TD_RUN_AFTER_POP_FAI
14 .tran 500u 0
15
16 .include 3p2zcompensator_encrypted.lb
17
18 .simulator DEFAULT
19
```

图 2-88　F11 窗口内包含库文件信息

（2）找到文件夹内的 3p2zcompensator_encrypted.lb 文件，使用文本编辑类软件（如 Notepad++）打开此文件，如图 2-89 所示。

（3）使用 Ctrl＋A 组合键选中所有内容，按 Ctrl＋C 组合键复制全部内容。

（4）在原理图内打开 F11 窗口，将复制的内容粘贴到 .simulator DEFAULT 命令行以上，如图 2-90 所示。

（5）保存原理图，运行仿真，验证通过。

使用这种方法分享加密模型时，不需要包含前述生成的 3 个文件，只需要分享包含图标和 F11 窗口信息的原理图即可。

```
🖫 3p2zcompensator_encrypted.lb🗙
  1  *********************************************************************
  2  ***                                                               ***
  3  ***         Auto-generated ASCII Library file for component :     ***
  4  ***                    3p2zcompensator.sxcmp                      ***
  5  ***                    Created on : 1/8/2022                      ***
  6  ***                     At Time : 9:24 PM                         ***
  7  ***                    Using version : 8.40                       ***
  8  ***                                                               ***
  9  *********************************************************************
 10
 11  *** POP Trigger Gate information:
 12  *** This model has no embedded POP trigger gate.
 13
 14  .subckt 3p2zcompensator  11 12 13 14
 15
 16  .node_map VCC 11
 17  .node_map VREF 12
 18  .node_map COMP 13
 19  .node_map FB 14
 20
 21  *
 22  ?@@--START ENCRYPTION: "SMX_AES 3p2zcompensator"
 23  ?@@w0OHbYgt4XV+tNspYaTnLr/St3f1WzH0q75VGnhE027+nfx89HzzKTF3tw7ggVtt?##
 24  ?@@UEHannqtrvnv389IDaoM7NHcmZxBGjz/9WtMxcmwsqxyoEEZ4d/P5cqTaxbcXRGD?##
 25  ?@@nACq6Zf4SymKBdYYAxmR6ZD4OOPrj6ET8PFXjIodrkBtj80ixgssHJzTF41SQ7ZY?##
 26  ?@@LtL29wf3IZrb+z3jUDM0W8eb4K58ACiri3AojganpoArH45ZFpiiOrz48cibKy80?##
 27  ?@@ENgei73lSQurDGx0r432/dVzUX/uznLNuTPEGBf9GFSaM3oiC+8txQFGt0ofddXn?##
 28  ?@@R4NU6H30tKnBvu6VHH+KaGbyOcS44fB//Lzv2Qvc/IFEyY1odEjpHCUGIZVBTyW/?##
 29  ?@@YXFV1daiSxfJ43wkPobyA6ur3BCsmywONTBUSEHs2I9wmHp3wsce67761DLG1XnL?##
 30  ?@@J6xCE1mDTS7A1XOdjNDUzRnCH2t+TacDdvGwBhD10lYA2pBXYV/Qkheb/7bQ+Nms?##
 31  ?@@EOE1s9B2NVp7QVL9CQ+fM9CA5NQLo6E6/UKHMeWhp7XjBr94TC1CxdLRSut+A1ZR?##
 32  ?@@+WoopyUylv6gYT4vLJFjzv7kmypBn5d7Lwg4a/jMceQitSWkBOOl/mdaHbkI49Pm?##
 33  ?@@mB7gz7xvow1Ax85zk6mFizuEZ9DtNKonnxs78jnRTdIILgaa3+OL4zgJScYNAMmC?##
 34  ?@@lzs9xKU0ikUCjDM2AQvWxNp/ydT0Z/rZYylx8aAEKrj4RckBu0opr19B48QXL4nV?##
 35  ?@@3M66s/VTrvOm3a9P+FJ0QCIGn/WQrkgToNUGGO3OTLrapppdCB50gudYfieeiLtr?##
 36  ?@@kQszaCpEVshXHwUp57PymRGy9lVcTC4THGwjsHIOr5LRM5qXRFnN/NQuAO6fz2kX?##
 37  ?@@/GAATelNVP0APSrPzzQfBKUAV2Rko3PT41/29kGNs53cXcvGachUq4kmPF5/hNdD?##
 38  ?@@UoaZFqnwjlNdSWi2eBiQcDKEs1kAbjh9ajEHW8gLRfM3C5T3m8DFunHulwfwVmlu?##
 39  ?@@brQcVIZlJPbIP867Xg+2ahT+GCPjF6gZlcbgSfETrWNn8LukVE+n07a2T//9aRJh?##
 40  ?@@ryiBajYmu2xlmkcvhLoSfGHm2DS7KLodzqzNnu+wZz3Yj5cBhnJWWe49RN7vhSL+?##
 41  ?@@Kvo1nbyh8z8Ku1+9V39UoSteb/JMvo+DU71vtZ14WfpGpuhaP8bYK+75cF0EfGK3?##
 42  ?@@TaH/J3p9YPio1kz63B4QXsMjXOBj1HI4p1oeIIpR7QZ81T2SqZwKcgbqj22s5cT9?##
 43  ?@@j+OT/ps//1LAXSThsCsoSFONMHR1OI8+PK2qOOgiKTDrz7FFCjVKR+AUKDZPPG+Az?##
```

Normal text file

图 2-89　加密库文件内容

```
112 ?@@KF5Iw6O1WFz6dA9uSjdDw2cwlmKzhrGEP193p7HZCfeVKqCkzqcjxqwmow9J9iYN?##
113 ?@@2HTOP9yjD07gVcWoeCgovk5igz6hZQMPHhDhZpN7pu/swoFXjcx3bI1zSEURg9OZ?##
114 ?@@e9PN1DcspY3Ymmj7Li92o3zE9wwe3N7stmiu7euYRymrqreGhM71v9zf+U+1O4oh?##
115 ?@@99Lo1cd4ecwfWvKdajhtjpS2xE883aiCr2xAhqpt441A4dgXiIOKQVY4pRyF3eIC?##
116 ?@@xNF1Y2bTyruru1orrYgsFffwzOPB15ZkPpKWOwiCYUbH+gHahxSN2kJ+CzmtuwPq?##
117 ?@@8syveXvA4FDtE2+W9SYwMpTS6feIUm5mDPV30RdGO/UNGav3zOU5Gpi JOHNxDSsA?##
118 ?@@dwj/p5ipzKYqCppuP1156toCxwIbRUjKMnq2BOuUogyjTcm7W1kq526cU5mlevEP?##
119 ?@@y+AjjBXWFKYGRBxkH4nW8wRBAvFOUkaq5XkLSeewnHBSTyCCkGFNOuDie/PkZ3QL?##
120 ?@@Dv/+b1ZWR6w9dP5+iLPwfO7Nhw1NfOXPyn6g35/yVZqTCWxJT4LYB6//faHTVxaJ?##
121 ?@@Ohdz1W8MKz8pqzFiwJUAQBYdjnTak3cFRPYq67WSuZGbAVRm1JpXReL5AvXqa5yk?##
122 ?@@FETR+jQV6tEw8TtbVxvESJYi4ZU+y+Hf443oEanfmRvb91GtOP1a01MNfg2FW+9p?##
123 ?@@OYk1CgcFh5OXAK2ImxDoOvPutsR7XRFA/YZzVIPIHTVs4vNO7PoEJrBvvaBSCIt1?##
124 ?@@dXg+96HMLZtW3zD2jNKQfiPTOi8173aRGbQLh1kpKz1VG0As14Cg9RWgLX24AIPx?##
125 ?@@AmCQk28wDRqwlRyOJd/6Y6X2jjD4wJ6VNiEicf8kzrSC/t4vGZXowVeFdjFcZ2DJ?##
126 ?@@EnF22VeHFGMdfcnjO11+0721uD3/JV1PSbYpKjJYaMpSthQu+6iuqQLf0DKKIIqP9?##
127 ?@@ac5HeSMkoqT+x3SzDDuF2bp5cFPnJ96YstD+w1EdZySRzStjsBUwqathz71PIsDZ?##
128 ?@@pYN/h4YXgKrAG8sKo1dBwJ8En5nvg4ZpJJOGXPvOEu+XrtKZGuhPcD/AFvp4jwnV?##
129 ?@@uspo+iCnX4c+TEtZnU+Wq8BgwYpLC+cnOwbrb64IQq1RLTDnvh3bNKtXUd9x/sdu?##
130 ?@@7krrg3jm+y2DBB2nwl+xc6+7xj4UqjYtu0Dp5CPb2TGGL+bOxiOjhGSWHsCwEG9d?##
131 ?@@ffv2TZXmad+/fOWOy3okIp+2kcnKkLd2tgow/3f2NF35SkbYCQntTlgFFNO7WE2u?##
132 ?@@OBOUgKQRz11ATBVHjOA12YQSL0eiOj8qcjtEFtjq7ipzY22GKAS3bSCE+uEVNXPM?##
133 ?@@q0kvhqjDAc3kAsqhLr8P6MijWSNtYMyLkakNCPvRqYD5R+lOIzDp9vnd+CKTWb1P?##
134 ?@@O8n9/4fkRQDYCN8EFbqfzKKuqiZAzwOoOQUcIJFTfgwP21bz4z7m5f3ypTFHP8LO?##
135 ?@@EcFUW38rM5EEoG+JSoOfOj/1t/Y1xtXHvqk0q3N85uUn2vK59kBY5tSF3NpKLe4v?##
136 ?@@ll2iAoo2G7Ru3C0TrO63fFub8J2ujwp6/YdRTDTHTs+OwavkSQoccyEqJx8+VAjQ?##
137 ?@@PC5/2LC6uClJ5GrUI9yfMi8TtQHGLtaiEw3r7B6b4/YWYaBnLnyESZlpEcZlzPOn?##
138 ?@@QSzxY5Vcs3ha5o+m2wswfBXiOpwrUMiJKpdJjHq6KOvjsbOCWR1k/fYB8B7oNf2M?##
139 ?@@CVloDmt3x3awxf6Df7HT76Mq31yBtKNqiXaMipwz16R1wBLkOqaR2t6erkzhv1R1?##
140 ?@@hPujFdLM4JOpvikqk4be9z1u5Bxk+MZJ9jjNkhh5c7TF9vJx+nzm9jNt9evibzgZ?##
141 ?@@vURSoXJL52co8joJyfXnDQMpQ1phZhxK1+DiDnJFzsU=?##
142 ?@@--END ENCRYPTION: "SMX_AES 3p2zcompensator", 100 lines, chksum b044b00d
143 *
144
145 .ends 3p2zcompensator
146
147
148 .simulator DEFAULT
```

图 2-90　在 F11 窗口内粘贴加密模型信息

2.7　本章小结

"工欲善其事,必先利其器。"本章以一个降压稳压器为例介绍了使用 SIMPLIS 搭建仿真电路的方法,介绍了如何找到合适的元器件,绘制原理图,配置仿真模式和绘制仿真波形等。本章是芯片或电路建模的基础,熟练掌握一种仿真软件的使用有助于理解电路运行原理和尝试构建新的拓扑结构和控制方法等。

第 **3** 章

芯片建模之基本元器件与模块

本章基于第 2 章介绍的 SIMPLIS 软件使用基础知识,详细介绍在电路设计与芯片建模中经常使用的元器件与子电路模块。熟悉这些元器件的种类、位置、参数和特点不仅可以帮助构建各种功能的电路,还可以从芯片建模角度了解在建模时关注的一些参数与方法。

本章包含以下知识点:

(1) SIMPLIS 基本模拟元器件,包括电阻、电容、电感、二极管、开关器件、比较器、运放、光耦等。

(2) SIMPLIS 基本数字元器件,包括各种门逻辑元器件与触发器等。

(3) SIMPLIS 模型导入。

(4) SIMPLIS 基本电路模块,包括时钟与软启动电路。

3.1 基本模拟元器件

模拟元器件包括常见的无源分立器件、电压电流源、开关和运放等,是 SIMPLIS 中种类和数量最为齐全的元器件。

基本的无源器件包括电阻、电容、电感、二极管和变压器等。既可以从原理图页面的上方菜单内找到对应的元器件图标,也可以从 Part Selector 的各个类别内找到各个元器件。

3.1.1 电阻

SIMPLIS 中的电阻可分为固定电阻和 PWL 电阻,如表 3-1 所示。固定电阻的参数比较简单,直接输入电阻值即可。PWL 电阻功能就强大多了,可以设置不同电压或电流下的不同电阻值,也可以使用 PWL 电阻来搭建二极管等模型。

表 3-1 普通电阻与 PWL 电阻对比

名 称	普 通 电 阻	PWL 电 阻
符号	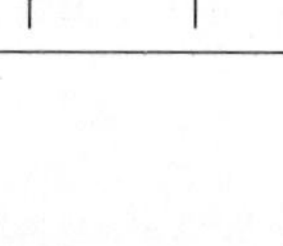 R1 1K R1 1K	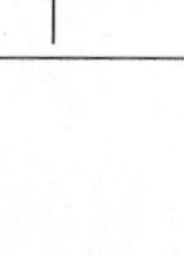 R1 IC=1

名　称	普通电阻	PWL　电　阻
元器件选择器 目录	• Commonly Used Parts→Resistor 　（Z Shaped） • Commonly Used Parts→Resistor 　（Box shape） • Passives→Resistor（Z shape） • Passives→Resistor（Box shape）	• SIMPLIS PWL Devices→VPWL Resistor • SIMPLIS PWL Devices→IPWL Resistor
参数	固定电阻值	根据不同电压电流点定义分段线性电阻
应用	通用电阻	可用于构建二极管、开关管、传感器等元器件 模型

SIMPLIS 有两个 PWL 电阻模型：一个电压控制 PWL 电阻（VPWL）和一个电流控制 PWL 电阻（IPWL）。要确定应用程序需要哪种器件，需要考虑在电流与电压平面上建模的曲线类型。如果曲线对每个电压都有一个单一的电流值，则使用电压控制的 VPWL 电阻。在这种情况下，$I=f(V)$。另一方面，如果曲线对每个电流只有一个电压值，则使用电流控制的 IPWL 电阻。这个器件的函数是 $V=f(I)$。对于电压控制的 VPWL 电阻，电压点必须不断增加；而对于电流控制的 IPWL 器件，电流点必须不断增加。

1. 搭建负电阻

PWL 电阻的一个更强大的特性是能够模拟负电阻。为了准确地模拟开关电源转换器的输入端所呈现的负载，这通常是必需的。除第一段和最后一段外，任何数量的电阻段都可能具有负电阻。在第一段和最后一段，这些区段必须具有正（非零）电阻。

2. 构建零电阻与无穷大电阻

无限大电阻也可以使用 VPWL 电阻建模。零电阻可以使用 IPWL 器件建模。由于零电阻和无穷大电阻的两种特殊情况需要不同的模型，因此不可能定义一个在无穷大电阻和零电阻之间切换的单一器件。

3. PWL 电阻定义

PWL 电阻器使用 I-V 平面上的 X-Y 坐标定义。SIMPLIS 将有效地在前两点之间画一条直线，并将这条直线在 X 轴上延伸到负无穷。SIMPLIS 也会在最后两点之间画一条直线，并在 X 轴上延伸到正无穷。通过这种方式，PWL 电阻可以被定义在控制变量的所有可能值上。

可通过两种常见的方式来定义器件：第一种方法是直接在定义 PWL 电阻对话框中输入文本；第二种方法是使用电子表格来计算 I-V 值，并将它们从电子表格复制到剪贴板中，然后使用粘贴按钮将它们粘贴到对话框中，如图 3-1 所示。

表 3-2 为 PWL 电阻对话框内的参数含义。

表 3-2　PWL 电阻对话框参数

参　数	参数描述
Voltage	此列定义 PWL 电阻的电压点
Current	此列定义 PWL 电阻的电流点
1，2，3，…	表中的每一行代表一个 I-V 对坐标
Paste	使用此按钮从电子表格粘贴 ASCII 数据

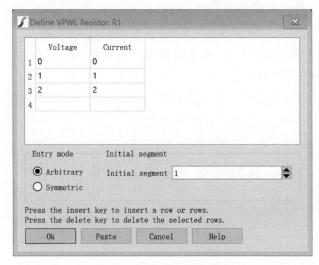

图 3-1　PWL 电阻对话框

3.1.2　电容

SIMPLIS 中的电容种类较多,既有普通电容模型,又有可以模拟偏压效应的 PWL 电容和 ESR/ESL 参数的电容,如表 3-3 所示。

表 3-3　SIMPLIS 中的电容

电容种类	普通电容	PWL 电容	Multi-Level PWL Capacitor Level 0-3 w/Quantity（Version 8＋）	Multi-Level Capacitor Level 0-3 w/Quantity（Version 8＋）
符号	C1 1n	C1	ML C1 RLK=1Meg ESR=3m	ML C1 47u RLK=1Meg ESR=3m
元器件选择器目录	• Commonly Used Parts→Capacitor (Ideal) • Passives→Capacitor (Ideal)	SIMPLIS PWL Devices→PWL Capacitor	Passives→Multi-Level PWL Capacitor Level 0-3w/Quantity(Version 8＋)	Commonly Used Parts→Multi-Level Capacitor Level 0-3 w/Quantity (Version 8＋)
参数	电容值	电压-电荷对应分段线性点	电压-电荷对应分段线性点,ESR、ESL 以及 RLK	电容,ESR、ESL 以及 RLK
应用	通用电容	可用于模拟电容的直流偏压特性	可用于模拟电容的直流偏压特性,以及其他特性	可用于模拟电容较完整的参数特性

1. PWL 电容

SIMPLIS 分段线性(PWL)电容器用于模拟与电压相关的电容,如结电容。PWL 电容器由 X-Y 平面上的一系列点定义,电荷在纵轴上,电压在横轴上。根据这个定义,当电容上的电压变化时,电荷总是连续的。

PWL 电容器的一个常见用途是对半导体中的非线性电容进行建模。模型参数提取例程自动生成定义 SIMPLIS PWL 电容器的点。

1）电容电荷转换器

在 SIMPLIS 8.4 版中引入了一个工具，它允许用户输入电容（法拉）与电压特性，并转换为电荷（库仑）与电压 PWL 电容。要使用该工具，应遵循以下步骤。

（1）放置一个 PWL 电容并打开编辑对话框，如图 3-2 所示。

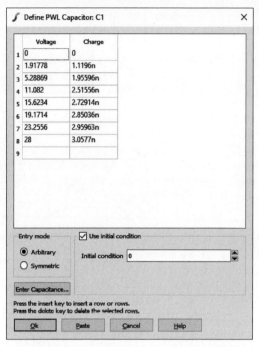

图 3-2　SIMPLIS 中 PWL 电容参数对话框

（2）单击 Enter Capacitance 按钮，出现如图 3-3 所示的对话框。

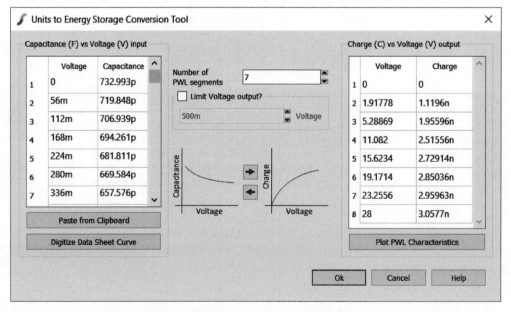

图 3-3　SIMPLIS 中 PWL 电容参数工具

表 3-4 描述了转换工具的参数功能。

表 3-4　转换工具参数

标　签	单　位	描　述
Capacitance(F) vs Voltage(V) input	F，V	电容的特性定义为法拉与伏特
Paste from Clipboard	n/a	将标签分隔的数据从剪贴板粘贴到电容与电压表
Digitize Data Sheet Curve	n/a	打开数字化数据表曲线工具 注：数字数据表曲线工具可用于 Pro 或 Elite 软版本
Number of PWL Segments	n/a	为电荷与电压特性定义 PWL 段的数量
Limit Voltage output?	n/a	• 如果勾选上，该工具将把"电荷与电压"表征的最大电压限制为"极限电压" • 如果不勾选上，电荷与电压特性将被限制在电容与电压特性表中定义的最大电压
Limit to	V	是否将电容与电压特性转换为 PWL 电荷与电压特性
➡	n/a	是否将电荷与电压特性转换为逐步线性电容与电压特性
⬅	n/a	是否将电荷与电压特性转换为逐步线性电容与电压特性
Charge vs Voltage(V) output	C，V	电容特性定义在电荷与电压
Plot PWL Characteristics	n/a	将绘制电容与电压和电荷与电压特性

2）PWL 电容示例

这个电路实例是通过使用电容充电转换工具对该示例的非线性结电容数据表曲线进行数字化，并将结果转换为 PWL 模型而创建的，步骤如下：

（1）在原理图中放置一个 PWL 电容。

（2）打开电容至电荷转变工具对话框，如图 3-4 所示。

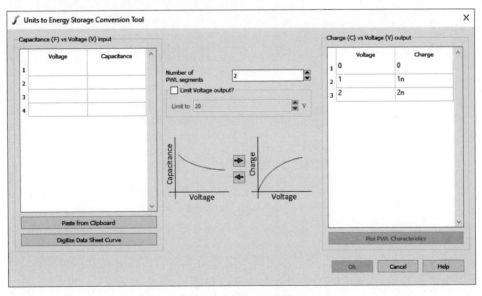

图 3-4　打开工具对话框

（3）单击 Digitize Data Sheet Curve 按钮，通过电容数据手册曲线获取电容与电压特性或者手动填入电压与电容值对应参数，如图 3-5 所示。

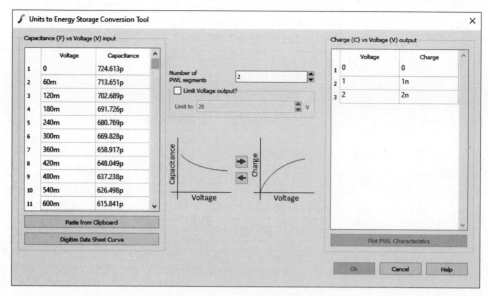

图 3-5   在工具对话框中填入参数

推导出 PWL 的 7 段电荷-电压特性并写入 PWL 电容,如图 3-6 所示。

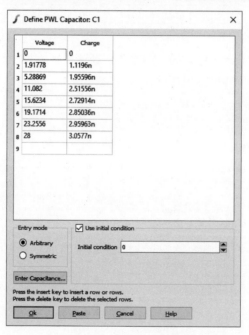

图 3-6   PWL 电容参数

3) PWL 电容波形

如图 3-7 所示,比较了 PWL 电容的电荷和电容仿真结果与数据表中提取的曲线,图 3-7 的上半部分为电容值,图 3-7 的下半部分为电容的积分,也就是电荷。

2. Multi-Level PWL Capacitor Level 0-3 w/Quantity(Version 8＋)

PWL 电容器内部的电容可以多达 10 段,电容定义在一个电荷与电压关系平面中。随

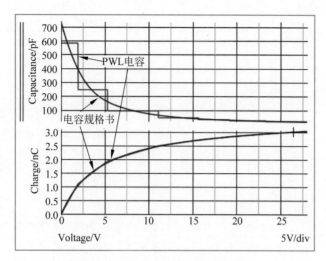

图 3-7　PWL 电容特性曲线比较

着模型级别的增加,模型的复杂性也随之增加。此电容可在 SIMPLIS 8.0 或更高版本中使用。

1) 多级 PWL 电容参数配置

配置多级 PWL 电容的步骤如下:

(1) 双击原理图上的符号,在出现的对话框中选择 Parameters 选项卡。

(2) 选择一个模型级别,然后对图 3-8 和表 3-5 中描述的字段进行适当的更改。

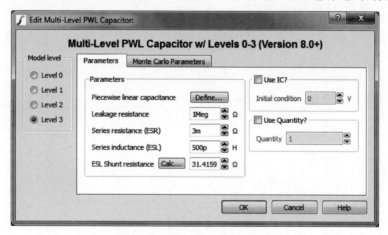

图 3-8　多级 PWL 电容对话框

表 3-5　多级 PWL 电容对话框参数

参　　数	适用模型级别	单位	描　　述
Piecewise linear capacitance	0,1,2,3	F	电容参数 SIMPLIS 使用分段线性(PWL)建模技术来对非线性设备建模,这些设备是使用 X-Y 点的表格定义的 单击 Define 按钮打开表编辑器,以定义 Voltage 和 Charge 点 要在表中插入行,应选择要插入的行数并按 Insert 键。若要删除行,应选择要删除的行并按 Delete 键

续表

参　数	适用模型级别	单位	描　述
Leakage resistance	1,2,3	Ω	电容并联泄漏电阻
Series resistance(ESR)	2,3	Ω	等效串联电阻(ESR)
Series inductance(ESL)	3	H	等效串联电感(ESL)
ESL Shunt resistance	3	Ω	分流电阻与 ESL 并联。这个电阻是为了限制寄生 ESL 的最大频率响应,从而在 SIMPLIS 模式下最大限度地提高仿真速度。单击 Calc 按钮来计算这个值
Use IC?	0,1,2,3	n/a	• 如果选中此项,那么模型将使用指定的初始条件 • 如果不选中此项,那么电容器的初始条件是开路
Initial condition	0,1,2,3	V	电容初始电压值
Use Quantity?	0,1,2,3	n/a	如果选中此项,则该模型使用指定数量的电容器并联
Quantity	0,1,2,3	n/a	并联电容数 注意:当使用 SIMPLIS 时,为了最大化仿真速度,应放置单个符号并为该参数指定一个值,而不是放置多个电容(若电路中使用多个相同功能,则使用这个选项可加速仿真速度,减少原理图中的元器件数量)

　　该模型内置了设置除 ESL Shunt resistance 外的所有参数的蒙特卡罗参数的规定。蒙特卡罗参数在图 3-9 中的 Monte Carlo Parameters 选项卡中输入。定义蒙特卡罗参数应遵循以下步骤:

(1) 单击 Monte Carlo Parameters 选项卡。

(2) 对图 3-9 和表 3-6 中描述的字段进行适当的更改。

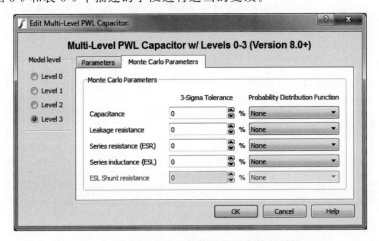

图 3-9　多级 PWL 电容蒙特卡罗参数对话框

表 3-6　多级 PWL 电容蒙特卡罗参数

参　数	适用模型	单位	描　述
Capacitance	0,1,2,3	%	电容值的 3σ 公差
Leakage resistance	1,2,3	%	通过电容的泄漏电阻的 3σ 公差
Series resistance(ESR)	2,3	%	等效串联电阻(ESR)的 3σ 公差
Series inductance(ESL)	3	%	等效串联电感(ESL)的 3σ 公差

续表

参　　数	适用模型	单位	描　　述
Probability Distribution Function	n/a	n/a	对于每个可用参数,该函数的选择如下: • None——参数无容差,蒙特卡罗模拟时为固定值 • Gauss——该参数具有指定的 3σ 容限的高斯分布。可以返回大于或小于 3σ 公差的值 • Truncated Gauss——截断高斯分布与高斯分布一样,但截断所有超出 $+/-3\sigma$ 容限的值 • Uniform——参数在规定的 3σ 公差范围内具有均匀分布 • Worst Case——最坏情况参数在标称值 $+/-$ 指定的 3σ 公差处有随机值

2) 多级 PWL 电容模型

多级 PWL 电容可分为 0、1、2、3 共 4 个级别。随着模型级别的增加,附加的寄生电路元件也被添加到模型中,如表 3-7 所示。

表 3-7　多级 PWL 电容对比

PWL 电容级别	0	1	2	3
内部电路结构				
电容参数	CAP　PWL 电容	CAP　PWL 电容 RLK　泄漏电阻	CAP　PWL 电容 RLK　泄漏电阻 RESR　等效串联电阻	CAP　PWL 电容 RLK　泄漏电阻 RESR　等效串联电阻 LESL　等效串联电感 RESL　ESL 并联电阻

3. Multi-Level Capacitor Level 0-3 w/Quantity(Version 8＋)

多级电容器有 4 个模型级别。随着级别的增加,附加的寄生电路元器件被添加。该电容可与版本 SIMPLIS 8.0 或更高版本一起使用,用于建模各种电容类型,其中寄生电路元器件的数量和类型是可以配置的。

1) 多级电容参数配置

要配置多级电容,应遵循以下步骤:

(1) 双击原理图上的符号,在出现的对话框中选择 Parameters 选项卡。

(2) 选择一个模型级别,然后对图 3-10 和表 3-8 的表格中描述的字段进行适当的更改。

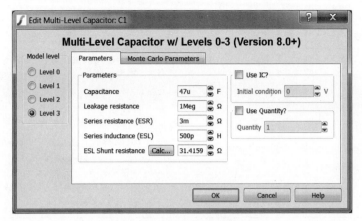

图 3-10　多级电容参数对话框

表 3-8　多级电容参数

参　　数	适用模型级别	单位	描　　述
Capacitance	0,1,2,3	F	电容值
Leakage resistance	1,2,3	Ω	电容并联泄漏电阻
Series resistance(ESR)	2,3	Ω	等效串联电阻(ESR)
Series inductance(ESL)	3	H	等效串联电感(ESL)
ESL Shunt resistance	3	Ω	分流电阻与 ESL 并联。这个电阻是为了限制寄生 ESL 的最大频率响应,从而在 SIMPLIS 模式下最大限度地提高仿真速度。单击 Calc 按钮来计算这个值
Use IC?	All	n/a	• 如果选中此项,那么模型将使用指定的初始条件 • 如果不选中此项,那么电容器的初始条件是开路
Initial condition	All	V	电容初始电压值
Use Quantity?	All	n/a	如果选中此项,那么该模型使用指定数量的电容器并联
Quantity	All	n/a	并联电容数 注意:当使用 SIMPLIS 时,为了最大化仿真速度,请放置单个符号并为该参数指定一个值,而不是放置多个电容(若电路中使用多个相同功能,则使用这个选项可加速仿真速度,减少原理图中的元器件数量)

　　该模型内置了设置除 ESL Shunt resistance 外的所有参数的蒙特卡罗参数的规定。蒙特卡罗参数在图 3-11 中的 Monte Carlo Parameters 选项卡中输入。定义蒙特卡罗参数应遵循以下步骤:

（1）单击 Monte Carlo Parameters 选项卡。

（2）对图 3-11 和表 3-9 中描述的字段进行适当的更改。

表 3-9　多级电容蒙特卡罗参数

参　　数	适用模型级别	单位	描　　述
Capacitance	0,1,2,3	%	电容值的 3σ 公差
Leakage resistance	1,2,3	%	通过电容的泄漏电阻的 3σ 公差
Series resistance(ESR)	2,3	%	等效串联电阻(ESR)的 3σ 公差
Series inductance(ESL)	3	%	等效串联电感(ESL)的 3σ 公差

续表

参 数	适用模型级别	单位	描 述
Probability Distribution Function	all	n/a	对于每个可用参数,该函数的选择如下: • None——参数无容差,蒙特卡罗模拟时为固定值 • Gauss——该参数具有指定的 3σ 容限的高斯分布。可以返回大于或小于 3σ 公差的值 • Truncated Gauss——截断高斯与高斯一样,但截断所有超出 $+/- 3\sigma$ 容限的值 • Uniform——参数在规定的 3σ 公差范围内具有均匀分布 • Worst Case——最坏情况参数在标称值 $+/-$ 指定的 3σ 公差处有随机值

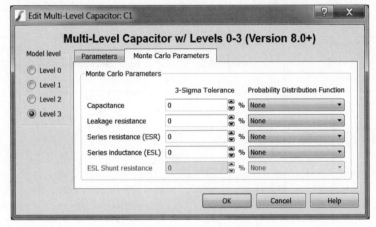

图 3-11 多级电容蒙特卡罗参数对话框

2)多级别电容模型

多级电容分为 0、1、2、3 共 4 个级别。随着模型级别的增加,附加的寄生电路元器件被添加到模型中,如表 3-10 所示。

表 3-10 多级电容对比

PWL 电容级别	0	1	2	3
内部电路结构				

续表

PWL 电容级别	0	1	2	3
电容参数	CAP　线性电容	CAP　线性电容 RLK　泄漏电阻	CAP　　线性电容 RLK　　泄漏电阻 RESR　等效串联电阻	CAP　　线性电容 RLK　　泄漏电阻 RESR　等效串联电阻 LESL　等效串联电感 RESL　ESL 并联电阻

3.1.3　电感

SIMPLIS 中的电感种类较多,既有普通电感模型,又有可以模拟电流饱和效应的 PWL 电感以及有损电感,如表 3-11 所示。

表 3-11　SIMPLIS 中的电感对比

电感种类	普通电感	PWL 电感	Multi-Level Lossy Inductor(Version 8.0＋)	Multi-Level Lossy PWL Inductor(Version 8.0＋)
符号	1u L1	L1	ESR=500u 1u ML L1 IC=0	ESR=500u ML L1 IC=0
元器件选择器目录	(1) Commonly Used Parts→Inductor(Ideal) (2) Magnetics→Inductors→Inductor(Ideal)	(3) SIMPLIS PWL Devices→PWL Inductor	(4) Commonly Used Parts→Inductor(Ideal) (5) Magnetics→Inductors→Multi-Level Lossy Inductor(Version 8.0＋)	(6) Commonly Used Parts→Inductor(Ideal) (7) Magnetics→Inductors→Multi-Level Lossy PWL Inductor(Version 8.0＋)
参数	电感值	电流-磁通量对应分段线性点	电感值,ESR 与并联电阻	电流-磁通量对应分段线性点,ESR 以及并联电阻
应用	通用理想电感	可用于模拟电感的电流饱和特性	可模拟理想电感的损耗特性	可用于模拟电感的电流饱和,以及损耗特性

1. PWL 电感

PWL 电感可模拟电感的饱和电流特性,该器件的描述可参见 2.1 节。

2. Multi-Level Lossy Inductor(Version 8.0＋)

多级有损电感器有两个级别：0 和 1。0 级模型是一个带有并联电阻的电感,1 级模型增加等效串联电阻(ESR)模型。该电感的版本为 SIMPLIS 8.0 或更高版本。

有耗电感器有一个与电感器并联的寄生分流电阻。这个电阻存在于两个模型级别,限制了电感器的高频响应,这反过来又加快了仿真速度。

1）多级电感参数配置

配置多级电感器，请遵循以下步骤。

（1）双击原理图上的符号，在出现的对话框中选择 Parameters 选项卡。

（2）选择一个模型级别，然后对图 3-12 和表 3-12 中描述的字段进行适当的更改。

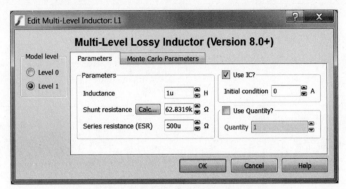

图 3-12　多级有损电感参数对话框

表 3-12　多级有损电感参数

参　　数	适用模型级别	单位	描　　述
Inductance	0,1	H	电感值
Shunt resistance	0,1	Ω	分流电阻与 ESL 并联。这个电阻是为了限制寄生 ESL 的最大频率响应，从而在 SIMPLIS 模式下最大限度地提高仿真速度。单击 Calc 按钮来计算这个值
Series resistance(ESR)	1	Ω	等效串联电阻（ESR）
Use IC?	0,1	n/a	• 如果选中此项，那么模型将使用指定的初始条件 • 如果不选中此项，那么电感的初始条件是短路
Initial condition	0,1	A	电感初始电流值
Use Quantity?	0,1	n/a	如果选中此项，那么该模型使用指定数量的电感并联
Quantity	0,1	n/a	并联电感数 注意：当使用 SIMPLIS 时，为了最大化仿真速度，应放置单个符号并为该参数指定一个值，而不是放置多个电感（若电路中使用多个相同功能，则使用这个选项可加速仿真速度，减少原理图中的元器件数量）

蒙特卡罗参数与分析设置如图 3-13 和表 3-13 所示。

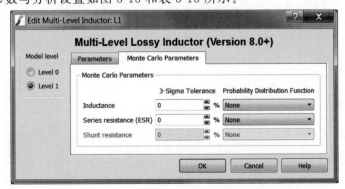

图 3-13　多级有损电感蒙特卡罗参数对话框

表 3-13　多级有损电感蒙特卡罗参数

参　　数	适用模型级别	单位	描　　述
Inductance	0,1	%	电感值的 3σ 公差
Series resistance(ESR)	1	%	等效串联电阻(ESR)的 3σ 公差
Probability Distribution Function	n/a	n/a	对于每个可用参数,该函数的选择如下: • None:没有误差 • Gauss:高斯 • Truncated Gauss:截断高斯 • Uniform:统一误差 • Worst Case:最恶劣情况分析

2)多级有损电感模型级别

多级有损电感器有两个级别:0 和 1。0 级模型是一个带有并联电阻的电感,1 级增加等效串联电阻(ESR)模型,如表 3-14 所示。

表 3-14　多级有损电感模型对比

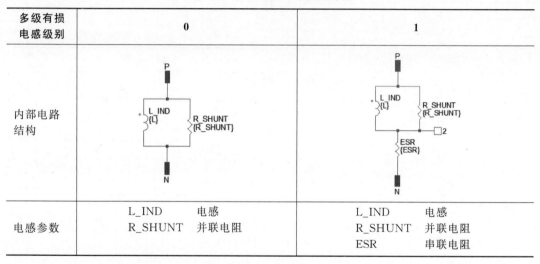

多级有损电感级别	0	1
内部电路结构		
电感参数	L_IND　　　电感 R_SHUNT　　并联电阻	L_IND　　　电感 R_SHUNT　　并联电阻 ESR　　　　串联电阻

3. Multi-Level Lossy PWL Inductor(Version 8.0＋)

多电平 PWL 电感的型号与前述多电平损耗电感的型号相同,除了内置电感外,其他结构均相同。PWL 电感内部的电感可以有多达 10 段,电感是在磁链与电流平面上定义的。随着模型级别的增加,模型的复杂性也随之增加。此电感可在 SIMPLIS 8.0 或更高版本中使用。

1)多级有损 PWL 电感参数配置

配置多级有损 PWL 电感,应遵循以下步骤:

(1)双击原理图上的符号,在出现的对话框中选择 Parameters 选项卡。

(2)选择一个模型级别,然后对图 3-14 和表 3-15 中描述的字段进行适当的更改。

表 3-15　多级 PWL 电感参数

参　　数	适用模型级别	单位	描　　述
Inductance	0,1	H	电感值

续表

参 数	适用模型级别	单位	描 述
Shunt resistance	0,1	Ω	分流电阻与 ESL 并联。这个电阻是为了限制寄生电感 ESL 的最大频率响应,从而在 SIMPLIS 模式下最大限度地提高仿真速度。单击 Calc 按钮来计算这个值
Series resistance(ESR)	1	Ω	等效串联电阻(ESR)
Use IC?	0,1	n/a	• 如果选中此项,那么模型将使用指定的初始条件 • 如果不选中此项,那么电感的初始条件是短路
Initial condition	0,1	A	电感初始电流值
Use Quantity?	0,1	n/a	如果选中此项,那么该模型使用指定数量的电感并联
Quantity	0,1	n/a	并联电感数 注意:当使用 SIMPLIS 时,为了最大化仿真速度,请放置单个符号并为该参数指定一个值,而不是放置多个电感(若电路中使用多个相同功能,则使用这个选项可加速仿真速度,减少原理图中的元器件数量)

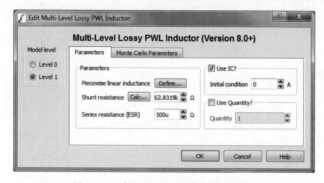

图 3-14　多级 PWL 电感参数对话框

蒙特卡罗参数与分析如图 3-15 和表 3-16 所示。

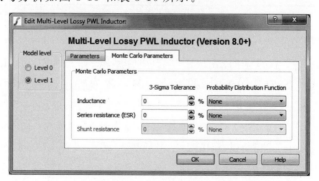

图 3-15　多级 PWL 电感蒙特卡罗参数对话框

表 3-16　多级 PWL 电感蒙特卡罗参数

参 数	适用模型级别	单位	描 述
Inductance	0,1	%	电感值的 3σ 公差
Shunt resistance	0,1	%	与电感并联的分流电阻的 3σ 公差。这个电阻被包括来限制电感的最大频率响应,从而最大限度地提高模拟速度

参　　　数	适用模型级别	单位	描　　　述
Probability Distribution Function	n/a	n/a	对于每个可用参数,该函数的选择如下: • None:没有误差 • Gauss:高斯 • Truncated Gauss:截断高斯 • Uniform:统一误差 • Worst Case:最恶劣情况分析

2)多级有损 PWL 电感模型级别

多级有损 PWL 电感器有两个级别:0 和 1,如表 3-17 所示。随着模型级别的增加,模型的复杂性也随之增加;而且,作为一个规则,仿真时间也会增加。

表 3-17　多级有损 PWL 电感对比

多级 PWL 有损电感级别	0	1
内部电路结构		
电感参数	L_IND　　PWL 电感 R_SHUNT　并联电阻	L_IND　　PWL 电感 R_SHUNT　并联电阻 ESR　　串联电阻

3.1.4　二极管

安装在 SIMetrix 库中的任何 SPICE 二极管模型都可以在 SIMPLIS 中转换使用。当二极管放置在 SIMPLIS 原理图上时,调用模型参数提取程序,自动将 SPICE 模型转换为 SIMPLIS 模型。在模型参数提取过程中,SIMetrix/SIMPLIS 自动对 SPICE 模型进行多次 SPICE 仿真,提取出 SIMPLIS 模型参数。提取分段线性模型参数后,得到的二极管模型将在 SIMPLIS 中运行。任何安装的 SPICE 二极管型号都可以在 SIMPLIS 中使用。

提取的二极管模型可以用来创建 4 种二极管配置,如表 3-18 所示。

表 3-18　二极管配置项

配　　　置	描　　　述	附 加 参 数
Single	单个二极管	无
Parallel	多个二极管并联	并联二极管个数
Series	多个二极管串联	串联二极管个数
Bridge	4 个二极管配置为全桥结构	桥不平衡电压

这些二极管配置不仅方便,SIMPLIS 将使用这些模型运行得更快,并且遇到的错误或

问题更少。

1. 提取二极管参数

当在原理图上放置二极管符号时,将打开 Extract Diode Parameters(提取二极管参数)对话框,可在其中编辑默认测试条件,如图 3-16 所示。默认的测试条件是使用命令菜单 File→Options→SIMPLIS Options 设置。

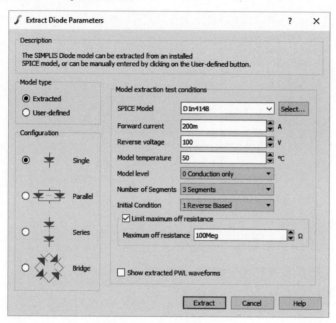

图 3-16　二极管参数对话框

表 3-19 描述了提取二极管参数对话框测试条件。

表 3-19　二极管参数

参　　数	默认值	单位	描　　述
SPICE Model	D1n4148		SPICE 模型用于提取 SIMPLIS 参数
Model type	Extracted		调用模型参数提取算法
Forward current	200m	A	用于曲线拟合的峰值正向电流。该算法拟合该值的 50%～100%的一条直线
Reverse voltage	100	V	这个装置看到的峰值断态电压。用于提取模型级为 1 的电容,其中包括寄生电容。没有对故障进行建模
Model temperature	50	℃	用于所有提取模拟的温度
Model level	0		模型的复杂性级别
Number of Segments	3		二极管可以分为两段,代表 On 和 Off 电阻,或者 3 个段,第三段代表 On 和 Off 状态之间的过渡
Initial Condition	1 Reversed Biased		设置初始执行段
Limit maximum off resistance	Checked	None	限制二极管的关闭电阻。对于一些 SPICE 模型,这将产生一个运行速度更快的 SIMPLIS 模型
Maximum off resistance	100Meg	W	二极管的最大关断电阻。此值仅在 Limit maximum off resistance(限制最大关闭电阻)复选框被选中时使用

2. 显示提取的 PWL 波形选项

从 SIMPLIS 8.2 版开始,有一个选项可用于将提取的参数绘制为一组 PWL 曲线。要启用此选项,应选中 Show extracted PWL waveforms 复选框并提取模型。提取模型后,生成一组曲线,将提取的 PWL 曲线与模拟的 SPICE 曲线进行比较。显示的曲线将取决于所提取的模型级别。

图 3-17 是二极管正向偏置电流特性的典型 PWL 近似图。

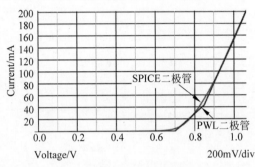

图 3-17　二极管参数曲线

3. SIMPLIS 二极管模型级别

SIMPLIS 二极管模型支持两个级别:0 和 1。

- 0 级为纯导电二极管。
- 1 级增加结电容。

SIMPLIS 根据在 Extract Diode Parameters 对话框中选择的模型级别提取模型。虽然这些模型在内部保存为 ASCII 文本,但表 3-20 中的插图以电路图的形式显示了这两个模型级别。如表 3-20 所示为 SIMPLIS 二极管模型级别。

表 3-20　二极管对比

二极管级别	0	1
内部电路结构	(P—!R_D_POWER IC=1—N)	(P—!R_D_POWER IC=1 / CJ—N)
二极管参数	!R_D_POWER:由 PWL 电阻模拟的二极管	!R_D_POWER:由 PWL 电阻模拟的二极管 CJ:用 PWL 电容模拟结电容

4. 用户自定义的模型

如图 3-18 所示,用户定义的模型使用在 Edit Diode Parameters 对话框中直接输入的参数,而不调用模型提取算法。二极管可以在任何点从提取的模型切换到用户定义的模型;但是,提取的参数在默认情况下被复制以替换任何用户输入的值。可以通过清除标记为"Automatically copy extracted parameters to user-defined parameters"(自动将提取的参数复制到用户定义的参数)的复选框,在 SIMPLIS 选项中禁用此行为。可以通过菜单命令 File→Options→SIMPLIS options 了解这些选项的更多信息。

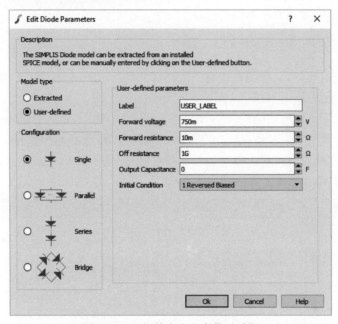

图 3-18 二极管自定义参数对话框

表 3-21 为用户自定义二极管模型参数。

表 3-21 二极管自定义参数

参 数	默 认 值	单位	描 述
Label	USER_LABEL		模型名
Model type	User-defined		自定义模型
Forward voltage	750m	V	二极管正向压降。二极管在这个电压下有效地接通
Forward resistance	10m	Ω	电压高于正向电压下的二极管电阻
Off Resistance	1G	Ω	电压小于正向电压时的二极管电阻
Output Capacitance	0	F	反向电压下的线性电容

3.1.5 变压器

多级有损变压器具有多级复杂性,可用于不同的仿真目标。变压器可以有多达 20 个绕组,并可以配置不同的复杂程度,变压器图标如图 3-19 所示。

- 0 级:0 级变压器是一种理想的线性磁化电感变压器。该

图 3-19 变压器电路符号

模型无绕组电阻和漏感。

- 1级：1级变压器模拟具有分段线性磁化电感的理想变压器。该模型无绕组电阻和漏感。
- 2级：2级变压器模拟具有分段线性磁化电感的理想变压器。变压器漏感是指初级侧绕组，模型中包含直流绕组电阻。
- 3级：3级变压器使用 SIMPLIS 磁性设计模块（MDM）创建的完整磁阻模型。MDM 是 SIMPLIS 模拟器的单独许可特性。没有 MDM 许可证，将看不到选择 Level 3 模型的单选按钮。

每个模型级别的模型参数独立存储在专门用于每个模型级别的符号属性中。然后可以更改模型级别参数以选择模拟的模型。

1. 绕组

Windings（绕组）选项卡中的参数定义了初级侧绕组和次级侧绕组的数量，每个绕组的匝数，以及每个绕组的同名端极性，如图 3-20 所示。可以在这个选项卡上编辑变压器绕组的参数，参数将被复制到对话框的 Model parameters 选项卡中。对于 Level 0～Level 2 模型，对话框打开的数量可以参数化。对于 Level 3 模型，匝数必须为整数值，且不允许参数化。因为在调整初级侧绕组和次级侧绕组的数目后，变压器符号将被重新绘制。因此，初级侧绕组数和次级侧绕组数不能参数化。

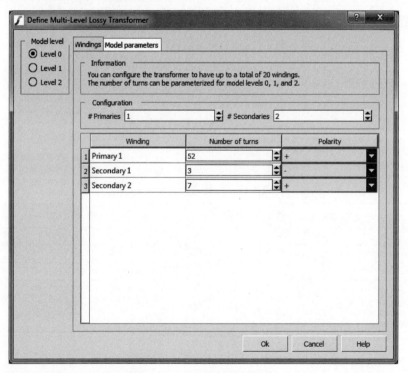

图 3-20　变压器参数对话框

2. 0级变压器

如图 3-21 和表 3-22 所示为 0 级变压器参数项目与含义。

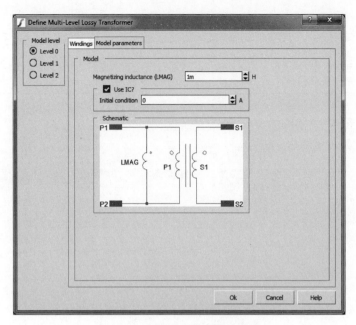

图 3-21　0 级变压器参数对话框

表 3-22　0 级变压器参数

参　　数	单位	描　　述
Magnetizing inductance（LMAG）	H	磁化电感
Use IC?	n/a	验证后，模型将使用初始条件参数对磁化电感进行初始化
Initial condition	A	磁化电感中 $t=0$ 时的初始电流

3. 1 级变压器

如图 3-22 和表 3-23 所示为 1 级变压器参数项目与含义。

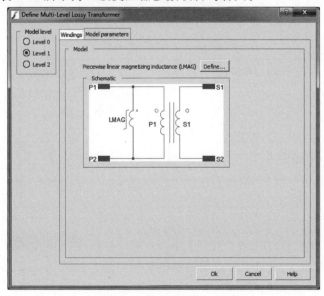

图 3-22　1 级变压器参数对话框

表 3-23　1 级变压器参数

参　　数	单位	描　　述
分段线性磁化电感（LMAG）	n/a	单击 Define 按钮打开 PWL 表编辑器对话框，可在其中定义磁化电感的 PWL 特性。初始条件也定义在这个子对话框中

4. 2 级变压器

如图 3-23 和表 3-24 所示为 2 级变压器参数项目与含义。

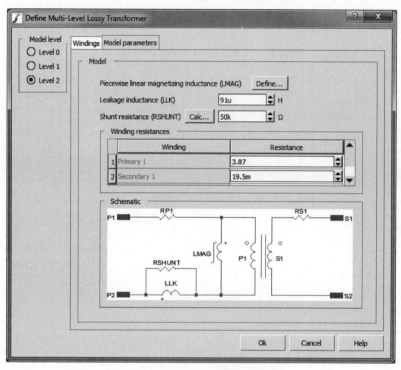

图 3-23　2 级变压器参数对话框

表 3-24　2 级变压器参数

参　　数	单位	描　　述
Piecewise linear magnetizing inductance（LMAG）	n/a	单击 Define 按钮打开 PWL 表编辑器对话框，可在其中定义磁化电感的 PWL 特性。初始条件也定义在这个子对话框中
Leakage inductance	H	变压器的漏感是指初级侧绕组
Shunt resistance（RSHUNT）	Ω	通过漏感的分流电阻。分流电阻限制了漏感的高频特性。单击 Calc 按钮，根据漏感值和所需的最高频率计算分流电阻

5. 3 级变压器

3 级变压器模型由 SIMPLIS 磁性设计模块（MDM）创建，子电路模型存储在变压器符号属性 L3_MODEL 上。电器学模型是一个完整的磁阻电路，其中有效磁化电感为分段线性，并对各绕组的漏电感进行了建模。

3.1.6 电压源与电流源

SIMPLIS 中包含多种电压源与电流源,如表 3-25 所示。

表 3-25　电压源与电流源

种类	Power Supply Sources	Voltage Sources	Current Sources	Controlled Sources
包含子器件	• Power Supply Source(AC Line) • Power Supply Source(DC Voltage, Pulse, Ramp, Zin⋯)	• DC Voltage Source • Waveform Generator (Pulse, Ramp⋯) • PWL Voltage Source • PWL Voltage Source(File Defined) • AC Voltage Source (for AC analysis)	• DC Current Source • Waveform Generator-Current Source • PWL Current Source • PWL Current Source (File Defined) • AC Current Source (for AC analysis)	• Current Controlled Current Source • Current Controlled Voltage Source • Voltage Controlled Current Source • Current Controlled Voltage Source • Current Controlled Source(User Selected Controlling Element) • Voltage Controlled Source(User Selected Controlling Element) • CCCS w/Output Limit • CCVS w/Output Limit • VCCS w/Output Limit • VCVS w/Output Limit • Switched Voltage Controlled Voltage Source
作用	可作为不同特性的输入电源	可作为不同种类的电压源	可作为不同种类的电流源	既可作为各种控制源,也可以模拟跨导运放等

3.1.7 开关

开关器件是开关电源中的重要元器件,在 SIMPLIS 中可以使用两类器件来实现不同功能要求的开关操作,如表 3-26 所示。

表 3-26　SIMPLIS 开关元器件

参数	SIMPLIS PWL 开关管	MOSFET 开关管
元器件符号		
元器件位置	• SIMPLIS PWL Devices→Simple switch-voltage controlled • SIMPLIS PWL Devices→Simple switch-current controlled	• Discretes→MOSFETs-N-channel • Discretes→MOSFETs-P-channel

续表

参　数	SIMPLIS PWL 开关管	MOSFET 开关管
元器件 位置	• SIMPLIS PWL Devices→Transistor switch-voltage controlled • SIMPLIS PWL Devices→Transistor switch-current controlled	
作用	此类简单开关器件可用于拓扑结构仿真,无须特殊驱动,使用简捷	此类 MOSFET 器件可用于构建精细的开关电源系统,更加接近真实的开关状态

下面介绍两类最常用的器件。

1. Simple switch-voltage controlled

Simple switch-voltage controlled 可以模拟开关元器件的导通电阻和关断电阻,以及驱动特性,其参数如图 3-24 和表 3-27 所示。

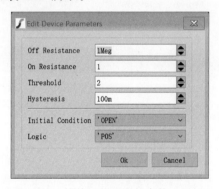

图 3-24　简单开关元器件参数对话框

表 3-27　简单开关元器件参数

参　　数	参 数 描 述	参　　数	参 数 描 述
Off Resistance	关断电阻	Hysteresis	开关驱动电压迟滞电压
On Resistance	导通电阻	Initial Condition	初始状态
Threshold	开关驱动电压阈值	Logic	开关驱动逻辑

2. MOSFET

安装在 SIMetrix 库中的任何 MOSFET 的 SPICE 模型都可以在 SIMPLIS 中进行转换使用。当 MOSFET 被放置在 SIMPLIS 原理图中时,将调用模型参数提取程序来自动将 SPICE 模型转换为 SIMPLIS 模型。在模型参数提取过程中,SIMetrix/SIMPLIS 在 SPICE 模型上自动运行多个 SPICE 仿真,提取 SIMPLIS 模型参数。提取分段线性(PWL)模型参数后,得到的 MOSFET 模型将在 SIMPLIS 中运行。在 SIMPLIS 中使用 MOSFET 有以下几种方式:

• 使用自己安装导入的 MOSFET 模型进行参数提取和修改。
• 使用 SIMPLIS 自带的 MOSFET 模型进行参数提取和修改。
• 使用 SIMPLIS 自带的模型工具中从数据手册参数自定义 MOSFET。

1）提取 MOSFET 参数

当在原理图上放置 MOSFET 符号时，将打开 Extract MOSFET Parameters 对话框，如图 3-25 所示，可以在其中编辑默认的测试条件。应该更改测试条件，以准确反映电路中设备的预期电压、电流和温度。

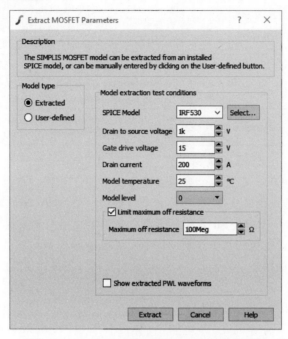

图 3-25　Extract MOSFET Parameters 对话框

默认的参数条件是使用菜单定义的，可以执行 File→Options→SIMPLIS Options 菜单命令，在弹出对话框的 Model Extraction 选项卡中查看，如图 3-26 所示。

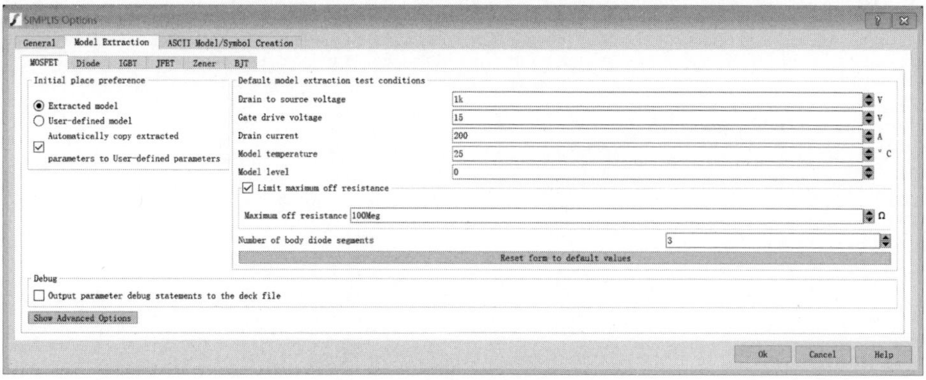

图 3-26　MOSFET 默认参数配置

表 3-28 详细描述了 MOSFET 参数的含义。

表 3-28　MOSFET 参数

参　　数	默认值	单位	描　　述
SPICE Model	IRF530		SPICE 模型名
Model type	Extracted		调用模型参数提取算法

续表

参　数	默认值	单位	描　述
Drain to source voltage	1k	V	该器件看到的断开状态的峰值电压。用于提取包括寄生电容在内的模型级电容。没有对击穿电压参数建模
Gate drive voltage	15	V	栅极-源极电压提取 RDS(on)
Drain current	200	A	峰值漏极电流提取 RDS(on)和正向增益的 MOSFET
Model temperature	25	℃	用于所有提取参数时考虑的环境温度
Model level	0		模型级别
Limit maximum off resistance	Checked	none	限制 MOSFET 的关断电阻。对于某些 SPICE 模型,这将生成运行速度更快的 SIMPLIS 模型
Maximum off resistance	100Meg	Ω	MOSFET 开关的最大关断电阻。此值仅在 Limit maximum off resistance(限制最大关闭电阻)复选框被选中时使用

2）SIMPLIS MOSFET 模型级别

SIMPLIS MOSFET 模型有多个级别来平衡模拟速度和模型精度。目前有 4 个级别: 0、1、2 和 3。随着模型级别的增加,模型的复杂性也会增加,通常,模拟时间也会增加。

SIMPLIS 根据提取 MOSFET 参数对话框中选择的模型级别来提取具体的模型。目前模型参数提取算法支持模型级别 0、1 和 2。第 3 级模型用于更详细的建模,可以从设备数据表或电子表格或其他程序手动生成。虽然这些模型在内部保存为 ASCII 文本,但图 3-27~图 3-30 以电路图的形式显示了这三个模型级别。

3）0 级模型(Model Level 0)

0 级模型的开关具有导通/关断电阻值、体二极管、栅极电阻和栅极至源极电容,如图 3-27 所示。0 级模型可用于交流波特图仿真,并在实际开关波形不是很关键的情况下仿真负载和线路瞬态时的输出电压。

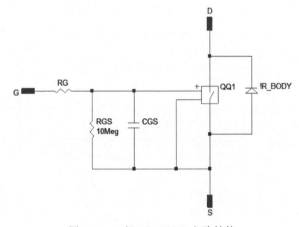

图 3-27　0 级 MOSFET 电路结构

- 导电区域用一个通断电阻来模拟。
- CGS 电容用一个线性电容建模,并有一个并联的 10MΩ 电阻。
- 栅极电阻用 RG 建模。
- 体二极管采用 2 段或 3 段电阻建模。
- 无输出(CDS)或反向电容(CDG)。

4）1级模型（Model Level 1）

1级模型的开关具有导通/关断电阻值、体二极管、栅极电阻、栅极至源极电容，以及漏极和源极两端的集总线性Coss电容，如图3-28所示。1级模型可用于功率级仿真，包括准谐振、LLC和移相桥拓扑、交流波特图以及负载和线路瞬态的输出电压。

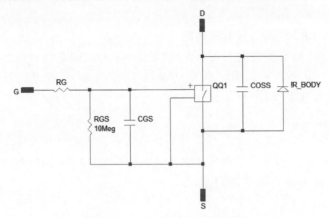

图3-28　1级MOSFET电路结构

- 导电区域用一个通断电阻来模拟。
- CGS电容用一个线性电容建模，并有一个并联的10MΩ电阻。
- 栅极电阻用RG建模。
- 体二极管采用2段或3段电阻建模。
- 没有反向电容。
- 体COSS电容是并联CDG和CDS等效电容的结果。

5）2级模型（Model Level 2）

2级模型的开关具有正向跨导增益、体二极管和栅极-源极电容CGS，以及非线性的栅极-漏极电容CDG、漏极-源极电容CDC，如图3-29所示。有源区域由线性跨导增益（ID与VGS-VT0成正比）建模。2级模型可用于开关损耗，MOSFET电压和电流应力仿真，以及0级模型和1级模型覆盖的所有仿真内容。

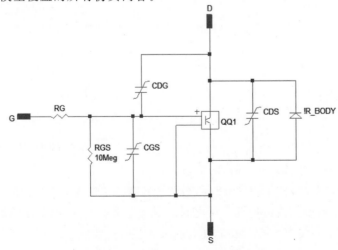

图3-29　2级MOSFET电路结构

- 正向传导模型采用两段增益。下面的增益信息假设 MOSFET 正在从关闭状态切换到打开状态：

(1) 低于阈值电压(VT0－HYSTWD/2)时，增益为 0。

(2) 在阈值以上，增益为增益＝ID2/(VGS2－VT0－HYSTWD/2)，单位为 A/V(跨导)。

- 栅极电阻用 RG 建模。
- 体二极管采用 2 段或 3 段电阻建模。
- 该模型实现了所有 3 个电容器(CGS、CDG 和 CDS)的非线性电容器。模型提取算法确定每个电容器的段数。典型的栅极-源极电容 CGS 是线性的，而漏极-栅极 CDG 和漏极-源极 CDS 有 4 个分段。

注意：

- 如果这些参数之一设置为 0，那么该位置的电容器将是一个开路。
- 若分段数设为 1，则用电容用线性电容建模；否则，如果 CXX_NSEG 参数设置为大于 1 的值，则电容实现为 PWL 电容。

6) 3 级模型(Model Level 3)

3 级模型扩展了 2 级模型，以包括多达 5 个正向跨导增益段，如图 3-30 所示。3 级模型可用于更准确地仿真在大电流范围内运行的开关管损耗。

注意： 模型提取算法不提取 3 级模型。3 级模型可用手动生成模型。

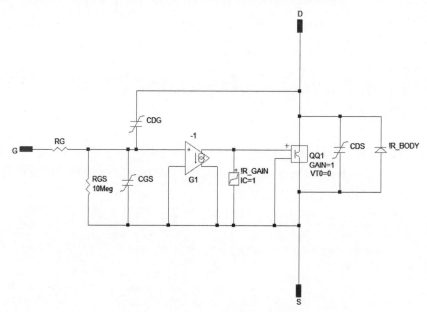

图 3-30　3 级 MOSFET 电路结构

- 3 级模型与 2 级模型相同，但正向传导模型采用可变数量的 PWL 段。
- 与 2 级模型一样，第一个部分的增益为 0。
- 第二段的增益为 GAIN2＝ID2/(VGS2－VT0)，单位为 a/V(跨导)。
- 进一步分段，增益值由连续点对之间的斜率定义。例如，第三段的增益为 GAIN3＝(ID3－ID2)/(VGS3－VGS2)，单位为 a/V(跨导)。
- 这个模型最多可以使用 5 段增益。增益段的数量由 GAIN_NSEG 参数控制。

如表 3-29 所示为 0 级～3 级模型参数汇总与比较。

表 3-29 SIMPLIS MOSFET 参数汇总

参　　数	0 级模型	1 级模型	2 级模型	3 级模型
QQ1	理想的开关,具有通断电阻		正向跨导开关,2 段增益	正向跨导开关,2～5 段增益
RG	内部栅极电阻			
CGS	线性电容		分段线性电容	
RGS	10MΩ 电阻			
CDG	—		分段线性电容	
CDS	—		分段线性电容	
COSS	—	等效体电容	—	—
!R_BODY	体二极管由 PWL 电阻器建模			
!R_GAIN	—			PWL 正向跨导增益
G1	—			将栅源电压转换为电流

7）自定义 MOSFET 模型

用户定义的模型使用在 Edit MOSFET Parameters 对话框中输入的参数,而不调用模型提取算法,如图 3-31 所示。MOSFET 可以在任意点从提取模型切换到用户定义模型;但是,在默认情况下,提取的参数会复制以替换用户输入的参数值。可以在 SIMPLIS Options 对话框中通过取消选中 Automatically copy extracted parameters to User-defined parameters. 复选框来禁用此行为。可以通过菜单命令 File→Options→SIMPLIS options 访问这些选项。

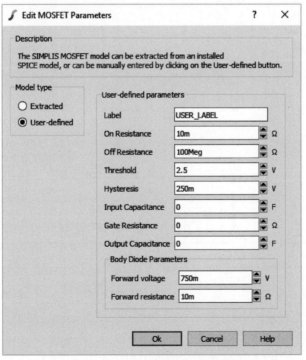

图 3-31　自定义 MOSFET 参数对话框

表 3-30 描述了用户定义模型的 MOSFET 参数项。

表 3-30 自定义 MOSFET 参数

参 数	默认值	单位	描 述
Model Type	User-defined		自定义模型
Label	USER_LABEL		模型名
On Resistance	10m	Ω	MOSFET 开关的导通阻抗
Off Resistance	100Meg	Ω	MOSFET 开关的关断电阻
Threshold	2.5	V	MOSFET 阈值电压——MOSFET 将在(阈值＋1/2 迟滞)电压以上开启 关闭发生在(阈值－1/2 迟滞)电压下
Hysteresis	250m	V	迟滞电压
Input Capacitance	0	F	MOSFET 的输入电容(CGS)。设置为 0 将电容从模型中移除
Gate Resistance	0	Ω	MOSFET 的内阻。设置为 0 将从模型中移除栅极电阻
Output Capacitance	0	F	非零值,将在场效应晶体管漏极和源极之间形成线性电容 设置为 0 将电容从模型中移除
Forward voltage	750m	V	二极管正向电压降。二极管在这个电压下有效地打开
Forward resistance	10m	Ω	体二极管在电压高于正向电压时的电阻

自定义 MOSFET 模型原理图如图 3-32 所示。

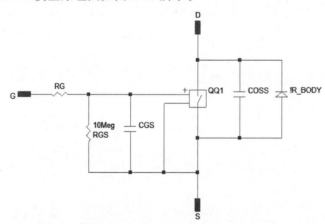

图 3-32 自定义 MOSFET 电路结构

表 3-31 为自定义 MOSFET 模型参数定义。

表 3-31 自定义 MOSFET 模型参数

参 数	含 义	参 数	含 义
QQ1	MOSFET 导通和关断阻抗	RG	内部栅级电阻
CGS	线性输入电容	!R_BODY	体二极管,由 PWL 电阻模拟
RGS	10MΩ 电阻	COSS	集总线性输出电容

8) 根据数据手册创建 MOSFET

从 SIMPLIS 8.3 版开始,规格书波形可用于创建或自定义 SIMPLIS MOSFET 模型。要使用数据表创建 SIMPLIS MOSFET 模型,应打开 Part Selector 并选择 Discrete→MOSFETs-

N-channel→create from datasheet 命令或者 Discrete→MOSFETs-P-channel→Create from Datasheet 命令,具体取决于所需的 MOSFET 类型。结果对话框如图 3-33 所示。

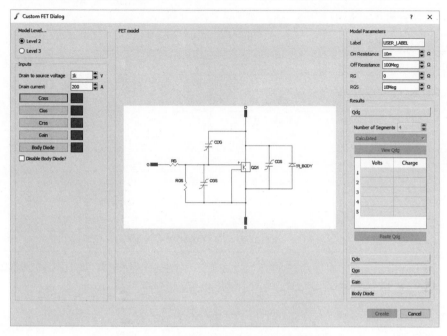

图 3-33　自定义 MOSFET 参数对话框(一)

- 根据数据手册对一个已提取参数的 MOSFET 进行重新定义。

要在提取 MOSFET 参数后自定义 SIMPLIS MOSFET,可右击 MOSFET 符号,并选择 Edit Additional Parameters 菜单项,将出现如图 3-34 所示的对话框。

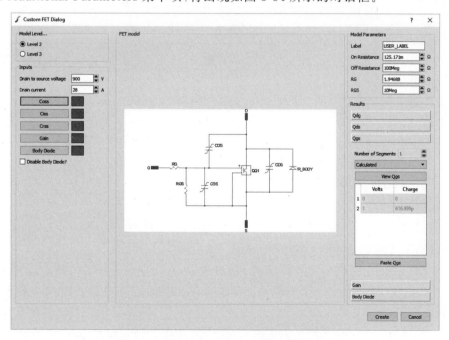

图 3-34　自定义 MOSFET 参数对话框(二)

- 使用对话框。

在 Model Level 选项区域可以选择 Level 2 或 Level 3 模型。Inputs 选项区域中的条目用于创建 PWL 定义,表 3-32 为 Inputs 选项区域的参数。

表 3-32　Inputs 选项区域的参数

参 数 名 称	默认值	描　　述
Drain to source Voltage	1k	该器件看到的断开状态的峰值电压。用于提取电容。没有对击穿电压进行建模
Drain current	200	峰值漏极电流提取场效应晶体管的正向增益
Coss	n/s	选择数字化 Coss 数据表波形
Ciss	n/a	选择将 Ciss 数据表波形数字化
Crss	n/a	选择对 Crss 数据表波形进行数字化
Gain	n/a	选择对跨导数据波形进行数字化
Body Diode	n/a	选择数字化体二极管正向电压特性数据表波形
Disable Body Diode?	没有选中	选择将体二极管从模型中省略

Model Parameters 选项区域中的条目并不用于创建 PWL 定义,而是传递到 MOSFET 子电路,表 3-33 为 Model Parameters 选项区域的参数。

表 3-33　Model Parameters 选项区域的参数

参 数 名 称	默认值	描　　述
Label	USER_LABEL	描述设备的标签。标签只能包括字母、数字字符和下画线字符。实际文本仅用于描述设备,不用于模拟
On Resistance	10m	MOSFET 导通阻抗
Off Resistance	100Meg	MOSFET 关断阻抗
RG	0	栅极阻抗
RGS	10Meg	栅-源极阻抗

Results 选项区域包含每个子组件的 PWL 定义,还可以使用计算出来的 PWL 值、更改为用户定义的值或禁用子组件。

注意:Qgs 和增益子组件不能被禁用,Body Diode 在 Inputs 选项区域被禁用。图 3-35 为电容参数对话框。

单击 View Qgs 按钮将绘制计算和 PWL 特征,如图 3-36 所示。

3.1.8　多级 MOSFET 驱动器

SIMPLIS MOSFET 驱动器有多个级别,用于不同的仿真目标。

(1) 0 级(Level 0):输出开关采用开/关电阻 RON1 建模。如果实际的开关波形不重要,例如环路增益测量,这是一个有用的模型。

(2) 1 级(Level 1):输出开关使用晶体管开关建模,其中电流限制在参数 I3。对于驱动电流低于 I3 电流,开关由一个等于 RON1 参数的电阻建模。Level 1 和 Level 2 模型可用于开关损耗的模拟。

(3) 2 级(Level 2):输出开关模型为 3 段 PWL 电阻。通过附加 RON2 和 V1 参数,可以为不同的驱动器实现定制电流与电压特性。

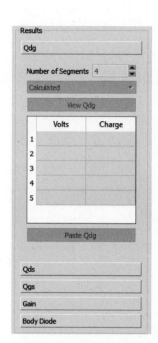

图 3-35 电容参数定义对话框

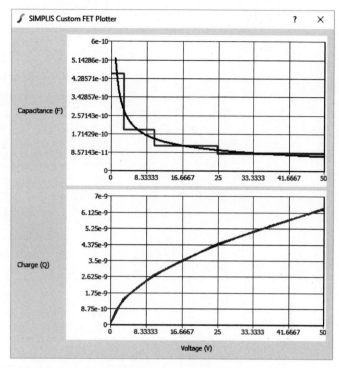

图 3-36 电容特性曲线

表 3-34 为 SIMPLIS 多级 MOSFET 驱动器基本信息。

表 3-34 多级 MOSFET 驱动器

模型名	Multi-Level MOSFET Driver	
元器件位置	MOSFET Driver→Multi-Level MOSFET Driver(Version 8.0+)	
子电路名	SIMPLIS_MULTI_LEVEL_DRIVER	
图标	Level 0	
	Level 1	
	Level 2	

下面介绍如何编辑多级 MOSFET 驱动器参数。

1. 0 级 MOSFET 驱动器（Level 0 Driver）

图 3-37 和表 3-35 分别为 0 级 MOSFET 驱动器参数对话框与参数含义。

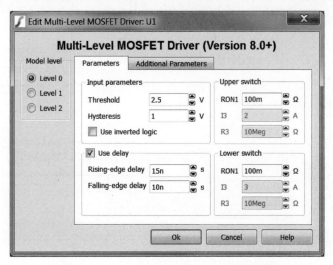

图 3-37　0 级 MOSFET 驱动器参数对话框

表 3-35　0 级 MOSFET 驱动器参数含义

参　数　名	单位	描　　述
Input Parameters		
Threshold Hysteresis	V	阈值，结合迟滞参数设置输入电压阈值： • $TH = T + H/2$ • $TL = T - H/2$ 其中，T 是阈值电压，H 是迟滞电压
Use Delay	n/a	决定是不是用延迟
Rising-edge-Delay	s	从输入上升沿到输出电压变化开始的延迟。延迟与逻辑反转无关，并且总是应用于输入的上升沿
Falling-edge-Delay	s	从输入下降沿到输出电压变化开始的延迟。延迟与逻辑反转无关，并且总是应用于输入的下降沿
Upper switch		
RON1	Ω	驱动开关的导通阻抗
Lower switch		
RON1	Ω	驱动开关的导通阻抗

0 级 MOSFET 驱动器模型使用电阻为 RON1 的简单开关。其中一个开关的输出特性如图 3-38 所示，并附有开关配置的原理图。

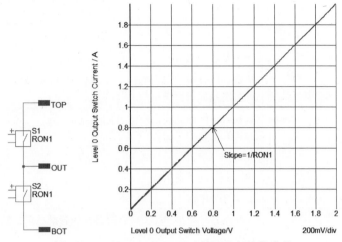

图 3-38　0 级 MOSFET 驱动器结构与特性曲线

2. 1 级 MOSFET 驱动器(Level 1 Driver)

图 3-39 和表 3-36 分别为 1 级 MOSFET 驱动器参数对话框与参数含义。

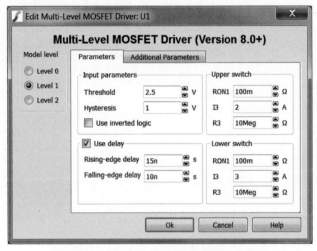

图 3-39　1 级 MOSFET 驱动器参数对话框

表 3-36　1 级 MOSFET 驱动器参数含义

参　数　名	单位	描　　　述
Input Parameters		
Threshold Hysteresis	V	阈值,结合迟滞参数设置输入电压阈值: • TH$=T+H/2$ • TL$=T-H/2$ 其中,T 是阈值电压,H 是迟滞电压

续表

参　数　名	单位	描　　　述
Use Delay	n/a	决定是不是用延迟
Rising-edge-Delay	s	从输入上升沿到输出电压开始变化的延迟。延迟与逻辑反转无关，并且总是应用于输入的上升沿
Falling-edge-Delay	s	从输入下降沿到输出电压开始变化的延迟。延迟与逻辑反转无关，并且总是应用于输入的下降沿
Upper switch		
RON1	Ω	驱动开关的导通阻抗
I3	A	驱动峰值电流
R3	Ω	当驱动器产生 I3 电流时，驱动器晶体管的电阻。这个电阻与驱动晶体管并联
Lower switch		
RON1	Ω	驱动开关的导通阻抗
I3	A	驱动峰值电流
R3	Ω	当驱动器产生 I3 电流时，驱动器晶体管的电阻。这个电阻与驱动晶体管并联

　　1 级 MOSFET 驱动器模型使用晶体管开关模型电阻 RON1 和峰值电流 I3。当开关输出/输入峰值电流时，一个并联输出电阻 R3 存在于开关端子上。其中一个开关的输出特性如图 3-40 所示，并附有开关配置的原理图。

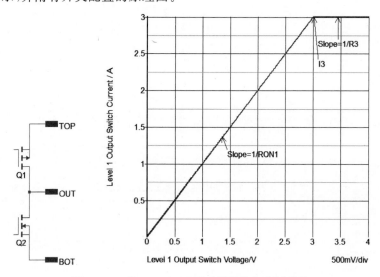

图 3-40　1 级 MOSFET 驱动器结构与特性曲线

3．2 级 MOSFET 驱动器(Level 2 Driver)

　　图 3-41 和表 3-37 分别为 2 级 MOSFET 驱动器参数对话框与参数含义。

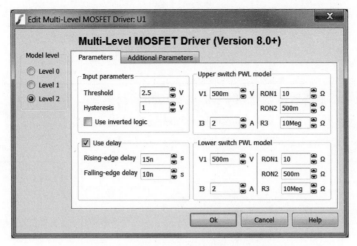

图 3-41 2 级 MOSFET 驱动器参数对话框

表 3-37 2 级 MOSFET 驱动器参数含义

参 数 名	单位	描 述
Input Parameters		
Threshold Hysteresis	V	阈值,结合迟滞参数设置输入电压阈值: • TH＝T＋H/2 • TL＝T－H/2 其中,T 是阈值电压,H 是迟滞电压
Use Delay	n/a	决定是不是用延迟
Rising-edge-Delay	s	从输入上升沿到输出电压开始变化的延迟。延迟与逻辑反转无关,并且总是应用于输入的上升沿
Falling-edge-Delay	s	从输入下降沿到输出电压开始变化的延迟。延迟与逻辑反转无关,并且总是应用于输入的下降沿
Upper switch PWL model		
V1	V	驱动器从 RON1 电阻段转换到 RON2 电阻段的电压
I3	n/a	驱动峰值电流
RON1	Ω	驱动开关的导通阻抗
RON2	Ω	在 PWL 定义中第二段的电阻
R3	Ω	当驱动器产生 I3 电流时,驱动器晶体管的电阻。这个电阻与驱动晶体管并联
Lower switch PWL model		
V1	V	驱动器从 RON1 电阻段转换到 RON2 电阻段的电压
I3	n/a	驱动峰值电流
RON1	Ω	驱动开关的导通阻抗
RON2	Ω	在 PWL 定义中第二段的电阻

续表

参 数 名	单位	描 述
R3	Ω	当驱动器产生 I3 电流时,驱动器晶体管的电阻。这个电阻与驱动晶体管并联

2 级 MOSFET 驱动器模型使用 PWL 电阻模型的通电阻与两个段 RON1 和 RON2,以及峰值电流 I3。当开关产生峰值电流时,一个并联输出电阻 R3 存在于开关两端。这个模型级别可以用来对复合 NPN/MOSFET 开关配置进行建模,如图 3-42 所示。

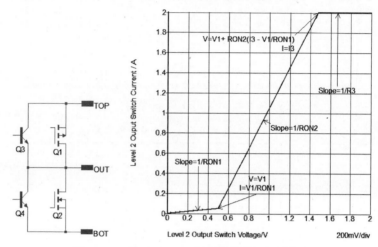

图 3-42　2 级 MOSFET 驱动器结构与特性曲线

3.1.9　比较器

SIMPLIS 中的比较器是一个非常重要的器件,它是连接模拟信号和数字信号的桥梁,会在电压判断、保护与环路逻辑中出现。

使用具有模拟输入和数字输出的比较器作为具有迟滞功能的通用比较器。只有当比较器的输出连接到 SIMPLIS 的数字器件时,比较器的输出才被视为 SIMPLIS 的数字信号。如果比较器输出连接到模拟器件,则输出的电压水平和输出的电阻由 Output High Voltage(高输出电压)、Output Low Voltage(低输出电压)和 Output Resistance(输出电阻)参数定义。

每个比较器输入到比较器接地引脚都有一个有限的电阻。如果需要比较器有真正无限大的输入阻抗,那么可以使用一个电压控制电压源(VCVS)来缓冲每个输入引脚。类似地,比较器的输出有一个有限的输出电阻,最小值为 1mΩ。如果需要小于 1mΩ 的输出电阻,那么可以向比较器的输出引脚添加 VCVS。表 3-38 为比较器的基本信息。

表 3-38　SIMPLIS 比较器

模 型 名	Comparator with Analog Inputs and Digital Outputs
元器件位置	• Analog Function→Comparator with Ground • Digital Functions→Gates→Comparator with Analog Inputs and Digital Outputs
原理图符号	U1

要将比较器配置为模拟输入和数字输出,应遵循以下步骤:

(1) 双击原理图上的符号,在出现的对话框中选择 Parameters 选项卡。

(2) 对如图 3-43 和表 3-39 中描述的字段进行适当的更改。

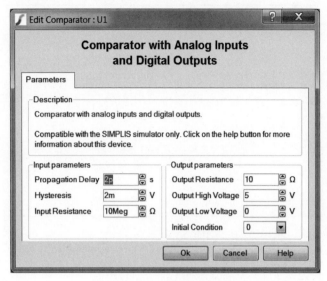

图 3-43 比较器参数对话框

表 3-39 比较器参数

参 数	参 数 描 述
Propagation Delay	从任何输入引脚改变状态到输出改变状态的延迟
Hysteresis	比较器的滞后(H)。Hysteresis(迟滞)参数可能永远不会为零。允许的最小参数值为 1pV。对于大多数应用程序来说,这个值非常小,可以忽略不计。为了确定实际阈值(TL,TH),可以将迟滞量(HYSTWD)代入 TH 和 TL 公式, <table><tr><td>输出逻辑跳变</td><td>实际阈值</td></tr><tr><td>0→1</td><td>TH=INN+0.5×HYSTWD</td></tr><tr><td>1→0</td><td>TL=INN−0.5×HYSTWD</td></tr></table> 其中,INN 为负输入引脚电压。当正输入引脚电压 INP 达到 TL 或 TH 时,比较器输出电压改变状态。
Input Resistance	每个比较器输入引脚的输入电阻
Output Resistance	每个比较器输出引脚的输出电阻
Output High Voltage	为每个比较器输出引脚输出高电压
Output Low Voltage	每个比较器输出引脚输出低电压
Initial Condition	时间为 0 时比较器输出的初始条件

3.1.10 运算放大器

SIMPLIS 中的运算放大器(简称"运放")可以用来构建电源内的补偿电路等。SIMPLIS 中的多级参数运算放大器有两个级别:1 级和 2 级。1 级模型是一个理想的运算放大器,增益带宽积和输出特性都是理想的。2 级模型增加了输入/输出电流和饱和电压的输出限制，以及转换速率限制和增益带宽乘积。2 级模型具有主导的单极点，而不存在高频极点。表 3-40 为 SIMPLIS 运放基本信息。

表 3-40　SIMPLIS 运放

模 型 名	Multi-Level Parameterized Opamp
SIMetrix 仿真器中元器件位置	Analog→Operational Amplifiers→Parameterized Opamp（Version 8.0＋）
SIMPLIS 仿真器中元器件位置	Analog Functions→Multi-Level Parameterized Opamp（Version 8.0＋）
符号	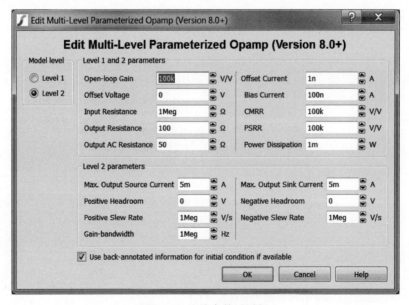

要配置多级参数化 Opamp，应遵循以下步骤：

（1）双击原理图上的符号以打开编辑对话框。

（2）选择一个模型级别，然后对图 3-44、表 3-41 和表 3-42 中描述的字段进行适当的更改。

图 3-44　运放参数对话框

表 3-41　1 级、2 级运放共同参数

参　　数	单位	参 数 描 述
Open-loop Gain	V/V	$\text{Vout}/(\text{Vin}_+ - \text{Vin}_-)$
Offset Current	A	out＝0 时输入电流差
Offset Voltage	V	零输出时的输入电压差
Bias Current	A	out＝0 时输入电流的平均值

续表

参 数	单位	参 数 描 述
Input Resistance	Ω	并联输入电阻
Output Resistance	Ω	串联输出电阻
Output AC Resistance	Ω	交流输出电阻。该电阻必须小于输出电阻参数
CMRR	V/V	共模抑制比
PSRR	V/V	电源抑制比
Power Dissipation	W	对于 SIMPLIS 和 SIMetrix 版本,静态电流的定义是不同的 • 在 SIMetrix 版本中,它是恒定电流,不随电源电压而变化 • 在 SIMPLIS 版本中,它是使用一个电阻来模拟功率损耗,表征在 15V 供电下的电流损耗

表 3-42　2 级运放专有参数

参 数	单位	参 数 描 述
Max. Output Source Current	A	最大输出电流能力
Max. Output Sink Current	A	最大输入电流能力
Positive Headroom	V	正电源电压和最大输出电压的差值
Negative Headroom	V	最小输出电压和负电源电压的差值
Pos. Slew Rate	V/s	正输出转换的转换速率
Neg. Slew Rate	V/s	负输出转换的转换速率
Gain-bandwidth	Hz	增益带宽积

3.1.11　光耦

SIMPLIS 中的光耦常被用在隔离 AC/DC 电路建模中,作为反馈的关键元器件。SIMPLIS 中的参数化光耦模型具有一个或两个极点的频率响应,输出晶体管饱和特性以及光电二极管正向压降特性。表 3-43 为 SIMPLIS 光耦基本信息。

表 3-43　光耦基本信息

模 型 名	Parameterized Opto Coupler（Version 8.0＋）
元器件选择器路径	Analog Functions→Parameterized Opto Coupler（Version 8.0＋）
符号	 U1 Param Opto

配置参数化光耦,应遵循以下步骤:

（1）双击原理图上的符号以打开编辑对话框。

（2）对图 3-45 和表 3-44 表中描述的字段进行适当的更改。

表 3-44　光耦参数

参 数	单位	描 述
Current transfer ratio	A/A	光耦的电流传递比
1st pole frequency	Hz	光耦模型允许在传递函数中定义两个极点 这是第一极点频率。可以将此设置为 0,以便从模型中移除极点

续表

参　数	单位	描　述
Use 2nd pole?		将第二个极点插入模型中
2nd pole frequency	Hz	光耦合器模型允许在传递函数中定义两个极点 这是第二极点频率,仅在 Use 2nd pole 复选框被选中时使用第二极点
Forward voltage	V	光电二极管正向电压
Forward resistance	Ω	光电二极管正向电阻(欧姆) 二极管用两段 PWL 电阻器建模,这是导电段的电阻
Saturation voltage	V	输出晶体管饱和电压
On resistance	Ω	光耦合器输出晶体管的通电阻
Output capacitance	F	光耦输出晶体管的集电极到发射极的电容设置为 0,以便将电容从电路中移除

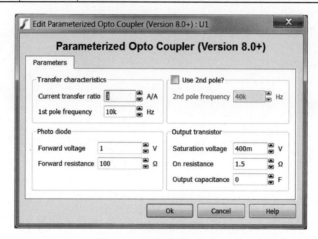

图 3-45　光耦参数对话框

3.2　基本数字元器件

　　数字器件常用来实现逻辑控制和信号处理,SIMPLIS 有一个全面的内置数字模型库,包含原始门模型到高级宏模型,如移位寄存器或乘法器等。使用这些数字模型,可以模拟各种各样的数字电路。这些数字模型的典型应用是控制开关型功率转换器的数字控制回路。

3.2.1　逻辑门

　　SIMPLIS 有 8 种常见门类型的内置模型:与、与非、或、或非、异或、异或非、反向和非反向缓冲器。每一种门器件都可以实现非反向和反向输出,每个器件的输出是完全互补的。

　　输入可以是有效高电平或有效低电平,但必须至少有一个输入是有效高电平。从所有输入到输出的传播延迟由传播延迟参数设置。无论输入是有源高还是有源低,所有的延迟都是相同的。所有门器件都有能力使用地参考。当数字器件连接到模拟器件时,需要一个接地引脚。

1. AND/NAND

　　AND/NAND 模型可以建立通用的与门/与非门,并支持多达 9 个输入,如表 3-45 所示。低有源输入数量可以设置为比总输入数量少 1 个。同时提供 AND 和 NAND 输出。
输出同时改变状态,使输出完全互补。

表 3-45　与门/与非门

模　型　名	AND/NAND Gate
元器件选择器路径	Digital Functions→Gates
符号	无地平面参考引脚

配置与门/与非门参数的步骤如下:

(1) 双击原理图上的符号,在出现的对话框中选择 Parameters 选项卡。

(2) 对图 3-46 和表 3-46 中描述的字段进行适当的更改。

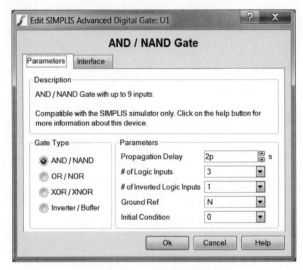

图 3-46　与门/与非门参数对话框

表 3-46　与门/与非门参数

参　　数	参　数　描　述
Propagation Delay	从任何输入引脚改变状态到输出改变状态的延迟
# of Logic Inputs	有源高逻辑输入的数量
# of Inverted Logic Inputs	低电平逻辑输入的个数。任何器件都可以有有源低输入,最高可达输入最多数量−1
Ground Ref	确定器件是否有接地参考引脚。任何有输入或输出引脚连接到模拟电路节点的数字元器件必须有其接地引脚连接到模拟节点。这通常是原理图上的地电位
Initial Condition	时间为 0 时触发器输出的初始条件

要定义这个数字元器件和每个直接连接到输入或输出引脚的模拟元器件之间的接口参数,应遵循以下步骤:

(1) 在 AND/NAND Gate 界面单击 Interface 选项卡。

(2) 对图 3-47 和表 3-47 中描述的字段进行适当的更改。

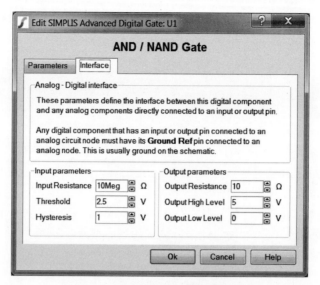

图 3-47　与门/与非门接口参数对话框

表 3-47　与门/与非门接口参数

参　　数	参　数　描　述
Input Resistance	每个触发器输入引脚的输入电阻
Hysteresis，Threshold	输入滞后和阈值。迟滞量 HYSTWD 以 Threshold (TH)电压为中心。为了确定实际阈值(TL，THI)，可以将"阈值(TH)"和"迟滞量(HYSTWD)"代入以下公式： 表： 输入逻辑电平 | 实际阈值 1 | $TH+0.5\times HYSTWD$ 0 | $TH-0.5\times HYSTWD$
Output Resistance	每个门输出引脚的输出电阻
Output High Voltage	每个栅极输出引脚输出高电压
Output Low Voltage	每个栅极输出引脚输出低电压

表 3-48 所示的真值表是一个双输入与门/与非门在有源高输入下的结果。

表 3-48　与门/与非门真值表

Inputs		Outputs	
A	B	AND	NAND
0	0	0	1
0	1	0	1
1	0	0	1
1	1	1	0

2．Buffer/Inverter

Buffer/Inverter 模型可以建立通用缓冲器和非门,其具有完全互补的输出,且两个输出在传输延迟后都改变了状态,如表 3-49 所示。

表 3-49 非门/缓冲器

模 型 名	Inverter/Buffer
仿真器	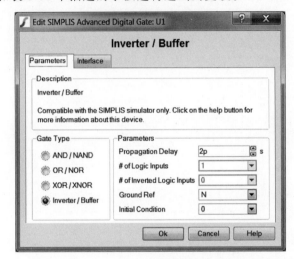
元器件选择器路径	Digital Functions→Gates
符号	无地参考引脚

要配置非门/缓冲器参数,请遵循以下步骤:

(1) 双击原理图上的符号,在出现的对话框中选择 Parameters 选项卡。

(2) 对图 3-48 和表 3-50 中描述的字段进行适当的更改。

图 3-48 非门/缓冲器参数对话框

表 3-50 非门/缓冲器参数

参 数	参 数 描 述
Propagation Delay	从任何输入引脚改变状态到输出改变状态的延迟
Ground Ref	确定器件是否有接地参考引脚。任何有输入或输出引脚连接到模拟电路节点的数字元器件必须由其接地引脚连接到模拟节点。这通常是原理图上的地平面
Initial Condition	时间＝0 时反向器/缓冲器输出的初始条件

要定义这个数字元器件和每个直接连接到输入或输出引脚的模拟元器件之间的接口参数,应遵循以下步骤:

(1) 在 Inverter/Buffer 对话框中,选择 Interface 选项卡。

(2) 对图 3-49 和表 3-51 中描述的字段进行适当的更改。

表 3-51 缓冲器/非门接口参数

参 数	参 数 描 述
Input Resistance	每个触发器输入引脚的输入电阻

续表

参　数	参　数　描　述	
Hysteresis，Threshold	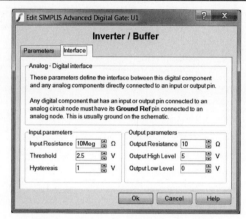	输入滞后和阈值。迟滞量 HYSTWD 以 Threshold (TH)电压为中心。为了确定实际阈值(TL，THI)，可以将"阈值(TH)"和"迟滞量(HYSTWD)"代入以下公式： <table><tr><td>输入逻辑电平</td><td>实际阈值</td></tr><tr><td>1</td><td>TH＋0.5×HYSTWD</td></tr><tr><td>0</td><td>TH－0.5×HYSTWD</td></tr></table>
Output Resistance	每个门输出引脚的输出电阻	
Output High Voltage	每个栅极输出引脚输出高电压	
Output Low Voltage	每个栅极输出引脚输出低电压	

图 3-49　缓冲器/非门接口参数对话框

表 3-52 所示为缓冲器/非门真值表。

表 3-52　缓冲器/非门真值表

Input	Output	
	Buffer	Inverter
0	0	1
1	1	0

3．OR/NOR

OR/NOR 模型可以建模一个通用的 OR 或 NOR 门，最多达 9 个输入，同时提供 OR 和 NOR 输出，如表 3-53 所示。输出同时改变状态，使输出完全互补。

表 3-53　或门/或非门

模　型　名	OR/NOR Gate
元器件选择器路径	Digital Functions→Gates
符号	无地电平参考引脚

配置 OR/NOR Gate 的步骤如下：

（1）双击原理图上的符号，在出现的对话框中选择 Parameters 选项卡。

（2）对图 3-50 和表 3-54 中描述的字段进行适当的更改。

图 3-50　或门/或非门参数对话框

表 3-54　或门/或非门参数

参　　数	参　数　描　述
Propagation Delay	从任何输入引脚改变状态到输出改变状态的延迟
♯ of Logic Inputs	有源高逻辑输入的数量
♯ of Inverted Logic Inputs	低电平逻辑输入的个数。任何器件都可以有有源低输入，最高可达最多输入数量－1
Ground Ref	确定器件是否有接地参考引脚。任何有输入或输出引脚连接到模拟电路节点的数字元器件必须有其接地引脚连接到模拟节点。这通常是原理图上的地面
Initial Condition	时间为 0 时或门/或非门输出的初始条件

要定义这个数字元器件和每个直接连接到输入或输出引脚的模拟元器件之间的接口参数，应遵循以下步骤：

（1）在 OR/NOR Gate 界面单击 Interface 选项卡。

（2）对图 3-51 和表 3-55 中描述的字段进行适当的更改。

表 3-55　或门/或非门接口参数

参　　数	参　数　描　述	
Input Resistance	每个触发器输入引脚的输入电阻	
Hysteresis，Threshold	（见左图 Logic Level 与 HYSTWD 示意图，横轴 IN，标注 TL TH THI）	输入滞后和阈值。迟滞量 HYSTWD 以 Threshold(TH)电压为中心。为了确定实际阈值(TL，THI)，可以将"阈值(TH)"和"迟滞量(HYSTWD)"代入以下公式： 输入逻辑电平 / 实际阈值 1 / $TH+0.5×HYSTWD$ 0 / $TH-0.5×HYSTWD$

续表

参　　数	参 数 描 述
Output Resistance	每个门输出引脚的输出电阻
Output High Voltage	每个栅极输出引脚输出高电压
Output Low Voltage	每个栅极输出引脚输出低电压

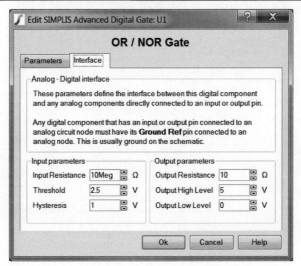

图 3-51　或门/或非门接口参数对话框

表 3-56 所示是针对有源高输入的双输入或门/或非门的真值表。

表 3-56　或门/或非门真值表

输　　入		输　　出	
A	**B**	**OR**	**NOR**
0	0	0	1
0	1	1	0
1	0	1	0
1	1	1	0

4. XOR/XNOR

XOR/XNOR 既可以表示一般的异或门,也可以表示非异或门,如表 3-57 所示。低电平输入的个数可以设置为 0 或 1。提供了异或和非异或双输出。输出同时改变状态,使输出完全互补。

表 3-57　异或门/非异或门

模 型 名	**Exclusive OR/Exclusive NOR Gate**
元器件选择器路径	Digital Functions→Gates
符号:	无地电位参考引脚

配置 XOR/XNOR Gate 的步骤如下：

（1）双击原理图上的符号，在出现的对话框中选择 Parameters 选项卡。

（2）对图 3-52 和表 3-58 中描述的字段进行适当的更改。

图 3-52　异或门/非异或门参数对话框

表 3-58　异或门/非异或门参数

参　　数	参 数 描 述
Propagation Delay	从任何输入引脚改变状态到输出改变状态的延迟
♯ of Inverted Logic Inputs	低电平逻辑输入的个数。任何设备都可以有有源低输入，最高可达最多输入数量－1
Ground Ref	确定设备是否有接地参考引脚。任何有输入或输出引脚连接到模拟电路节点的数字元器件必须有其接地引脚连接到模拟节点。这通常是原理图上的地面
Initial Condition	时间为 0 时异或门/非异或门输出的初始条件

要定义这个数字元器件和每个直接连接到输入或输出引脚的模拟元器件之间的接口参数，应遵循以下步骤：

（1）在 XOR/XNOR Gate 界面单击 Interface 选项卡。

（2）对图 3-53 和表 3-59 中描述的字段进行适当的更改。

表 3-59　异或门/非异或门接口参数

参　　数	参 数 描 述
Input Resistance	每个触发器输入引脚的输入电阻
Hysteresis，Threshold	输入滞后和阈值。迟滞量 HYSTWD 以 Threshold（TH）电压为中心。为了确定实际阈值（TL，THI），可以将"阈值（TH）"和"迟滞量（HYSTWD）"代入以下公式：<table><tr><th>输入逻辑电平</th><th>实际阈值</th></tr><tr><td>1</td><td>TH＋0.5×HYSTWD</td></tr><tr><td>0</td><td>TH－0.5×HYSTWD</td></tr></table>

续表

参　　数	参 数 描 述
Output Resistance	每个门输出引脚的输出电阻
Output High Voltage	每个栅极输出引脚输出高电压
Output Low Voltage	每个栅极输出引脚输出低电压

图 3-53　异或门/非异或门接口参数对话框

如表 3-60 所示是一个双输入异或门在有源高输入设置下的结果。

表 3-60　异或门/非异或门真值表

输　　入		输　　出	
A	***B***	**XOR**	**XNOR**
0	0	0	1
0	1	1	0
1	0	1	0
1	1	0	1

3.2.2　触发器

SIMPLIS 集成了 4 种常见的边沿触发器：

(1) D 型。

(2) S/R 型。

(3) J/K 型。

(4) Toggle 型。

所有触发器都可以设置在时钟上升沿或下降沿触发。每个触发器都提供置位和复位功能，参数定义置位和复位事件与时钟同步或异步。此外，置位/复位电平可以基于 SET/RESET 电平参数设置逻辑高或逻辑低。

1. 带置位/复位的 D 型触发器

带置位(SET)/复位(RESET)的 D 型触发器是具有异步或同步置位和复位输入的通用

时钟数据型触发器,如表 3-61 所示。Q 和 QN 输出只能在指定的时钟边缘改变状态,除非异步置位或复位输入被触发。时钟边缘触发器可以通过触发条件参数设置为上升沿(0_TO_1)或下降沿(1_TO_0)。如果不需要置位和复位输入,那么可以使用 D 型触发器。

表 3-61 带置位/复位的 D 型触发器

模 型 名	D-Type Flip-Flop with Set/Reset
元器件选择器路径	Digital Functions→Flip-Flops
符号	上升沿触发,异步置位/复位,无地电位参考 上升沿触发,异步置位/复位,有地电位参考 上升沿触发,同步置位/复位,无地电位参考 上升沿触发,同步置位/复位,有地电位参考 下降沿触发,异步置位/复位,没有地电位参考 下降沿触发,异步置位/复位,有地面参考 下降沿触发,同步置位/复位,无地面参考 下降沿触发,同步置位/复位,与地面参考

配置触发器参数,可以执行以下步骤:

(1) 双击原理图上的符号,在出现的对话框中选择 Parameters 选项卡。

(2) 对图 3-54 和表 3-62 中描述的字段进行适当的更改。

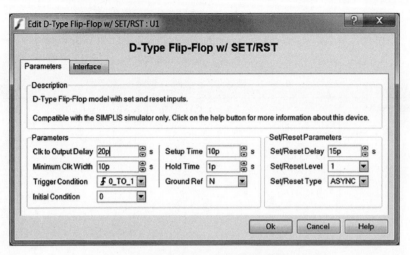

图 3-54　带置位/复位的 D 型触发器参数对话框

表 3-62　带置位/复位的 D 型触发器参数

参　　　数	参　数　描　述
Clock to Output Delay	从触发时钟事件延迟到触发器输出变化
Minimum Clk Width	最小有效时钟宽度。时钟宽度小于此参数将不会触发触发器
Trigger Condition	决定了 Flip-Flop 时钟引脚的触发条件： • 0_TO_1 上升沿触发 • 1_TO_0 下降沿触发
Initial Condition	时间为 0 时触发器输出的初始条件
Setup Time	在触发时钟事件之前，输入信号必须保持稳定的最小时间，以便识别每个输入状态的有效变化
Hold Time	在触发时钟事件之后，输入信号必须保持稳定的最小时间，以便识别每个输入状态的有效变化
Ground Ref	确定设备是否有接地参考引脚。任何有输入或输出引脚连接到模拟电路节点的数字元件必须有其接地引脚连接到模拟节点。这通常是原理图上的地电平
Set/Reset Delay	从 SET 或 RST 引脚激活到 Q 输出实际设置或复位的延迟
Set/Reset Level	决定设备的设置/重置级别： • 1 表示有效高电平 • 0 表示有效低电平

Set/Reset Type	确定输出事件是否与时钟事件同步：	
	Set/Reset Type	描述
	SYNC	SET（设置）/RESET（重置）事件同步到触发条件参数定义的时钟边缘
	ASYNC	SET（设置）/RESET（重置）事件与时钟边缘是异步的

　　要定义这个数字元器件和每个直接连接到输入或输出引脚的模拟元器件之间的接口参数，应遵循以下步骤：

　　(1) 在 D-Type Flip-Flop w/SET/RST 界面单击 Interface 选项卡。

　　(2) 对图 3-55 和表 3-63 中描述的字段进行适当的更改。

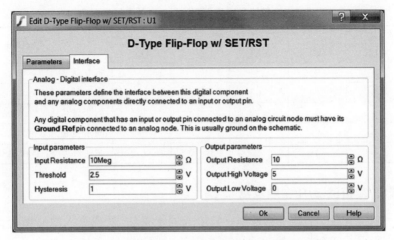

图 3-55 带置位/复位的 D 型触发器接口参数对话框

表 3-63 带置位/复位的 D 型触发器接口参数

参 数	参 数 描 述
Input Resistance	每个触发器输入引脚的输入电阻
Hysteresis，Threshold	输入滞后和阈值。迟滞量 HYSTWD 以 Threshold（TH）电压为中心。为了确定实际阈值（TL，THI），可以将"阈值（TH）"和"迟滞量（HYSTWD）"代入以下公式： | 输入逻辑电平	实际阈值
1	TH+0.5×HYSTWD
0	TH−0.5×HYSTWD	
Output Resistance	Q 和 QN 引脚的输出电阻
Output High Voltage	Q 和 QN 引脚输出高电压
Output Low Voltage	Q 和 QN 引脚输出低电压

如表 3-64 所示的真值表假设触发器条件为 0_TO_1，表示上升沿时钟触发器，Set/Reset level＝1，Set/Reset Type＝ASYNC，表示异步置位/复位。

- 异步置位/复位。

表 3-64 带异步置位/复位的 D 型触发器真值表

输　　入			输　　出			操　　作
D	CLK	SET	RST	Q	QN	
0	∫	0	0	0	1	将 0 从 D 转移到 Q
1	∫	0	0	1	0	将 1 从 D 转移到 Q
0 或 1	0 或 1	1	0	1	0	异步置位
0 或 1	0 或 1	0	1	0	1	异步复位
0 或 1	0 或 1	1	1	Last Q	Last QN	非法并发 SET 和 RST

如表 3-65 所示的真值表假设触发器条件为 0_TO_1，表示上升沿时钟触发器，Set/Reset＝1，Set/Reset Type＝SYNC，表示同步置位/复位。

- 同步置位/复位。

表 3-65　带同步置位/复位的 D 型触发器真值表

输　　入			输　　出			Action
D	CLK	SET	RST	Q	QN	
0	⌐	0	0	0	1	将 0 从 D 转移到 Q
1	⌐	0	0	1	0	将 1 从 D 转移到 Q
0 或 1	⌐	1	0	1	0	同步置位
0 或 1	⌐	0	1	0	1	同步复位
0 或 1	⌐	1	1	Last Q	Last QN	非法并发 SET 和 RST

2. 带置位/复位的 S/R 型触发器

带置位/复位的 S/R 型触发器是具有异步或同步置位/复位输入的通用时钟 S/R 触发器,如表 3-66 所示。Q 和 QN 输出只能在指定的时钟边缘改变状态,除非异步置位或复位信号到来。时钟边缘触发器可以通过触发条件参数设置为上升沿(0_TO_1)或下降沿(1_TO_0)。如果不需要置位和复位输入,则可以使用 S/R 触发器。

表 3-66　带置位/复位的 S/R 型触发器

模　型　名	S/R Flip-Flop with Set/Reset
元器件选择器路径	Digital Functions→Flip-Flops
符号	上升沿触发,异步置位/复位,无地电位参考 　上升沿触发,异步置位/复位,有地电位参考 　上升沿触发,同步置位/复位,无地电位参考 　上升沿触发,同步置位/复位,有地电位参考 　下降沿触发,异步置位/复位,没有地电位参考 　下降沿触发,异步置位/复位,有地电位参考

续表

模 型 名	S/R Flip-Flop with Set/Reset
符号	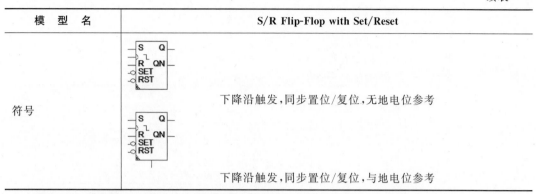下降沿触发,同步置位/复位,无地电位参考 下降沿触发,同步置位/复位,与地电位参考

要配置触发器的参数,可以遵循以下步骤:

(1) 双击原理图上的符号,在出现的对话框中选择 Parameters 选项卡。

(2) 对图 3-56 和表 3-67 中描述的字段进行适当的更改。

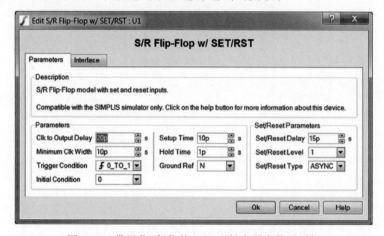

图 3-56　带置位/复位的 S/R 型触发器参数对话框

表 3-67　带置位/复位的 S/R 型触发器参数

参 数	参 数 描 述
Clock to Output Delay	从触发时钟事件延迟到触发器输出变化
Minimum Clk Width	最小有效时钟宽度。时钟宽度小于此参数将不会触发触发器
Trigger Condition	决定了 Flip-Flop 时钟引脚的触发条件: • 0_TO_1 上升沿触发 • 1_TO_0 下降沿触发
Initial Condition	时间为 0 时触发器输出的初始条件
Setup Time	在触发时钟事件之前,输入信号必须保持稳定的最小时间,以便识别每个输入状态的有效变化
Hold Time	在触发时钟事件之后,输入信号必须保持稳定的最小时间,以便识别每个输入状态的有效变化
Ground Ref	确定设备是否有接地参考引脚。任何有输入或输出引脚连接到模拟电路节点的数字元器件必须有其接地引脚连接到模拟节点。这通常是原理图上的地电平
Set/Reset Delay	从 SET 或 RST 引脚激活到 Q 输出实际设置或复位的延迟

参　　数	参 数 描 述	
Set/Reset Level	决定设备的设置/重置级别： • 1表示有效高电平 • 0表示有效低电平	
Set/Reset Type	确定输出事件是否与时钟事件同步：	
	Set/Reset Type	描述
	SYNC	set置位/reset复位事件同步到触发条件参数定义的时钟边缘
	ASYNC	set设置/reset重置事件与时钟边缘是异步的

要定义这个数字元器件和每个直接连接到输入或输出引脚的模拟元器件之间的接口参数，应遵循以下步骤：

(1) 在 S/R Flip-Flop w/ SET/RST 界面单击 Interface 选项卡。

(2) 对图 3-57 和表 3-68 中描述的字段进行适当的更改。

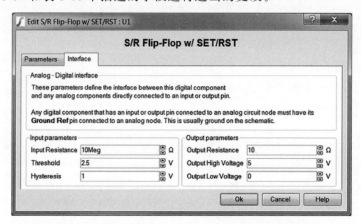

图 3-57　带置位/复位的 S/R 型触发器接口参数对话框

表 3-68　带置位/复位的 S/R 型触发器接口参数

参　　数	参 数 描 述		
Input Resistance	每个触发器输入引脚的输入电阻		
Hysteresis，Threshold	Logic Level 图：HYSTWD，TL TH THI，IN	输入滞后和阈值。迟滞量 HYSTWD 以 Threshold (TH)电压为中心。为了确定实际阈值(TL，THI)，可以将"阈值(TH)"和"迟滞量(HYSTWD)"代入以下公式：	
		输入逻辑电平	实际阈值
		1	$TH+0.5\times HYSTWD$
		0	$TH-0.5\times HYSTWD$
Output Resistance	Q 和 QN 引脚的输出电阻		
Output High Voltage	Q 和 QN 引脚输出高电压		
Output Low Voltage	Q 和 QN 引脚输出低电压		

如表 3-69 所示的真值表假设触发器条件为 0_TO_1，表示上升沿时钟触发器，Set/

Reset level＝1，Set/Reset Type＝ASYNC，表示异步置位/复位。

- 异步置位/复位。

表 3-69　带异步置位/复位的 S/R 型触发器真值表

输　　入					输　　出		操　　作
S	R	CLK	SET	RST	Q	QN	
1	0	⌁	0	0	1	0	置位触发器
0	1	⌁	0	0	0	1	复位触发器
0 或 1	0 或 1	0 或 1	1	0	1	0	异步置位
0 或 1	0 或 1	0 或 1	0	1	0	1	异步复位
0 或 1	0 或 1	0 或 1	1	1	Last Q	Last QN	非法并发 SET 和 RST

如表 3-70 所示的真值表假设触发器条件为 0_TO_1，表示上升沿触发器，Set/Reset level＝1，Set/Reset Type＝SYNC，表示同步置位/复位。

- 同步置位/复位。

表 3-70　带同步置位/复位的 S/R 型触发器真值表

输　　入					输　　出		操　　作
S	R	CLK	SET	RST	Q	QN	
1	0	⌁	0	0	1	0	置位触发器
0	1	⌁	0	0	0	1	复位触发器
0 或 1	0 或 1	⌁	1	0	1	0	异步置位
0 或 1	0 或 1	⌁	0	1	0	1	异步复位
0 或 1	0 或 1	⌁	1	1	Last Q	Last QN	非法并发 SET 和 RST

3.2.3　POP 触发器与波特图探针与测量

POP 触发器与波特图探针与测量元器件是进行 POP 和 AC 仿真的必要元器件，下面介绍这两种元器件的参数与使用注意事项。

1. POP 原理图触发器

SIMPLIS 周期工作点(POP)分析要求用户指定一个开关节点，该节点是电路中存在的周期频率的最小公倍数。对于工作频率单一的电源电路，例如常见的降压稳压器，内部集成的振荡器就决定了功率开关的开关周期。对于桥式变换器，两个开关工作在振荡器频率的一半，任何一个桥式开关都是一个合适的周期开关频率。POP 原理图触发器是一种用于进行 POP 分析的触发门，是 POP 分析中不可缺少的元器件，如表 3-71 所示。

表 3-71　POP 原理图触发器

模　型　名	POP Trigger Schematic Device
元器件库内路径	Analog Functions→POP Trigger Schematic Device
符号	

POP 原理图触发器的默认参数值适用于大多数电路。要配置 POP 原理图触发器,应遵循以下步骤:

(1) 双击原理图上的符号以打开编辑对话框。

(2) 对图 3-58 和表 3-72 中描述的字段进行适当的更改。

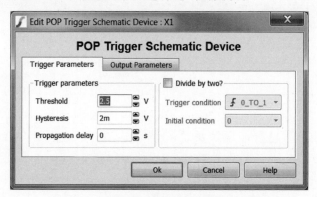

图 3-58　POP 原理图触发器参数对话框

表 3-72　POP 原理图触发器参数

参数类别	单位		描　　述
阈值与迟滞电压	V		POP 原理图触发器的 Threshold (T)(阈值)和 Hysteresis (H)(迟滞量)。为了确定由低到高的阈值 TH 和由高到低的阈值 TL,将"阈值(T)"和"迟滞量(H)"代入以下公式: 输入逻辑转换 / 实际阈值 $0 \rightarrow 1$ / $TH = T + 0.5 \times H$ $1 \rightarrow 0$ / $TL = T - 0.5 \times H$
传输延迟	S	POP 原理图触发器的传播延迟	
分为两段	将一个开关触发器插入 POP 触发器原理图设备模型中。主要用于桥式转换器,这允许使用主时钟作为 POP 触发器源,开关触发器将为 SIMPLIS 使用的实际 POP 触发器门产生一个二分频信号		
触发条件	确定输入引脚的触发条件: • 0_TO_1——上升沿触发 • 1_TO_0——下降沿触发		
初始条件	当选中 2 段输出时的初始条件		

要编辑输出的参数,单击 Output Parameters 选项卡,如图 3-59 所示。参数简单地设置 POP 原理图触发器的输出电平。改变这些参数对于电路在 POP 分析中收敛没有帮助,也不会改变这些参数对 POP 误差的影响。

表 3-73 为 POP 原理图触发器输出参数。

表 3-73　POP 原理图触发器输出参数

参　数　类　别	单位	描　　述
Output high voltage	V	输出引脚的高电压
Output low voltage	V	输出引脚的低电压

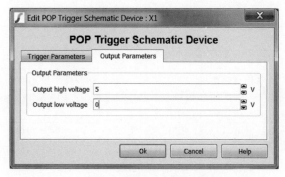

图 3-59　POP 原理图触发器输出参数对话框

2. Bode Plot Probe w/Measurements

Bode Plot Probe w/Measurements(波特图探针与测量)组件用来产生传递函数增益和相位的频率特性图。探针可以配置为仅绘制增益或相位图,或同时绘制增益和相位图,如表 3-74 所示。

表 3-74　波特图探针与测量

模 型 名	Bode Plot Probe
元器件库内路径	Probes→Bode Plot Probe（Gain/Phase）w/Measurements
符号	IN OUT =OUT/IN

可按照以下步骤配置波特图探针与测量组件:

(1) 双击原理图上的符号,打开到参数选项卡的编辑对话框。

(2) 对图 3-60 和表 3-75 中描述的字段进行适当的更改。

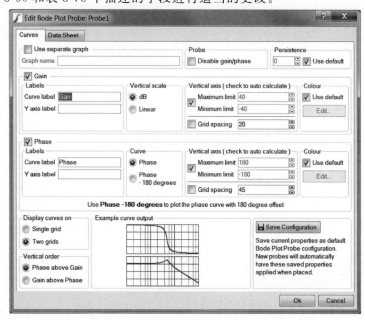

图 3-60　波特图探针与测量参数对话框

表 3-75 波特图探针与测量参数

参　　数	描　　述
Use separate graph	选中此选项，以便为每个输出图形选项卡提供别名
Graph name	图形名称是每个输出图形选项卡的别名，在图形输出中不可见。具有相同图形名称属性的曲线将在相同的图形标签上输出。图形名称可以安全地忽略，除非使用多个波特图探针。若使用单独的图形则必须选中
Disable gain/phase	选中此框可禁用增益图和相位图
Persistence	Persistence 属性确定何时从图形查看器中删除以前的仿真数据。如果选中 Use default 或设置为−1，那么探针将使用默认的全局持久性值 默认持久化可以从命令 shell 菜单中设置：File→Options→SIMPLIS Options • 如果设置为 0，那么图形数据将不会被删除，后续的仿真将在相同的轴位置添加新的曲线 • 如果设置为正整数，则持久化值将被解释为图形上要保持的模拟次数。例如，设置为 1 只保留当前数据，每个后续的模拟都会覆盖图表。设置为 2 将保留当前数据和先前模拟的数据
Curve label	设置曲线的名称 注意：该字段同时出现在对话框的增益和相位组中
Y axis label	设置单个增益轴和相位轴的 Y 轴标签。当多个探针的多条曲线放置在同一轴上时，轴号属性必须相同，否则轴号为空。如果该字段为空，则出现轴标签，其名称为 Curve 标签字段中指定的名称。 注意：该字段同时出现在对话框的增益和相位组中
Vertical scale	允许选择要对仿真数据执行的功能 • 选择 dB 横坐标显示为对数格式 • 选择 Linear 横坐标显示为线性格式
Curve	选择相位曲线偏移量 • 选择 Phase：相位无偏移量 • 选择 Phase-180 degrees：在绘制曲线之前，相位减去 180°
Vertical axis	有两个选择 Maximum limit/Minimum limit • 检查是否自动设置垂直极限以符合曲线数据 • 取消选中此选项可输入限制的最小值和最大值 　最小和最大轴极限必须设置或自动计算作为一个组 Grid spacing： • 检查以自动计算网格间距 • 如果不选中该选项，那么将网格间距设置为独立于轴的限制 　注意：该字段同时出现在对话框的增益和相位组中
Colour	定义曲线的颜色 • 在增益组和相位组中选中 Use default 复选框，以生成具有相同默认颜色的曲线，默认颜色是从一系列颜色中自动选择的 • 不选中 Use default 复选框，单击 Edit 按钮，打开颜色选择器对话框以指定曲线的固定颜色 从命令菜单中更改默认的颜色序列，选择 Files→Options→SIMPLIS Options
Display curves on	允许定义输出网格的数量：单个网格或两个网格
Vertical order	允许指定曲线的顺序：相位高于增益或增益高于相位 • 如果在 Display curves on 选项组中选择了 Two grids 单选按钮，则此组中的选择将指定曲线输出位置 • 如果选择 Single grid 单选按钮，那么两条曲线都位于具有两个轴的较低网格上

续表

参　　数	描　　述
Example curve output	示例曲线输出说明了两条曲线的相对位置 注：此处曲线数据为固定值；这些曲线只是例子，并不反映仿真的曲线
Save Configuration	单击 Save Configuration 将此信息保存为未来所有新的波特图探针的默认配置

3.3　SPICE 模型导入与应用

3.3.1　SPICE 模型概述

SPICE 模型不能直接在 SIMPLIS 模拟器中使用，因此，必须通过内置算法在 SIMetrix 中进行转换。目前支持 MOSFET、Diode、BJT、IGBT、JFET、Schottky diode（肖特基二极管）和 Zener（齐纳二极管）。

安装第三方 SPICE 型号的过程需要将器件的电气定义和该器件的图标符号表示之间进行关联。虽然模型提供了器件的电气描述，但模型没有指定模型库中的原理图符号或类别。有两种可能的情况：

（1）如果器件是使用.MODEL 控件实现的，那么它总是指向特定类型的器件，如 NPN、NMOS、Diode 等，然后 SIMetrix 可以确定模型库的类别和符号。

（2）如果器件是使用.SUBCKT 定义实现的，那么 SIMetrix 不能确定模型库类别或符号。例如，一个三端调节器和一个功率 MOSFET 使用相同的语法，但是 SIMetrix 不能单独从语法中区分出不同。

当器件由.SUBCKT 被定义为子电路时，为了解决这个问题，SIMetrix 软件包括一个已知元器件编号的数据库，其中包含一个命名的原理图符号、一个模型库类别以及（如果相关的话）一个引脚映射顺序。下面解释了在各种情况下会发生什么。

（1）如果该器件在数据库中，那么该部件将在模型库中以正确的符号出现在正确的类别下，不需要进一步的操作。

（2）如果该部件不在数据库中，并且有 2 个或 3 个终端，那么 SIMetrix 将通过在模型上运行一些仿真来确定器件的类型。

- 如果仿真成功，那么 SIMetrix 选择适当的原理图符号，而不需要进一步的操作。
- 如果 SIMetrix 不能确定描述模型的符号，那么需要手动提供关联。当第一次将此部分放置在原理图上时，SIMetrix 会提示输入模型库类别和符号名称。

通过在文本编辑器中编辑模型库文件，可以将模型库类别和符号名称关联嵌入到模型定义中。可以在每个.SUBCKT 行后面添加一行来标识模型库类别和子电路定义的符号名称，如图 3-61 所示。

```
.SUBCKT example_model_3 1 2 3
*#ASSOC Category=NMOS Symbol=nmos_sub

... model definition lines ...

.ENDS
```

图 3-61　在文本编辑内编辑模型库文件

3.3.2 在 SIMPLIS 中导入 SPICE 模型

本节将使用 SIMPLIS 官方示例介绍如何导入 SPICE 模型的步骤与方法，并为它选择合适的元器件类别和图标。

（1）打开 Simetrix/SIMPLIS 软件主页面后拖动需要导入的 SPICE 模型文件 model_examples. txt 到主页面内的 Command Shell 窗口内，会出现如图 3-62 所示的对话框。

（2）选中 Install 单选按钮后点击 Ok 按钮，软件会开启导入过程，从 Command Shell 窗口内可以看到如图 3-63 所示的导入结果。

图 3-62　导入模型文件对话框

注意：这个 SPICE 模型中包含了 3 个 NMOS 模型，分别是 example_model_1、example_model_2 和 example_model_3。另外，导入模型后这个导入的文件不能被删除或移动位置，Simetrix/SIMPLIS 软件会在使用时调用本地模型源文件。

（3）从原理图菜单栏选择 Place→From Model Library 命令，出现器件选择对话框，单击 Recently Added Models，右边出现最近添加的新元器件，选中 example_model_2，如图 3-64 所示。

图 3-63　Command Shell 窗口显示的导入文件

图 3-64　元器件选择对话框

（4）单击 Place 按钮，会出现一个元器件种类与图标列表，如图 3-65 所示。

（5）单击 Close 按钮，出现链接模型与类别与图标的对话框，在 Choose Category for example_model_2 下拉列表框内选择 NMOS，在 Define Symbol for example_model_2 下拉列表框内选择 NMOS 3 terminal，结果如图 3-66 所示。

（6）单击 Ok 按钮后就出现了常见的 Extract MOSFET Parameters 对话框，如图 3-67 所示。

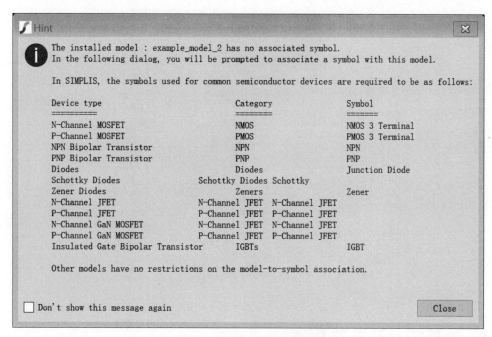

图 3-65 元器件种类与图标列表

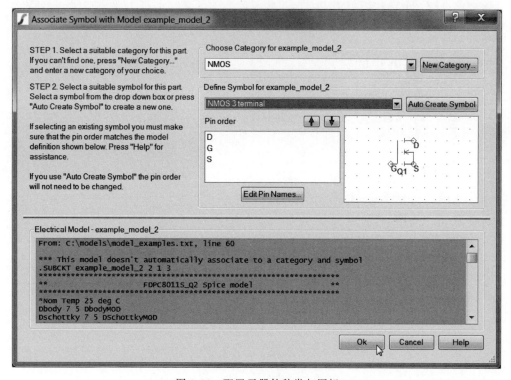

图 3-66 配置元器件种类与图标

（7）根据实际需要更改各个参数后单击 Extract 按钮，就可以在原理图中使用新器件了。

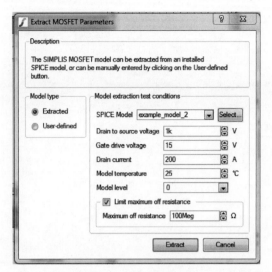

图 3-67　参数配置对话框

3.4　常用芯片子电路模块

本节将介绍在电路建模中用于实现一些通用功能的常用的子电路模型，如时钟发生器电路、软启动电路与 PWM 驱动器电路等。

3.4.1　时钟发生器

时钟发生器是定频控制电源中的一个重要器件，既可以是开关驱动器的时基信号，也可以是内部寄存器的触发时钟等。在 SIMPLIS 中集成了功能各不相同，适合不同应用的几种时钟源。

1. 信号发生器

SIMPLIS 中内置的电压信号发生器可以产生一个频率、幅值、占空比等参数可调整的恒定时钟源，如表 3-76 所示。

表 3-76　信号发生器

模　型　名	**Waveform Generator（Pulse，Ramp…）**
元器件库内路径	• Commonly Used Parts→Waveform Generator（Pulse，Ramp…） • Voltage Sources→Waveform Generator（Pulse，Ramp…）
符号	V1

可按照如下步骤编辑电压信号发生器参数：

（1）双击原理图上的符号以打开编辑对话框。

（2）对图 3-68 和表 3-77 中描述的字段进行适当的更改。

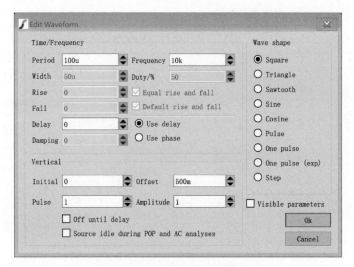

图 3-68　信号发生器参数对话框

表 3-77　信号发生器参数

参　　数	参 数 描 述
Wave shape	选择信号种类,包含方波、三角波、锯齿波、正弦波、反正弦波、脉冲波、单脉冲波、指数型单脉冲波和步进波形
Time/Frequency	可设置信号频率、占空比、上升/下降沿时间和延迟时间等
Vertical	设置信号幅值与初始态等

对于常用的开关电源应用,可以设置信号类型为 Pulse 脉冲波形作为时钟源或 Sawtooth 锯齿波形作为斜坡补偿信号等。

2. 50%占空比的压控振荡器

50%占空比的压控振荡器用可编程的峰值/谷值电压和电压-频率增益来模拟压控振荡器,如表 3-78 所示。该模块对 SIMPLIS 仿真进行了速度优化,可以通过将恒定直流电压源连接到频率引脚来用作固定频率振荡器。振荡器输出的斜坡波形是一个 50%占空比的三角波。该振荡器包括一个 ON/OFF 控制引脚和输出常用信号,具体如下:

- 三角形电压斜坡信号,可编程峰/谷电压值。斜坡波形的占空比为 50%。
- 占空比为 50%的时钟信号。

表 3-78　50%占空比的压控振荡器

模 型 名	Voltage-Controlled Oscillator w/ 50% Duty Cycle
元器件库内路径	Analog Functions→Timing and Oscillators→Voltage-Controlled Oscillator w/ 50% Duty Cycle
符号	VCO w/ 50% Duty Cycle U1 VF RAMP CLK OFF RTN

VCO 符号上的引脚说明如表 3-79 所示。

表 3-79　50%占空比的压控振荡器引脚说明

引脚名	I/O	功　　能	描　　述
VF	I	控制时钟频率的输入电压	$f_{CLK}=$VF×Gain 其中,Gain 是 VF＝1.0 时的时钟频率
OFF	I	振荡器的开/关控制电压	当 OFF 电压信号小于 2.0V 时振荡器运行 • 一旦振荡器运行,当 OFF 引脚的电压超过 3.0V 时停止 • 一旦振荡器停止运行,电压 OFF 引脚下降到 2.0V 以下时,它重新启动
RTN		VCO 的电压参考点	地参考点
RAMP	O	锯齿斜坡电压输出	这个输出允许探测内部振荡器的斜坡电压。 • 斜坡电压频率与时钟频率相同 • 斜坡的斜率对上升部分和下降部分都是线性的
CLK	O	数值逻辑输出 • Logic 0⇒CLK＝0V • Logic 1⇒CLK＝5V	时钟频率由 VF 输入控制。时钟参数在编辑 VCO 中描述的输入对话框中设置

配置 VCO 的步骤如下:

(1) 双击原理图上的符号以打开编辑对话框。

(2) 对图 3-69 和表 3-80 中描述的字段进行适当的更改。

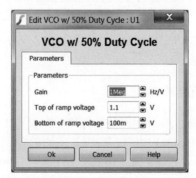

图 3-69　50%占空比的压控振荡器参数对话框

表 3-80　50%占空比的压控振荡器参数

参　　数	参　数　描　述
Gain	压控振荡器的增益用 Hz/V 表示。当 VF 引脚电压为 1V 时,增益参数值为 100k 的压控振荡器将以 100kHz 振荡。当 VF 引脚为 5V 时,相同的 VCO 将以 500kHz 振荡
Top of ramp voltage	斜坡峰值
Bottom of ramp voltage	斜坡谷值

如图 3-70 所示是一个测试该元器件功能的示例原理图。

图 3-71 为测试电路的波形,具有以下特性:

• VF 引脚在 $20\mu s$ 时间内在 0.5～1V 变化。

• 由此产生从 100kHz 变化到 200kHz 的振荡器频率。

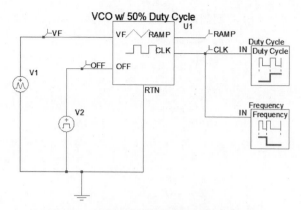

图 3-70　50％占空比的压控振荡器测试电路

- 关断引脚在 $80\mu\text{s}$ 开始的 PWL 电压斜坡上固定。
- 当 OFF 引脚电压超过 3V 阈值时，振荡器关闭。

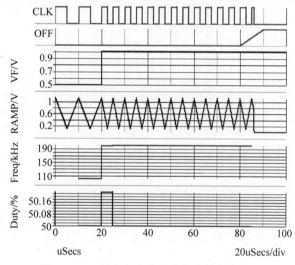

图 3-71　50％占空比的压控振荡器仿真波形

3. 占空比可调的压控振荡器

此元器件除了占空比可配置以外，与上述的 VCO 功能一致，常用来作为带抖频功能的时钟源，如表 3-81 所示。

表 3-81　占空比可调的压控振荡器

模 型 名	Voltage-Controlled Oscillator w/ Programmable Duty Cycle
元器件库内路径	Analog Functions→Timing and Oscillators→Voltage-Controlled Oscillator w/ Programmable Duty Cycle
符号	VCO w/Programmable Duty Cycle VF RAMP U1 CLK OFF VDIS RTN

利用此元器件构建一个方波调制的时钟源信号,电路图如图 3-72 所示。

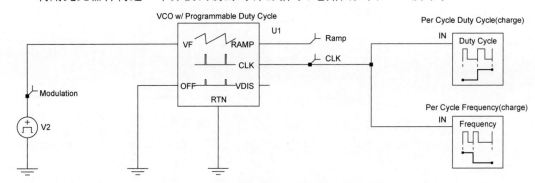

图 3-72　占空比可调的压控振荡器测试电路

设置 V2 的参数为一个方波,如图 3-73 所示。

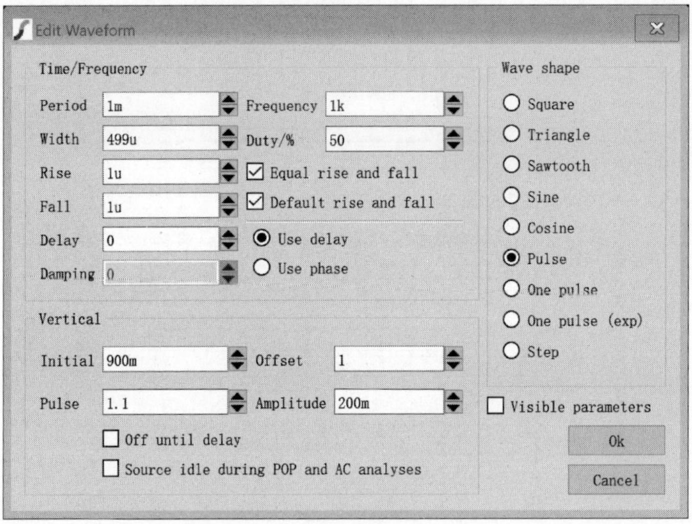

图 3-73　信号发生器设置为方波

占空比可调的压控振荡器参数设置如图 3-74 所示。

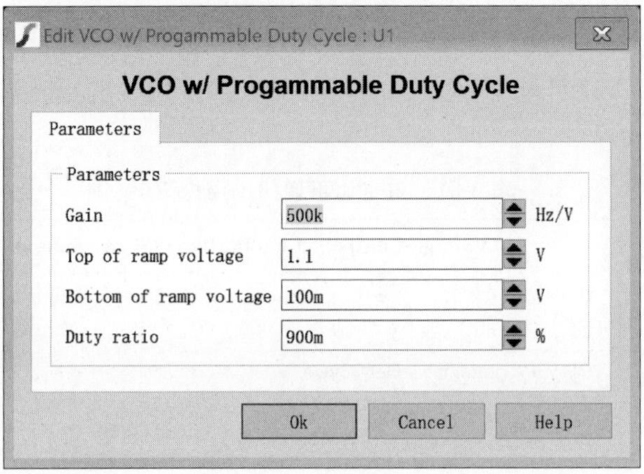

图 3-74　占空比可调的压控振荡器参数设置

仿真工作波形如图 3-75 所示。

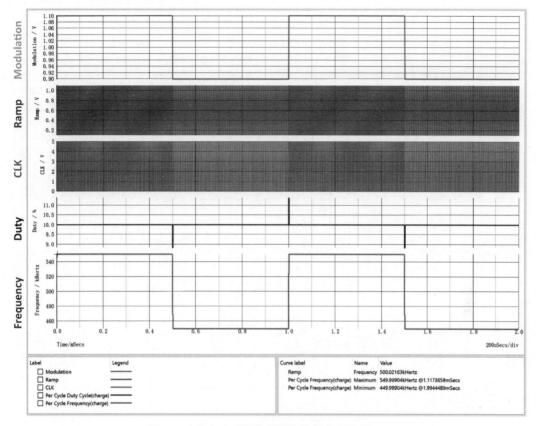

图 3-75　占空比可调的压控振荡器仿真波形(一)

从结果可以看出,时钟频率在 450kHz 和 550kHz 两个时钟频率变化,且随着调制信号 V2 的变化而变化。

上述是用方波调制的,下面可以将 V2 输出设置为正弦波调制,如图 3-76 所示。

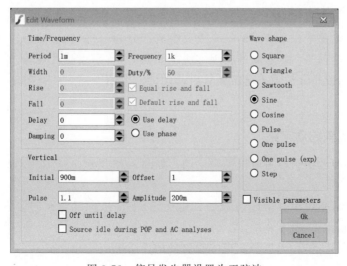

图 3-76　信号发生器设置为正弦波

仿真波形如图 3-77 所示。

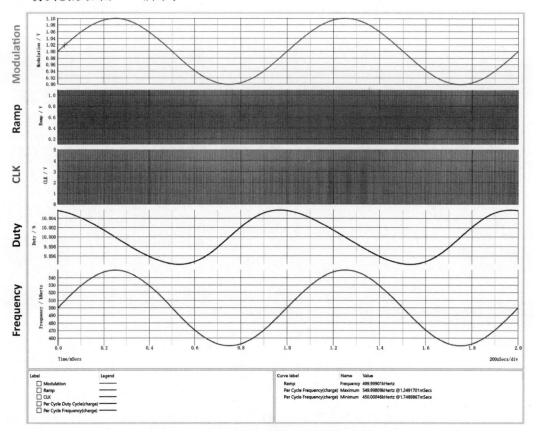

图 3-77　占空比可调的压控振荡器仿真波形(二)

对比用方波调制的时钟频率,可以看出这种调制模式下的输出时频率变化较为缓慢,抖频效果更加平滑。

3.4.2　软启动电路

软启动电路也是电源系统中的一个重要组成部分,其目的在于控制输入电流的幅值或输出电压的启动过程等。软启动的实现方法主要有两点,一点是针对输出电压做软启动设计,另一种软启动则是针对输入电流做软启动设计。下面介绍一些针对输出电压的软启动设计。

1. 最简单的软启动电路

软启动电路通常控制参考电压慢慢启动。如图 3-78 所示是一个使用 PWL 器件实现的软启动电路。

这里的本质是使用 V_PWL(分段线性电压源)来模拟参考电压的缓慢上升过程,参数定义如图 3-79 所示。

图 3-80 为使用 PWL 电压源实现的软启动仿真结果。

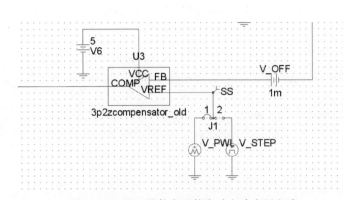

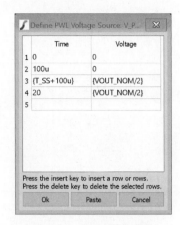

图 3-78　PWL 器件实现软启动电路应用电路　　　　图 3-79　PWL 器件参数

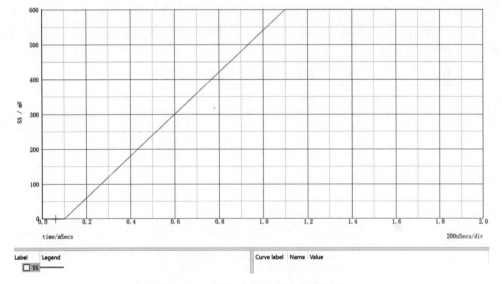

图 3-80　PWL 器件软启动仿真波形

从仿真结果可以看到,从 $100\mu s$ 到 $(T\_SS+100\mu s)$ 时间内参考电压从 0V 慢慢爬升到 $(VOUT\_NOM/2)$。

使用 PWL 器件实现软启动的缺点总结如下:

- 不受控于 EN 信号。
- 当禁止这个模块时,补偿器模块没有输出。
- 不能实现 POP。
- 不支持反向初始化参数。
- 当输出有初始电压时不能正确处理。

2. 使用电流源对电容充电实现软启动

如图 3-81 所示为使用一个电流源对电容充电实现软启动。

这里增加了两个开关 S1 和 S2 来响应 EN 信号的使能控制,而且 S1 和 S2 都是反逻辑控制,即当 EN＝1 时,S1 和 S2 不导通,即补偿电路正常工作;当 EN＝0 时,S1 和 S2 导通,

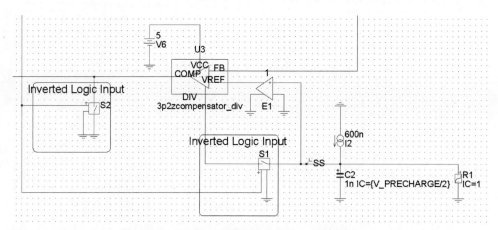

图 3-81　电流源与电容实现软启动电路应用电路

S1 用来得到此时输出电压的分压值,S2 用来保持补偿器输出电压。

　　右边的电路就是一个典型的电流源对电容充电,R1 用来对 C2 上的电压进行钳位,其参数设置如图 3-82 所示。

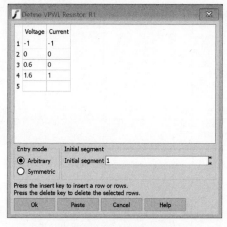

图 3-82　R1 钳位参数

C2 电容可以设置初始电压,也可以将上述电路封装成如图 3-83 所示的形式。

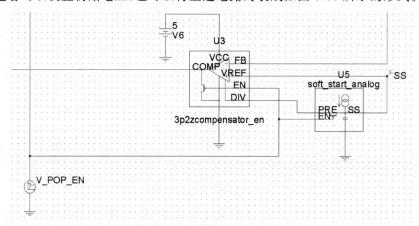

图 3-83　软启动电路封装

对其仿真,仿真结果如图 3-84 所示。

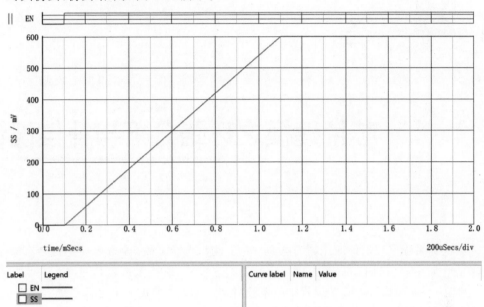

图 3-84　电流源与电容器件软启动仿真波形

使用电容充放电的软启动电路可以支持 POP、AC 仿真,在实际建模应用中比较常见。

3.5　本章小结

本章介绍了在 SIMPLIS 软件仿真建模中常用的元器件与模块,包括无源器件与有源器件。了解这些基本元器件的特点、参数与应用方法非常有助于快速搭建准确的电路模型,是后续建模学习的基础知识。

第 4 章

芯片建模之环路分析与补偿设计

开关电源系统可被形象地比喻为电商平台的物流调度系统,通常电商平台会有数个比较大型的仓储中心,里面存储有大量的商品货物,另外在一些城市也会建立一些小物流中心,大仓储中心向小物流中心转运货物的系统就是一个很形象的开关电源系统。

大仓储中心的储藏量就表征开关电源输入端的供电能力,小物流中心的供货能力就表征开关电源系统的负载能力。大仓储中心的货物会分批小批量地运送到小物流中心,运送频率就表征开关电源系统的开关频率,运送货车的大小表征开关电源系统储能元器件的大小。小物流中心出货速度与供货速度的关系就表征了开关电源的瞬态响应,小物流中心某段时间出货较少造成货物积压就对应着开关电源的向上过冲,大仓储中心某段时间供货紧张造成小物流中心货物不足就对应着开关电源的向下过冲,小物流中心没有货物发出就对应着开关电源的空载状态。其实我们生活中还有很多类似的事例,生活中处处是学问,生活是最大的哲学问题。

本章包含以下知识点。

(1) 电源环路基本概念(传递函数、振荡原理、零极点、右半平面零点、穿越频率、相位裕度、增益裕度)。

(2) K 因子法设计补偿器步骤。

(3) 基于 OPA 的补偿器设计步骤。

(4) 基于 OTA 的补偿器设计步骤。

(5) OPA 补偿器与 OTA 补偿器的区别。

(6) 基于基准电压源加光耦补偿器设计步骤。

(7) 隔离光耦补偿器应用场景。

4.1 认识开关电源环路

首先要明确,环路是一种路径,可分为开环和闭环。开环就是一个方向,类比上面的比喻,开环就是大仓储中心不知道也不关心小物流中心的货物情况,它只按照设定的频率和车辆去补充小物流中心的货物,即使小物流中心爆仓或者货物不足,它也不会采取任何措施,还是按照设定的情况运货,可想而知这不是健康的状态。

而闭环就是设置有物流调度中心,它要时刻检测大仓储中心的货物储藏量和小物流中心的供货情况,然后安排合理的车辆和频率去补充货物,只有这样才能健康稳定持续地发展。

开关电源系统也类似,它的环路是如何有效管理能量的传输,环路的作用在于准确地把控能量供需关系,实时调整产能,平衡能量供需关系,当负载端需要更多的能量时,则提高产能运送更多的能量;当负载端能量减少时则削减产能,减少运送的能量。环路不单单只检测负载端情况,有的也监测输入供给端的波动情况。

1. 为什么要设计好开关电源的环路

上面形象地解释了开关电源的环路,不言而喻,环路的好坏直接影响着整个电源系统的效果。一个好的电源系统需要适应各种复杂及恶劣情况的变化,这样才能稳定健康地保证负载端的持续运行。

2. 如何设计好开关电源的环路

一直以来,开关电源的环路分析都是比较模糊且复杂的,因为这牵扯到一些理论分析和工程实践的交叉。

4.1.1　几个概念

如图 4-1 所示为一个典型的电压控制模式降压稳压器电路结构。

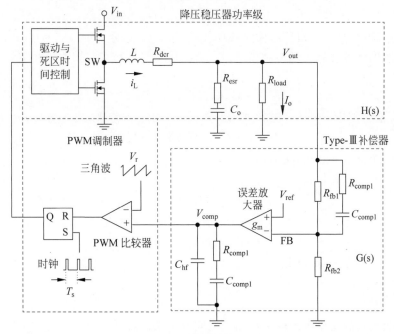

图 4-1　电压控制模式降压稳压器

该电路可以分为两部分:第一部分为功率级电路部分,其频域传递函数为 $H(s)$;第二部分为反馈采样与补偿控制电路部分,其频率传递函数为 $G(s)$。功率级电路主要由开关管、电感、电容及 PWM 调制器等元器件组成,主要完成电源的转换,反馈采样与补偿控制电路的目的主要是采集输出状态信息,与控制或基准信号相比较,进而控制功率级电路中的开关管等,达到负反馈的目的,使得输出电压稳定为目标值。

上述电路的控制框图如图 4-2 所示。

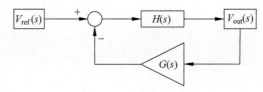

图 4-2　负反馈控制框图

其中 $V_{ref}(s)$ 代表输入电压变量,$V_{out}(s)$ 是输出电压变量,$G(s)$ 为输出负反馈控制函数,$H(s)$ 为误差调制电路。当输出电压发生变化或未达到预定输出值时,通过负反馈控制电路反馈到误差调制电路来达到稳定输出目标值的目的。

在具体介绍电源环路分析与补偿设计之前,先介绍几个基本概念,这些都是在后续或其他资料中常见的概念。

1. 振荡

我们用一个形象的例子来说明控制系统中的振荡概念。首先写出传递函数为

$$V_{out}(s) = [V_{in}(s) - G(s) \times V_{out}(s)] \times H(s) \tag{4-1}$$

对其进行变换可写成输出对输入的关系表达式如下:

$$\frac{V_{out}(s)}{V_{in}(s)} = \frac{H(s)}{1 + G(s)H(s)} \tag{4-2}$$

在控制理论中,把 $G(s)H(s)$ 称为开环增益,用 $T(s)$ 表示,即 $T(s) = G(s)H(s)$。振荡表示一个系统即使没有输入的激励信号,也会有输出信号,也就可以表示成下式:

$$\lim_{V_{in}(s) \to 0} \left[\frac{H(s)}{1 + G(s)H(s)} \times V_{in}(s) \right] \neq 0 \tag{4-3}$$

如果输入信号逼近零时还有输出,那么只有一种可能——传递函数的分母表达式为零,即

$$1 + G(s)H(s) = 0 \tag{4-4}$$

上式是一个复数表达式,它有两层含义:

- 模值

$$|G(s)H(s)| = 1 \tag{4-5}$$

- 相位

$$\arg G(s)H(s) = -180° \tag{4-6}$$

上面两式统称为巴克豪森准则。

2. 传递函数

传递函数反映的是系统的输出与输入之间的关系。传递函数定义为输出电压与输入电压之比,即系统的增益(值得一提的是,实际上传递函数根据输入电压、电流的比值有 4 种关系,但在开关电源领域最常用的是输出电压与输入电压之比,定义为开关电源系统的传递函数),也就是说,传递函数是连接输出响应信号和输入激励信号的桥梁。

- 开环传递函数定义为

$$T(s) = G(s)H(s) \tag{4-7}$$

- 闭环传递函数定义为

$$\frac{H(s)}{1+G(s)H(s)} \tag{4-8}$$

- 极点、零点、初始极点。

在讨论系统稳定性时,零极点在复平面上的位置很重要。环路增益的通用表达式如下:

$$T(s)=\frac{b_0+b_1s+\cdots+b_ms^m}{a_0+a_1s+\cdots+a_ns^n}=\frac{N(s)}{D(s)} \tag{4-9}$$

式中,$N(s)$ 和 $D(s)$ 分别表示分子和分母多项式。系统稳定的一个条件是分子的阶次应小于分母的阶次,即 $m<n$。对于某些 s 值,分子或分母将变为0。我们将令分子多项式变为0的 s 值称为零点,将令分母多项式变为0的 s 值称为极点。初始极点也称为零极点,顾名思义就是零频率处的极点。

系统稳定的充要条件是所有零极点的根有负的实部,负实部的意义在于对应的阶跃响应是衰减的。

- 右半平面零点。

在升压稳压器、升-降压稳压器和反激稳压器中,能量传递分为电感能量存储和能量传递这两种变换过程。这一中间能量存储过程产生了延时,如果功率需求很快,而存储过程需要时间,如果此时电源转换器不能维持输出功率的需求,输出在短时间内会向控制器所期望的相反方向变化,这就是右半平面零点系统的典型特征和表现。

- 0dB 穿越极点与初始极点。

前面已经介绍了传递函数格式如下:

$$H(s)=\frac{b_0+b_1s+\cdots+b_ms^m}{a_0+a_1s+\cdots+a_ns^n}=\frac{N(s)}{D(s)} \tag{4-10}$$

但是对于工程师来说,式(4-10)不够直观,通过它不能直接得到系统的零极点。为了简单论述,下面以一个一阶传递函数为例:

$$H(s)=\frac{b_0+b_1s}{a_0+a_1s} \tag{4-11}$$

但是,即使是这样简单的一阶系统也不能够看出系统的增益、零点和极点。我们需要对其做进一步整理,如下:

$$H(s)=\frac{b_0}{a_0}\times\frac{1+s\dfrac{b_1}{b_0}}{1+s\dfrac{a_1}{a_0}}=G_0\times\frac{1+s/\omega_{z1}}{1+s/\omega_{p1}} \tag{4-12}$$

其中几个变量定义如下:

- $G_0=\dfrac{b_0}{a_0}$ 就是我们所说的直流增益(或静态增益)。

- $\omega_{z1}=\dfrac{b_0}{b_1}$ 就是系统的零点。

- $\omega_{p1}=\dfrac{a_0}{a_1}$ 就是系统的极点。

写成这种形式以后就可以很清楚地看出系统的增益、零点和极点了。

利用这种形式除了可以很方便地查看系统特征参数外，还有一个优点是用这种形式来构造一个系统很方便。例如，我们想建立一个系统的传递函数 $G(s)$，包含一个初始极点、一个普通极点和一个普通零点，那么可以很快写出系统的传递函数如下：

$$G(s) = \frac{1 + s/\omega_{z1}}{\dfrac{s}{\omega_{p0}} \times \left(1 + \dfrac{s}{\omega_{p1}}\right)} \tag{4-13}$$

但是由于初始极点有一个参数存在，故不能一眼看出系统的增益，通常需要进一步整理得到下式：

$$G(s) = \frac{1 + s/\omega_{z1}}{\dfrac{s}{\omega_{p0}} \times \left(1 + \dfrac{s}{\omega_{p1}}\right)} = \frac{\omega_{p0}(1 + s/\omega_{z1})}{s\left(1 + \dfrac{s}{\omega_{p1}}\right)} = \frac{\omega_{p0}/\omega_{z1}(\omega_{z1} + s)}{s\left(1 + \dfrac{s}{\omega_{p1}}\right)} = \frac{\omega_{p0}/\omega_{z1}(1 + \omega_{z1}/s)}{\left(1 + \dfrac{s}{\omega_{p1}}\right)}$$

$$= \frac{\omega_{p0}(1 + \omega_{z1}/s)}{\omega_{z1}\left(1 + \dfrac{s}{\omega_{p1}}\right)} = \frac{G_0(1 + \omega_{z1}/s)}{\left(1 + \dfrac{s}{\omega_{p1}}\right)} \tag{4-14}$$

其中，$G_0 = \omega_{p0}/\omega_{z1}$，在工程上通常被称为中频带增益，$\omega_{p0}$ 称为 0dB 穿越极点，如图 4-3 所示为这个传递函数的幅值变化曲线。

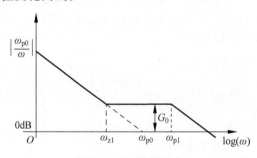

图 4-3　0dB 穿越极点

从图 4-3 可以看出，系统从 0dB 开始时是初始极点 ω_{p0} 起作用，幅值曲线以 -20dB/dec 斜率下降，当遇到普通零点 ω_{z1} 后，斜率变为 0dB/dec，这个时候增益就是前述的中频带增益，ω_{p0} 就是图 4-3 中虚线与 0dB 轴相交处的频率，表征了系统中频带增益值，当其变化时，中频带增益也会随之发生变化，如图 4-4 所示。

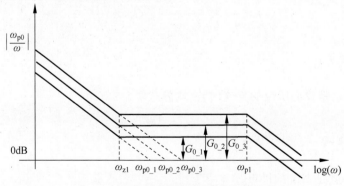

图 4-4　0dB 穿越极点频率变化示意图

4.1.2 如何判定一个开关电源系统是否稳定

如前所述,我们利用开环传递函数的波特图来判定开关电源系统的稳定性。波特图是频域中的概念,表征幅值或相位随着频率的变化趋势,如图 4-5 所示。因为我们考虑的是开关电源中的各种频率信号的干扰对稳态与动态传递的影响。一方面,从频域上分析更加直观,而且现有的数学工具也便于进行频域分析,主要从下面 4 个参数分析。

(1) 直流增益:增益曲线在零频率处的增益。

(2) 穿越频率(f_c):增益曲线穿越 0dB 线的频率点。

(3) 相位裕度(PM):相位曲线在穿越频率处的相位和$-180°$之间的相位差。

(4) 增益裕度(GM):增益曲线在相位曲线达到$-180°$的频率处对应的增益。

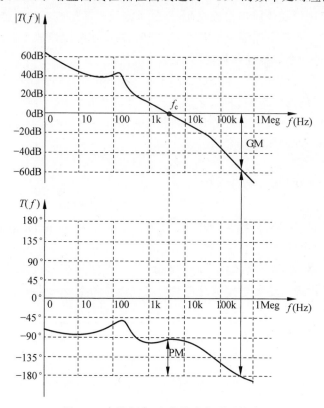

图 4-5 穿越频率,相位裕度与增益裕度

环路稳定性判据

根据奈奎斯特稳定性判据,当系统的相位裕度大于 0°时,此系统是稳定的。

(1) 准则 1:在穿越频率处,总开环系统要有大于 30°的相位裕度。

(2) 准则 2:为防止-40dB/dec 增益斜率的电路相位快速变化,系统的开环增益曲线在穿越频率附近的增益斜率为-20dB/dec。

(3) 准则 3:增益裕度是开环系统的模的度量,该变化可能是导致曲线刚好通过-20dB/dec。一般需要 6dB 的增益裕度。

注:应当注意,并不是绝对要求开环增益曲线在穿越频率附近的增益斜率必须为-20dB/dec,但是由于-20dB/dec 增益斜率对应的相位曲线相位延迟较小,且变化相对缓

慢,因此它能够保证,当某些环节的相位变化被忽略时,相位曲线仍将具有足够的相位裕度,使系统保持稳定。

要满足上述的 3 个准则,我们需要知道开环系统所有的环节的增益和相位情况。引入传递函数、零极点的概念可以很好地分析这个问题。

4.2 环路分析与补偿设计方法

在介绍具体方法之前,有一个问题不知道大家有没有想过? 为什么需要补偿电路呢? 这个知识点放在此处更容易解释清楚,其原因就在于功率级的传递函数可能不能满足系统的稳定性要求,如不满足穿越频率,那么系统可能要求瞬态响应速度快,但是由于功率级本身的拓扑结构或控制模式或应用参数限制,导致本身穿越频率或者相位特性不满足要求时,就需要补偿电路了。补偿电路通过一些电阻电容元器件搭配误差放大器可以实现各种不同零极点特性,以弥补功率级传递函数的不足。

通过 4.1 节的学习已经清楚地知道判断电源稳定性的指标包括穿越频率、相位裕度和增益裕度等,而要得到这些指标值,就必须先得到开环传递函数 $T(s) = G(s)H(s)$。开环传递函数由功率级传递函数 $H(s)$ 和补偿器传递函数 $G(s)$ 组成,那么怎么得到这两个传递函数呢? 本节就围绕此问题展开介绍。

4.2.1 环路分析之功率级

如何获得功率级传递函数 $H(s)$ 呢? 首先所选的拓扑结构与具体的输入/输出规格参数等会决定功率级的传递函数特性,如降压、升压、升降压等本身的传递函数特性就不一样,另外,采用电压控制模式还是电流控制模式等也会影响功率级传递函数。我们首先需要明确功率级的传递函数,绘制其传递函数的波特图,分析其零极点分布情况。

如式(4-15)所示为前述电压控制模式的降压稳压器功率级传递函数

$$H(s) = \frac{V_{\text{out}}}{V_{\text{comp}}}(s) = \frac{1}{V_{\text{r}}} \times \frac{R_{\text{load}}(C_{\text{o}}R_{\text{esr}}s + 1)}{LC_{\text{o}}(R_{\text{load}} + R_{\text{esr}})s^2 + (L + R_{\text{load}}C_{\text{o}}R_{\text{esr}})s + R_{\text{load}}} \times V_{\text{in}}$$

(4-15)

其中,$\frac{1}{V_{\text{r}}}$ 为 PWM 调制器增益,从传递函数可知,电压控制模式降压稳压器是一个二阶系统,在电感电容谐振频率处有一个双极点,在输出电容串联等效电阻处有一个零点。零极点频率分别为如下两式:

$$f_{\text{LC}} = \frac{1}{2\pi\sqrt{LC_{\text{o}}}}$$

(4-16)

$$f_{\text{ESR}} = \frac{1}{2\pi R_{\text{esr}}C_{\text{o}}}$$

(4-17)

根据传递函数和零极点分布后可绘制出功率级传递函数波特图,如图 4-6 所示。

可以看出,LC 谐振双极点导致幅值曲线以 -40dB/dec 斜率下降,相位延迟 $180°$;而输出电容等效串联电阻引入的零点则使得幅值曲线斜率增加 20dB/dec,相位提升 $90°$。当选择不同的外围元器件值时,这些零极点的位置将会发生较大的变化,相应的波特图也会发生很大变化。

那么是怎么得到式(4-15)的呢？有关开关电源传递函数的原理推导部分，存在如小信号分离法、状态空间法等多种方法，由于其数学内容、公式较为复杂，本书不详细展开讨论，有兴趣的读者可以查阅相关书籍。

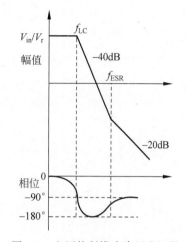

图 4-6　电压控制模式降压稳压器功率级波特图

4.2.2　环路分析之补偿器

当了解清楚功率级传递函数与其波特图后，根据瞬态响应要求和稳定性要求确定其带宽和相位裕度。根据功率级传递函数和环路带宽和相位裕度要求可以开始选择合适的补偿器电路。

关于补偿器电路可能会有一些问题，比如说补偿器电路到底是什么样的？是否所有电源电路都需要设计补偿器？补偿器到底怎样设计？本章就为大家一一解答这些问题。

首先需要明确，补偿器的目的是对功率级电路进行补偿以满足系统响应与稳定性要求。基本上大部分电源系统都需要设计补偿电路，但是从电源芯片应用角度考虑，存在下面几种不同形式的补偿电路。

1．外部补偿

对于一些适用于多种宽输入输出电压比和开关频率应用的电源芯片，常设计为灵活的外部补偿电路形式，如图 4-7 所示。

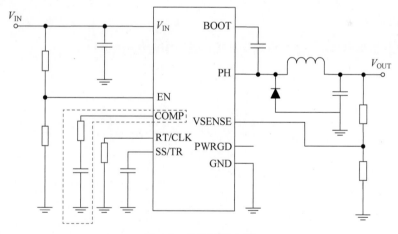

图 4-7　外部补偿电路

这种补偿形式有如下特点：
- 可灵活选择多种外围元器件。
- 可灵活配置多种开关频率。
- 适合于宽输入输出电源场景。
- 需要较复杂的环路分析与补偿器设计。

2. 内部补偿

对于小功率或较窄输入输出电压比应用的一些电源芯片,通常将补偿电路集成在芯片内部,如图 4-8 所示。

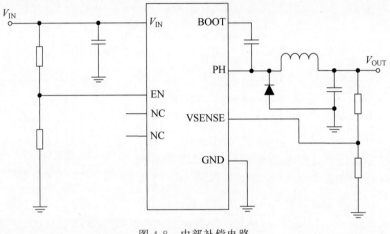

图 4-8 内部补偿电路

这种补偿形式有如下特点:

- 应用简单,外围元器件更少。
- 外围元器件值选择范围较为固定。
- 有限的应用范围。
- 当输出大电容时,内部补偿较为困难。

3. 无须补偿

对于一些特殊的控制模式,不需要补偿电路,如图 4-9 所示。

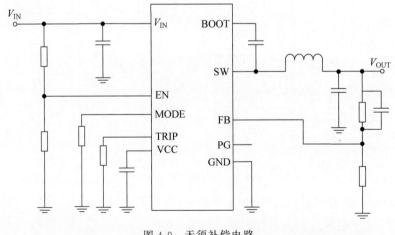

图 4-9 无须补偿电路

这种补偿形式有如下特点:

- 适合于恒定导通/关断控制、滞环控制模式等。
- 瞬态响应迅速。

- 设计简单,外围元器件少。
- 外围元器件值选择范围有限。

根据补偿器对相位的提升作用不同,可以分为Ⅰ型、Ⅱ型和Ⅲ型补偿器,也可根据是否使用普通运放、跨导型运放及光耦等进行分类,具体的补偿器电路结构、原理和设计方法后面会详细介绍。

还是以上述电压控制模式型降压稳压器为例,如针对应用需求得知需要采取Ⅲ型补偿器电路,如图 4-10 所示。

加上补偿器的传递函数,就可以得到开环传递函数,将 3 个传递函数波特图绘制在一起,如图 4-11 所示,就可以看出补偿器的作用。

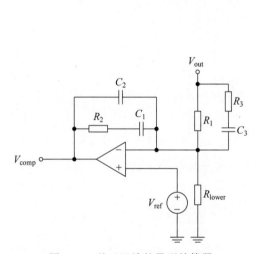

图 4-10　基于运放的Ⅲ型补偿器

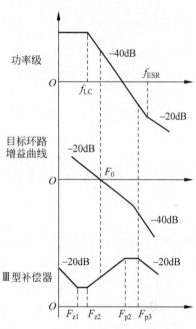

图 4-11　电压控制型降压稳压器波特图

从图 4-11 可以看出,Ⅲ型补偿器引入了 2 个零点和 3 个极点,其中的第一个原极点使得开环传递函数以−20dB/dec 斜率衰减,两个零点补偿功率级的 LC 双极点,使得开环传递函数保持以−20dB/dec 斜率穿越 0dB,补偿器的后续 2 个极点用来补偿输出电容等效串联电阻零点和抑制高频干扰。经过这样的补偿电路,开环传递函数即可满足应用和稳定性要求。

4.2.3　环路分析与补偿设计方法概述

相信通过 4.2.1 节和 4.2.2 节的分析及简单示例,已经了解了一些基本概念和方法,本节将总结性地给出一种比较完整的环路分析与补偿设计方法,如图 4-12 所示。

该方法分为 4 个步骤。

1. 功率级特性分析

根据应用需求,选择合适的拓扑结构、控制方法后并计算选取合适的外围主要元器件,然后依据一些成熟的参考文献或推导得到响应的功率级传递函数。依据传递函数分析其零

图 4-12　环路补偿设计方法

极点分布并绘制出波特图,查看其环路特性。

2．环路要求分析

根据应用需求,尤其是分析负载特性,得到系统带宽需求等,进而明确开环传递函数的带宽、相位裕度和增益裕度需求,其中相位裕度和增益裕度可按照通用要求。

3．补偿电路设计

前两步分析后就可以结合系统需求和功率级特性得到补偿器的特性,根据相位补偿要求,可选择不同类型的补偿器。选定补偿器电路结构后设计零极点的位置以及计算补偿器内各个参数值,具体有两种常见方法。

1）零极点放置法

此种方法是手动放置补偿器零极点的位置,然后根据零极点公式计算各参数。此分析方法需要对电路有比较深入的理解,因为这种方法很多时候是基于经验和总结的,且是较为粗糙的,所以在初次设定零极点后针对开环传递函数结果需要返回调整补偿器零极点位置。其优点在于可以灵活地放置零极点,且更加直观,容易理解。

2）K 因子法

这种方法脱胎于运放补偿设计方法,形成了一种较为固定的数学分析方法。此种方法根据需要补偿提供的相位提升和增益得到一个 K 因子参数,根据此 K 因子参数就可得到精确的补偿器零极点分布,此种设计方法可精确地提供所需相位和增益提升量,且不需对电路有非常深入的理解,直接套用公式即可完成设计。但其缺点在于仅针对穿越频率点的设计,可能会忽略整个环路带宽内的相位等。

4．校验优化

在完成了前面几个步骤后,从理论分析角度已经得到了补偿器参数,接下来需要借助计算工具、仿真工具和物理芯片来验证设计方法的科学性与准确性。这里的误差可能来自于以下几个方面。

1）功率级传递函数

因为此传递函数通常是在较为理想的模式且做了一定简化下推导出来的,与实际结果存在一定的偏差。

2）器件与工艺参数偏差

所有的芯片外围元器件与内部工艺都存在偏差,故在设计中需要考虑这些偏差,后续需要验证是否可涵盖这些偏差。

数学分析工具可使用 MathCAD/MATLAB 等,仿真验证工具可使用 SIMPLIS 等,物理芯片分析可使用环路分析仪等测试其开环传递函数特性。

4.2.4 峰值电流控制模式的降压稳压器实例

本节以基于峰值电流控制模式的降压稳压器电路为例,介绍其功率级传递函数的较简略但较为容易理解的过程。图 4-13 显示了基于峰值电流控制模式的降压稳压器的简化电路。

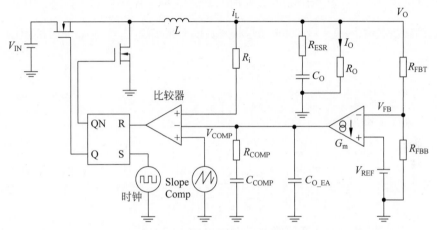

图 4-13 基于峰值电流控制模式的降压稳压器简化电路

如图 4-14 所示为基于峰值电流控制模式的降压稳压器控制电路的模型框图。

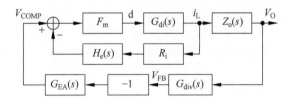

图 4-14 基于峰值电流控制模式的降压稳压器控制电路的模型框图

其中各环节定义如下。

- $G_{div}(s)$ 是反馈电阻网络分压比。
- $G_{EA}(s)$ 是误差放大器及补偿网络的传递函数。
- F_m 是 PWM 调制器的增益。
- $G_{di}(s)$ 是占空比到电感电流的传递函数。
- $Z_o(s)$ 是输出阻抗。
- R_i 是电流采样电阻。
- $H_e(s)$ 是电感电流采样模型的等效简化传递函数。

可以看出,峰值电流控制模式的降压稳压器有两个控制环路:内部电感电流控制环路及外部电压控制环路。

下面详细分析控制环路的各个模块。

1. 电感电流到输出电压的传递函数

$$Z_o(s) = \frac{V_o(s)}{i_L(s)} = R_o \times \frac{1 + sR_{ESR}C_o}{1 + s(R_{ESR} + R_o)C_o} \tag{4-18}$$

2. 占空比到电感电流的传递函数

$$G_{di}(s) = \frac{i_L(s)}{d(s)} = \frac{V_{IN}(1 + sC_oR_o)}{R_o + sL + s^2 LC_oR_o} \tag{4-19}$$

为了简化式(4-19)的传递函数,在设计内部电流环时,通常会使其带宽远大于电感 L 和输出电容 C 的转折频率 $\dfrac{1}{2\pi\sqrt{LC_o}}$。对于穿越频率及以上频率段时,可将式(4-19)简化如下:

$$G_{di}(s) = \frac{i_L(s)}{d(s)} \approx \frac{V_{IN}}{sL} \tag{4-20}$$

3. PWM 比较器增益

电感电流、补偿信号和误差放大器输出 V_{comp} 会一起比较,比较的结果来决定 MOSFET 的开关,即 PWM 的占空比。如式(4-21)所示 F_m 是 PWM 比较器的增益。

$$F_m = \frac{f_{SW}}{S_n + S_e} \tag{4-21}$$

其中,f_{SW} 是开关频率,S_n 是开关管开启时的电感电流采样斜率,S_e 是外加的补偿信号斜率,即

$$S_n = R_i \times \frac{V_{IN} - V_O}{L} \tag{4-22}$$

$$S_e = V_{se} \times f_{SW} \tag{4-23}$$

其中,V_{se} 为补偿信号。

4. 电感电流采样保持模型

$H_e(s)$ 是电感电流采样保持模型的传递函数,如下:

$$H_e(s) = \frac{\dfrac{s}{f_{SW}}}{e^{\frac{s}{f_{SW}}} - 1} \approx 1 - \frac{s}{2f_{SW}} + \frac{s^2}{(\pi f_{SW})^2} \tag{4-24}$$

5. 误差放大器与补偿传递函数

反馈电阻网络的传递函数为

$$G_{div}(s) = \frac{V_{FB}(s)}{V_O(s)} = \frac{V_{REF}}{V_o} \tag{4-25}$$

误差放大器及补偿网络的传递函数为

$$G_{EA}(s) = \frac{V_{COMP}(s)}{-V_{FB}(s)} = \frac{G_m}{C_{COMP}} \times \frac{1 + sR_{COMP}C_{COMP}}{s(1 + sR_{COMP}C_{O\_EA})} \tag{4-26}$$

6. 内部电流环

通过上述几个传递函数可以推导出控制信号到电感电流的传递函数如下:

$$
G_{ci}(s) = \frac{i_L(s)}{V_{COMP}(s)} = \frac{1}{R_i} \times \frac{1}{1 + s \times \left[\dfrac{V_{se} \times f_{SW} \times L + (0.5 \times V_{IN} - V_o)R_i}{V_{IN}R_i f_{SW}}\right] + s^2 \dfrac{1}{(\pi f_{SW})^2}}
$$

(4-27)

对于峰值电流控制的 Buck 转换器,其穿越频率会比开关频率的一半小很多,这样式(4-27)可以简化为

$$
G_{ci}(s) = \frac{i_L(s)}{V_{COMP}(s)} = \frac{1}{R_i} \times \frac{1}{1 + s \times \left[\dfrac{V_{se} \times f_{SW} \times L + (0.5 \times V_{IN} - V_o) \times R_i}{V_{IN} \times R_i \times f_{SW}}\right]}
$$

(4-28)

这样内部电流环就可以简化为一个单极点传递函数,这样简化对分析环路非常有帮助。如果内部电流环不稳定,则会发生次谐波振荡。为了保证上述传递函数稳定,需要保证所有极点都在左半平面。式(4-28)分母部分的解在左半平面,这样可以从式(4-28)得到电感的最小值为

$$
\frac{V_{se} \times f_{SW} \times L + (0.5 \times V_{IN} - V_o) \times R_i}{V_{IN} \times R_i \times f_{SW}} > 0
$$

(4-29)

化简可以得到

$$
L > \frac{R_i \times (V_O - 0.5 \times V_{IN})}{V_{se} \times f_{SW}}
$$

(4-30)

7. 功率级传递函数

功率级传递函数为

$$
G_{power}(s) \approx Z_o(s) \times G_{ci}(s) = \frac{R_O}{R_i} \times \frac{1 + sR_{ESR}C_o}{1 + s(R_{ESR} + R_o)C_o} \times
$$

$$
\frac{1}{1 + s \times \left[\dfrac{V_{se} \times f_{SW} \times L + (0.5 \times V_{IN} - V_o) \times R_i}{V_{IN} \times R_i \times f_{SW}}\right]}
$$

(4-31)

$$
= \frac{R_O}{R_i} \times \frac{\left(1 + \dfrac{s}{2\pi f_{Z\_OUT}}\right)}{\left(1 + \dfrac{s}{2\pi f_{P_{ci}}}\right) \times \left(1 + \dfrac{s}{2\pi f_{P\_OUT}}\right)}
$$

其中,功率级零极点频率为

$$
f_{P\_ci} = \frac{V_{IN}R_i f_{SW}}{2\pi[V_{se} \times f_{SW} \times L + (0.5V_{IN} - V_o)R_i]}
$$

(4-32)

$$
f_{Z\_OUT} = \frac{1}{2\pi R_{ESR}C_O}
$$

(4-33)

$$f_{\text{P\_OUT}} = \frac{1}{2\pi(R_{\text{ESR}} + R_{\text{O}})C_{\text{O}}} \tag{4-34}$$

8. 实例分析

上述针对传递函数的分析可能看起来比较复杂,因为涉及一些数学与时域分析,且不够直观。为了检验上述功率级传递函数的准确性并使零极点的分布更加直观,使用 MathCAD 计算基于峰值电流控制模式的降压稳压器传递函数并使用 SIMPLIS 搭建模型验证。

一个基于峰值电流控制模式的降压稳压器实例参数如表 4-1 所示。

表 4-1 实例规格参数

输入电压	输出电压	输出电流	开关频率	其 他 参 数
12V	5V	0.6A	1.1MHz	• 电感:$18\mu H$ • 输出电容:$22\mu F$ • 输出电容等效串联电阻:$4m\Omega$ • 电感电流采样电阻值:1Ω • 斜坡补偿幅值:$120mV$

使用 MathCAD 工具计算并绘制功率级传递函数波特图如图 4-15 所示。

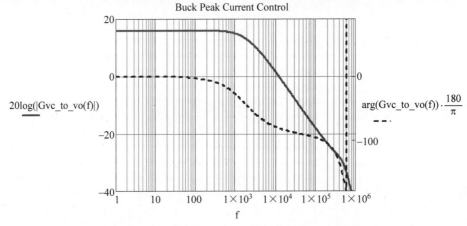

图 4-15 MathCAD 绘制的峰值电流控制的降压稳压器功率级波特图

从图 4-15 中可以看出,其中存在一个低频极点与一个高频极点,由于输出电容等效串联电阻较小,所以引入的零点处在很高频的位置,体现不明显。

接下来使用 SIMPLIS 搭建模型验证分析与计算结果,模型搭建如图 4-16 所示。

对其进行 AC 仿真可得功率级传递函数波特图,如图 4-17 所示。

使用上述电路行为级模型验证了前述理论分析和计算的准确性。

以上以一个基于峰值电流控制模式的降压稳压器为例介绍了各个控制组成模块并推导了功率级传递函数,并结合使用 MathCAD+SIMPLIS 这套工具直观地展示了传递函数在幅值和相位方面的表现。对于不同的拓扑结构和控制方法,会得到不同的传递函数,而且常见的电路结构和控制方法已经总结出了其功率级传递函数,甚至一些特殊的控制方法和电路结构,但至今还没有比较合适的数学描述。本章的内容可以起到简单示范的作用,高效地使用这些工具与方法可以帮助更好地理解和设计满足需求的电源系统。

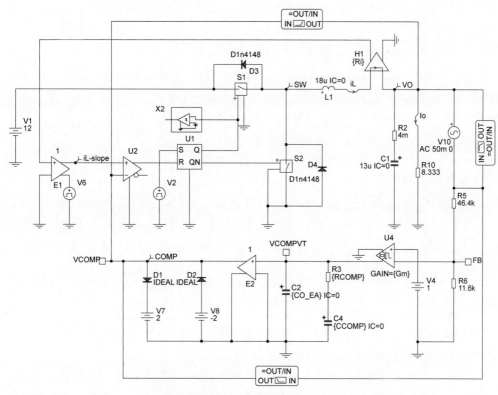

图 4-16 基于峰值电流模式的降压稳压器 SIMPLIS 模型

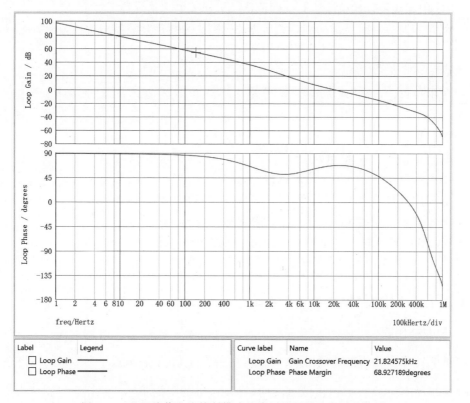

图 4-17 基于峰值电流控制模式的降压稳压器功率级波特图

4.3　环路补偿设计方法之 *K* 因子法

反馈环路的稳定性分析总是充满困惑,工程师们总是需要在处理环路问题上做出很多努力,绝大多数工程师采取的方式是不停地试错和调试,很难有一个定量的、深入通透的认识。

在设计补偿器电路时主要有两种设计方法。

1. 零极点放置法

零极点放置法就是根据功率级波特图与环路要求等特性判断放置补偿器零极点的位置。这种方法建立在比较准确的功率级传递函数的分析基础上,需要对开关电源系统有一定的认识,这种方法比较灵活但由于不是准确的数值分析,所以需要不断优化调整以达到理想值。

2. *K* 因子法

这种方法是传承于运放设计的一种零极点固定排布分析方法,一般使用效果尚可,也比较简单,但是缺点在于不灵活,有局限性。

K 因子法让环路设计和参数计算变得容易掌握,每个工程师都很容易理解和运用。*K* 因子法由 Venable 于 1983 年提出,主要针对使用运算放大器组成的开关电源补偿控制环路,使用 *K* 因子法可以比较快速和准确地使一个开关电源系统趋于稳定。

最后,当设计好补偿器结构和参数后需要返回去分析闭环波特图特性,加以调整以满足需求。

各参数说明如下:

- 电阻单位——欧姆(Ω)。
- 电容单位——法拉(F)。
- 相位单位——度($°$)。
- 频率单位——赫兹(Hz)。
- 增益单位——无量纲十进制数值(非 dB)。
- 选择的穿越频率——f_c。
- 原传递函数在选择的穿越频率处对应的增益——G。
- Venable 推导的 *K* 因子——*K* 为无量纲十进制数值。
- 电阻、电容无源器件——R、C。

4.3.1　补偿器特性

1. Ⅰ 型补偿器

如图 4-18 所示为 Ⅰ 型补偿器,其有一个初始单极点,传递函数以 -20dB/dec 斜率穿越 0dB,在穿越频率 $\left(f_C = \dfrac{1}{2\pi R_1 C_1}\right)$ 处 C_1 的阻抗和 R_1 的阻抗相等。此补偿器相位为 $-270°$。

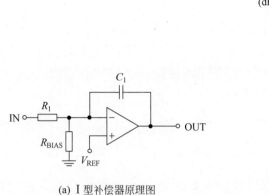

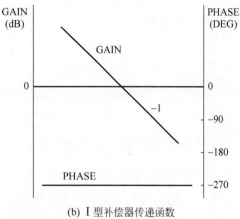

(a) Ⅰ型补偿器原理图　　　　　　　(b) Ⅰ型补偿器传递函数

图 4-18　Ⅰ型补偿器

常用来补偿相位偏移量少的开关电源拓扑。

2. Ⅱ型补偿器

如图 4-19 所示为Ⅱ型补偿器,其有一个初级极点和一对普通零极点。这一对零极点会增加一个+20dB/dec 的斜率,导致相位的提升,提升相位裕度。如图 4-19(b)所示,在初始极点和负反馈的作用下,幅值曲线以−20dB/dec 斜率,相位保持在−270°,当遇到普通零点$\left(f_z=\dfrac{1}{2\pi R2C1}\right)$时,幅值曲线斜率变为 0dB/dec,相位由−270°提升到−180°,随着频率升高,到达普通极点$\left(f_p=\dfrac{1}{2\pi R2\times\dfrac{C1C2}{C1+C2}}\right)$时幅值曲线斜率变为−20dB/dec,相位逐渐减小到−270°。其中,相位提升量的多少取决于零极点放置的距离,最大相位提升量为 90°。随着频率的升高,普通零点发生的频率大约发生在 C1 的阻抗减小到等于 R2 的阻抗,普通极点发生的频率大约发生在 C2 的阻抗减小到与 R2 的阻抗相等。Ⅱ型补偿器常用来补偿相位约为−90°的开关电源系统。

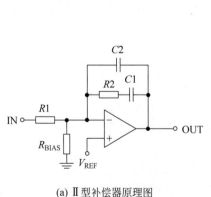

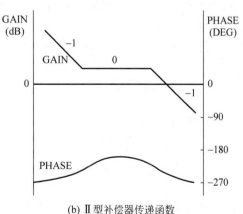

(a) Ⅱ型补偿器原理图　　　　　　　(b) Ⅱ型补偿器传递函数

图 4-19　Ⅱ型补偿器

3. Ⅲ型补偿器

如图 4-20 所示为Ⅲ型补偿器,其有一个初始极点和两对普通零极点,这两对零极点是共轭复零极点。初始极点会使幅值曲线引起-20dB/dec斜率下降,初始相位变为$-270°$,随着频率升高,两个共轭复零点会增加$+40\text{dB/dec}$的斜率,最终斜率变为$+20\text{dB/dec}$,相位升高朝向$-90°$,造成相位的提升,相位提升量的多少取决于零极点的位置,相位提升量最大可达$180°$。随着频率的升高,共轭零点$\left(f_{z1}=\dfrac{1}{2\pi R2C1},\ f_{z2}=\dfrac{1}{2\pi(R1+R3)C3}\right)$的位置大约出现在 $C1$ 的阻抗减小到等于 $R2$ 的阻抗,以及 $C3$ 的阻抗减小到等于 $R1$ 的阻抗,共轭极点$\left(f_{p1}=\dfrac{1}{2\pi R2\dfrac{C1C2}{C1+C2}},\ f_{p2}=\dfrac{1}{2\pi R3C3}\right)$的位置大约出现在 $C2$ 的阻抗减小到等于 $R2$ 的阻抗以及 $C3$ 的阻抗减小到等于 $R3$ 的阻抗。

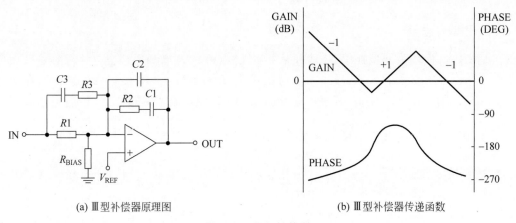

(a) Ⅲ型补偿器原理图　　　　　　(b) Ⅲ型补偿器传递函数

图 4-20　Ⅲ型补偿器

Ⅲ型补偿器常用来补偿那些在设计穿越频率处相位为$-180°$的开关电源系统。通常将开关电源的传递函数穿越频率设计在Ⅲ型补偿器斜率为$+20\text{dB/dec}$的范围内,这样可以使相位提升量最大。Ⅲ型补偿器拥有最大的相位提升能力,一般不常见到开关电源系统在选择的穿越频率处相位会低于$-180°$。如果某电源系统在所选的穿越频率处相位低于$-180°$,那么通常需要选择更低频率处的穿越频率,以便于补偿。

4.3.2　K 因子法

1. K 因子

K 因子法起源自运算放大器的设计环路中,不同类型中的 K 因子定义如下。

(1) 在Ⅰ型补偿器中被定义为1,如下:

$$K=1（\text{Ⅰ 型补偿器}）\tag{4-35}$$

(2) 在Ⅱ型补偿器中被定义为极点频率和零点频率比值的均方根值,如下:

$$K=\sqrt{\dfrac{f_p}{f_z}}（\text{对于 Ⅱ 型补偿器}）\tag{4-36}$$

（3）在Ⅲ型补偿器中被定义为双极点频率和双零点频率的比值，如下：

$$K = \frac{f_{\mathrm{p}}}{f_{\mathrm{z}}}（对于 \ \mathrm{Ⅲ} \ 型补偿器）\tag{4-37}$$

图4-21中显示了使用 K 因子法时开关电源穿越频率与补偿器的零极点分布曲线。

- Ⅰ型补偿器的 K 等于1，也不存在零极点的分布。
- Ⅱ型补偿器使用 K 因子法，通常将零点频率设计在穿越频率的 $1/K$ 倍处，极点设计在穿越频率的 K 倍处，这样就可以在穿越频率处达到最大的相位提升。
- Ⅲ型补偿器使用 K 因子法时，通常将双零点放置在穿越频率的 $1/\sqrt{K}$ 倍处，将双极点放置在穿越频率的 $\sqrt{K}$ 倍处，这样就可以在穿越频率处达到最大的相位提升。在环路补偿设计中，K 值越大，相位提升量越多。

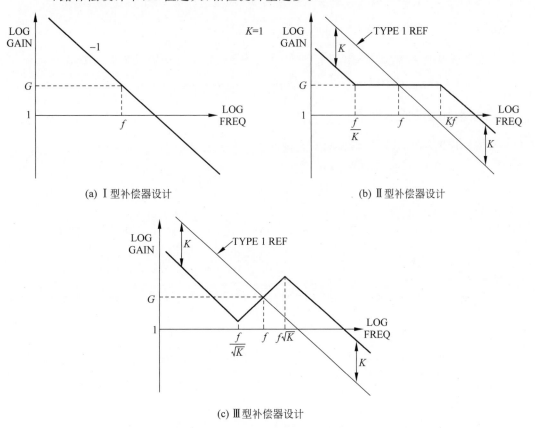

(a) Ⅰ型补偿器设计　　　　(b) Ⅱ型补偿器设计

(c) Ⅲ型补偿器设计

图 4-21 基于 K 因子的 3 种补偿器

不管选择何种补偿器，使用 K 因子法提高相位裕度会导致在低频处幅值增益的降低而增大在高频处的幅值增益。总之，使用 K 因子法在提升相位的同时也减小了在低频处的增益。

2. Ⅱ型补偿器的 K 因子

如前所述，在补偿器中增加零极点可以提升相位，具体的总相位提升量可以由补偿器中的各个零极点的相位相加减得到。对于Ⅱ型补偿器，一对零极点分别置于穿越频率的 $1/K$ 和 K 倍频率处的相位提升量为

$$\text{Boost} = \arctan(K) - \arctan\left(\frac{1}{K}\right) \tag{4-38}$$

由三角函数式

$$\arctan(X) + \arctan\left(\frac{1}{X}\right) = 90° \tag{4-39}$$

由式(4-38)和式(4-39)联合可求出相位提升量 Boost 如下：

$$\text{Boost} = \arctan(K) + \arctan(K) - 90° = 2\arctan(K) - 90° \tag{4-40}$$

由式(4-40)可知

$$\arctan(K) = \frac{\text{Boost} + 90°}{2} = \left(\frac{\text{Boost}}{2}\right) + 45° \tag{4-41}$$

求取 K 如下：

$$K = \tan\left[\left(\frac{\text{Boost}}{2}\right) + 45°\right] \tag{4-42}$$

根据开关电源功率级传递函数得到在所选择穿越频率处所需要的相位提升量，再根据上面的 K 因子计算，得出对应的元器件参数。

3. Ⅲ型补偿器的 K 因子

Ⅲ型补偿器在 $1/\sqrt{K}$ 倍穿越频率处设计有两个零点，在 $\sqrt{K}$ 倍穿越频率处设计有两个极点。由一对零极点引起的相位提升量为

$$\text{Boost} = \arctan(\sqrt{K}) - \arctan\left(\frac{1}{\sqrt{K}}\right) \tag{4-43}$$

对于两对零极点，由于设计中将两个零点设计在同一个频率处，同时也将两个极点设计在相同频率处。相位提升量应该变为一对零极点相位提升量的两倍，因此Ⅲ型补偿器的相位提升量为

$$\text{Boost} = 2[\arctan(\sqrt{K}) - \arctan(1/\sqrt{K})] \tag{4-44}$$

将 $\arctan(X) + \arctan\left(\dfrac{1}{X}\right) = 90°$ 代入式(4-44)，可得

$$\begin{aligned}\text{Boost} &= 2\left[\arctan(\sqrt{K}) + \arctan(\sqrt{K}) - 90°\right] = 2\left[2\arctan(\sqrt{K}) - 90°\right] \\ &= 4\left[\arctan(\sqrt{K})\right] - 180°\end{aligned} \tag{4-45}$$

由式(4-45)可以解得

$$\arctan(\sqrt{K}) = \frac{\text{Boost} + 180°}{4} = \left(\frac{\text{Boost}}{4}\right) + 45° \tag{4-46}$$

进一步可求得

$$\sqrt{K} = \tan\left[\left(\frac{\text{Boost}}{4}\right) + 45°\right] \tag{4-47}$$

$$K = \left\{\tan\left[\left(\frac{\text{Boost}}{4}\right) + 45°\right]\right\}^2 \tag{4-48}$$

式(4-48)中的 K 就是最终用来求取补偿元器件参数的关键值。

4.3.3　基于 K 因子法的开关电源补偿网络设计

当使用 K 因子法来设计计算基于运放的反馈补偿网络时,可采用如下步骤。

1.绘制主功率转换级传递函数的波特图

主功率转换级传递函数的波特图可由数学推导分析或者仪器测量得到,但是更推荐通过测量得到,因为很难通过数学分析得到包含所有寄生参数在内的传递函数。通常使用环路分析仪测量得到,但是通常这种仪器价格不菲,而且需要先制板才能测试。

2.选择穿越频率

在穿越频率处,幅值曲线幅值为 0dB。穿越频率通常越高越好,因为这意味着系统带宽比较高,系统瞬态响应会更加迅速,当然在穿越频率高的前提下需要保证相位不要低于 $-180°$。由于开关电源一般会大批量生产,考虑到器件参数的分布以及输入电压、输出负载和温度的变化,所以不会将带宽设得非常高。

3.选择相位裕度

选择在穿越频率处相位曲线对应的相位裕度。如果系统的相位裕度可达 $90°$,则表明此系统非常稳健。通常相位裕度为 $60°$ 就是一个在瞬态响应和稳定性都比较好的折中值。相位裕度低于 $30°$ 可能会导致系统在一些瞬态响应时产生振荡,或器件参数与温度波动时也可能产生问题。

4.确定需要的幅值提升量

通常主功率传递函数在所选择的穿越频率处幅值不是 0dB,所以需要补偿网络在此处的增益(dB)与主功率传递函数的增益(dB)相加为零。转换为十进制数表示补偿网络在穿越频率处的增益是主功率传递函数在所选穿越频率处增益的倒数。

5.计算所需要的相位提升量

可用下式计算通过零极点在穿越频率处提升的相位量:

$$\text{Boost} = M - P - 90° \tag{4-49}$$

其中,M 为前面提到的在穿越频率处所定的相位裕度,P 为主功率传递函数在穿越频率处的相位量。

6.选择合适的补偿器

根据前面计算得到的相位提升量可以用于选择需要的补偿器。

- Ⅰ 型补偿器没有相位提升作用,需要最少的元器件,是最简单的一种补偿网络,通常用在那些穿越频率低于 LC 谐振频率的开关电源系统中。
- Ⅱ 型补偿器可以用在那些需要相位提升量小于 $90°$ 的开关电源系统中,而且通常在一些相位提升量低于 $70°$ 的系统中很常见和有效,因为通常需要一个很大的 K 因子才能将相位提升 $90°$。通常用在一些主功率传递函数以 -20dB/dec 经过穿越频率处,且相位在$-90°$附近的系统。此补偿器经常在两类电源系统中应用较多:一是电流控制型电源系统,二是电压控制型电源系统,且其主输出电容的等效串联电阻引入的零点在穿越频率之前。

- Ⅲ型补偿器可以用在那些需要相位提升量小于$180°$的开关电源系统中,虽然它可以提供最大的相位提升量,但也需要最多的外围元器件。虽然Ⅲ型补偿器比Ⅰ型和Ⅱ型补偿器表现更佳,但同时也付出了在低频率处增益降低以及高频处增益变大的代价。

7. 选择合适的 $R1$ 值

$R1$ 和 R_{BIAS} 为补偿网络提供电压值。关于 $R1$ 的选择,有以下几点考虑:

- $R1$ 的值不能太大,需要给运放提供一定的偏置电流。
- $R1$ 的值也不能选择得太小,一方面会影响系统效率,另一方面也会影响后续其他补偿元器件值的计算和选取,$R1$ 值太小,会引起补偿电容增大。R_{BIAS} 电阻连接在运放负反馈端,这个电阻是用来设定直流稳态点的,对交流信号的传递没有影响,在基于运放的开关电源小信号分析中此电阻不参与环路补偿分析。

8. 计算具体的补偿元器件值

前面 7 步已经选定了补偿网络和一些环路参数,下面就需要根据选择的补偿器来计算得到具体的补偿元器件参数。首先需要对后续推导的参数值做一点说明。

1)Ⅰ型补偿器

式(4-50)和式(4-51)用于计算Ⅰ型补偿器参数,即

$$K = 1 \tag{4-50}$$

$$C1 = \frac{1}{2\pi f_c GR1} \tag{4-51}$$

Ⅰ型补偿器没有相位提升作用,但是可通过改变增益来改变穿越频率。

下面简要介绍补偿器参数推导原理与过程。

Ⅰ型补偿器不需要特别处理,补偿网络也很简单,它只有一个零初始极点,没有通常的零点和极点,调节增益也只能通过 0dB 穿越极点的位置进行调节。

补偿网络的传递函数为

$$\frac{V_{comp}(s)}{V_{out}(s)} = -\frac{1}{sR1C1} \tag{4-52}$$

另外,我们实际上可以把Ⅰ型补偿器当作Ⅱ型补偿器的一个特殊情况:当Ⅱ型补偿器通常的零点和极点相等时,就变成Ⅰ型补偿器。其中Ⅰ型和Ⅱ型的 K 因子如下:

$$K = \tan\left(\frac{Boost}{2} + \pi/4\right) \tag{4-53}$$

Ⅰ型补偿器没有相位提升作用,或者说其相位提升量 Boost$=0$,则Ⅰ型补偿器的 K 因子为1。那么如何计算其补偿参数呢?实际上,Ⅰ型补偿器必然会存在一个 0dB 穿越极点 $f_{p0} = G \times f_c$,这样可以求得补偿电容 $C1$,如下:

$$C1 = \frac{1}{2\pi R1 f_{p0}} \tag{4-54}$$

2）Ⅱ型补偿器

式(4-55)～式(4-58)用于计算Ⅱ型补偿器的参数：

$$K = \tan\left[\left(\frac{\text{Boost}}{2}\right) + 45°\right] \tag{4-55}$$

$$C2 = \frac{1}{2\pi f_c GKR1} \tag{4-56}$$

$$C1 = C2(K^2 - 1) \tag{4-57}$$

$$R2 = \frac{K}{2\pi f_c C1} \tag{4-58}$$

下面简要介绍补偿器参数推导原理与过程。

Ⅱ型补偿器的 K 因子为

$$K = \tan\left(\frac{\text{Boost}}{2} + \pi/4\right) \tag{4-59}$$

对于Ⅱ型补偿器架构，我们可以做一些简单的数学处理，即可求出参数值。补偿网络的传递函数为

$$\frac{V_{\text{comp}}(s)}{V_{\text{out}}(s)} = -\frac{\left(1 + \dfrac{s}{\dfrac{1}{(R2 \times C1)}}\right)}{\dfrac{s}{\dfrac{1}{R1(C1+C2)}} \times \left[1 + \dfrac{s}{\left[R2C1 \times \dfrac{C2}{(C1+C2)}\right]}\right]} \tag{4-60}$$

补偿网络的中频带增益和零极点分别如下。

- 中频带增益：$G = \dfrac{R2}{R1} \times \dfrac{C1}{C1+C2}$。

- 零点：$\omega_z = \dfrac{1}{R2C1}$。

- 极点：$\omega_p = \dfrac{1}{R2 \times \dfrac{C1C2}{(C1+C2)}}$。

根据 Venable 的理论，极点、零点、穿越频率之间的关系为

$$\omega_p = K \times \omega_c \tag{4-61}$$

$$\omega_z = \frac{\omega_c}{K} \tag{4-62}$$

其中，$\omega_c = 2\pi f_c$。

根据以上几个关系式即可推导出上面的补偿网络元器件取值。

3）Ⅲ型补偿器

式(4-63)至式(4-68)用于计算Ⅲ型补偿器的参数，即

$$K = \left\{\tan\left[\left(\frac{\text{Boost}}{4}\right) + 45°\right]\right\}^2 \tag{4-63}$$

$$C2 = \frac{1}{2\pi f_c GR1} \tag{4-64}$$

$$C1 = C2(K-1) \tag{4-65}$$

$$R2 = \frac{\sqrt{K}}{2\pi f_c C1} \tag{4-66}$$

$$R3 = \frac{R1}{K-1} \tag{4-67}$$

$$C3 = \frac{1}{2\pi f_c \sqrt{K} R3} \tag{4-68}$$

下面简要介绍补偿器参数推导原理与过程。

Ⅲ型补偿器的 K 因子为

$$K = \left\{ \tan\left[\left(\frac{\text{Boost}}{4}\right) + \pi/4\right] \right\}^2 \tag{4-69}$$

Ⅲ型补偿器的传递函数为

$$\frac{V_{\text{comp}}(s)}{V_{\text{out}}(s)} = -\frac{\left(1 + \dfrac{s}{1/(R2 \times C1)}\right) \times \left(1 + \dfrac{s}{1/[(R1+R3)C3]}\right)}{\dfrac{s}{1/R1(C1+C2)} \times \left[1 + \dfrac{s}{1/\left[R2\dfrac{C1C2}{(C1+C2)}\right]}\right] \times \left[1 + \dfrac{s}{1/R3C3}\right]} \tag{4-70}$$

此处考虑双零点、双极点都处于同一位置,则有

$$\omega_{z1,2} = \frac{1}{R2C1} = \frac{1}{(R1+R3)C3} \tag{4-71}$$

$$\omega_{p1,2} = \frac{1}{R2\dfrac{C1C2}{(C1+C2)}} = \frac{1}{R3C3} \tag{4-72}$$

则穿越频率处的增益与零极点位置有关,如下:

$$G = \frac{R2}{R1} \times \frac{C1}{(C1+C2)} \times \frac{\sqrt{1 + \left(\dfrac{\omega_{z1,2}}{\omega_c}\right)^2} \times \sqrt{1 + \left(\dfrac{\omega_c}{\omega_{z1,2}}\right)^2}}{1 + \left(\dfrac{\omega_c}{\omega_{p1,2}}\right)^2} \tag{4-73}$$

根据 Venable 的理论,极点、零点和穿越频率之间的关系为

$$\omega_{p1,2} = \sqrt{K} \times \omega_c \tag{4-74}$$

$$\omega_{z1,2} = \frac{\omega_c}{\sqrt{K}} \tag{4-75}$$

其中,$\omega_c = 2\pi f_c$。

将式(4-75)代入增益表达式可得

$$G = \frac{C1R2K}{R1(C1+C2)} \tag{4-76}$$

根据以上几个关系式即可推导出上面的补偿网络元器件的取值。

这里有一点需要注意,选择Ⅰ型、Ⅱ型和Ⅲ型补偿器中的运放时需要考虑到运放的开环增益要大于补偿器在穿越频率处提供的增益量,最好检测一下是否在全部频率内补偿器的

增益都小于运放的本身开环增益。

4.3.4 *K* 因子法总结与反思

我们知道,理论计算有助于快速找到一个使开关电源系统稳定的方法,也可为后续的优化提供参考方向,前述的 *K* 因子法也有本身的局限性,主要有如下 3 点:

(1) 只基于运算放大器(OPA)补偿器进行解析和计算。

(2) 穿越频率总是排布在零点和极点的几何平均值处。

(3) III 型补偿器是基于两个零点相等和两个极点也相等的假设之上,这在输入电压波动、负载阶跃、温度变化等条件下,会有环路稳定性被破坏的风险。实际中也可以适当调整,甚至会取得更好的效果。最根本的是要准确地分析功率级传递函数特性,根据具体的零极点特性来安排补偿零极点的位置。

4.4 基于 OPA 的补偿器

OPA 是通用运算放大器的简称。OPA 在闭环控制系统中扮演了一个重要角色,它的功能就是放大稳定的参考信号和被监控量(比如开关电源的输出电压)之间的误差量,当然,这个放大不是简单的一个点的放大,而是与频率及相位相关的放大,因为 OPA 处于 RC 构造的负反馈网络结构中。OPA 本身是很易于搭建这些补偿结构的,它通过补偿目标对象的增益和相位来调整系统开环传递函数的 $T(s)$ 的相位和增益。通过在 OPA 上跨接无源器件电阻和电容,即可搭建补偿结构,然后将补偿器接入反馈路径,这样工程师就可以把环路增益、穿越频率等调整为一个设计好的值,从而获得一定的相位裕度和幅值裕度,使电源稳定,满足测试目标和应用要求。

4.4.1 I 型补偿器——1 个初始极点

图 4-22 为 I 型补偿器,其具有一个纯积分补偿网络,只有 1 个初始极点。在穿越频率处没有任何相位提升作用,或者说提升相位为 0°。该结构在 0 频率处,有 1 个初始极点,会造成 270° 相位滞后,或者说 90° 的相位超前。

1. 传递函数分析

由于我们关注的是交流小信号下的系统响应特性,故需要知道在交流小信号下系统的传递函数。相信大家在学习模电的时候推导三极管小信号模型时已经接触到,在考虑交流小信号时,我们会将直流稳态的电位点接地,这里也是一样,我们观察到运放同相端连接的是一个直流稳态电位,在交流小信号下该点接地;同理,基于虚短概念的反相端在交流小信号下也接地。所以可以推导出 I 型补偿器的传递函数为

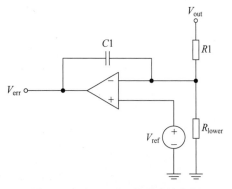

图 4-22 基于 OPA 的 I 型补偿器

$$G(s) = \frac{V_{\text{err}}(s)}{V_{\text{out}}(s)} = -\frac{Z_{\text{f}}}{Z_{\text{i}}} = -\frac{\dfrac{1}{sC1}}{R1} = -\frac{1}{sR1C1} \tag{4-77}$$

由式(4-77)可知,存在一个 0dB 穿越极点,如下:

$$\omega_{\text{p0}} = \frac{1}{R1C1} \tag{4-78}$$

此时,可将传递函数写成如下形式:

$$G(s) = -\frac{1}{\dfrac{s}{\omega_{\text{p0}}}} \tag{4-79}$$

可以写出幅值和相位表达式如下:

$$\left| G(\text{j}\omega) \right| = \left| \text{j}\frac{\omega_{\text{p0}}}{\omega} \right| = \sqrt{\left(\frac{\omega_{\text{p0}}}{\omega}\right)^2} = \frac{\omega_{\text{p0}}}{\omega} \tag{4-80}$$

$$\arg G(\text{j}\omega) = \arg\left(0 + \text{j}\frac{\omega_{\text{p0}}}{\omega}\right) = \arctan(\infty) = \frac{\pi}{2} \tag{4-81}$$

可见,0dB 穿越极点的位置可以调节增益的增加和减少,Ⅰ型补偿相位会滞后 270°(可以理解成负反馈的滞后 180°再加上初始极点引起的滞后 90°:(−180°)＋(−90°)＝−270°),或者说超前 90°((−270°)＋360°＝90°)。

2. 幅值和相位特性

图 4-23 为Ⅰ型补偿器的幅值增益和相位特性曲线。

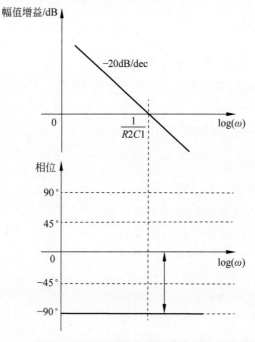

图 4-23　基于 OPA 的Ⅰ型补偿器幅值增益和相位特性

3. 补偿设计

基于 OPA 的Ⅰ型补偿器设计非常简单，$R1$ 的值根据稳态值可以计算得到。只需要知道在目标穿越频率处需要提供的幅值提升量或减少量即可。根据式(4-82)计算得到 0dB 穿越极点：

$$f_{p0} = \frac{0 - (-Gf_c)}{-20/\text{dec}} \times f_c \tag{4-82}$$

其中，Gf_c 为功率级传递函数在穿越频率 f_c 处的幅值增益大小。f_c 为穿越频率，f_{p0} 为 0dB 穿越极点频率。

然后根据式(4-83)即可计算得到补偿元器件参数值。

$$C1 = \frac{1}{2\pi R1 f_{p0}} \tag{4-83}$$

4. 设计案例

1) 应用需求

假设有一个开关电源在穿越频率 1kHz 处的幅值增益为 $Gf_c = -20\text{dB}$，请为它设计一个补偿电路，相位不需要提升。

2) 设计过程

这种只需要提升幅值而不需要提升相位的情况就特别适合Ⅰ型补偿器。因为原电路在选定的穿越频率处的增益为 -20dB，所以可以用Ⅰ型补偿器在 1kHz 处提供 20dB 的幅值增益。

由于Ⅰ型补偿器的斜率为 -20dB/dec，所以其在 1kHz 处的增益为 -20dB，由此可以知道其穿越 0dB 处的频率为 $(0-20\text{dB})/(-20\text{dB/dec}) \times 1\text{kHz} = 10\text{kHz}$，即 0dB 穿越极点的频率为 $f_{p0} = 10\text{kHz}$。这样就可以利用前面的方程计算出 $R1$ 和 $C1$ 的值，$R1$ 的值通常需要考虑功耗和直流增益给出，比如 $10\text{k}\Omega$，则根据式(4-83)可计算 $C1$ 的值如下：

$$C1 = \frac{1}{2\pi R1 f_{p0}} = \frac{1}{2 \times 3.14 \times 10 \times 10^3 \times 10 \times 10^3} = 1.6(\text{nF})$$

由于本节描述的是补偿器模块，并非完整的开关电路，故可分别利用 SIMetrix 仿真器或 SIMPLIS 仿真器搭建的该部分补偿器电路，分别如图 4-24(a)和图 4-24(b)所示，区别在于 SIMPLIS 中多了一个 POP 触发器和源。仿真结果如图 4-25 所示。

从 AC 仿真的结果来看，该Ⅰ型补偿器在 1kHz 处相位为滞后 270°($-180° + (-90°) = -270°$ 或者说超前 90°)，幅值增益为 $+20\text{dB}$，满足了设计要求，0dB 极点位于 10kHz，和预期一致。

4.4.2 Ⅱ型补偿器——1 个初始极点＋1 个极点＋1 个零点

如图 4-26 所示为Ⅱ型补偿器电路结构，其包含 1 个初始极点、1 个普通极点、1 个普通零点。它在可以提供幅值增益的同时提供最高 90°的相位提升量。

1. 传递函数分析

如前所述相同方法，可以推导出其传递函数如下：

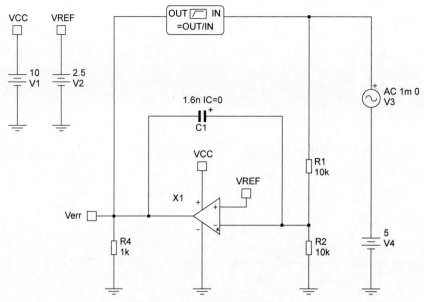

(a) 使用SIMetrix搭建Ⅰ型补偿电路

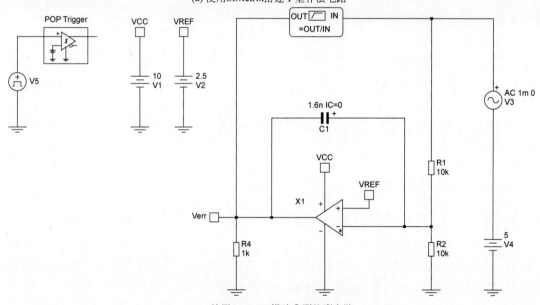

(b) 使用SIMPLIS搭建Ⅰ型仿真电路

图 4-24　基于 OPA 的Ⅰ型补偿器仿真电路

$$G(s) = -\frac{Z_f}{Z_i} = -\frac{1 + sR2C1}{sR1(C1+C2)\left[1 + sR2\left(\dfrac{C1C2}{C1+C2}\right)\right]} \qquad (4\text{-}84)$$

将分子、分母同时除以 $sR2C1$，写成零极点标准形式如下：

$$G(s) = -\frac{R2}{R1} \times \frac{C1}{C1+C2} \times \frac{1 + 1/(sR2C1)}{\left[1 + sR2\,\dfrac{C1C2}{C1+C2}\right]} = -G_0 \times \frac{1 + \omega_z/s}{1 + s/\omega_p} \qquad (4\text{-}85)$$

其中，增益与零极点定义如下。

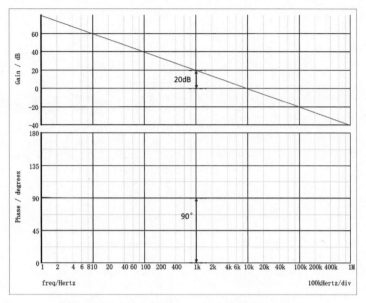

图 4-25 基于 OPA 的 I 型补偿器仿真波形

- 直流增益：$G_0 = \dfrac{R2}{R1} \times \dfrac{C1}{C1+C2}$。

- 普通零点：$\omega_z = \dfrac{1}{R2C1}$。

- 普通极点：$\omega_p = \dfrac{1}{R2 \times \dfrac{C1C2}{C1+C2}}$。

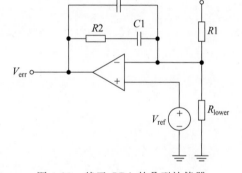

图 4-26 基于 OPA 的 II 型补偿器

2. 幅值和相位特性

图 4-27 为 II 型补偿器的幅值增益和相位特性曲线。

3. 补偿设计

要计算补偿器元器件的值，有两种方法：

- 方法 1，根据补偿器在选定穿越频率处需要提供的增益幅度(增加或减少量)，同时根据补偿器需要提升的相位(在保证相位裕度的前提下)，结合 K 因子法，求取 K 因子，然后计算出零点 ω_z 和极点 ω_p 的位置，然后根据 K 因子计算公式可计算具体补偿元器件值，4.3.2 节已经详细介绍过了，此处不再赘述。

- 方法 2，也可以在由 K 因子法推导出零极点频率后，根据补偿器提供增益量一步一步推导。在穿越频率 f_c 处补偿器幅值可计算如下：

$$|G(f_c)| = G_0 \times \dfrac{\sqrt{\left[1 + \left(\dfrac{f_z}{f_c}\right)^2\right]}}{\sqrt{\left[1 + \left(\dfrac{f_c}{f_p}\right)^2\right]}} \tag{4-86}$$

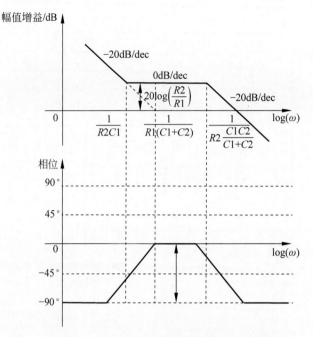

图 4-27　基于 OPA 的 Ⅱ 型补偿器幅值增益和相位特性

将 $\omega_{\mathrm{p}}=\dfrac{1}{R2\times\dfrac{C1C2}{C1+C2}}$ 代入式(4-86)，可以求出 $R2$ 如下：

$$R2=\frac{R1f_{\mathrm{p}}G}{f_{\mathrm{p}}-f_{\mathrm{z}}}\times\frac{\sqrt{\left[1+\left(\dfrac{f_{\mathrm{c}}}{f_{\mathrm{p}}}\right)^{2}\right]}}{\sqrt{\left[1+\left(\dfrac{f_{\mathrm{z}}}{f_{\mathrm{c}}}\right)^{2}\right]}} \tag{4-87}$$

式(4-87)中的 G 为补偿器在穿越频率处需要达到的增加量或者减少量。根据求取的 $R2$ 代入零极点公式可计算出 $C1$ 和 $C2$ 的值如下：

$$C1=\frac{1}{2\pi R2f_{\mathrm{z}}} \tag{4-88}$$

$$C2=\frac{C1}{2\pi f_{\mathrm{p}}C1R2-1} \tag{4-89}$$

4. 简化设计

由于在大多数电源案例中，$C2\ll C1$，故可将式(4-84)简化为

$$G(s)\approx-\frac{R2}{R1}\times\frac{1+1/(sR2C1)}{[1+sR2C2]}=-G_{0}\times\frac{1+\omega_{\mathrm{z}}/s}{1+s/\omega_{\mathrm{p}}} \tag{4-90}$$

$$G_{0}=\frac{R2}{R1} \tag{4-91}$$

$$\omega_{\mathrm{z}}=\frac{1}{R2C1} \tag{4-92}$$

$$\omega_{\mathrm{p}} = \frac{1}{R2C2} \tag{4-93}$$

$$R2 = \frac{R1 f_{\mathrm{p}} G}{f_{\mathrm{p}} - f_{\mathrm{z}}} \times \frac{\sqrt{\left[1 + \left(\dfrac{f_{\mathrm{c}}}{f_{\mathrm{p}}}\right)^2\right]}}{\sqrt{\left[1 + \left(\dfrac{f_{\mathrm{z}}}{f_{\mathrm{c}}}\right)^2\right]}} \tag{4-94}$$

$$C1 = \frac{1}{2\pi R2 f_{\mathrm{z}}} \tag{4-95}$$

$$C2 = \frac{1}{2\pi f_{\mathrm{p}} R2} \tag{4-96}$$

可以利用上面简化的式(4-94)、式(4-95)和式(4-96)计算各个补偿元器件的参数值,建立补偿系统。

根据简化的传递函数式(4-90)可以求取补偿器的相位如下:

$$\arg G(\omega) = \arg\left(-1 + \mathrm{j}\frac{\omega_{\mathrm{z}}}{\omega}\right) - \arg\left(1 + \mathrm{j}\frac{\omega}{\omega_{\mathrm{p}}}\right) \tag{4-97}$$

可以知道,补偿器传递函数的分子表达式实际上处于复平面的第二象限,故由其相位可得

$$\arg G(f) = \pi - \arctan\left(\frac{f_{\mathrm{z}}}{f}\right) - \arctan\left(\frac{f}{f_{\mathrm{p}}}\right) \tag{4-98}$$

将 $f = f_{\mathrm{c}}$ 代入式(4-98)即可以得到补偿器在穿越频率处提升的相位为

$$\mathrm{Boost} = \pi - \arctan\left(\frac{f_{\mathrm{z}}}{f_{\mathrm{c}}}\right) - \arctan\left(\frac{f_{\mathrm{c}}}{f_{\mathrm{p}}}\right) - \frac{\pi}{2} = \left[\frac{\pi}{2} - \arctan\left(\frac{f_{\mathrm{z}}}{f_{\mathrm{c}}}\right)\right] - \arctan\left(\frac{f_{\mathrm{c}}}{f_{\mathrm{p}}}\right) \tag{4-99}$$

图 4-28 为 Ⅱ 型简化补偿器的幅值增益和相位特性曲线。

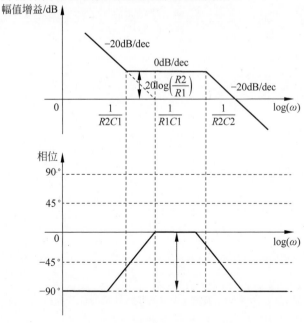

图 4-28　基于 OPA 的 Ⅱ 型简化补偿器的幅值增益和相位特性

5. 设计案例

1）应用需求

假设需要为一个开关电源设计补偿电路，要求在穿越频率 5kHz 处提供 $Gf_c=15\text{dB}$，相位提升 $50°$，该如何设计补偿电路？

2）设计过程

由需求可知，该补偿器不仅需要提供幅值增益，而且还需要提供相位增益，按照前述设计步骤，我们已经知道幅值提升量和相位提升量，由于相位提升量小于 $90°$，故可以选择 Ⅱ 型补偿器，我们需要在穿越频率处提供幅值增益 15dB，换算为十进制增益为

$$G = 10^{\frac{15}{20}} = 5.6234$$

那么接下来求取 K 因子如下：

$$K = \tan\left[\left(\frac{\text{Boost}}{2}\right) + 45°\right] = \tan\left(\frac{50°}{2} + 45°\right) = 2.74$$

这样就可以知道补偿零点和补偿极点的位置如下：

$$f_p = Kf_c = 2.74 \times 5\text{kHz} = 13.7\text{kHz}$$

$$f_z = f_c/K = 5\text{kHz}/2.74 = 1.8\text{kHz}$$

接着按照 K 因子法计算公式求取补偿器元件参数如下：

$$C2 = \frac{1}{2\pi f_c GKR1} = \frac{1}{2 \times 3.14 \times 5\text{k} \times 5.6234 \times 2.74 \times 10\text{k}} = 206\text{pF}$$

$$C1 = C2 \times (K^2 - 1) = 206\text{pF} \times (2.74 \times 2.74 - 1) = 1.3\text{nF}$$

$$R2 = \frac{K}{2\pi f_c C1} = \frac{2.74}{2 \times 3.14 \times 5\text{k} \times 1.3\text{n}} = 64.8\text{k}\Omega$$

利用 SIMPLIS 搭建仿真电路如图 4-29 所示。

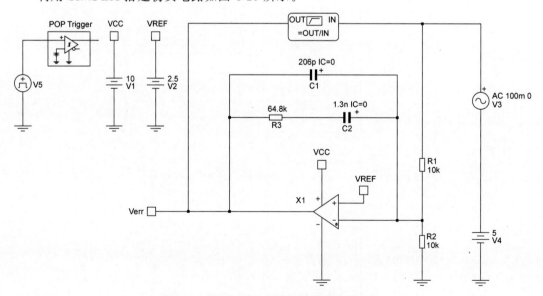

图 4-29 基于 OPA 的 Ⅱ 型补偿器仿真电路

该补偿器仿真结果如图 4-30 所示。

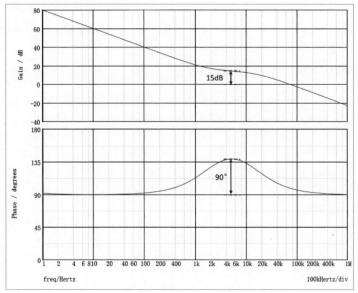

图 4-30　基于 OPA 的 Ⅱ 型补偿器仿真波形

从仿真结果可以看出,该Ⅱ型补偿器在 5kHz 处的幅值增益约为 15dB,相位提升量约为 $50°(140°-90°)$。满足了设计要求。

4.4.3　Ⅱ-A 型补偿器——1 个初始极点＋1 个零点

Ⅱ型补偿器还有一些变形模式,但在实际应用中不是很常见,如图 4-31 所示。下面讨论一下这些补偿器在特殊场合的一些应用。

1. 传递函数分析

分析其传递函数如下：

$$G(s) = -\frac{R2 + \dfrac{1}{sC1}}{R1} = -\frac{1 + sR2C1}{sR1C1}$$

$$= -\frac{1 + s/\omega_z}{s/\omega_{p0}} \qquad (4\text{-}100)$$

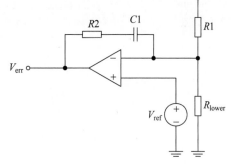

图 4-31　基于 OPA 的 Ⅱ-A 型补偿器

将分子分母同时除以 s/ω_z,可得

$$G(s) = -\frac{s}{\omega_z} \times \frac{\omega_{p0}}{s} \times \left(1 + \frac{\omega_z}{s}\right) = -G_0 \times \left(1 + \frac{\omega_z}{s}\right) \qquad (4\text{-}101)$$

可以求得零点、0dB 穿越极点和中频带增益分别为

$$\omega_z = \frac{1}{R2C1} \qquad (4\text{-}102)$$

$$\omega_{p0} = \frac{1}{R1C1} \qquad (4\text{-}103)$$

$$G_0 = \frac{\omega_{p0}}{\omega_z} = \frac{R2}{R1} \tag{4-104}$$

我们可以这样理解这个补偿器:随着频率的升高,$C1$ 被短路,这样增益就是一个恒定的比值,即中频带增益。

该传递函数相位求解如下:

$$\arg G(\mathrm{j}\omega) = 180° + \arg\left(1 - \mathrm{j}\,\frac{\omega_z}{\omega}\right) = 180° + \arctan\left(-\frac{\omega_z}{\omega}\right) = 180° - \arctan\left(\frac{\omega_z}{\omega}\right)$$
$$\tag{4-105}$$

从式(4-105)可以看出,随着频率的不断升高,该补偿器由于 $C1$ 被短路,所以直接就变成一个反向比例运算电路,在高频段相位则会滞后 $180°$(负反馈)。

2. 幅值和相位特性

基于 OPA 的 Ⅱ-A 型补偿器的幅值增益和相位曲线如图 4-32 所示。

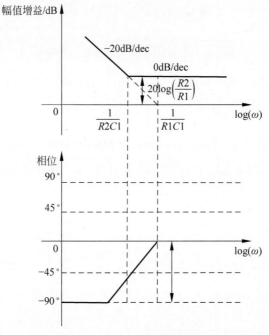

图 4-32 基于 OPA 的 Ⅱ-A 型补偿器幅值增益与相位特性

3. 设计案例

1)应用需求

假设有一个开关电源需要在穿越频率 $10\,\mathrm{Hz}$ 处提供:$Gf_c = -20\mathrm{dB}$,相位增益 $45°$,用 Ⅱ-A 型补偿器如何排布零极点?

2)设计过程

我们知道,Ⅱ型补偿器提升的最大相位是 $90°$,因为由前面的分析可知,它有一个初始极点,则会造成相位有一个初始的 $90°$ 滞后,再加上负反馈的 $180°$,则会有一个 $270°$ 的相位滞后(或者说 $90°$ 相位超前)。在 Ⅱ-A 型补偿器中,当频率升高到一定程度后 $C1$ 短路,极点消失,或者说遇到一个零点,此时就变成了反向运算放大电路,相位是滞后 $180°$,相对于初始情况的 $270°$ 滞后,则可以说相位提升了 $90°$。

我们需要根据相位提升指标来计算零点位置,从而可以算出 R、C 等参数,则有相位提升计算公式如下:

$$\mathrm{Boost} = 180° - \arctan\left(\frac{\omega_z}{\omega_c}\right) - 90° = 90° - \arctan\left(\frac{\omega_z}{\omega_c}\right)$$

通过变形可以求得

$$\frac{\omega_z}{\omega_c} = \tan\left(\frac{\pi}{2} - \mathrm{Boost}\right) = \tan(90° - 45°) = 1$$

即可以求出零点频率

$$f_z = f_c \times \tan\left(\frac{\pi}{2} - \mathrm{Boost}\right) = 10(\mathrm{Hz})$$

从零极点的计算公式可知,$C1$ 的确定很重要,这时就必须知道 0dB 穿越极点的位置,现在知道在穿越频率 10Hz 处的增益和零点位置,根据传递函数可知

$$|G(f_c)| = \frac{\sqrt{1 + \left(\frac{f_c}{f_z}\right)^2}}{f_c/f_{p0}} = 10^{\frac{-20}{20}} = 1/10$$

代入已知条件可得

$$1/10 = \frac{\sqrt{1 + \left(\frac{10}{10}\right)^2}}{10/f_{p0}}$$

则可以求出极点频率

$$f_{p0} = 0.7\mathrm{Hz}$$

取 $R1 = 10\mathrm{k}\Omega$,利用零极点公式即可求出 $C1 = 22.7\mu\mathrm{F}$,$R2 = 700\Omega$。

使用 SIMPLIS 搭建仿真电路如图 4-33 所示。

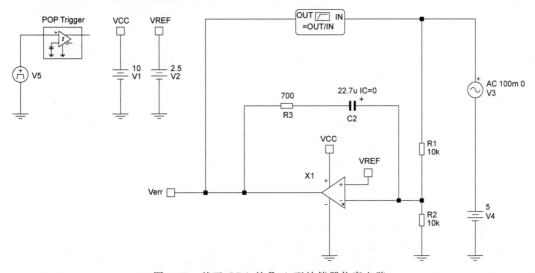

图 4-33　基于 OPA 的 II-A 型补偿器仿真电路

仿真结果如图 4-34 所示。

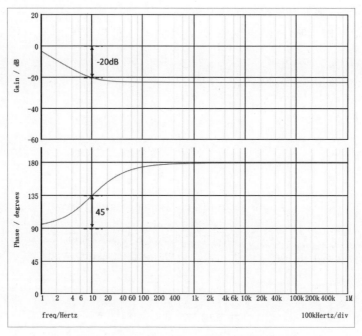

图 4-34　基于 OPA 的Ⅱ-A 型补偿器仿真波形

从仿真结果可以看到,在穿越频率 10Hz 处,幅值增益为－20dB,相位提升量约为 $45°(135°－90°＝45°)$,满足设计要求。

4.4.4　Ⅱ-B 型补偿器——静态增益＋1 个初始极点

Ⅱ-B 为Ⅱ型补偿器的另一种变形模式,其原理图如图 4-35 所示。

1. 传递函数分析

根据上述电路连接,可推导出传递函数如下:

$$G(s) = -\frac{\dfrac{1}{sC1}R2}{\dfrac{1}{sC1}+R2} \times \frac{1}{R1}$$

$$= -\frac{R2}{R1} \times \frac{1}{1+sR2C1}$$

$$= -G_0 \times \frac{1}{1+s/\omega_p} \qquad (4\text{-}106)$$

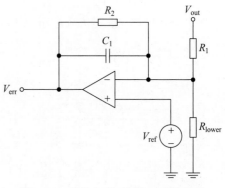

图 4-35　基于 OPA 的Ⅱ-B 型补偿器

直流增益(静态增益)为

$$G_0 = \frac{R2}{R1} \qquad (4\text{-}107)$$

极点为

$$\omega_p = \frac{1}{R2C1} \qquad (4\text{-}108)$$

由传递函数可知,在高频段,该补偿器增益为 0dB,从电路中看,在高频段,C1 被短路,反馈系数相当于 0,从而放大系数为 0,由传递函数可得其相位为

$$\arg G(j\omega) = \pi - \arctan\left(\frac{\omega}{\omega_p}\right) \tag{4-109}$$

在直流情况下,补偿器相位为滞后 180°,但随着频率增加,相位变为

$$\lim_{s \to 0} \arg G(s) = \pi - \arctan\left(\frac{\omega}{\omega_p}\right) = \pi - \arctan(\infty) = \pi - \frac{\pi}{2} = 90°(或 -270°) \tag{4-110}$$

相位变为滞后 270°或超前 90°。

2. 幅值和相位特性

基于 OPA 的 Ⅱ-B 型补偿器的幅值增益和相位曲线如图 4-36 所示。

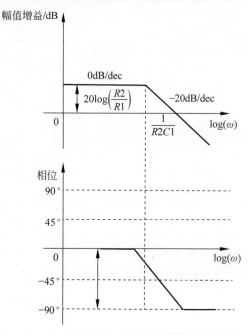

图 4-36 基于 OPA 的 Ⅱ-B 型补偿器幅值增益和相位特性

3. 设计案例

1)应用需求

假设需要设计一个补偿器,其静态增益为 50dB,且在 10kHz 处有一个极点,假设上端分压电阻为 10kΩ,那么该如何设计 Ⅱ-B 型补偿器呢?

2)设计过程

静态增益为 50dB,可以将增益 $G_0 = 50$dB 换算为十进制形式为 $G_0 = 316$,所以

$$R2 = R1 \times G_0 = 10k \times 316 \approx 3.2M\Omega$$

进一步根据极点频率可以求取 $C1$:

$$C1 = \frac{1}{2\pi f_p R2} = 4.7(pF)$$

使用 SIMPLIS 搭建仿真电路如图 4-37 所示。

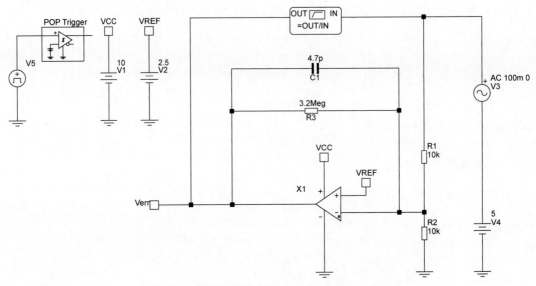

图 4-37　基于 OPA 的Ⅱ-B 型补偿器仿真电路图

仿真结果如图 4-38 所示。

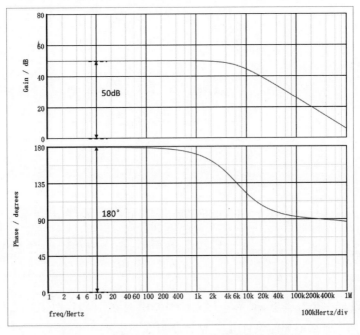

图 4-38　基于 OPA 的Ⅱ-B 型补偿器仿真波特图

从仿真结果可以看到,补偿器静态增益为 50dB,在 10kHz 处有一个极点,幅值增益开始下降,相位开始延迟。

4.4.5　Ⅲ型补偿器——1 个初始极点＋2 个极点＋2 个零点

Ⅲ型补偿器包含 1 个初始极点、2 个普通极点和 2 个普通零点,理论上提升相位可以达到 180°。在有些系统中,需要补偿器的相位提升量在 90° 以上,Ⅱ型补偿器无法满足需求,此时可考虑采取Ⅲ型补偿器。Ⅲ型补偿器的电路结构如图 4-39 所示。

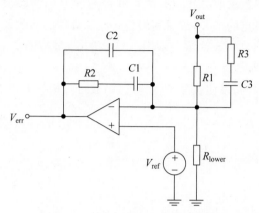

图 4-39　基于 OPA 的Ⅲ型补偿器

1. 传递函数分析

分析可得其交流小信号传递函数如下:

$$G(s) = -\frac{\left[\left(\dfrac{1}{sC1} + R2\right) \times \dfrac{1}{sC2}\right] \Big/ \left[\left(\dfrac{1}{sC1} + R2\right) + \dfrac{1}{sC2}\right]}{\left[\left(\dfrac{1}{sC3} + R3\right) \times R1\right] \Big/ \left[\left(\dfrac{1}{sC3} + R3\right) + R1\right]} \tag{4-111}$$

将分子、分母同时除以 $sR2C1$,可得

$$G(s) = -\frac{R2C1}{R1(C1+C2)} \times \frac{\dfrac{1}{sR2C1} + 1}{1 + sR2\dfrac{C1C2}{C1+C2}} \times \frac{sC3(R1+R3)+1}{sR3C3+1} \tag{4-112}$$

化简为标准形式为

$$G(s) = -G_0 \times \frac{\left(1 + \dfrac{\omega_{z1}}{s}\right)}{\left(1 + \dfrac{s}{\omega_{p1}}\right)} \times \frac{\left(1 + \dfrac{s}{\omega_{z2}}\right)}{\left(1 + \dfrac{s}{\omega_{p2}}\right)} \tag{4-113}$$

其中,增益与零极点分别为

$$G_0 = \frac{R2}{R1} \times \frac{C1}{C1+C2} \tag{4-114}$$

$$\omega_{z1} = \frac{1}{R2C1} \tag{4-115}$$

$$\omega_{z2} = \frac{1}{(R1+R3)C3} \tag{4-116}$$

$$\omega_{p1} = \frac{1}{R2\dfrac{C1C2}{C1+C2}} \tag{4-117}$$

$$\omega_{p2} = \frac{1}{R3C3} \tag{4-118}$$

同样，Ⅲ型补偿器参数求取方法也是先得知穿越频率处的幅值和相位提升量，求取 K 因子，然后可得补偿零极点的位置，最后利用公式计算具体的参数值。

2. 幅值和相位特性

由于该补偿器方程看起来比较复杂，由传递函数可知相位为

$$\arg G(j\omega) = \arg\left(-1 + j\frac{\omega_{z1}}{\omega}\right) + \arg\left(1 + j\frac{\omega}{\omega_{z2}}\right) - \arg\left(1 + j\frac{\omega}{\omega_{p1}}\right) - \arg\left(1 + j\frac{\omega}{\omega_{p2}}\right) \tag{4-119}$$

继续在频域求解，可得

$$\arg G(f) = \arg\left(-1 + j\frac{f_{z1}}{f}\right) + \arg\left(1 + j\frac{f}{f_{z2}}\right) - \arg\left(1 + j\frac{f}{f_{p1}}\right) - \arg\left(1 + j\frac{f}{f_{p2}}\right) \tag{4-120}$$

在静态下，外加 OPA 的反向，则Ⅲ型补偿器的滞后量为

$$\lim_{f \to 0} \arg G(f) = \pi - \arctan(\infty) + \arctan(0) - 2\arctan(0) = \pi - \frac{\pi}{2} = 90°（或-270°） \tag{4-121}$$

注意：在这里需要特别提到，可能大家很困惑为什么相位滞后为$-270°$，补偿器却还能实现理论$-180°$的相位提升量呢？因为这里的$-270°$是在静态或者说是直流的特殊情况下，而工程师实际需要的是在穿越频率处的相位提升量，所以它是一个随频率而变化的函数，在穿越频率处就是另外一个相位提升量。

所以，Ⅲ型补偿器在穿越频率的相位提升量为 $\arg G(f_c) - 90°$，用公式表达即为

$$\text{Boost} = \frac{\pi}{2} - \arctan\left(\frac{f_{z1}}{f_c}\right) + \arctan\left(\frac{f_c}{f_{z2}}\right) - \arctan\left(\frac{f_c}{f_{p1}}\right) - \arctan\left(\frac{f_c}{f_{p2}}\right) \tag{4-122}$$

Ⅲ型补偿器的幅值增益和相位曲线如图 4-40 所示。

3. 补偿设计

Ⅲ型补偿器的设计也从 $R2$ 开始，首先推导增益公式，由上面的传递函数可知

$$|G(f_c)| = G_0 \times \frac{\sqrt{1 + \left(\frac{f_{z1}}{f_c}\right)^2}}{\sqrt{1 + \left(\frac{f_c}{f_{p1}}\right)^2}} \times \frac{\sqrt{1 + \left(\frac{f_c}{f_{z2}}\right)^2}}{\sqrt{1 + \left(\frac{f_c}{f_{p2}}\right)^2}}$$

$$= \frac{R2C1}{R1(C1+C2)} \times \frac{\sqrt{1 + \left(\frac{f_{z1}}{f_c}\right)^2}}{\sqrt{1 + \left(\frac{f_c}{f_{p1}}\right)^2}} \times \frac{\sqrt{1 + \left(\frac{f_c}{f_{z2}}\right)^2}}{\sqrt{1 + \left(\frac{f_c}{f_{p2}}\right)^2}} \tag{4-123}$$

利用 ω_{z1}、ω_{p1}，即可得到 $C1$、$C2$，代入式（4-123）可得

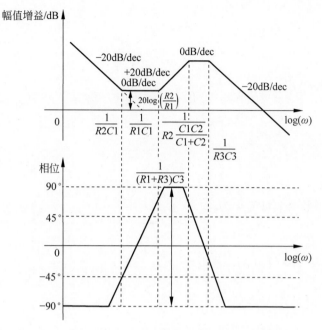

图 4-40 基于 OPA 的 Ⅲ 型补偿器幅值增益和相位特性

$$R2 = \frac{GR1f_{p1}}{f_{p1} - f_{z1}} \times \frac{\sqrt{1 + \left(\dfrac{f_c}{f_{p1}}\right)^2}}{\sqrt{1 + \left(\dfrac{f_{z1}}{f_c}\right)^2}} \times \frac{\sqrt{1 + \left(\dfrac{f_c}{f_{p2}}\right)^2}}{\sqrt{1 + \left(\dfrac{f_c}{f_{z2}}\right)^2}} \tag{4-124}$$

即可求得 $R2$，剩下的就很好求取了，依次求得其他补偿器参数如下：

$$C1 = \frac{1}{2\pi f_{z1}R2} \tag{4-125}$$

$$C2 = \frac{C1}{2\pi f_{p1}C1R2 - 1} \tag{4-126}$$

$$C3 = \frac{f_{p2} - f_{z2}}{2\pi R_{upper}f_{p2}f_{z2}} \tag{4-127}$$

$$R3 = \frac{R1f_{z2}}{f_{p2} - f_{z2}} \tag{4-128}$$

在大多数情况下，$C2 \ll C1$，$R3 \ll R1$，则根据以上公式即可进一步简化传递函数如下：

$$\begin{aligned}
G(s) &\approx -\frac{R2}{R1} \times \frac{\dfrac{1}{sR2C1} + 1}{1 + sR2C2} \times \frac{sC3R1 + 1}{sR3C3 + 1} \\
&= -G_0 \times \frac{\left(1 + \dfrac{\omega_{z1}}{s}\right)}{\left(1 + \dfrac{s}{\omega_{p1}}\right)} \times \frac{\left(1 + \dfrac{s}{\omega_{z2}}\right)}{\left(1 + \dfrac{s}{\omega_{p2}}\right)}
\end{aligned} \tag{4-129}$$

其中，增益与零极点定义如下：

$$G_0 = \frac{R2}{R1} \tag{4-130}$$

$$\omega_{z1} = \frac{1}{R2C1} \tag{4-131}$$

$$\omega_{z2} = \frac{1}{R1C3} \tag{4-132}$$

$$\omega_{p1} = \frac{1}{R2C2} \tag{4-133}$$

$$\omega_{p2} = \frac{1}{R3C3} \tag{4-134}$$

则Ⅲ型补偿器的增益公式可简化为

$$|G(f_c)| = \frac{R2}{R1} \times \frac{\sqrt{1 + \left(\frac{f_{z1}}{f_c}\right)^2}}{\sqrt{1 + \left(\frac{f_c}{f_{p1}}\right)^2}} \times \frac{\sqrt{1 + \left(\frac{f_c}{f_{z2}}\right)^2}}{\sqrt{1 + \left(\frac{f_c}{f_{p2}}\right)^2}} \tag{4-135}$$

从而,可求得 $R2$ 如下:

$$R2 = G \times R1 \times \frac{\sqrt{1 + \left(\frac{f_c}{f_{p1}}\right)^2}}{\sqrt{1 + \left(\frac{f_{z1}}{f_c}\right)^2}} \times \frac{\sqrt{1 + \left(\frac{f_c}{f_{p2}}\right)^2}}{\sqrt{1 + \left(\frac{f_c}{f_{z2}}\right)^2}} \tag{4-136}$$

这里的 G 代表补偿器在穿越频率处需要达到的增益增加量或者减少量。

4. 设计案例

1)应用需求

假设需要设计一个补偿器,它在 5kHz 位置的增益为 -10dB,且在此处的相位提升量为 $145°$,这样的补偿器该如何设计呢?

2)设计过程

首先因为相位提升量为 $145°$,大于 $90°$,故选择如前所述的Ⅲ型补偿器。首先我们把穿越频率处的增益转化为十进制值,即

$$G = 10^{\frac{-10}{20}} = 0.316$$

接下来根据公式计算 K 因子如下:

$$K = \left\{\tan\left[\left(\frac{\text{Boost}}{4}\right) + 45°\right]\right\}^2 = \left\{\tan\left[\left(\frac{145°}{4}\right) + 45°\right]\right\}^2 = 42.21$$

可以知道双极点和双零点位置分别为

$$f_{p1,2} = \sqrt{K} \times f_c = 6.49 \times 5\text{k} = 32.48\text{kHz}$$

$$f_{z1,2} = f_c / \sqrt{K} = 5\text{k}/6.49 = 770\text{Hz}$$

假设 $R1 = 10\text{k}\Omega$,接下来就可以按照公式计算各补偿元器件参数值如下:

$$C2 = \frac{1}{2\pi f_c G R1} = \frac{1}{2 \times 3.14 \times 5\text{k} \times 0.316 \times 10\text{k}} = 10\text{nF}$$

$$C1 = C2(K-1) = 10\text{n} \times (42.21-1) = 415\text{nF}$$

$$R2 = \frac{\sqrt{K}}{2\pi f_c C1} = \frac{\sqrt{42.21}}{2 \times 3.14 \times 5\text{k} \times 415\text{n}} = 498\Omega$$

$$R3 = \frac{R1}{K-1} = \frac{10\text{k}}{42.21-1} = 242\Omega$$

$$C3 = \frac{1}{2\pi f_c \sqrt{K} R3} = \frac{1}{2 \times 3.14 \times 5\text{k} \times \sqrt{42.21} \times 242} = 20\text{nF}$$

使用 SIMPLIS 搭建仿真电路如图 4-41 所示。

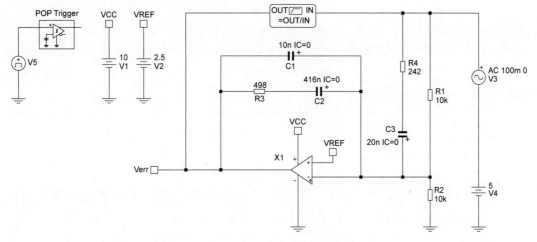

图 4-41　基于 OPA 的 Ⅲ 型补偿器仿真电路

仿真结果如图 4-42 所示。

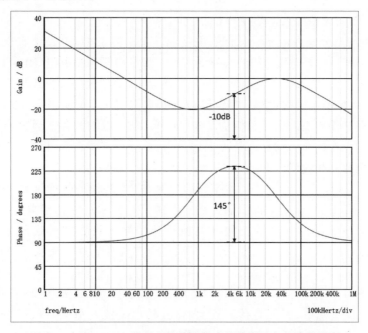

图 4-42　基于 OPA 的 Ⅲ 型补偿器仿真幅值增益与相位特性图

从仿真结果可以看到,在 5kHz 处幅值增益为 -10dB,相位提升量为 $145°$,满足设计目标。

4.5　基于 OTA 的补偿器

跨导型运算放大器,简称 OTA,是一种电压控制的电流源电路,这里面有一个"跨导"参数 g_m,定义为

$$g_m = \frac{\Delta I_{out}}{\Delta V_{in}} \tag{4-137}$$

式(4-137)的输出电流变化量受控于 OTA 的输入电压变化量。在直流情况下,OTA 输出电流等于其同相与反相输入端电压差的乘积,OTA 两个输入端电压差为

$$\varepsilon = V_{(+)} - V_{(-)} \tag{4-138}$$

则输出电流为

$$I_{out} = \varepsilon \times g_m \tag{4-139}$$

OTA 输出对输入的增益为

$$\frac{V_{out}}{V_{in}} = R1 \times g_m \tag{4-140}$$

从式(4-140)可以知道,与 OPA 一样,我们可以通过用不同组合的电阻、电容网络取代式中的 $R1$,这样就可以引入零极点了,这其实是一种非常有用的方法。可能大多数工程师见得最多的是 OPA 的补偿类型,但实际上在 PFC 预调节器以及 DC-DC 小功率电源控制 IC 中 OTA 是有很多应用的。而且 OTA 没有虚地,所以 OTA 的反相脚可以用于检测电源输出是否过压,所以从 IC 设计上讲,它可以用更小面积的晶元设计制造,性价比更高,所以一般电源类 IC 中的误差放大器都以 OTA 为主。

OTA 产生与差分输入电压成比例的电流源输出。为了在 OTA 中实现 ESD 稳健性,在 OTA 输出和封装引脚排列之间的芯片上实现了限流串联保护电阻(RESD)和电压钳位。器件制造商认为此 ESD 保护电阻的影响可忽略不计,故数据表中未描述相关参数。

但是,在设计电源电路时,忽略考虑 ESD 保护电阻对 OTA 输出阻抗的影响可能会在电源的反馈环路补偿中引入增益和相位误差。例如,ESD 电阻的存在会影响升压稳压器在低输入电压下的工作性能。设计人员可以通过考虑 ESD 保护电阻在其 OTA 模型中的影响来避免这些增益和相位误差。

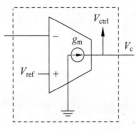

图 4-43　简化的 OTA 模型

本节介绍电源 OTA 补偿的传递函数,包括 ESD 电阻的影响。这里考虑了 3 种常见的补偿类型Ⅰ、Ⅱ和Ⅲ。除了为每种类型的补偿导出校正的传递函数之外,还导出 ESD 校正因子,这允许设计者通过实验获得反馈控制传递函数。

图 4-43 为一个简化的 OTA 模型。OTA 是一种压控电流源放大器,其输出电流与放大器的差分输入成正比。放大器跨导增益定义为 g_m。与电压放大器相比,需要更少的芯片面积(对于等效带宽),OTA 经常被用作电源控制器和稳压器 IC 中的反馈放大器。

当补偿引脚作为封装引脚选项时,芯片级 ESD 保护通过电压钳和 OTA 输出端的限流串联电阻实现。此外,OTA 的输出阻抗由电阻 R_O 和电容 C_O 组成,并联一端接地。放大器传递函数由 OTA 的输出阻抗结构和外部补偿网络决定,一般由于 OTA 的本身输出阻抗 R_O 非常大,通常为 MΩ 级别,输出电容 C_O 通常很小,通常为 pF 或 nF 级别,故一般忽略这两个参数对环路的影响,后续计算基于 OTA 的补偿器特性和零极点时也都忽略这两个参数的影响。

考虑到输出阻抗和 ESD 保护时 OTA 的模型如图 4-44 所示。

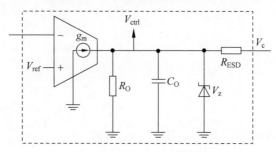

图 4-44　OTA 补偿器模型

对于某些应用,R_{ESD} 对 OTA 传递函数的影响可忽略不计。PFC 升压稳压器就是这种情况,如果采用 OTA 传递函数的表达式来解释 ESD 电阻,可以发现输入电压反馈分频器会使直流增益衰减,R_{ESD} 引入的补偿误差可忽略不计。

表 4-2 为 OPA 与 OTA 的对比分析。

表 4-2　OPA 与 OTA 对比

	OPA(通用运算放大器)	OTA(跨导型运算放大器)
应用场景	通用	大部分片上运放都是 OTA
结构	• 理想的电压型控制电压源 • 内部由 OTA＋缓冲器组成 • 内部的缓冲器提升的复杂性并提升功耗	• 理想的电压型控制电流源 • 使用电容性(开关电容)反馈
输出阻抗	低输出阻抗	高输出阻抗
负载特性	可驱动阻性和容性负载	不能直接驱动阻性负载

4.5.1　Ⅰ型补偿器——1个初始极点

基于 OTA 构成的Ⅰ型补偿器只有 1 个初始极点,其电路结构如图 4-45 所示。

1. 传递函数分析

OTA 的反相输入电压为

$$V_{(-)}(s) = V_{out}(s) \times \frac{R_{lower}}{R_{lower} + R1} \tag{4-141}$$

根据 OTA 原理,可知输出电压 $V_{err}(s)$ 是输出电压与输出阻抗的乘积,则有

$$V_{err}(s) = I_{err}(s) \times \frac{1}{sC1} = g_m \times [V_{(+)}(s) - V_{(-)}(s)] \times \frac{1}{sC1} \tag{4-142}$$

这里需要注意一点,在交流小信号分析时,直流源为零,这样可以得到传递函数如下:

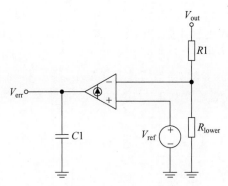

图 4-45　基于 OTA 的 I 型补偿器

$$G(s) = \frac{V_{err}(s)}{V_{out}(s)} = -\frac{1}{sC1\dfrac{R_{lower}+R1}{g_m R_{lower}}} \tag{4-143}$$

则基于 OTA 的 I 型补偿器传递函数表达式可以写成

$$G(s) = -\frac{1}{\dfrac{s}{\omega_{p0}}} \tag{4-144}$$

其中,0dB 穿越极点为

$$\omega_{p0} = \frac{g_m R_{lower}}{(R_{lower}+R1)C1} \tag{4-145}$$

仔细观察式(4-145)可知,它和与基于 OPA 的补偿器有很大不同,OTA 的跨导 g_m、输出电压分压的下端电阻都在方程出现,所以会影响 0dB 穿越极点的位置。

2. 幅值和相位特性

图 4-46 为基于 OTA 的 I 型补偿器幅值增益和相位曲线。

3. 设计实例

1) 应用需求

假设某个开关电源系统需要一个在 20Hz 位置上有 25dB 衰减量。这样一个补偿器用于 PFC 预调节器,且 PFC 电压输出为 400V,电压基准为 2.5V,输出电压上端分压电阻为 4000kΩ,下端分压电阻为 25kΩ,OTA 的跨导 g_m 为 100μs,那么如何设计该参数呢?

2) 设计过程

由于已知补偿器在 20Hz 处有 25dB 衰减量,则可以求得此补偿器的 0dB 穿越极点频率为

$$f_{p0} = f_c \times G = 20 \times 10^{\frac{-25}{20}} = 1.1(\text{Hz})$$

这样就可以根据公式求出 $C1$

$$C1 = \frac{g_m R_{lower}}{2\pi(R_{lower}+R1)f_{p0}} = \frac{100\mu s \times 25k\Omega}{2 \times 3.14 \times (25k\Omega + 4M\Omega) \times 1.1} = 90nF$$

使用 SIMetrix 搭建仿真电路如图 4-47 所示。

仿真结果如图 4-48 所示。

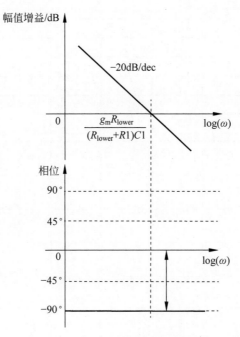

图 4-46 基于 OTA 的 I 型补偿器的幅值增益和相位特性

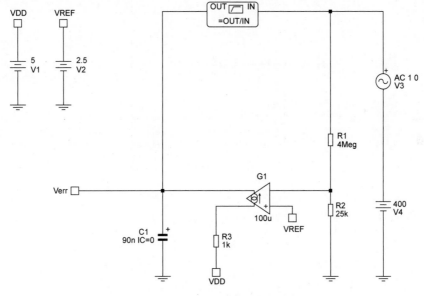

图 4-47 基于 OTA 的 I 型补偿器仿真电路

从仿真结果可以看出,此补偿器在 25Hz 处幅值增益为 $-25\mathrm{dB}$,满足设计目标。

4.5.2 II 型补偿器——1 个初始极点 + 1 个极点 + 1 个零点

图 4-49 为基于 OTA 的 II 型补偿器电路结构。

1. 传递函数分析

OTA 输出的误差电压是 OTA 输出电流与输出阻抗的乘积,即

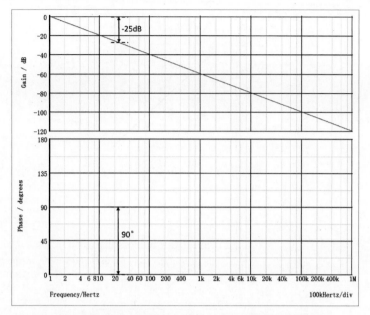

图 4-48　基于 OTA 的 I 型补偿器仿真幅值增益与相位特性

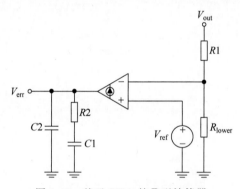

图 4-49　基于 OTA 的 II 型补偿器

$$V_{err}(s) = I_{err}(s) \times Z_L(s) \tag{4-146}$$

其中,输出阻抗为

$$Z_L(s) = \frac{\left(R2 + \dfrac{1}{sC1}\right) \times \dfrac{1}{sC2}}{\left(R2 + \dfrac{1}{sC1}\right) + \dfrac{1}{sC2}} \tag{4-147}$$

而误差电流 $I_{err}(s)$ 则是由 OTA 输入误差电压和其跨导决定的,即

$$I_{err}(s) = -g_m \times V_{out}(s) \times \frac{R_{lower}}{R_{lower} + R1} \tag{4-148}$$

根据式(4-146)、式(4-147)和式(4-148)可得基于 OTA 的 II 型补偿器的传递函数为

$$G(s) = \frac{V_{err}(s)}{V_{out}(s)} = -g_m \times \frac{R_{lower}}{R_{lower} + R1} \times \frac{\left(R2 + \dfrac{1}{sC1}\right) \times \dfrac{1}{sC2}}{\left(R2 + \dfrac{1}{sC1}\right) + \dfrac{1}{sC2}} \tag{4-149}$$

将式(4-149)重新整理,可得

$$G(s) = -\frac{R_{\text{lower}} \times g_{\text{m}}}{R_{\text{lower}} + R1} \times \frac{1 + sR2C1}{s(C1 + C2)\left(1 + sR2\dfrac{C1C2}{C1 + C2}\right)} \qquad (4\text{-}150)$$

写成便于应用的形式,即为

$$G(s) = -\frac{R_{\text{lower}} \times g_{\text{m}}}{R_{\text{lower}} + R1} \times \frac{R2C1}{C1 + C2} \times \frac{1 + \dfrac{1}{sR2C1}}{\left(1 + sR2\dfrac{C1C2}{C1 + C2}\right)} = -G_0 \times \frac{1 + \omega_z/s}{1 + s/\omega_p}$$

$$(4\text{-}151)$$

其中,增益为

$$G_0 = \frac{R_{\text{lower}}}{R_{\text{lower}} + R1} \times \frac{g_{\text{m}}R2C1}{C1 + C2} \qquad (4\text{-}152)$$

零点为

$$\omega_z = \frac{1}{R2C1} \qquad (4\text{-}153)$$

极点为

$$\omega_p = \frac{1}{R2\dfrac{C1C2}{(C1 + C2)}} \qquad (4\text{-}154)$$

2. 幅值和相位特性

基于 OTA 的 Ⅱ 型补偿器幅值增益和相位特性曲线如图 4-50 所示。

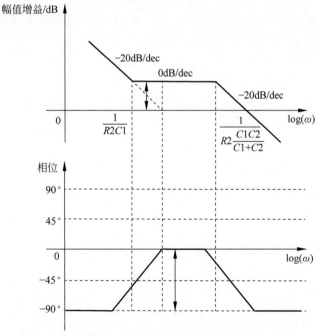

图 4-50　基于 OTA 的 Ⅱ 型补偿器幅值增益与相位特性

3. 补偿设计

为了求解其中的参数值,首先需要推导其在穿越频率处的增益方程,根据传递函数可得

$$|G(f_c)| = G_0 \times \frac{\sqrt{1 + \left(\dfrac{f_z}{f_c}\right)^2}}{\sqrt{1 + \left(\dfrac{f_c}{f_p}\right)^2}} \tag{4-155}$$

然后求 $R2$,联立式(4-151)和式(4-155)可得补偿器参数为

$$R2 = \frac{f_p G}{f_p - f_z} \times \frac{(R_{\text{lower}} + R1)}{R_{\text{lower}} g_m} \times \frac{\sqrt{1 + \left(\dfrac{f_c}{f_p}\right)^2}}{\sqrt{1 + \left(\dfrac{f_z}{f_c}\right)^2}} \tag{4-156}$$

$$C1 = \frac{1}{2\pi f_z R2} \tag{4-157}$$

$$C2 = \frac{R_{\text{lower}} \times g_m}{2\pi f_p G(R_{\text{lower}} + R1)} \times \frac{\sqrt{1 + \left(\dfrac{f_z}{f_c}\right)^2}}{\sqrt{1 + \left(\dfrac{f_c}{f_p}\right)^2}} \tag{4-158}$$

这里的 G 代表补偿器在穿越频率处需要达到的增益,是一个设计指标。

4. 简化补偿分析

类似于基于 OPA 的补偿器,通常 $C2 \ll C1$,则补偿器相关函数可以进一步化简,则可得

$$G(s) \approx -\frac{R2 R_{\text{lower}} g_m}{R_{\text{lower}} + R1} \times \frac{1 + \dfrac{1}{sR2C1}}{(1 + sR2C2)} = -G_0 \times \frac{1 + \omega_z/s}{1 + s/\omega_p} \tag{4-159}$$

假设根据 Venable 的 K 因子优化结果,则穿越频率 f_c 放置在零点、极点两者的几何平均值处,即

$$f_c = \sqrt{f_p \times f_z} \tag{4-160}$$

则可计算出补偿器参数值为

$$R2 = \frac{G(R_{\text{lower}} + R1)}{R_{\text{lower}} \times g_m} \tag{4-161}$$

$$C1 = \frac{1}{2\pi f_z R2} \tag{4-162}$$

$$C2 = \frac{1}{2\pi f_p R2} \tag{4-163}$$

至此,所有需要的参数计算完毕。

5．设计案例

1）应用需求

假设某个开关电源系统需要一个在 20Hz 位置上有 25dB 的衰减量，且需要在此频率位置上相位提升量达到 50°。这样一个补偿器用于 PFC 预调节器，且 PFC 电压输出为 400V，电压基准为 2.5V，输出电压上端分压电阻为 4000kΩ，下端分压电阻为 25kΩ，OTA 的 g_m 为 100μs，那么如何设计该参数？

2）设计过程

首先求取 K 值，即

$$K = \tan\left\{\frac{\pi}{4} + \frac{\text{Boost}}{2}\right\} = \tan\left(45° + \frac{50°}{2}\right) = 2.74$$

极点频率为

$$f_p = K \times f_c = 2.74 \times 20 = 54.8(\text{Hz})$$

零点频率为

$$f_z = \frac{f_c}{K} = \frac{20}{2.74} = 7.3(\text{Hz})$$

再把需要达到的穿越频率位置的增益转化为十进制增益为

$$G = 10^{\frac{Gf_c}{20}} = 10^{\frac{-25}{20}} = 0.056$$

剩下的参数依据前述公式求取即可，分别为

$$R2 = \frac{f_p G}{f_p - f_z} \times \frac{(R_{\text{lower}} + R1)}{R_{\text{lower}} \times g_m} \times \frac{\sqrt{1 + \left(\frac{f_c}{f_p}\right)^2}}{\sqrt{1 + \left(\frac{f_z}{f_c}\right)^2}}$$

$$= \frac{54.8 \times 0.056}{54.8 - 7.3} \times \frac{(25\text{k}\Omega + 4\text{M}\Omega)}{25\text{k}\Omega \times 100\mu s \times 10^{-6}} \times \frac{\sqrt{1 + \left(\frac{20}{54.8}\right)^2}}{\sqrt{1 + \left(\frac{7.3}{20}\right)^2}} = 104\text{k}\Omega$$

$$C1 = \frac{1}{2\pi f_z R2} = \frac{1}{2 \times \pi \times 7.3 \times 104\text{k}\Omega} = 211\text{nF}$$

$$C2 = \frac{R_{\text{lower}} \times g_m}{2\pi f_p G(R_{\text{lower}} + R1)} \times \frac{\sqrt{1 + \left(\frac{f_z}{f_c}\right)^2}}{\sqrt{1 + \left(\frac{f_c}{f_p}\right)^2}}$$

$$= \frac{25\text{k}\Omega \times 100\mu s}{2 \times \pi \times 54.8 \times 0.056 \times (25\text{k}\Omega + 4\text{M}\Omega)} \times \frac{\sqrt{1 + \left(\frac{7.3}{20}\right)^2}}{\sqrt{1 + \left(\frac{20}{54.8}\right)^2}} = 32\text{nF}$$

使用 SIMetrix 搭建仿真电路如图 4-51 所示。

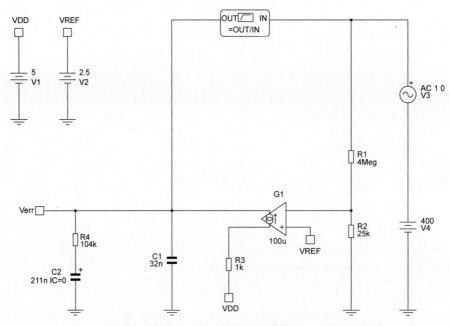

图 4-51 基于 OTA 的 II 型补偿器仿真电路

仿真结果如图 4-52 所示。

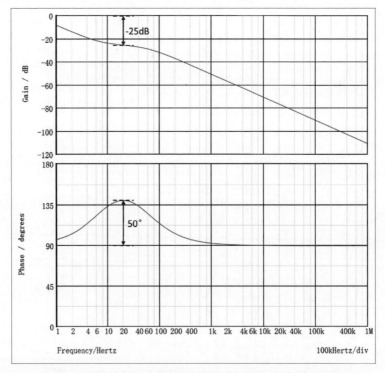

图 4-52 基于 OTA 的 II 型补偿器仿真幅值增益与相位特性

从仿真结果可以看出,补偿器在穿越频率 20Hz 处幅值增益为 -25dB,相位提升量为 $50°(140°-90°=50°)$,满足设计目标。

4.5.3　Ⅲ型补偿器——1个初始极点＋2个极点＋2个零点

通过在分压上端电阻跨接 RC 网络,可以构建基于 OTA 的Ⅲ型补偿器,如图 4-53 所示,它包含 1 个初始极点、2 个普通极点和 2 个普通零点。

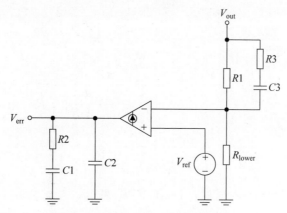

图 4-53　基于 OTA 的Ⅲ型补偿器

1. 传递函数分析

由图 4-53 可知,OTA 输出电流为

$$I_{err}(s) = -g_m \times V_{out}(s) \times \frac{R_{lower}}{R_{lower} + Z_i(s)} \tag{4-164}$$

OTA 输入端输入复阻抗为 $Z_i(s)$,由电阻并联原理可得

$$Z_i(s) = \frac{\dfrac{sR3C3+1}{sC3} \times R1}{\dfrac{sR3C3+1}{sC3} + R1} = R1 \times \frac{sR3C3+1}{sC3(R3+R1)+1} \tag{4-165}$$

根据式(4-164)和式(4-165)可得

$$I_{err}(s) = -g_m \times V_{out}(s) \times \frac{R_{lower}}{R_{lower} + \dfrac{R1(sR3C3+1)}{sC3(R3+R1)+1}} \tag{4-166}$$

重新对上式进行整理,可以得到更加容易理解的形式,即

$$I_{err}(s) = -g_m \times V_{out}(s) \times \frac{R_{lower}}{R_{lower} + R1} \times \frac{sC3(R3+R1)+1}{sC3\left(\dfrac{R_{lower}R1}{R_{lower}+R1} + R3\right)+1} \tag{4-167}$$

同理,可求得基于 OTA 的Ⅲ型补偿器的输出阻抗如下:

$$Z_L(s) = \frac{\left(R2+\dfrac{1}{sC1}\right) \times \dfrac{1}{sC2}}{\left(R2+\dfrac{1}{sC1}\right) + \dfrac{1}{sC2}} \tag{4-168}$$

根据下式可计算补偿器输出电压:

$$V_{err}(s) = I_{err}(s) \times Z_L(s) \tag{4-169}$$

联立式(4-167)、式(4-168)和式(4-169),可以求得该补偿器的传递函数为

$$G(s) = -g_{\mathrm{m}} \times \frac{R_{\mathrm{lower}}}{R_{\mathrm{lower}} + R1} \times \frac{sC3(R3 + R1) + 1}{sC3\left(\dfrac{R_{\mathrm{lower}}R1}{R_{\mathrm{lower}} + R1} + R3\right) + 1} \times \frac{\left(R2 + \dfrac{1}{sC1}\right) \times \dfrac{1}{sC2}}{\left(R2 + \dfrac{1}{sC1}\right) + \dfrac{1}{sC2}}$$

(4-170)

对上式进行化简整理可得

$$G(s) = -\frac{R_{\mathrm{lower}} \times g_{\mathrm{m}}}{R_{\mathrm{lower}} + R1} \times \frac{sC3(R3 + R1) + 1}{\left[sC3\left(\dfrac{R_{\mathrm{lower}}R1}{R_{\mathrm{lower}} + R1} + R3\right) + 1\right]} \times$$

(4-171)

$$\frac{1 + sR2C1}{\left[s(C1 + C2)\left(1 + sR2\dfrac{C1C2}{C1 + C2}\right)\right]}$$

然后,将上式分子、分母同时除以$(1 + sR2C1)$,可得

$$G(s) = -\frac{R_{\mathrm{lower}}}{R_{\mathrm{lower}} + R1} \times \frac{g_{\mathrm{m}}R2C1}{C1 + C2} \times \frac{1 + \dfrac{1}{sR2C1}}{\left[sC3\left(\dfrac{R_{\mathrm{lower}}R1}{R_{\mathrm{lower}} + R1} + R3\right) + 1\right]} \times$$

(4-172)

$$\frac{sC3(R3 + R1) + 1}{\left[1 + sR2\dfrac{C1C2}{C1 + C2}\right]}$$

式(4-172)是工程师们最容易接受和理解的形式,进一步写成前面提倡的标准形式,则为

$$G(s) = -G_0 \times \frac{\left(1 + \dfrac{\omega_{z1}}{S}\right)}{\left(1 + \dfrac{S}{\omega_{p1}}\right)} \times \frac{\left(1 + \dfrac{S}{\omega_{z2}}\right)}{\left(1 + \dfrac{S}{\omega_{p2}}\right)}$$

(4-173)

其中增益与零极点定义如下:

$$G_0 = \frac{R_{\mathrm{lower}}}{R_{\mathrm{lower}} + R1} \times \frac{g_{\mathrm{m}}R2C1}{C1 + C2}$$

(4-174)

$$\omega_{z1} = \frac{1}{R2C1}$$

(4-175)

$$\omega_{z2} = \frac{1}{(R1 + R3)C3}$$

(4-176)

$$\omega_{p1} = \frac{1}{R2\dfrac{C1C2}{C1 + C2}}$$

(4-177)

$$\omega_{p2} = \frac{1}{\left(\dfrac{R_{\mathrm{lower}}R1}{R_{\mathrm{lower}} + R1} + R3\right)C3}$$

(4-178)

2. 幅值和相位特性

图 4-54 为基于 OTA 的 Ⅲ 型补偿器幅值增益和相位特性曲线。

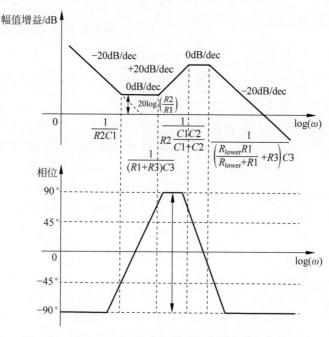

图 4-54　基于 OTA 的 Ⅲ 型补偿器幅值增益和相位特性

3. 补偿设计

为了求解各参数,仍然首先需要求取补偿器在穿越频率处需要达到或减少的增益公式,即

$$
\begin{aligned}
\left| G(f_c) \right| &= G_0 \times \frac{\sqrt{1+\left(\dfrac{f_{z1}}{f_c}\right)^2}}{\sqrt{1+\left(\dfrac{f_c}{f_{p1}}\right)^2}} \times \frac{\sqrt{1+\left(\dfrac{f_c}{f_{z2}}\right)^2}}{\sqrt{1+\left(\dfrac{f_c}{f_{p2}}\right)^2}} \\
&= \frac{R_{lower} \times g_m}{R_{lower}+R1} \times \frac{R2C1}{C1+C2} \times \frac{\sqrt{1+\left(\dfrac{f_{z1}}{f_c}\right)^2}}{\sqrt{1+\left(\dfrac{f_c}{f_{p1}}\right)^2}} \times \frac{\sqrt{1+\left(\dfrac{f_c}{f_{z2}}\right)^2}}{\sqrt{1+\left(\dfrac{f_c}{f_{p2}}\right)^2}}
\end{aligned} \tag{4-179}
$$

联立式(4-173)~式(4-179)可以求得补偿器各元器件参数值如下:

$$
R2 = \frac{G(R1+R_{lower})f_{p1}}{R_{lower}g_m(f_{p1}-f_{z1})} \times \frac{\sqrt{1+\left(\dfrac{f_c}{f_{p1}}\right)^2}}{\sqrt{1+\left(\dfrac{f_{z1}}{f_c}\right)^2}} \times \frac{\sqrt{1+\left(\dfrac{f_c}{f_{p2}}\right)^2}}{\sqrt{1+\left(\dfrac{f_c}{f_{z2}}\right)^2}} \tag{4-180}
$$

$$R3 = \frac{R1^2 f_{z2} - R1 R_{\text{lower}}(f_{p2} - f_{z2})}{(f_{p2} - f_{z2})(R1 + R_{\text{lower}})} \qquad (4\text{-}181)$$

$$C1 = \frac{1}{2\pi f_{z1} R2} \qquad (4\text{-}182)$$

$$C2 = \frac{C1}{2\pi C1 R2 f_{p1} - 1} \qquad (4\text{-}183)$$

$$C3 = \frac{1}{2\pi (R1 + R3) f_{z2}} \qquad (4\text{-}184)$$

观察 $R3$ 的计算表达式可知,其有可能是负值,如果 $R3$ 为负值,则意味着不能获得第二个极点和第二个零点频率之间的放置距离。为了研究这种限制,也为了保证 f_{p2} 和 f_{z2} 之间的距离可获取,可以对 $R3$ 的求解表达式进行一些改变,此时必须保证如式(4-185)所示:

$$R1^2 \times f_{z2} - R1 \times R_{\text{lower}} \times (f_{p2} - f_{z2}) > 0 \qquad (4\text{-}185)$$

解上述不等式(4-185)得

$$\frac{f_{p2}}{f_{z2}} < \frac{R1}{R_{\text{lower}}} + 1 \qquad (4\text{-}186)$$

式(4-186)代表什么意思呢? 我们再对其做一点改变,则可得到

$$\frac{f_{p2}}{f_{z2}} < \frac{V_{\text{out}}}{V_{\text{ref}}} \qquad (4\text{-}187)$$

由式(4-187)可分析出,当输出电压比电压参考值大很多时,第二极点和第二零点之间的距离可以有比较大的选择,那么相位的提升也会有较大的选择空间。但是如果输出电压与电压参考值接近,比如5V输出、2.5V电压基准,则零极点之间的距离会很近,这样就大幅约束了相位提升的空间。这就是基于OTA的Ⅲ型补偿器的局限性。

我们可以尝试做一个定义如下:

$$\frac{f_p}{f_z} = r \qquad (4\text{-}188)$$

由 Venable 的 K 因子法可知,相位提升量最大值的频率在零点和极点的几何平均值处,即

$$f_c = \sqrt{f_p f_z} \qquad (4\text{-}189)$$

结合式(4-188)和式(4-189)可得

$$f_c = f_z \sqrt{r} = \frac{f_p}{\sqrt{r}} \qquad (4\text{-}190)$$

以如式(4-191)所示的具有 1 个零点和 1 个极点的传递函数为例讨论相位提升量。

$$G(s) = \frac{1 + \dfrac{s}{\omega_z}}{1 + \dfrac{s}{\omega_p}} \qquad (4\text{-}191)$$

如前所述,其相位提升量为

$$\text{Boost} = \arctan \frac{\omega_c}{\omega_z} - \arctan \frac{\omega_c}{\omega_p} = \arctan \frac{f_c}{f_z} - \arctan \frac{f_c}{f_p} \qquad (4\text{-}192)$$

进一步可将式(4-192)化简为

$$\text{Boost} = \arctan \frac{f_z \times \sqrt{r}}{f_z} - \arctan \frac{f_p}{\sqrt{r} \times f_p} = \arctan \sqrt{r} - \arctan \frac{1}{\sqrt{r}} \qquad (4\text{-}193)$$

最终化简如下：

$$\text{Boost} = \arctan \sqrt{r} - \frac{\pi}{2} + \arctan \sqrt{r} = 2\arctan \sqrt{r} - \pi/2 \qquad (4\text{-}194)$$

这样就可以根据输出电压和参考电压之间的幅值关系决定一组零极点可以提升的相位量来设计补偿环路。

4. 设计案例

1）应用需求

假设需要设计一个 19V 输出，电压参考值为 2.5V。假设分压上端电阻为 66kΩ，下端电阻为 10kΩ。那么如何设计参数呢？

2）设计过程

首先由前面的分析可知，极点和零点的距离可以描述为

$$\frac{f_{p2}}{f_{z2}} < 7.6$$

则可以知道这一对零极点可提升的相位为

$$\text{Boost} = 2\arctan \sqrt{\frac{f_p}{f_r}} - 90° = 2\arctan \sqrt{7.6} - 90° = 50°$$

上述是针对Ⅲ型补偿器的第二对零极点的约束导致的相位提升量，而Ⅲ型补偿器中第一对零极点并没有上述限制，所以其最大相位提升量为 90°，则整个基于 OTA 的Ⅲ型补偿器的相位最大提升量为

$$\text{Boost}_{\max} = 90° + 50° = 140°$$

所以工程师在设计中选择穿越频率时必须意识到，在穿越频率处的相位提升量不能超过 140°。

我们不妨假设在穿越频率为 1kHz 位置，相位提升量为 130°，且增益为 15dB。那么，我们首先需要把对数增益转化为十进制增益，即

$$G = 10^{\frac{Gf_c}{20}} = 10^{\frac{15}{20}} = 5.6$$

我们先研究有限制条件的第二对零极点该如何设计。由前述内容可知，第二对零极点的 r 值必须小于 7.6，考虑一定的裕量，这里选择 r=7，那么第二对零极点就可以按照下面数值来放置：

$$f_{z2} = \frac{f_c}{\sqrt{r}} = \frac{1k}{\sqrt{7}} = 378\text{Hz}$$

$$f_{p2} = f_c \times \sqrt{r} = 1k \times \sqrt{7} = 2.6\text{kHz}$$

再根据选定的第二对零极点的 r 值计算在穿越频率处这对零极点的真实相位提升量为

$$\text{Boost2} = \arctan \sqrt{7} - \frac{\pi}{2} + \arctan \sqrt{7} = 2\arctan \sqrt{7} - \frac{\pi}{2} \approx 48.6°$$

那么如何设计第一对零极点呢?

我们知道,总相位提升量为130°,那么第一对零极点需要提升相位量为

$$\text{Boost1} = 130° - 48.6° = 81.4°$$

根据前述一对零极点相位提升量公式可求得第一对零极点的 r 值为

$$\text{Boost1} = 2\arctan\sqrt{r} - \frac{\pi}{2} = 81.4°$$

即可求得 r 为

$$r = \left[\tan\left(\frac{\text{Boost1}}{2} + \frac{\pi}{4}\right)\right]^2 \approx 130$$

这样就可以求得第一对零极点位置如下:

$$f_{z1} = \frac{f_c}{\sqrt{r}} = \frac{1\text{k}}{\sqrt{130}} = 87.5\text{Hz}$$

$$f_{p2} = f_c \times \sqrt{r} = 1\text{k} \times \sqrt{130} = 11.4\text{kHz}$$

这样将 G 和两对零极点频率值代回原计算公式即可求出如下补偿元器件的各个参数:

$$R2 = \frac{G(R1 + R_{\text{lower}})f_{p1}}{R_{\text{lower}} \times g_m(f_{p1} - f_{z1})} \times \frac{\sqrt{1 + \left(\frac{f_c}{f_{p1}}\right)^2}}{\sqrt{1 + \left(\frac{f_{z1}}{f_c}\right)^2}} \times \frac{\sqrt{1 + \left(\frac{f_c}{f_{p2}}\right)^2}}{\sqrt{1 + \left(\frac{f_c}{f_{z2}}\right)^2}} = 163\text{k}\Omega$$

$$R3 = \frac{R1^2 \times f_{z2} - R1 \times R_{\text{lower}} \times (f_{p2} - f_{z2})}{(f_{p2} - f_{z2}) \times (R1 + R_{\text{lower}})} = 1.05\text{k}\Omega$$

$$C1 = \frac{1}{2\pi f_{z1} R2} = 11.2\text{nF}$$

$$C2 = \frac{C1}{2\pi C1 R2 f_{p1} - 1} = 86\text{pF}$$

$$C3 = \frac{1}{2\pi(R1 + R3)f_{z2}} = 6.3\text{nF}$$

5. 仿真验证

使用 SIMetrix 搭建仿真电路如图 4-55 所示。

仿真结果如图 4-56 所示。

从仿真结果可以看出,在穿越频率 1kHz 处,幅值增益为 15dB,相位提升量为 130°(220° − 90° = 130°),满足设计目标。

正如分析的那样,基于 OTA 的补偿器不像基于 OPA 的补偿器那样应用广泛,但是 IC 工程师比较喜欢这种配置,因为它只需要相对较小的晶元。但这种补偿器缺少类似于 OPA 的虚地,所以输出分压的下端电阻也会影响传递函数,故需要特别关注。最值得关注的是基

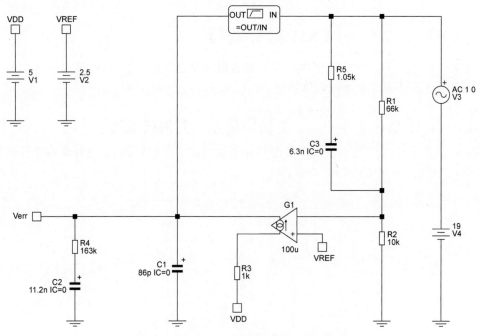

图 4-55　基于 OTA 的 Ⅲ 型补偿器仿真电路

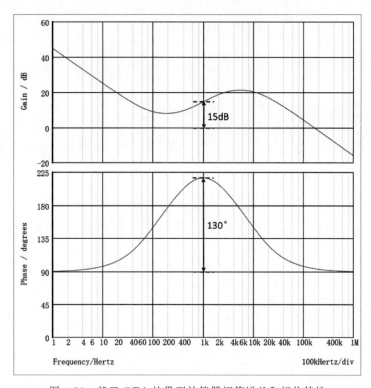

图 4-56　基于 OTA 的 Ⅲ 型补偿器幅值增益和相位特性

于 OTA 的 Ⅲ 型补偿器有输出电压与基准电压比值造成的相位提升的限制,所以较少使用,
建议应用基于 OTA 的 Ⅰ 型和 Ⅱ 型补偿器。

4.6 基于 TL431＋PC817 的补偿器

从事 AC-DC、隔离 DC-DC 电源或者隔离的副边控制方案的工程师，见得最多的还是基于 TL431＋PC817 方案来进行环路补偿。

4.6.1 Ⅰ型补偿器——1 个初始极点＋共射极配置

图 4-57 为基于 TL431＋PC817 的Ⅰ型补偿器电路。我们知道，Ⅰ型补偿器没有相位提升作用，会造成系统相位的 270°滞后。

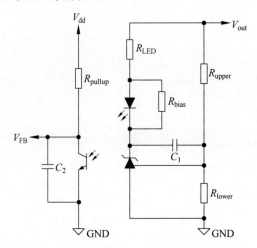

图 4-57　基于 TL431 与 PC817 的Ⅰ型补偿器

1. 传递函数分析

如图 4-57 所示，首先忽略光耦二极管的动态电阻，然后可以得到流过光耦二极管的动态 AC 电流，则有

$$I_{\text{LED}}(s) = \frac{V_{\text{out}}(s) - V_{\text{TL431}}(s)}{R_{\text{LED}}} \tag{4-195}$$

从图 4-57 可知，TL431 的交流输出电压是一个简单的积分器的输出，其输出如下：

$$V_{\text{TL431}}(s) = -V_{\text{out}}(s) \times \frac{\frac{1}{sC1}}{R1} = -V_{\text{out}}(s) \times \frac{1}{sR1C1} \tag{4-196}$$

将式(4-196)代入式(4-195)可得

$$I_{\text{LED}}(s) = \frac{V_{\text{out}}(s) + V_{\text{out}}(s) \times \frac{1}{sR1C1}}{R_{\text{LED}}} = \frac{V_{\text{out}}(s)}{R_{\text{LED}}} \times \left(1 + \frac{1}{sR1C1}\right)$$

$$= V_{\text{out}}(s) \times \left(\frac{1 + sR1C1}{sR_{\text{LED}}R1C1}\right) \tag{4-197}$$

从对光耦的三极管侧分析可知，光耦集电极输出的误差电压等于集电极电流与这一点对地阻抗的乘积，这里需要注意的是，对地阻抗是多少？ 小信号分析中，直流源接地，也就是

说,光耦的上拉电阻和三极管侧并联的电容彼此是并联关系,可得输出阻抗为

$$V_{err}(s) = -I_C(s) \times \frac{R_{pullup} \times \frac{1}{sC2}}{R_{pullup} + \frac{1}{sC2}} = -I_C(s) \times R_{pullup} \times \frac{1}{1 + sR_{pullup}C2} \quad (4\text{-}198)$$

而光耦的集电极电流与二极管侧电流服从如下关系:

$$I_C(s) = I_{LED}(s) \times CTR \quad (4\text{-}199)$$

其中,CTR 为光耦电流传输比。联立式(4-197)、式(4-198)和式(4-199)可得传递函数为

$$\frac{V_{err}(s)}{V_{out}(s)} = -\frac{1}{s \frac{R_{LED}R1}{R_{pullup} \times CTR} \times C1} \times \left(\frac{1 + sR1C1}{1 + sR_{pullup}C2} \right) \quad (4\text{-}200)$$

写成标准形式,即

$$G(s) = -\frac{1}{\dfrac{s}{\omega_{p0}}} \times \frac{1 + \dfrac{s}{\omega_z}}{1 + \dfrac{s}{\omega_p}} \quad (4\text{-}201)$$

其中,零极点定义如下:

$$\omega_{p0} = \frac{R_{pullup} \times CTR}{R_{LED}R1C1} \quad (4\text{-}202)$$

$$\omega_z = \frac{1}{R1C1} \quad (4\text{-}203)$$

$$\omega_p = \frac{1}{R_{pullup}C2} \quad (4\text{-}204)$$

2. 补偿设计

从传递函数可能已经知道这不是一个 Ⅰ 型补偿器,但是,经过参数匹配可以转化为 Ⅰ 型补偿器。可以通过一个零点和一个极点相等消去,即

$$\frac{1}{R1C1} = \frac{1}{R_{pullup}C2} \quad (4\text{-}205)$$

则可以求得

$$C2 = \frac{R1C1}{R_{pullup}} \quad (4\text{-}206)$$

由零点公式(4-202)可得

$$C1 = \frac{R_{pullup}CTR}{2\pi R_{LED}R1f_{p0}} \quad (4\text{-}207)$$

将此式代入式(4-206)中可得

$$C2 = \frac{CTR}{2\pi f_{p0}R_{LED}} \quad (4\text{-}208)$$

此时,补偿器的传递函数变为

$$G(s) = \frac{1}{\dfrac{s}{\omega_{p0}}} \quad (4\text{-}209)$$

因此,可以计算出新的传递函数在穿越频率处的增益为

$$|G(f_c)| = \frac{f_{p0}}{f_c} \qquad (4\text{-}210)$$

则补偿器的 0dB 穿越极点为

$$f_{p0} = G \times f_c \qquad (4\text{-}211)$$

至此,基于 TL431+PC817 的 I 型补偿器推导完成。

3. 设计案例

1) 应用需求

假设需要设计一个补偿器,用来补偿一个单端反激式电源,该电源为 12V 输出,在 20Hz 频率处其增益为 25dB。

2) 设计过程

为了用 I 型补偿器达到这个设计目标,必须设计好 0dB 穿越极点的位置,以使补偿器在 20Hz 位置处有 −25dB 的增益。首先要把对数增益转化为十进制增益,即

$$G = 10^{\frac{-Gf_c}{20}} = 10^{\frac{-25}{20}} = 0.0562$$

由对数运算法则可知:

$$\log\left(\frac{f_c}{f_{0\text{dB}}}\right) \times \left(-\frac{20\text{dB}}{\text{dec}}\right) = -25\text{dB}$$

由前述可知,需要在穿越频率 $f_c = 20\text{Hz}$ 处的增益为 −25dB,由此可求出 0dB 穿越极点位置为

$$f_{p0} = f_{0\text{dB}} = \frac{f_c}{10^{\frac{-25}{20}}} = \frac{20}{10^{\frac{-25}{20}}} = 1.12(\text{Hz})$$

该单端反激式电源的环路的部分参数已知如下。

- 输出电压:$V_{\text{out}} = 12\text{V}$。
- 光耦二极管导通压降:$V_f = 1\text{V}$。
- TL431 最小静态工作电流:$I_{\text{bias}} = 1\text{mA}$。
- TL431 的最小工作电压:$V_{\text{TL431}} = 2.5\text{V}$。
- 光耦三极管侧饱和电压:$V_{\text{CE\_sat}} = 0.3\text{V}$。
- 光耦三极管侧上拉电压:$V_{\text{CC}} = 5\text{V}$。
- 光耦三极管侧上拉电阻:$R_{\text{pullup}} = 10\text{k}\Omega$。
- 光耦电流传输比:CTR = 0.5。
- 输出电压采样的分压上段电阻:$R1 = 38\text{k}\Omega$。
- 光耦在上拉电阻作用下产生的极点频率:$f_{\text{opto}} = 10\text{kHz}$。

根据 f_{opto} 的值可以计算出光耦输出寄生的输出电容值 C_{opto},即

$$C_{\text{opto}} = \frac{1}{2\pi f_{\text{opto}} R_{\text{pullup}}} = \frac{1}{2 \times 3.14 \times 10\text{kHz} \times 10\text{k}\Omega} = 1.592\text{nF}$$

可求取流过光耦二极管的电流最大值为

$$I1_{\max} = \frac{V_{\text{CC}} - V_{\text{CE\_sat}}}{R_{\text{pullup}} \times \text{CTR}} = 0.94\text{mA}$$

为了保持 TL431 能正常工作,我们设置通过 R_{bias} 为 TL431 提供 1mA 静态工作电流,由于光耦二极管导通压降为 1V,则正好选择 R_{bias} 为 1kΩ。这样就可以知道流过 R_{LED} 的总电流为 $I1_{max} + I_{bias}$,这样就可以求取 R_{LED} 的最大值了。

$$\frac{V_{out} - V_f - V_{TL431}}{R_{LED\_max}} \geqslant I1_{max} + I_{bias}$$

即

$$R_{LED\_max} \leqslant \frac{V_{out} - V_f - V_{TL431}}{V_{CC} - V_{CE\_sat} + I_{bias} CTR R_{pullup}} \times R_{pullup} \times CTR = 4.4\text{k}\Omega$$

考虑一定裕量(20%),所以可取 $R_{LED} = 3.5\text{k}\Omega$。

此时就可以计算出电容大小,即

$$C1 = \frac{R_{pullup} CTR}{2\pi R_{LED} R1 f_{p0}} = \frac{10\text{k} \times 0.5}{2 \times 3.14 \times 3.5\text{k} \times 38\text{k} \times 1.12} = 5.3\mu\text{F}$$

$$C2 = \frac{CTR}{2\pi f_{p0} R_{LED}} = \frac{0.5}{2 \times 3.14 \times 1.12 \times 3.5\text{k}} = 20.3\mu\text{F}$$

至此,补偿器参数计算完毕。

下面搭建仿真验证电路,如图 4-58 所示。

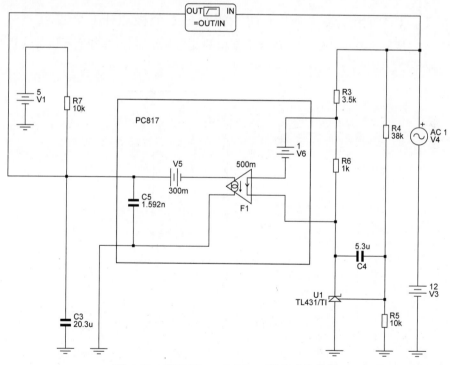

图 4-58 基于 TL431+PC817 的 I 型补偿器

仿真结果如图 4-59 所示。

从仿真结果可以看出,补偿器在 20Hz 处的增益为 −25dB,相位为 90°,满足应用需求。

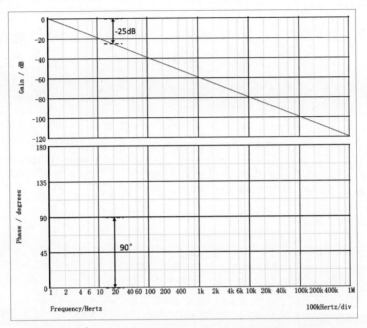

图 4-59　基于 TL431+PC817 的 I 型补偿器幅值增益与相位特性

4.6.2　Ⅱ型补偿器——1个初始极点＋1个极点＋1个零点

如图 4-60 所示为基于 TL431+PC817 架构的Ⅱ型补偿器，也是在实际电源应用中用得最多的一种类型。

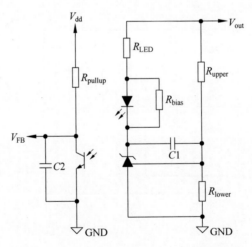

图 4-60　基于 TL431 与 PC817 的Ⅱ型补偿器

1. 传递函数分析

传递函数和前述一致。因为是Ⅱ型补偿器，需要研究中频段增益，所以需要对其做一些调整，以便显示中频带增益的部分，如下：

$$\frac{V_{\text{err}}(s)}{V_{\text{out}}(s)} = -\frac{R_{\text{pullup}}\text{CTR}}{sR_{\text{LED}}R1C1} \times \left(\frac{1+sR1C1}{1+sR_{\text{pullup}}C2}\right) \tag{4-212}$$

对式(4-212)的分子、分母同时除以 $sR1C1$,可得

$$G(s) = -G_0 \times \frac{1 + \dfrac{\omega_z}{s}}{1 + \dfrac{s}{\omega_p}} \tag{4-213}$$

其中增益与零极点定义分别如下:

$$G_0 = \frac{R_{\text{pullup}}\text{CTR}}{R_{\text{LED}}} \tag{4-214}$$

$$\omega_z = \frac{1}{R1C1} \tag{4-215}$$

$$\omega_p = \frac{1}{R_{\text{pullup}}C2} \tag{4-216}$$

　　为了保证 TL431 能正常工作,R_{LED} 具有上限值限制,那么基于 TL431+PC817 的 II 型补偿器的中频带增益含有 R_{LED},这就说明该补偿器的中频带增益具有最小值限制。比如,我们假设 R_{LED} 上限值为 860Ω,且 PC817 的三极管侧上拉电阻为 $20\text{k}\Omega$,那么该补偿器的中频带增益最小值为

$$G_0 > \text{CTR} \times \frac{R_{\text{pullup}}}{R_{\text{LED\_max}}} = 0.3 \times \frac{20\text{k}\Omega}{0.860\text{k}\Omega} = 7(\text{十进制}) \text{ 或 } 17\text{dB}$$

2. 设计案例

1) 应用需求

　　假设需要设计一个补偿器,用来补偿一个单端反激式电源,该电源为 19V 输出,在 1kHz 频率处其增益为 −15dB。并另外假设为了相位裕度考虑,补偿器必须在 1kHz 位置的相位提升量为 50°。那么该如何设计零极点呢?

2) 设计过程

　　我们知道,I 型补偿器没有相位提升作用,III 型补偿器提升相位量最大可达 180°,而 II 型补偿器相位提升量最高可达 90°,所以选择 II 型补偿器来达到设计目标。

　　已知穿越频率为 1kHz,相位提升量要求为 50°,根据 Venable K 因子法,求取的 K 值为

$$K = \tan\left(\frac{\text{Boost}}{2} + \frac{\pi}{4}\right) = 2.74$$

可知普通极点应该放置在如下频率位置:

$$f_p = K \times f_c = 2.74 \times 1\text{kHz} = 2.74\text{kHz}$$

　　如果让相位提升量的最大值设置在零点与极点的几何平均值处,则可以得到零点的位置为

$$f_z = \frac{f_c}{K} = \frac{1\text{kHz}}{2.74} = 365\text{Hz}$$

　　该单端反激式电源的环路的部分参数已知如下。

- 输出电压:$V_{\text{out}} = 19\text{V}$。
- 光耦二极管导通压降:$V_f = 1\text{V}$。
- TL431 最小静态工作电流:$I_{\text{bias}} = 1\text{mA}$。

- TL431 的最小工作电压：$V_{TL431} = 2.5V$。
- 光耦三极管侧饱和电压：$V_{CE\_sat} = 0.3V$。
- 光耦三极管侧上拉电压：$V_{CC} = 5V$。
- 光耦三极管侧上拉电阻：$R_{pullup} = 20k\Omega$。
- 光耦电流传输比：$CTR = 0.3$。
- 输出电压采样的分压上段电阻：$R1 = 66k\Omega$。
- 光耦在上拉电阻作用下产生的极点频率：$f_{opto} = 6kHz$。

从上面的参数分析可知，光耦二极管侧限流电阻的上限值为

$$R_{LED\_max} \leqslant \frac{V_{out} - V_f - V_{TL431}}{V_{CC} - V_{CE\_sat} + I_{bias} \times CTR \times R_{pullup}} \times R_{pullup} \times CTR$$

$$= \frac{19V - 1V - 2.5V}{5V - 0.3V + 1mA \times 0.3 \times 20k\Omega} \times 20k\Omega \times 0.3 = 8.7k\Omega$$

这个限定条件是使 TL431 能正常工作，然后应该考虑中频带增益也可以计算出一个 R_{LED} 值，我们需要结合这两个条件综合考虑选择合适的值。

首先要把对数增益转化为十进制增益，即

$$G = 10^{\frac{-Gf_c}{20}} = 10^{\frac{15}{20}} = 5.6$$

上述求得的增益 G 就是补偿器要达到的中频带增益值，根据前述 G_0 表达式，则可求得 R_{LED} 为

$$R_{LED} = \frac{R_{pullup}CTR}{G} = \frac{20k\Omega \times 0.3}{5.6} = 1071\Omega$$

对比此值跟前述求取的 R_{LED} 最大限定值可知，并没有超过最大限定值，且满足一定裕度，所以可以选这个值。接下来的参数就很容易求取了，按照前述公式求取即可。

$$C1 = \frac{1}{2\pi f_z R1} = \frac{1}{6.28 \times 365 \times 66k} = 6.6nF$$

$$C2 = \frac{1}{2\pi f_p R_{pullup}} = \frac{1}{2 \times 3.14 \times 2.74k\Omega \times 20k\Omega} = 2.9nF$$

这里需要特别对 $C2$ 式进行说明，该式求取的 $C2$ 电容值，实际上包含了光耦寄生结电容在内，也就是说，$C2 = C_{col} + C_{opto}$，C_{col} 才是工程师真正需要跨接在光耦三极管侧的补偿电容，而电容 C_{opto} 是光耦的寄生结电容。已知条件中已经知道光耦三极管结电容和上拉电阻的极点频率为 6kHz，因此可以计算出结电容大小为

$$C_{opto} = \frac{1}{2\pi f_{opto} R_{pullup}} = \frac{1}{2 \times 3.14 \times 6k\Omega \times 20k\Omega} = 1.3nF$$

真正需要跨接的电容 C_{col} 为

$$C_{col} = C2 - C_{opto} = 2.9nF - 1.3nF = 1.6nF$$

至此，所有参数已经计算完毕。

使用 SIMetrix 搭建仿真电路如图 4-61 所示。

仿真结果如图 4-62 所示。

从仿真结果可看出，该补偿器在 1kHz 处可提供幅值增益提升量为 15dB，相位提升量为 50°，满足设计要求。

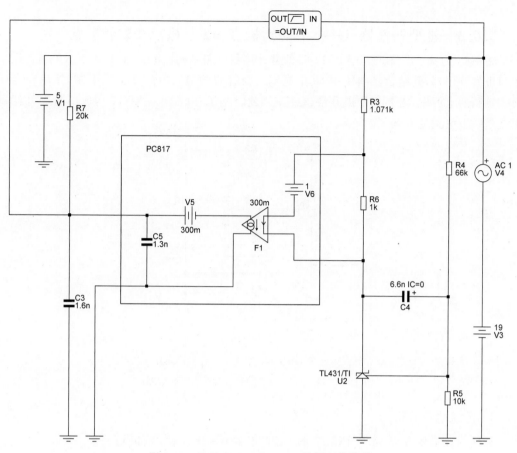

图 4-61　基于 TL431＋PC817 的 Ⅱ 型补偿器

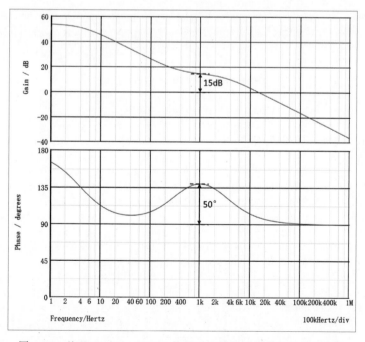

图 4-62　基于 TL431＋PC817 的 Ⅱ 型补偿器幅值增益与相位特性

4.6.3　Ⅲ型补偿器——1个初始极点＋2个极点＋2个零点

图 4-63 为基于 TL431 与 PC817 的Ⅲ型补偿器电路结构。TL431 本身并不是非常适合作为Ⅲ型补偿器,其结合光耦使用,其中光耦二极管侧的串联电阻有上限限制,然后在电压模式控制的电源中,需要相位提升量超过 90°,此时基于 TL431＋PC817 构成的Ⅲ型补偿器仍然是一个可选的方案。

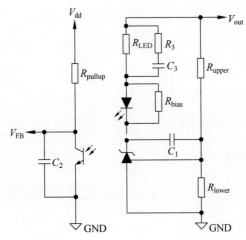

图 4-63　基于 TL431 与 PC817 的Ⅲ型补偿器

1. 传递函数分析

如同前述推导方程,先从 PC817 的 LED 电流计算开始,计算如下:

$$I_{\text{LED}}(s) = \frac{V_{\text{out}}(s) - V_{\text{TL431}}(s)}{Z_{\text{LED}}} = \left[V_{\text{out}}(s) - V_{\text{TL431}}(s)\right] \times \frac{R_{\text{LED}} + \left(R3 + \dfrac{1}{sC3}\right)}{R_{\text{LED}} \times \left(R3 + \dfrac{1}{sC3}\right)}$$

(4-217)

当忽略光耦,只关注 TL431 传输时,可以很容易知道,其为

$$V_{\text{TL431}}(s) = -\frac{1}{sC1R1} \times V_{\text{out}}(s)$$

(4-218)

将式(4-218)代入式(4-217)中可得

$$I_{\text{LED}}(s) = \left[V_{\text{out}}(s) + V_{\text{out}}(s) \times \frac{1}{sR1C1}\right] \times \frac{R_{\text{LED}} + \left(R3 + \dfrac{1}{sC3}\right)}{R_{\text{LED}}\left(R3 + \dfrac{1}{sC3}\right)}$$

(4-219)

$$= V_{\text{out}}(s) \times \left(\frac{1 + sR1C1}{sR1C1}\right) \frac{R_{\text{LED}} + \left(R3 + \dfrac{1}{sC3}\right)}{R_{\text{LED}}\left(R3 + \dfrac{1}{sC3}\right)}$$

重新整理式(4-219)可得

$$I_{\text{LED}}(s) = V_{\text{out}}(s) \times \left(\frac{1 + sR1C1}{sR1C1}\right) \times \frac{s(R_{\text{LED}} + R3)C3 + 1}{R_{\text{LED}}(sC3R3 + 1)}$$

(4-220)

现在可以开始求取 PC817 二极管侧与三极管侧的传输方程为

$$V_{err}(s) = -I_{LED}(s) \times R_{pullup} \times \frac{1}{1 + sR_{pullup}C2} \times CTR \tag{4-221}$$

联立式（4-220）和式（4-221）并重新整理可得

$$\frac{V_{err}(s)}{V_{out}(s)} = -\frac{R_{pullup}}{R_{LED}} \times CTR \times \frac{1 + \dfrac{1}{sR1C1}}{1 + sR_{pullup}C2} \times \frac{sC3(R_{LED} + R3) + 1}{1 + sC3R3}$$

$$= -G_0 \times \frac{1 + \dfrac{\omega_{z1}}{s}}{1 + \dfrac{s}{\omega_{p1}}} \times \frac{1 + \dfrac{s}{\omega_{z2}}}{1 + \dfrac{s}{\omega_{p2}}} \tag{4-222}$$

根据式（4-222），我们可以很简便地提取中频带增益、零点、极点，分别如下：

$$G_0 = \frac{R_{pullup}}{R_{LED}} \times CTR \tag{4-223}$$

$$\omega_{z1} = \frac{1}{R1C1} \tag{4-224}$$

$$\omega_{z2} = \frac{1}{(R_{LED} + R3)C3} \tag{4-225}$$

$$\omega_{p1} = \frac{1}{R_{pullup}C2} \tag{4-226}$$

$$\omega_{p2} = \frac{1}{R3C3} \tag{4-227}$$

2. 补偿设计

由前述传递函数可知，该补偿器在穿越频率处的增益为

$$|G(f_c)| = G_0 \times \frac{\sqrt{1 + \left(\dfrac{f_{z1}}{f_c}\right)^2}}{\sqrt{1 + \left(\dfrac{f_c}{f_{p1}}\right)^2}} \times \frac{\sqrt{1 + \left(\dfrac{f_c}{f_{z2}}\right)^2}}{\sqrt{1 + \left(\dfrac{f_c}{f_{p2}}\right)^2}}$$

$$= \frac{R_{pullup}}{R_{LED}} \times CTR \times \frac{\sqrt{1 + \left(\dfrac{f_{z1}}{f_c}\right)^2}}{\sqrt{1 + \left(\dfrac{f_c}{f_{p1}}\right)^2}} \times \frac{\sqrt{1 + \left(\dfrac{f_c}{f_{z2}}\right)^2}}{\sqrt{1 + \left(\dfrac{f_c}{f_{p2}}\right)^2}} \tag{4-228}$$

联立式（4-223）～式（4-228）可以求得 R_{LED}、$R3$、$C1$、$C2$、$C3$，分别如下：

$$R_{LED} = \frac{R_{pullup}}{G} \times CTR \times \frac{\sqrt{1 + \left(\dfrac{f_{z1}}{f_c}\right)^2}}{\sqrt{1 + \left(\dfrac{f_c}{f_{p1}}\right)^2}} \times \frac{\sqrt{1 + \left(\dfrac{f_c}{f_{z2}}\right)^2}}{\sqrt{1 + \left(\dfrac{f_c}{f_{p2}}\right)^2}} \tag{4-229}$$

$$C3 = \frac{f_{p2} - f_{z2}}{2\pi f_{p2} f_{z2}} \times \frac{G}{R_{pullup} CTR} \times \frac{\sqrt{1 + \left(\dfrac{f_c}{f_{p1}}\right)^2}}{\sqrt{1 + \left(\dfrac{f_{z1}}{f_c}\right)^2}} \times \frac{\sqrt{1 + \left(\dfrac{f_c}{f_{p2}}\right)^2}}{\sqrt{1 + \left(\dfrac{f_c}{f_{z2}}\right)^2}} \quad (4\text{-}230)$$

$$R3 = \frac{f_{z2}}{f_{p2} - f_{z2}} \times \frac{R_{pullup}}{G} \times CTR \times \frac{\sqrt{1 + \left(\dfrac{f_{z1}}{f_c}\right)^2}}{\sqrt{1 + \left(\dfrac{f_c}{f_{p1}}\right)^2}} \times \frac{\sqrt{1 + \left(\dfrac{f_c}{f_{z2}}\right)^2}}{\sqrt{1 + \left(\dfrac{f_c}{f_{p2}}\right)^2}} \quad (4\text{-}231)$$

$$C1 = \frac{1}{2\pi f_{z1} R1} \quad (4\text{-}232)$$

$$C2 = \frac{1}{2\pi R_{pullup} f_{p2}} \quad (4\text{-}233)$$

这里有一点需要特别注意,基于 TL431 的补偿器,由于光耦因为偏置的要求而导致二极管串联电阻具有上限值限制,从式(4-228)补偿器在穿越频率处的增益公式可知,R_{LED} 具有上限限制,则补偿器在穿越频率处的增益就会有下限限制,可计算为

$$|G_{min}| = \frac{V_{cc} - V_{CE\_sat} + I_{bias} R_{pullup} CTR_{min}}{V_{out} - V_f - V_{TL431,min}} \times \frac{\sqrt{1 + \left(\dfrac{f_{z1}}{f_c}\right)^2}}{\sqrt{1 + \left(\dfrac{f_c}{f_{p1}}\right)^2}} \times \frac{\sqrt{1 + \left(\dfrac{f_c}{f_{z2}}\right)^2}}{\sqrt{1 + \left(\dfrac{f_c}{f_{p2}}\right)^2}}$$

$$(4\text{-}234)$$

至此,基于 TL431 的Ⅲ型补偿器的传递函数和参数求取公式推导完毕。

3. 设计案例

1)应用需求

假设需要设计一个补偿器,用来补偿一个单端正激式电源,该电源为 12V 输出,在 1kHz 频率处的增益为 −15dB。另外假设为了相位裕度考虑,需要补偿器在 1kHz 位置处提供 120°的相位提升。那么该如何排布这个零极点呢?

2)设计过程

我们知道,Ⅰ型补偿器没有相位提升作用,Ⅱ型补偿器相位提升量最多为 90°,而Ⅲ型补偿器相位提升量最大可达 180°,所以可选择Ⅲ型补偿器来达到设计目标。

该单端正激式电源的环路部分已知参数如下。

- 输出电压:$V_{out} = 12V$。
- 光耦二极管导通压降:$V_f = 1V$。
- TL431 最小静态工作电流:$I_{bias} = 1mA$。
- TL431 的最小工作电压:$V_{TL431} = 2.5V$。
- 光耦三极管侧饱和电压:$V_{CE\_sat} = 0.3V$。
- 光耦三极管侧上拉电压:$V_{CC} = 5V$。
- 光耦三极管侧上拉电阻:$R_{pullup} = 10k\Omega$。

- 光耦电流传输比：CTR＝0.5。
- 输出电压采样的分压上段电阻：$R1＝38\text{k}\Omega$。
- 光耦在上拉电阻作用下产生的极点频率：$f_{\text{opto}}＝6\text{kHz}$。

已知穿越频率为 1kHz，相位提升量为 $120°$，这里采用放置相等的双零点和相同的双极点的方法，则根据 K 因子法，可求取 K 因子如下：

$$K = \left\{ \tan\left(\frac{\text{Boost}}{4} + \frac{\pi}{4} \right) \right\}^2 = 13.928$$

则可知双极点应该放置在

$$f_{\text{p1,2}} = \sqrt{K} \times f_c = \sqrt{13.928} \times 1000 = 3.73\text{kHz}$$

如果在相位提升量的最大值处设计穿越频率，则穿越频率为零点与极点的几何平均值处，故可以得到零点的位置为

$$f_{\text{z1,2}} = \frac{f_c}{\sqrt{K}} = \frac{1\text{kHz}}{\sqrt{13.928}} \approx 270\text{Hz}$$

根据上面给出的已知参数，可以很方便地求出其上限值，即

$$R_{\text{LED\_max}} \leqslant \frac{12-1-2.5}{5-0.3+1 \times 10^{-3} \times 0.3 \times 20 \times 10^3} \times 20 \times 10^3 \times 0.3 = 4.8\text{k}\Omega$$

而根据选定的极点、零点位置以及需要的增益，可以求出该补偿器需要的 R_{LED} 值，即

$$R_{\text{LED}} = \frac{20 \times 10^3}{10^{\frac{15}{20}}} \times 0.3 \times \frac{\sqrt{1+\left(\frac{270}{1 \times 10^3}\right)^2}}{\sqrt{1+\left(\frac{1}{3.7}\right)^2}} \times \frac{\sqrt{1+\left(\frac{1 \times 10^3}{270}\right)^2}}{\sqrt{1+\left(\frac{1}{3.7}\right)^2}}\text{k}\Omega = 4\text{k}\Omega$$

可知，$R_{\text{LED}}＝4\text{k}\Omega$ 没有超过上限限制，且有一定裕度。其他参数可求解如下：

$$C3 = \frac{3.7 \times 10^3 - 270}{2 \times 3.14 \times 3.7 \times 10^3 \times 270} \times \frac{10^{\frac{15}{20}}}{20 \times 10^3 \times 0.3} \times \frac{\sqrt{1+\left(\frac{1}{3.7}\right)^2}}{\sqrt{1+\left(\frac{270}{1 \times 10^3}\right)^2}} \times$$

$$\frac{\sqrt{1+\left(\frac{1}{3.7}\right)^2}}{\sqrt{1+\left(\frac{1 \times 10^3}{270}\right)^2}}\text{nF} = 138\text{nF}$$

$$R3 = \frac{270}{3.7 \times 10^3 - 270} \times \frac{20 \times 10^3}{10^{\frac{15}{20}}} \times 0.3 \times \frac{\sqrt{1+\left(\frac{270}{1000}\right)^2}}{\sqrt{1+\left(\frac{1}{3.7}\right)^2}} \times$$

$$\frac{\sqrt{1+\left(\frac{1000}{270}\right)^2}}{\sqrt{1+\left(\frac{1}{3.7}\right)^2}}\Omega = 308\Omega$$

$$C1 = \frac{1}{2\pi f_{z1} R1} = \frac{1}{2 \times 3.14 \times 270\,\mathrm{Hz} \times 38\,\mathrm{k\Omega}} = 15.5\,\mathrm{nF}$$

$$C2 = \frac{1}{2\pi R_{\mathrm{pullup}} f_{p2}} = \frac{1}{2 \times 3.14 \times 20\,\mathrm{k\Omega} \times 3.7\,\mathrm{kHz}} = 2.15\,\mathrm{nF}$$

这里需要特别对 $C2$ 式进行说明，该式求取的 $C2$ 电容值，实际上包含了光耦寄生结电容在内，也就是说，$C2 = C_{\mathrm{col}} + C_{\mathrm{opto}}$，$C_{\mathrm{col}}$ 才是工程师真正需要跨接在光耦三极管侧的补偿电容，而电容 C_{opto} 是光耦的寄生结电容。已知条件中已经知道光耦三极管结电容和上拉电阻的极点频率为 6kHz，因此可以计算出结电容大小，其值可以计算如下：

$$C_{\mathrm{opto}} = \frac{1}{2\pi f_{\mathrm{opto}} R_{\mathrm{pullup}}} = \frac{1}{2 \times 3.14 \times 6\,\mathrm{kHz} \times 20\,\mathrm{k\Omega}} = 1.3\,\mathrm{nF}$$

则可以求取真正需要跨接的电容 C_{col}，其值为

$$C_{\mathrm{col}} = C2 - C_{\mathrm{opto}} = (2.15 - 1.3)\,\mathrm{nF} = 850\,\mathrm{pF}$$

至此，所有参数已经计算完毕。

使用 SIMetrix 搭建仿真验证电路如图 4-64 所示。

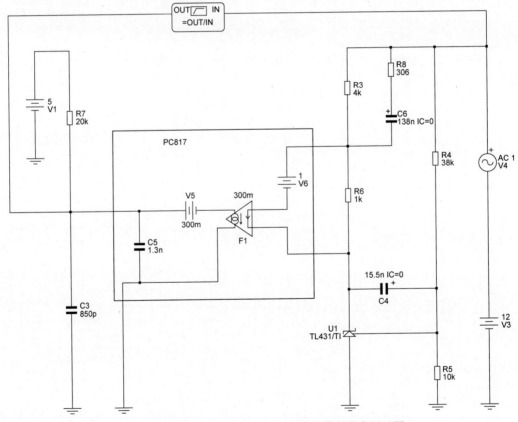

图 4-64　基于 TL431＋PC817 的 Ⅲ 型补偿器仿真原理图

仿真结果如图 4-65 所示。

从仿真结果可看出，该补偿器在 1kHz 处可提供幅值增益提升量为 15dB，相位提升量为 120°，满足设计要求。

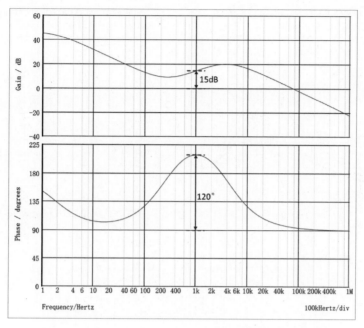

图 4-65 基于 TL431＋PC817 的 Ⅲ 型补偿器仿真波特图

4.7 基于隔离误差放大器的补偿器设计

虽然前述的 TL431 加光耦的反馈方案能够满足大部分电源的应用需求,但是光耦和 TL431 本身的一些特性,使得该方案也具有局限性。

光耦传输模拟信号依赖于电流传输比(CTR),而 CTR 会受到三方面因素的影响,如图 4-66 所示,在设计时需要充分考虑并留有裕度。

- 取决于流过 LED 的输入电流 I_F。
- 受环境温度影响。
- LED 的发光效率会随时间变低从而引起 CTR 衰减。

光耦的工作温度范围有限,通常最大工作温度不超过 100℃。同时,光耦具有相对较慢的传输特性(小信号带宽为 50～80kHz),并且传输延时会随时间增大,这就意味着环路响应变慢,负载和输入的变化需要更长的时间来调节达到稳定。

此外,在 −40～125℃范围内,TL431 通常只能保证±2%的精度,限制了一些高精度输出电源的应用。

4.7.1 隔离误差放大器

针对上述问题,业界厂商也推出了基于数字隔离误差放大器,如 ADI 公司推出的 ADuM3190,如图 4-67 所示。其主要性能指标和产品特性如下:

- 内置 1.225V 高精度基准电压源。
- 全温度范围精度为 1%。
- 带宽为 400kHz。

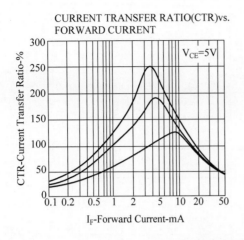

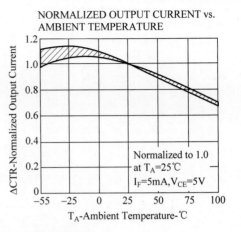

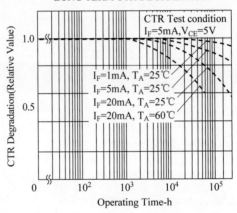

图 4-66　某款光耦的 CTR 特性

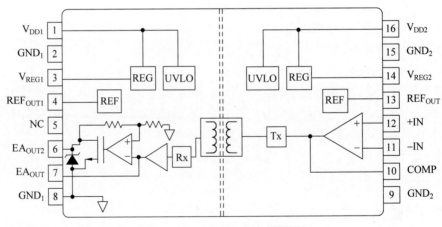

图 4-67　ADuM3190 内部框图

- 宽温度范围为 −40～125℃。
- 隔离电压为 2.5kV rms(其中 rms 代表隔离电压的有效值)。

图 4-68 给出了应用于反激式开关电源的典型电路。隔离误差放大器内部集成了一个 1.225V 基准源,可将其连接至内部运放正输入端＋IN,电源的输出电压可通过电阻分压反

馈至运放负输入端−IN,COMP 为运放的输出端,可在 COMP 引脚和−IN 引脚之间引入补偿网络。COMP 输出的误差信号由 Tx 模块调制成 PWM 信号,并通过隔离栅传送到左侧,实现了原边和副边的隔离。左侧的 Rx 模块对 PWM 信号进行解码,将调制信号恢复成电压信号,驱动放大器模块;放大器模块产生 EA_{OUT1} 引脚上的误差放大器输出。该信号可以驱动 PWM 控制器的 COMP 引脚,在控制芯片内部与斜坡信号进行比较,从而产生 PWM 驱动信号用于控制开关管的导通时间。

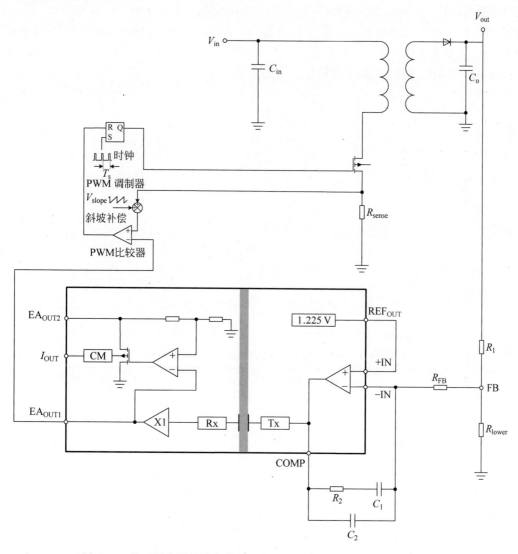

图 4-68　基于隔离误差放大器的反激电源典型应用电路(EA_{OUT1} 输出)

　　例如,当输出电压 V_{out} 由于负载变化而减小时,分压后送入−IN 脚的电压也随之减小,与+IN 上的电压(内部基准电压)相比,误差电压增大,也就是 V_{COMP} 变大,通过调制-隔离传输-解调的过程后,芯片左侧 EA_{OUT1} 输出也增大,通过 COMP 引脚送入 PWM 控制器与斜波信号比较后,得到一个更大占空比的 PWM 信号,从而控制功率开关管,进而提升 V_{out} 电压,直至稳压状态。应用电路中的输出电压可通过分压器的两个电阻 $R1$ 和 $R2$ 设

置,输出电压可通过下式计算:

$$V_{\text{out}} = \frac{R_1 + R_{\text{lower}}}{R_{\text{lower}}} \times V_{\text{REF}_{\text{OUT}}}$$ (4-235)

其中,$V_{\text{REF}_{\text{OUT}}}$ 为 ADuM3190 内部基准源 1.225V。

该方案的优势在于:ADuM3190 提供 400kHz 的带宽,相比于光耦的方案具有更快的环路响应速度和更佳的瞬态响应,同时允许开关电源工作在更高的开关频率下,从而可以有效减小输出电感的体积。ADuM3190 内部的 1.225V 基准电压源在全温度范围内能够保证 ±1% 的精度,比 TL431 的初始精度更高,同时温漂也更小。如图 4-69 所示,隔离式误差放大器的典型输出特性(包括基准源和信号传输)在 −40~+125℃ 范围内的变化量仅为 0.25%,传递函数在全温度范围和全生命周期内都保持较高的一致性,可用于实现高精度的开关电源输出。

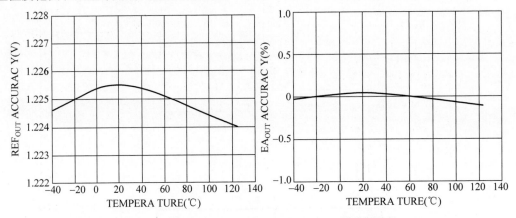

图 4-69　ADuM3190 的 REF$_{\text{OUT}}$ 和 EA$_{\text{OUT1}}$ 的温漂特性

表 4-3 给出了光耦＋TL431 方案与 ADuM3190 方案在电源应用中的对比。

表 4-3　光耦＋TL431 方案与 ADuM3190 方案对比

	光耦＋TL431 方案	ADuM3190 方案
信号传输介质	光	隔离栅电容
基准电压	2.5V	1.225V
基准源精度	±2% max	±1% max
基准电压稳定性	低	高
传输带宽	50~80kHz,高带宽光耦需要更高成本	400kHz
响应速度	慢(约 5μs)	快(<0.5μs)
增益稳定性	存在光衰	稳定
工作温度	最大工作温度不超过 100℃;此外设计时需考虑 CTR,CTR 随温度衰减	最大工作温度为 125℃;无 CTR,整个温度范围内传输稳定
寿命	设计时需考虑 CTR,CTR 随寿命衰减,工作寿命短	无 CTR,整个寿命周期内传输稳定,工作寿命大于 40 年
体积	需要多个器件	单个器件
设计复杂度	外部元器件多,复杂	简单
BOM 成本	缺少集成性,系统成本高	完整的集成方案,降低整体 BOM 成本

通过对比可知,基于隔离误差放大器的方案性能优于光耦＋TL431 方案,主要体现在以下几点:

（1）低参考电压——使用隔离误差放大器可以得到更低的输出电压，当然现在也已经有了更低的参考基准电压源。

（2）基准电压稳定性——输出电压更加稳定。

（3）低基准误差——输出电压精度更高。

（4）工作带宽——动态响应速度快。

（5）工作寿命——产品稳定性与寿命更长。

4.7.2 隔离误差放大器支持多种输出模式

为了能够兼容多种类型的 PWM 控制器，ADuM3190 提供两种输出模式，包括两路电压型输出 EA_{OUT1}、EA_{OUT2}。其中，EA_{OUT1} 是增益为 1 的输出，最大输出电压典型值为 3.0V，并且拥有 ±3mA 的驱动能力；EA_{OUT2} 是增益为 2.6 的输出，最大输出电压典型值为 5.0V，并且拥有 ±1mA 的驱动能力。这两种输出足够驱动大多数 PWM 控制器的 COMP 引脚，但实际应用中需要根据 PWM 控制器 COMP 引脚的驱动规范，选择适合的输出引脚。图 4-70 给出了 EA_{OUT2} 输出的典型应用电路，需要注意的是，EA_{OUT2} 使用时需要通过电阻上拉至 V_{DD}，最高支持到 20V。

新的厂商针对 COMP 引脚是电流驱动型的 PWM 控制器，额外提供一路电流型输出 I_{OUT} 可直接驱动，而无须在片外增加三极管，将电压信号转换为电流信号。可完美替代用光耦晶体管侧输出电流直接驱动 COMP 引脚的应用。图 4-71 为 I_{OUT} 输出的典型应用电路，I_{OUT} 电流流入 PWM 控制器引脚，通过一个镜像电流源映射到内部，镜像电流再通过内部的参考电压 V_{REF} 与上拉电阻产生误差信号与比较器进行比较产生 PWM 占空比信号。

4.7.3 基于隔离误差放大器的补偿器

由于隔离误差放大器内部集成的是运算放大器，所以基于隔离误差放大器的补偿器电路结构与前述基于 OPA 的补偿器结构类似。

1. 基于隔离误差放大器的 I 型补偿器

如图 4-72 所示为基于隔离误差放大器的 I 型补偿器，该补偿器包含一个初始极点和一个普通零点。

基于隔离误差放大器的 I 型补偿器传递函数如下所示：

$$G_{COMP}(s) = \frac{V_{COMP}(s)}{V_{out}(s)} = -\frac{1 + sR2C1}{sR_{FB}C1} \times \frac{R_{lower}}{R1 + R_{lower}} \tag{4-236}$$

该补偿器初始极点频率与普通零点频率如下：

- 初始极点为 $f_{p1} = 0\text{Hz}$。

- 普通零点为 $f_{z1} = \dfrac{1}{2\pi R2C1}$。

2. 基于隔离误差放大器的 II 型补偿器

如图 4-73 所示为基于隔离误差放大器的 II 型补偿器，该补偿器包含一个初始极点、一个普通零点和一个普通极点。

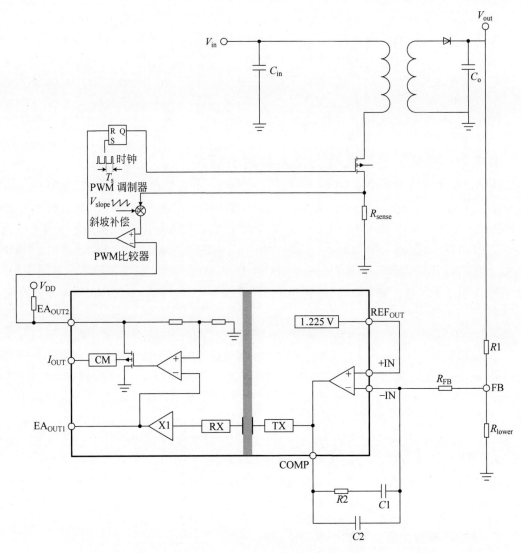

图 4-70　基于隔离误差放大器的反激电源典型应用电路（EA$_{OUT2}$ 输出）

基于隔离误差放大器的 II 型补偿器传递函数为

$$G_{COMP}(s) = \frac{V_{COMP}(s)}{V_{out}(s)} = -\frac{1 + sR2C1}{sR_{FB}(C1+C2)\left(1 + s\dfrac{C1C2}{C1+C2}R2\right)} \times \frac{R_{lower}}{R1 + R_{lower}}$$

(4-237)

该补偿器初始极点频率与普通零点频率如下：

- 初始极点为 $f_{p1} = 0\,\mathrm{Hz}$。

- 普通零点为 $f_{z1} = \dfrac{1}{2\pi R2C1}$。

- 普通极点为 $f_{p2} = \dfrac{1}{2\pi R2C2}$。

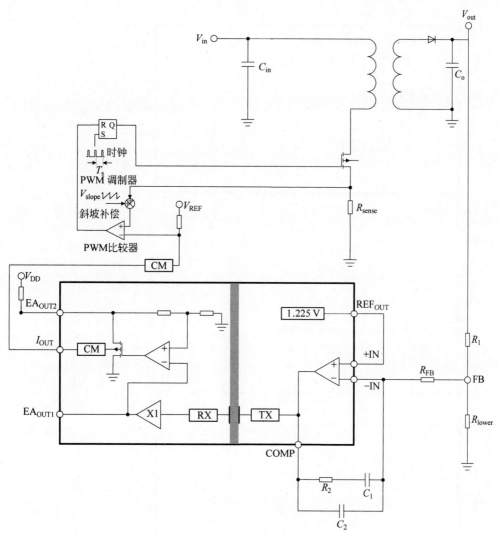

图 4-71 基于隔离误差放大器的反激电源典型应用电路(I_{OUT} 输出)

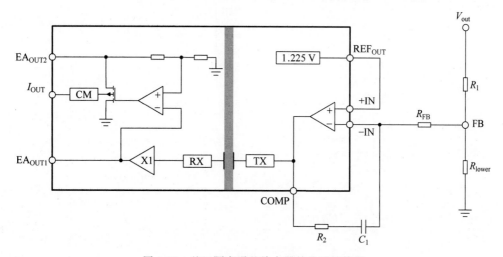

图 4-72 基于隔离误差放大器的 I 型补偿器

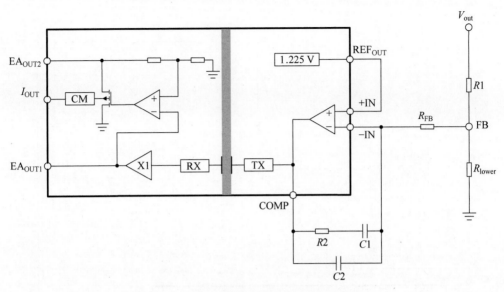

图 4-73   基于隔离误差放大器的Ⅱ型补偿器

3. 基于隔离误差放大器的Ⅲ型补偿器 1

如图 4-74 所示为基于隔离误差放大器的Ⅲ型补偿器 1，该补偿器包含一个初始极点、两个普通零点和两个普通极点。

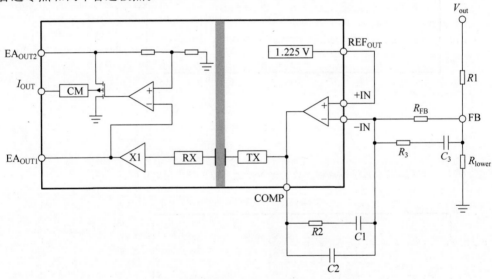

图 4-74   基于隔离误差放大器的Ⅲ型补偿器 1

基于隔离误差放大器的Ⅲ型补偿器 1 传递函数为

$$G_{\text{COMP}}(s) = \frac{V_{\text{COMP}}(s)}{V_{\text{out}}(s)} = -\frac{R3 + R_{\text{FB}}}{R3 R_{\text{FB}} C2} \frac{1 + sR2C1}{s\left(s + \dfrac{C1 + C2}{R2C1C2}\right)} \times$$

$$\frac{s + \dfrac{1}{C3(R_{\text{FB}} + R3)}}{s + \dfrac{1}{C3R3}} \times \frac{R_{\text{lower}}}{R1 + R_{\text{lower}}} \qquad (4\text{-}238)$$

该补偿器初始极点频率与普通零点频率如下：

- 初始极点为 $f_{p1} = 0\,\mathrm{Hz}$。

- 普通零点为 $f_{z1} = \dfrac{1}{2\pi R2C1}$ 和 $f_{z2} = \dfrac{1}{2\pi(R_{FB}+R3)C3}$。

- 普通极点为 $f_{p2} = \dfrac{1}{2\pi R2\,\dfrac{C1C2}{C1+C2}}$ 和 $f_{p3} = \dfrac{1}{2\pi R3C3}$。

4. 基于隔离误差放大器的Ⅲ型补偿器2

如图 4-75 所示为基于隔离误差放大器的Ⅲ型补偿器 2，该补偿器包含一个初始极点、两个普通零点和两个普通极点。

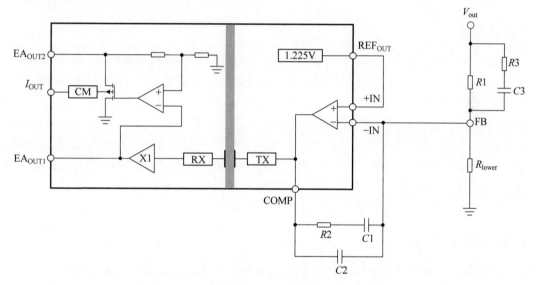

图 4-75 基于隔离误差放大器的Ⅲ型补偿器 2

基于隔离误差放大器的Ⅲ型补偿器 2 传递函数为

$$G_{COMP}(s) = \frac{V_{COMP}(s)}{V_{out}(s)} = -\frac{R3+R1}{R3R1C2}\frac{1+sR2C1}{s\left(s+\dfrac{C1+C2}{R2C1C2}\right)} \times \frac{s+\dfrac{1}{C3(R1+R3)}}{s+\dfrac{1}{C3R3}}$$

$$(4\text{-}239)$$

该补偿器初始极点频率与普通零点频率如下：

- 初始极点为 $f_{p1} = 0\,\mathrm{Hz}$

- 普通零点为 $f_{z1} = \dfrac{1}{2\pi R2C1}$ 和 $f_{z2} = \dfrac{1}{2\pi(R1+R3)C3}$

- 普通极点为 $f_{p2} = \dfrac{1}{2\pi R2\,\dfrac{C1C2}{C1+C2}}$ 和 $f_{p3} = \dfrac{1}{2\pi R3C3}$

由于隔离误差放大器从 COMP 到 EA_{OUTx} 的带宽为 $400\,\mathrm{kHz}$，设计隔离开关电源时，如果开关频率比较高，则必须考虑该 $-3\mathrm{dB}$ 带宽。计算环路时必须将此频率响应曲线添加到

补偿器中，从 COMP 到 EA_{OUTx} 的频率传递函数为

$$G_{OP}(s) = \frac{V_{EA_{OUTx}}(s)}{V_{COMP}(s)} = Gain_{EA_{OUTx}} \frac{1}{1 + \dfrac{s}{2\pi f_{OP}}} \tag{4-240}$$

其中，f_{OP} 为 400kHz，$Gain_{EA_{OUTx}}$ 为使用 EA_{OUT1} 或 EA_{OUT2} 时的增益，通常使用 EA_{OUT1} 时为 1，使用 EA_{OUT2} 时大于 1，实际取决于具体产品参数。

综上所述，从输出 V_{OUT} 补偿网络到 EA_{OUTx} 的信号传递函数为

$$G_{total}(s) = G_{COMP}(s) \times G_{OP}(s) \tag{4-241}$$

由于基于隔离误差放大器的补偿器电路结构及零极点与前述基于 OPA 的误差放大器电路结构及零极点类似，补偿器的设计方法也是类似的，此处就不再重复展开补偿器参数设计实例了。

5. 总结

传统的光耦加 TL431 的反馈方案中，电流传输比会随寿命和高温衰减，光耦的传输带宽较低，TL431 基准源不够精确，而隔离误差放大器内置高精度 1.225V 基准源和高带宽运算放大器，传递函数不随寿命而改变，在宽温度范围（−40～125℃）内保持稳定，高达 400kHz 的带宽能给电源提供更快的环路响应速度。此外，隔离误差放大器还提供多种输出方式，兼容电压输入型和电流输入型 COMP 引脚的 PWM 控制器。因此，在汽车级电源、通信电源等对工作温度范围、体积和性能有较高要求的高集成度应用场合，隔离误差放大器的这些性能和功能的优势，使得它成为反馈回路中的一个好选择。

4.8 本章小结

环路分析与补偿设计因其不直观和较复杂的数学要求一直都是电源领域内的一个难点，比较难以清晰地介绍这部分知识。本章首先从环路的基本概念触发解释了环路相关的基本概念，接着从功率级传递函数分析，K 因子补偿器设计到基于 OPA、OTA、基准加光耦以及隔离运放的补偿器设计构建了完整的知识体系与脉络，并结合实例清晰地将复杂数学关系式落地到具体的仿真电路。

第

5

章

芯片建模之降压稳压器

对于降压稳压器,相信大家都不陌生,日常生活中的电子产品,里面大概率就会找到降压稳压器的身影。本章首先还是带领大家回顾一些基本知识,包括基本分类、结构、工作原理与控制策略等,最后以一个具体的芯片实例介绍降压稳压器内部的结构。相信学习完本章以后可以了解芯片建模的系统思路和一些方法。

本章包含以下知识点:

(1)降压稳压器基本结构。

(2)降压稳压器基本工作波形(包括 CCM 和 DCM 不同工作模式下)。

(3)降压稳压器基本控制策略,对于一个新设计需求,该如何选择合适的控制策略。

(4)降压稳压器基本计算公式以及如何选择外围的电感和电容等。

(5)峰值电流控制模式降压电源芯片建模思路与过程。

5.1 降压稳压器概述

降压稳压器无处不在,它是组成电源系统的必备部分,大到变电站、发电厂,小到家用电器、手机等,降压稳压器扮演着系统各个部分的角色。以人人都有的手机为例,手机里面各种高性能的处理器和外设很多都是低压工艺制程生产的产品,需要从电池或其他电源端通过降压稳压器产生合适的供电电压,保证系统的稳定工作。

降压稳压器按照不同的分类方法可以分为很多种,例如,可以按照输入电压范围分为低压降压稳压器、中压降压稳压器和高压降压稳压器,可以按照是否隔离分为非隔离式降压稳压器和隔离式降压稳压器,也可以按照性能特色和应用需求分为低 EMI 降压稳压器、低噪声高精度降压稳压器和低静态电流降压稳压器等。

按照比较通用的分类方法可以参考 TI 公司按照集成度将降压稳压器分为降压电源模块、降压转换器、降压控制器,如表 5-1 所示。

降压稳压器一般搭配两个开关管 FET 工作,但也可以将其中一个 FET 变为二极管(一般为肖特基二极管,压降较低,转换效率更高),根据是否有两个 FET 可以分为同步降压稳压器(两个 FET)和异步降压稳压器(一个 FET 加一个肖特基二极管),电路结构如图 5-1 所示。

表 5-1 降压稳压器分类

分类	降压电源模块	降压转换器	降压控制器
典型结构	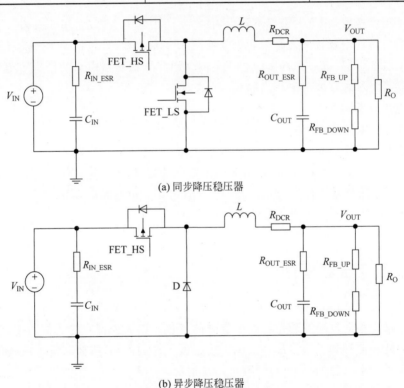		
特点	电源模块集成了 FET、电感或电容等,可简化电源设计过程,使产品更快地推向市场,适用于一些比较高端的工业、通信应用等	降压稳压器一般集成 FET,是种类最多的降压稳压器,借助内部 FET 和外部电感器、电容器等实现需求的电压转换,转换器可在集成度和灵活性间取得良好平衡	降压控制器不集成 FET,适用于高压和大功率应用场景,搭配外部 FET 和电感、电容等为大功率应用提供了更高的设计灵活性

(a) 同步降压稳压器

(b) 异步降压稳压器

图 5-1 降压稳压器结构

还有一种分类方法也必须提出来,那就是按照控制模式,可以将降压稳压器分为峰值电流控制降压稳压器、电压控制降压稳压器和自适应恒定导通时间降压稳压器等。下面详细分析各种控制模式基本工作原理、优缺点和应用场景。

5.2 降压稳压器基本工作原理

以如图 5-2 所示的同步降压稳压器的电路结构为例来介绍降压稳压器的基本工作原理。此处仅体现功率级稳压器件,后续控制等电路将在 5.3 节与 5.5 节详细讨论。

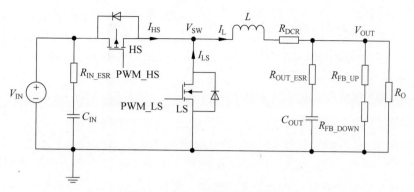

图 5-2　降压稳压器功率级电路

根据电感电流在开关周期内是否会返回到零值将其工作状态可分为 3 种：连续导通模式（Continuous Conduction Mode，CCM）、临界导通模式（Boundary Conduction Mode，BCM）和非连续导通模式（Discontinuous Conduction Mode，DCM），其中临界导通模式是 CCM 模式与 DCM 模式的分界点，电感电流在开关周期结束时都会减小为零，下一次开关周期也从零开始变化。

如图 5-3 所示为降压稳压器工作于 CCM 模式下的波形。

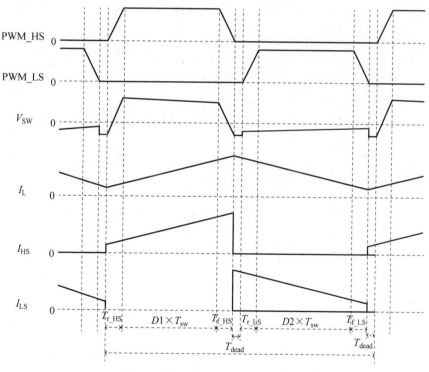

图 5-3　降压稳压器 CCM 工作波形

以工作于 CCM 模式为例，结合图 5-2 和图 5-3 来简单梳理降压稳压器的工作原理。以高侧开关管 Q2 开始导通为起始点开始分析如下。

（1）在 T_{r_HS} 时间内，高侧开关管 Q2 被逐渐开启，逐渐打开从 V_{IN} 经过开关管 Q2，电感 L 到输出电容 C_{OUT} 和负载 R_O 的导通路径。实际中这段时间是比较短暂的，大约在数十纳秒级别。

（2）经过高侧开关管打开时间后来到了第二时间段（$D1 \times T_{sw}$），其中 $D1$ 定义为高侧开关管被打开的占空比，T_{sw} 为开关周期。在此时间段内，电感电流开始从上周期末尾的电流值开始爬升储能，同时输入电源 V_{IN} 会给输出电容 C_{OUT} 和负载 R_O 供电，在时间段结束时，电感电流达到峰值点。

（3）紧接着高侧开关管逐渐关断，开始切换到下一个开关管工作，高侧开关管关断时间为 T_{f_HS}，同样，实际中这段时间是比较短暂的，大约在数十纳秒级别。

（4）好了，在一个完整周期内高侧开关管的使命已经完成了，接下来开始准备低侧开关管 Q1 的准备工作，为了防止高速开关下，高侧开关管和低侧开关管同时导通的情况，实际中会人为地在高侧开关管和低侧开关管切换开关时插入一个比较短的时间片，即死区时间 T_{dead}，在这段时间内高侧开关管和低侧开关管都是关断状态。

（5）经过保证安全的死区时间后，开启了低侧开关管的导通阶段 T_{r_LS}，原理与高侧开关管导通一样。

（6）低侧开关管导通以后，进入完整的导通时间段 $D2 \times T_{sw}$（注意，此处的计算方法忽略高侧开关管和低侧开关管导通关断的时间及死区时间，实际上低侧开关管开通时间要小于此值），在低侧开关管导通时间内，电感中存储的能量开始向输出负载提供能量，电流保持流向，从电感经过负载和低侧开关管形成闭环。

（7）同样的低侧开关管开始关断，其时间为 T_{f_LS}。

（8）同样，插入保护时间 T_{dead}，高侧开关管和低侧开关管都保持关断状态。

（9）开关时钟重新触发下一次重复开关周期。

当负载需求的功耗比较低时，电感电流在开关周期结束前就会提前回到零点状态，这种就是前面提到的 DCM 工作模式了。如图 5-4 所示为降压稳压器工作于 DCM 下的波形。

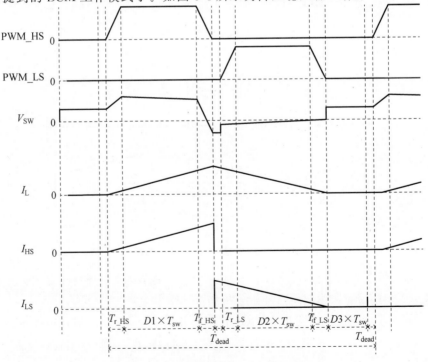

图 5-4　降压稳压器 DCM 工作波形

DCM 模式下的工作模式除了 CCM 下的高侧开关管和低侧开关管分别导通阶段,还有一个第三阶段,就是当电感电流降低到零点后(即低侧开关管关断后)高侧开关管和低侧开关管都会保持关断直到本次开关周期结束。详细过程不再赘述。

5.3 降压稳压器常见控制策略

我们使用降压稳压器的基本目的是得到一个稳定、满足应用需求的一个电源轨,但是不同的应用对于供电电源的要求是不同的。例如,各类主控制器由于计算量大,需要电源在很短时间内提供很大的电流,这时就需要降压稳压器对负载变化的响应速度足够快。再比如现代汽车内的电子零部件使用得越来越多,我们又知道汽车所处的电磁环境是十分恶劣的,对汽车内使用的电源产品 EMI 要求十分严格,这时通常需要使用定频控制策略的降压稳压器,诸如此类的要求在各种不同应用下也不尽相同,我们需要掌握一些经典的控制策略,之后再去分析一些新的或略微综合或提升的策略就会事半功倍。

上面提到的定频控制策略和变频控制策略就属于对降压稳压器控制策略的一个大的分类。没有完美的控制策略,只有最适合的控制策略。下面介绍一下非隔离式降压稳压器的各种控制模式。

5.3.1 定频控制

定频控制的特点是开关频率固定,需要芯片内部或外部提供固定的时钟源,开关频率不会随输入电压、输出电压和输出电流的变化而变化。定频控制策略也可以细分为诸如电压控制模式、电流控制模式等。

1. 电压控制模式

电压控制模式实际上是最受欢迎的模式之一。电压模式控制的脉宽调制,如图 5-5 所示,是通过比较从输出电压和参考电压产生的误差信号 V_{comp},与一个恒定的锯齿斜坡波形 V_r 来完成高侧开关管的关断与低侧开关管的开通。斜坡信号由时钟信号产生。当 V_r 等于 V_{comp} 时,高侧开关管 PWM 脉冲终止,在下一个时钟信号产生一个新的脉冲,开启下一个周期的开关动作。

电压模式控制有几个优点。首先,它有一个简单的反馈循环。电感后的输出电压信号被加到误差放大器上,即无电流信息或附加控制回路,电压调节与输出电流无关。

此外,电压模式具有良好的噪声裕量性能,因为斜坡幅度是固定的,这意味着信号有足够的幅度超过系统中的任何噪声。

由于电压控制模式的功率级电路是一个双极点系统,所以它需要Ⅲ型补偿器,以支持广泛的输出滤波器组合。Ⅲ型补偿器比Ⅱ型补偿器需要更多的外部组件,并且环路补偿的计算可能更困难一些。

注意,输出电容会影响环路的补偿和稳定性。因此,如果有旁路电容,那么在补偿变换器时考虑旁路电容是一个好主意。

还需要注意,输入电压会影响环路增益,因为在输入电压变化期间,调制器增益不是恒定的。因此,改变输入电压会影响电源的回路性能。如果输入电压经历任何大的变化,则可能需要使用另一种控制模式或者增加前馈功能,以应对输入的变化。在一些电池供电应用

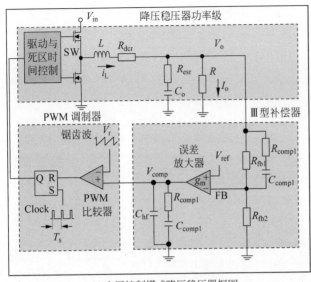

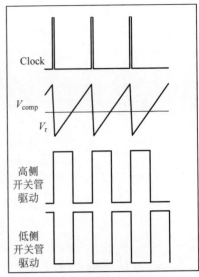

(a) 电压控制模式降压稳压器框图

(b) 稳态工作波形

图 5-5 电压控制模式降压稳压器

场景下会遇到这种情况。

2. 峰值电流控制模式

峰值电流控制模式由于其补偿设计较为简单、响应速度快等特点变得十分流行,并已成为一种必须掌握的控制模式了。如图 5-6 所示,这里的脉宽调制输出信号是通过比较电压误差信号 V_{comp} 和斜坡波形 V_{cs} 来实现的,斜坡波形由电感电流采样信号 V_{sense} 和内部斜坡补偿信号 V_{slope} 相加得到,当 V_{cs} 等于 V_{comp} 时,终止高侧开关管的导通。下一个时钟脉冲重启高侧开关管的导通。

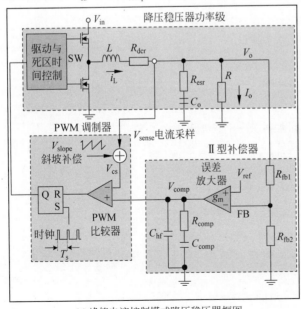

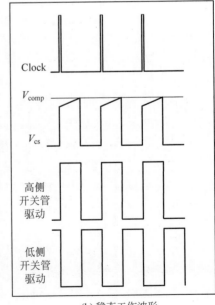

(a) 峰值电流控制模式降压稳压器框图

(b) 稳态工作波形

图 5-6 峰值电流控制模式降压稳压器

这种控制模式提供了对输出电流变化的快速响应,可实时地采样电感电流信号。由于电流控制模式的功率级电路是一个单极点系统,因此采用的补偿方案为Ⅱ型(或单零点补偿器),比电压模式控制的Ⅲ型双零点补偿器方案需要更少的外部补偿元件。

同时,由于电感电流信息被实时监控,可以实时地保护开关管以避免电流过大。此外,一些变换器可以并联共享电流,以提供更高的输出电流。

然而,峰值电流模式有几个缺点。首先,它需要斜坡补偿来消除在高占空比时可能发生的次谐波振荡情况。当电感纹波电流在下一个开关周期没有返回到初始值时,就会发生这种情况,目前通常在 IC 内部集成了斜坡补偿产生电路。

此外,在低电流应用下,噪声会影响微弱的电流信号,这些信号可能会在噪声中丢失。

因为峰值电流模式实时采样电感电流,所以当高侧开关管刚被打开时,由于低侧开关管反向恢复电容的影响会看到一个大的电流尖峰,如图 5-7 所示。这个过大的电流尖峰不能代表环路的真实信息,故而需要避开这段电流信息,以避免引起环路的误动作,所以一般会设计一个前沿消隐时间。因为电流模式控制比在电压模式下通常有更多的时间延迟,并且主动的前沿消隐时间导致应用峰值电流模式的降压稳压器占空比不能设计得太小,所以限制了在输入/输出电压比较高的应用场景不适合应用峰值电流控制模式。

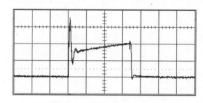

图 5-7　峰值电流模式中的前沿电流尖峰

可以通过 RC 滤波器滤除尖峰信号或忽略这段时间信息的方式来减小或避免前沿电流尖峰带来的影响。

5.3.2　变频控制

为了更快地应对复杂的负载瞬态响应需求,业界开发出了一系列的变频控制策略,其中比较广为人知的就是滞环控制模式和恒定导通时间模式了。其中恒定导通时间模式(Constant On Time,COT)由于效果更好、结构简单已经被广泛应用,随着对 COT 模式的不断研究,对其本身控制模式的缺陷不断完善,目前业界也出现了以 TI 提出的 DCAP(Direct Connect to the output CAPacitor)、DCAP-2 和 DCAP3 为代表的三代 COT 控制策略,接下来简略介绍这几类 COT 控制原理和优缺点。

1. DCAP

DCAP 代表直接连接到电容器,且可以认为它是一种消除输出电容容值的控制方法,相比前面提及的电压控制模式和峰值电流控制模式,因为 DCAP 的瞬态响应非常快,所以输出电容更少。

如图 5-8 所示,DCAP 与 COT 控制类似,主要差别就在于 COT 中的开启脉冲是定时器产生的,其导通时间是独立固定的,而 DCAP 中产生的是一个与输入电压、输出电压和频率成比例的实时脉冲 T_{on},其导通时间是自适应的。当反馈电压 V_{fb} 与参考电压 V_{ref} 相等时,在死区时间后产生一个新的脉宽调制脉冲,该脉冲时间与输入电压成反比,与输出电压成正比。

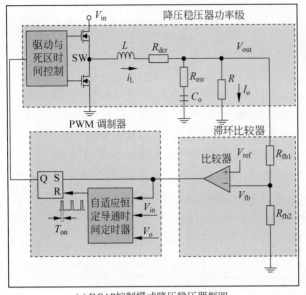
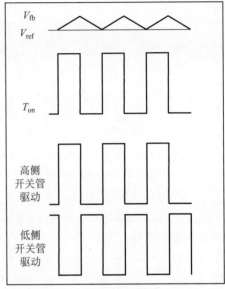

(a) DCAP控制模式降压稳压器框图　　　　　(b) 稳态工作波形

图 5-8　DCAP 控制模式降压稳压器

其优点类似于 COT 模式。在控制回路中,通过高速比较器实现对负载变化的快速响应。不需要补偿元器件,因为没有误差放大器来补偿。

与滞环电压控制模式相比,DCAP 最大限度地减少了开关频率偏移。抖动是可预期的,因为有一些参数偏移,所以 DCAP 仍然需要一些纹波的输出,低 ESR 电容可能成为一个问题。但是,最小的关闭时间保证不会由于噪声而导致错误触发。

如图 5-9 所示为 DCAP 控制模式与电压控制模式的降压稳压器对负载变化的响应波形,图 5-9(a)是 DCAP 控制模式输出瞬态变化波形,输出电容为 3 个 $22\mu F$ 的陶瓷电容,图 5-9(b)为电压控制模式的输出瞬态变化波形。在相同的输出瞬态变化条件下,DCAP 控制模式具有更快的响应速度,向上和向下过冲都更小,且所需输出电容值更小。

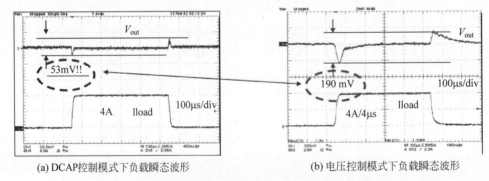

(a) DCAP控制模式下负载瞬态波形　　　　　(b) 电压控制模式下负载瞬态波形

图 5-9　DCAP 与电压控制模式降压稳压器输出瞬态波形

前面介绍的 DCAP 原理就是利用输出电容上产生的等效串联电阻 ESR 纹波电压与基准电压比较产生开关波形,这就需要输出电容的 ESR 满足一定的大小要求。但在现代电源设计中,陶瓷电容因其体积和价格等优势占比越来越高。众所周知,陶瓷电容的 ESR 值一般都比较小,而且本身 ESR 就是一种损耗,ESR 越大,损耗也越大,这与高效率低碳目标相违背,这就给应用 DCAP 模式带来了一些困难。为了解决这一问题,工程师们研究出了外部增加电压纹波的方式。如果将这些外部元器件引入芯片内部就是下面要介绍的 DCAP-2 控制模式。

2. DCAP-2

DCAP-2 是 DCAP 的一个微小升级版本,本质上就是在 DCAP 控制模式的基础上集成了纹波注入电路,其具有与 DCAP 相同的瞬态和外部元器件优势。如图 5-10 所示,DCAP-2 支持输出使用陶瓷电容,无须外部纹波产生电路。一个来自内部的纹波注入电路由电阻 $R1$ 以及电容 $C1$ 和 $C2$ 组成,该信号直接馈入比较器负输入端 V_{fb} 上,这就减少了对输出电容 ESR 电压纹波的需求。纹波注入信号与电感电流信号同相位,这个电路内置在稳压器中,反馈纹波电压几乎可以为零。反馈信号直接送入高速误差比较器,而不是误差放大器,这与 DCAP 控制模式相同。

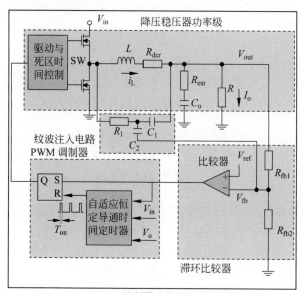

(a) DCAP-2控制模式降压稳压器框图

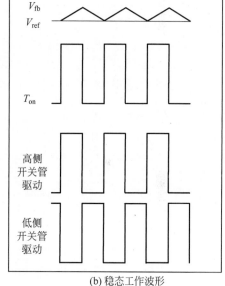

(b) 稳态工作波形

图 5-10　DCAP-2 控制模式降压稳压器

DCAP-2 控制模式降压稳压器输出端可以使用小型陶瓷电容器,ESR 较低,因此输出纹波较低。然而,纹波注入电路可能会对输出电压产生偏移,因为其本质上还是纹波谷底控制策略,这可能会影响输出电压的精度,这在一些供电电压较低的应用场景下是一个问题。例如,在为低压处理器和 FPGA 等供电时,需要在输入电压、输出负载、温度和瞬态变化时要求 ±3% 的总精度。新产生的问题当然也会有新的解决方法,为了解决这种精度的问题,DCAP-3 的控制模式应运而生。

3. DCAP-3

DCAP-3 控制模式是 D-CAP2 模式的变体,具有相同的瞬态和外部元器件优势。如

图 5-11 所示,稳压器内置采样保持电路,可以消除由 DCAP-2 内纹波注入电路产生的偏置电压,通过抵消偏置电压可以提高负载调节精度。DCAP-3 非常适合为内核电压较低且电流需求较大的 FPGA、ASIC 和 DSP 等芯片供电。

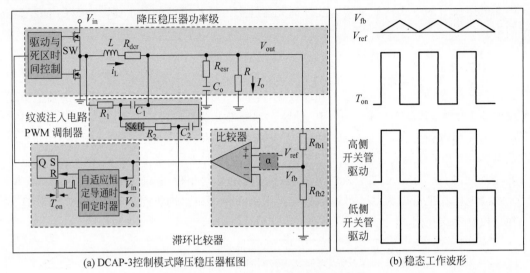

(a) DCAP-3 控制模式降压稳压器框图　　　　(b) 稳态工作波形

图 5-11　DCAP-3 控制模式降压稳压器

我们可以比较一下 DCAP-2 和 DCAP-3 两种控制模式的负载调节性能,如图 5-12 所示,可以看出,DCAP-3 比 DCAP-2 控制模式在精度和负载调节性能方面具有更好的表现。

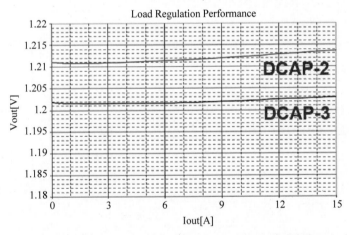

图 5-12　DCAP-2 与 DCAP-3 控制降压稳压器负载调节性能

图 5-13 显示了由纹波注入电路产生的输出电压偏移量的影响。在连续导通模式下,这种影响是显而易见的,在 DCAP-2 控制模式中,反馈电压 V_{fb} 可能会大于参考电压 V_{ref},从而降低了输出电压的精度。使用 DCAP-3 控制模式时,在不连续和连续导通模式下,偏移量被消除,反馈电压更接近参考电压。

还是那句话,没有一种控制方式可以满足所有的应用需求,我们需要详细分析应用需求,对比各种控制方式的优缺点,选择最合适的而并非看起来更优秀、更复杂的。总的来说,定频控制策略的降压稳压器更适合那些精度要求和稳定性要求更高的应用场合,以及对 EMI 敏感的应用,如汽车电子;而变频控制模式降压稳压器则更适合那些负载变化比较快

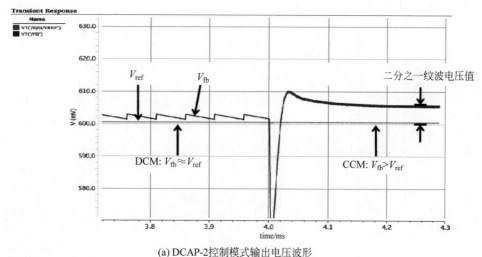

(a) DCAP-2控制模式输出电压波形

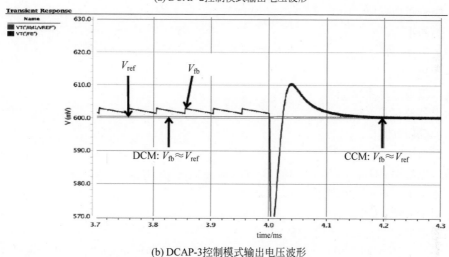

(b) DCAP-3控制模式输出电压波形

图 5-13   DCAP-2 和 DCAP-3 控制模式输出电压波形对比

的应用场合,如各种高性能计算芯片等。

5.4   降压稳压器关键参数

虽然有许多电源类技术书籍已经详细分析了降压稳压器的工作原理与计算公式,但是为了后面的学习,我们还是要复习一下。下面简单介绍一些重点参数与外围元器件参数。

下面以图 5-14 中工作于 CCM 模式下的异步降压稳压器为例来分析一些重点参数。之所以选择异步结构,是因为异步结构中存在一个肖特基二极管,工作过程稍显复杂,同步分析过程中将此二极管压降变为零即可。

5.4.1   降压稳压器静态工作点计算

在计算之前先定义一些变量。

• 输入电压: V_{IN}。

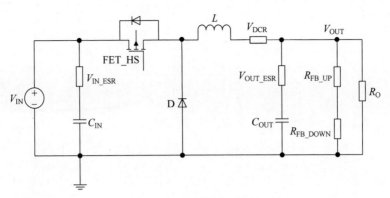

图 5-14　异步降压稳压器

- 输出电压：V_{OUT}。
- 输出电流：I_{OUT}。
- 二极管正向压降：V_{D}。
- 开关频率：f。
- 开关周期：T_{SW}。
- 占空比：D。
- 输入纹波要求：ΔV_{VIN}。
- 输出纹波要求：ΔV_{VOUT}。
- 负载电阻：R_{O}。
- 电感值：L。
- 输入电容值：C_{IN}。
- 输入电容串联等效电阻值：$R_{\text{CIN\_ESR}}$。
- 输出电容值：C_{OUT}。
- 输出电容串联等效电阻值：$R_{\text{COUT\_ESR}}$。

开关导通时,电感两端电压差为($V_{\text{IN}} - V_{\text{OUT}}$),开关导通时间为 T_{ON},开关断开时,电感两端电压差为($V_{\text{OUT}} + V_{\text{D}}$),稳态下电感处于稳态,根据式(5-1)可以将上述分析式代入得到式(5-2)。

$$\text{导通时电感电压} \times \text{导通时间} = \text{关断时电感电压} \times \text{关断时间} \tag{5-1}$$

$$(V_{\text{IN}} - V_{\text{OUT}}) \times T_{\text{ON}} = (V_{\text{OUT}} + V_{\text{D}}) \times T_{\text{OFF}} \tag{5-2}$$

根据在 CCM 模式下 $T_{\text{ON}} + T_{\text{OFF}} = \dfrac{1}{f}$,可以求出导通时间、关断时间和占空比如下：

$$T_{\text{ON}} = \frac{V_{\text{OUT}} + V_{\text{D}}}{V_{\text{IN}} + V_{\text{D}}} \times \frac{1}{f} \tag{5-3}$$

$$T_{\text{OFF}} = \frac{V_{\text{IN}} - V_{\text{OUT}}}{V_{\text{IN}} + V_{\text{D}}} \times \frac{1}{f} \tag{5-4}$$

$$D = \frac{T_{\text{ON}}}{T} = \frac{V_{\text{OUT}} + V_{\text{D}}}{V_{\text{IN}} + V_{\text{D}}} \tag{5-5}$$

5.4.2　电感的选择

电感是降压稳压器中最重要的外部元器件之一。选择电感时主要考虑 3 个参数：电感值、电感饱和电流和电感串联等效电阻。先来分析一下电感中的电流情况。

由于降压稳压器中的电感与输出负载始终串联在一起,所以可以知道流过电感的平均电流与流经负载的平均电流是一致的,即

$$I_L = I_{OUT} \tag{5-6}$$

电感电流纹波值计算如下:

$$\Delta I_L = \frac{V_{IN} - V_{OUT}}{L} \times \frac{V_{OUT} + V_D}{V_{IN} + V_D} \times \frac{1}{f} \tag{5-7}$$

从式(5-7)中可以看出,电感电流的纹波值大小与负载电流的大小没有关系。

电感电流的峰值计算为

$$I_{Lpeak} = I_{OUT} + \frac{\Delta I_L}{2} = I_{OUT} + \frac{V_{IN} - V_{OUT}}{2 \times L} \times \frac{V_{OUT} + V_D}{V_{IN} + V_D} \times \frac{1}{f} \tag{5-8}$$

求出这个电感电流峰值的意义就在于选择电感时要选择饱和电流值超过此峰值并加足裕度的电感。那到底如何计算电感值呢?我们根据电感电流纹波因素来选择电感值,一般建议将电感电流的纹波因素选择为电感平均电流的20%～40%比较适合,即

$$\Delta I_L = (0.2 \sim 0.4) \times I_L \tag{5-9}$$

由式(5-6)、式(5-7)和式(5-9)即可计算出所需电感值,即

$$L = \frac{V_{OUT} + V_D}{f \times (0.2 \sim 0.4) \times I_{OUT}} \times \frac{V_{IN} - V_{OUT}}{V_{IN} + V_D} \tag{5-10}$$

当然,根据公式计算得到的电感值可能没有现成的元器件,需要从标准电感中选择相近的代入公式验证。

以上步骤没有考虑到电感的串联等效电阻,这个电阻值越小越好,因为会产生电路的损耗,但实际上需要综合考虑体积、成本及效率等多因素来平衡选择最适合的电感。

降压稳压器电感计算步骤总结如下:

(1)根据输出电流得到电感电流平均值;

(2)计算电感电流纹波值;

(3)计算电感电流峰值;

(4)根据电感电流纹波因素推荐关系计算电感值;

(5)根据计算电感值与饱和电流及损耗要求选择电感值,代入公式验证是否满足饱和电流和电感纹波因素等要求。

5.4.3　输入电容的选择

输入电容的作用是帮助输入电源向负载提供瞬态的能量,当然这样认为的前提是输入电源是来自很远的地方,是没办法提供快速变化的电流的,或者输入电源的能力是有限的,不能在瞬间提供足够大的能量,例如电池等。在实际应用中,输入电源可能距离很远,经过很远的走线,寄生电感就大,从而无法快速响应降压稳压器输入电流的需求。

有了这个输入电容的存在,就可以在一个周期内将输入电流看作是恒定的,也就是 I_{IN}。

求取输入电流的基本原理是功率守恒定律,先忽略开关管、电感和电容的损耗,那么异步降压稳压器中的主要损耗器件就是肖特基二极管,而肖特基二极管的功耗如式(5-11)

所示。

$$P_{\mathrm{D}} = V_{\mathrm{D}} \times I_{\mathrm{OUT}} \times (1 - D) = V_{\mathrm{D}} \times I_{\mathrm{OUT}} \times \frac{V_{\mathrm{IN}} - V_{\mathrm{OUT}}}{V_{\mathrm{IN}} + V_{\mathrm{D}}} \tag{5-11}$$

输入平均电流可计算如下：

$$I_{\mathrm{IN}} = \frac{P_{\mathrm{OUT}} + P_{\mathrm{D}}}{V_{\mathrm{IN}}} = \frac{V_{\mathrm{OUT}} \times I_{\mathrm{OUT}} + V_{\mathrm{D}} \times I_{\mathrm{OUT}} \times (1 - D)}{V_{\mathrm{IN}}}$$

$$= \frac{I_{\mathrm{OUT}}}{V_{\mathrm{IN}}} \times \left(V_{\mathrm{OUT}} + V_{\mathrm{D}} \times \frac{V_{\mathrm{IN}} - V_{\mathrm{OUT}}}{V_{\mathrm{IN}} + V_{\mathrm{D}}} \right) \tag{5-12}$$

选择输入电容时主要考虑电容容量、耐压值、纹波电流值和串联等效电阻等，那么如何计算所需输入电容的容量呢？我们知道，容量直接与电压纹波直接相关，而输入电压纹波就是输入电容上的电压变化。电容上的电压纹波可以分为两部分：

(1) 电容充电或放电，电荷发生变化引起的电压纹波。

(2) 电容串联等效电阻上流过电流引起的电压纹波。

如图 5-15 所示为降压稳压器输入电容处的电流波形。

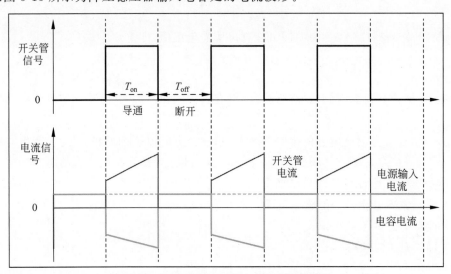

图 5-15　降压稳压器输入电容充放电波形

根据电容充电电荷公式 $I \times \Delta T = C \times \Delta V$，其中，$I$ 为电容充电电流，ΔT 为电容充电时间，C 为充电电容，ΔV 为电容上的电压改变量，可以求得降压稳压器输入电容充放电引起的电压纹波量如下：

$$\Delta V_{C_{\mathrm{IN\_Q}}} = \frac{I_{\mathrm{IN}} \times \dfrac{1 - D}{f}}{C_{\mathrm{IN}}} = \frac{I_{\mathrm{OUT}}}{C_{\mathrm{IN}} \times V_{\mathrm{IN}} \times f} \times \left(V_{\mathrm{OUT}} + V_{\mathrm{D}} \times \frac{V_{\mathrm{IN}} - V_{\mathrm{OUT}}}{V_{\mathrm{IN}} + V_{\mathrm{D}}} \right) \times \frac{V_{\mathrm{IN}} - V_{\mathrm{OUT}}}{V_{\mathrm{IN}} + V_{\mathrm{D}}}$$

$$\tag{5-13}$$

由串联等效电阻 $R_{\mathrm{CIN\_ESR}}$ 上的电压纹波分析如下：

(1) 在开关断开时，等效串联电阻上的压降为 $I_{\mathrm{IN}} \times R_{\mathrm{CIN\_ESR}}$。

(2) 在开关导通时，等效串联电阻上的压降为 $-\left(I_{\mathrm{L}} + \dfrac{\Delta I_{\mathrm{L}}}{2} - I_{\mathrm{IN}} \right) \times R_{\mathrm{CIN\_ESR}}$。

两者相减就可以得到一个周期内等效串联电阻引起的纹波电压大小为

$$\Delta V_{C_{\mathrm{IN\_ESR}}} = \left(I_{\mathrm{L}} + \frac{\Delta I_{\mathrm{L}}}{2}\right) \times R_{\mathrm{CIN\_ESR}} = \left(I_{\mathrm{OUT}} + \frac{V_{\mathrm{OUT}} + V_{\mathrm{D}}}{2 \times f \times L} \times \frac{V_{\mathrm{IN}} - V_{\mathrm{OUT}}}{V_{\mathrm{IN}} + V_{\mathrm{D}}}\right) \times R_{\mathrm{CIN\_ESR}}$$

$$(5\text{-}14)$$

综合式(5-13)和式(5-14)就可以得到输入电容总的纹波电压为

$$\Delta V_{C_{\mathrm{IN}}} = \Delta V_{C_{\mathrm{IN\_Q}}} + \Delta V_{C_{\mathrm{IN\_ESR}}} = \frac{I_{\mathrm{OUT}}}{C_{\mathrm{IN}} \times V_{\mathrm{IN}} \times f} \times \left(V_{\mathrm{OUT}} + V_{\mathrm{D}} \times \frac{V_{\mathrm{IN}} - V_{\mathrm{OUT}}}{V_{\mathrm{IN}} + V_{\mathrm{D}}}\right) \times$$

$$\frac{V_{\mathrm{IN}} - V_{\mathrm{OUT}}}{V_{\mathrm{IN}} + V_{\mathrm{D}}} + \left(I_{\mathrm{OUT}} + \frac{V_{\mathrm{OUT}} + V_{\mathrm{D}}}{2 \times f \times L} \times \frac{V_{\mathrm{IN}} - V_{\mathrm{OUT}}}{V_{\mathrm{IN}} + V_{\mathrm{D}}}\right) \times R_{\mathrm{CIN\_ESR}}$$

$$(5\text{-}15)$$

根据求得的降压稳压器总输入电容纹波电压公式就可以计算选择合适的输入电容值。需要注意的是,上述推导与计算并没有分析由电容充放电引起的纹波电压与由等效串联电阻引起的纹波电压之间的相位关系,实际上两者不是单纯叠加的关系。

还可以根据输入电容的种类来简化计算与选择过程。

(1)若输入电容选择陶瓷电容(由于陶瓷电容的等效串联电阻较小,容量较小),则电容充放电引起的纹波电压起主要作用,可以直接使用充放电公式(5-13)来计算所需电容值。

(2)若输入电容选择铝电解电容(由于铝电解电容等效串联电阻较大,容量较大),则等效串联电阻引起的纹波电压起主要作用,可以直接使用等效串联电阻公式(5-14)来计算所需电容值。

5.4.4 输出电容的选择

降压稳压器的输出电容选择更加重要,因为其不仅影响着输出电压的纹波大小,还主要影响着控制环路的稳定性。输出电容的选择同样需要严格考虑耐压值、容量和纹波电流大小等。

降压稳压器输出电容端的电流变化波形如图 5-16 所示。

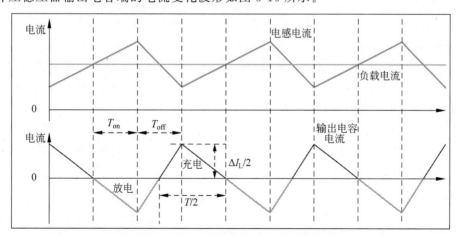

图 5-16　降压稳压器输出电容充放电波形

稳态下负载电流恒定不变化,根据基尔霍夫定律,电感电流的变化量就等于电容的电流变化量,由于电容上的平均电流为零,所以电容充电与放电的时间一致,都为开关周期的一半。

根据电容充放电的电荷变化量可以求得电容充放电纹波如下：

$$\Delta V_{C_{\text{OUT\_Q}}} = \frac{\frac{1}{2} \times \frac{T}{2} \times \frac{\Delta I_L}{2}}{C_{\text{OUT}}} = \frac{V_{\text{OUT}} + V_D}{8 \times f^2 \times C_{\text{OUT}} \times L} \times \frac{V_{\text{IN}} - V_{\text{OUT}}}{V_{\text{IN}} + V_D} \qquad (5\text{-}16)$$

同理，输出电容串联等效电阻上产生的电压为

$$\Delta V_{C_{\text{OUT\_ESR}}} = \Delta I_L \times R_{\text{COUT\_ESR}} = \frac{V_{\text{OUT}} + V_D}{f \times L} \times \frac{V_{\text{IN}} - V_{\text{OUT}}}{V_{\text{IN}} + V_D} \times R_{\text{COUT\_ESR}} \qquad (5\text{-}17)$$

在不考虑两种电压纹波之间的相位差，简单理解为两者叠加，综合式(5-16)和式(5-17)就可以得到输入电容总的纹波电压如下：

$$\Delta V_{C_{\text{OUT}}} = \Delta V_{C_{\text{OUT\_Q}}} + \Delta V_{C_{\text{OUT\_ESR}}} = \frac{V_{\text{OUT}} + V_D}{f \times L} \times \frac{V_{\text{IN}} - V_{\text{OUT}}}{V_{\text{IN}} + V_D} \times$$
$$\left(R_{\text{COUT\_ESR}} + \frac{1}{8 \times f \times C_{\text{OUT}}} \right) \qquad (5\text{-}18)$$

与前述输入电容选择方法一致，根据所需总纹波大小要求选择合适的电容，陶瓷电容和铝电解电容可分别以充放电纹波和等效串联电阻为主要因素考虑电容值的计算选择。

5.5　降压稳压器建模实例——LTC3406B

本节将通过实例对前面介绍的降压稳压器工作原理和控制策略进行系统和综合的介绍。利用前面几章介绍的仿真基础知识对一款低压、面向消费市场且采取流行峰值电流控制的降压稳压器进行建模，带你了解芯片内部的基本模块。

5.5.1　芯片介绍

LTC3406B 是 ADI 公司推出的一系列高效率同步降压稳压器，最大输出电流 600mA，开关频率高达 1.5MHz。2.5～5.5V 的输入电压范围使 LTC3406B 非常适合于单节锂离子电池供电的应用，可选择固定版本或配置外围分压电阻得到输出电压为 2.5V、1.8V、1.5V、1.2V 等。最大可达 100% 的占空比支持了低压差的工作模式，从而延长了便携式系统的电池寿命。另外，PSM(Pulse Skip Mode，脉冲跳跃模式)操作可为噪声敏感型应用提供非常低的输出纹波电压和更加高效的轻载效率。

内部将开关频率设置为 1.5MHz，从而允许使用小型表面贴装电感器和电容器。内部同步开关管提高了整体转换效率，无须外部肖特基二极管。内部的 0.6V 反馈参考电压可轻松支持低输出电压应用场景。

LTC3406B 芯片具有如下特点：

- 高效率，可达 96%。
- VIN＝3V 时 600mA 输出电流。
- 2.5～5.5V 输入电压范围。
- 1.5MHz 恒定频率工作。
- 无须肖特基二极管。

- 低压差操作：100%占空比。
- 低静态电流：$300\mu A$。
- 0.6V 基准电压允许低输出电压。
- 关断模式消耗小于 $1\mu A$ 的电源电流。
- 电流模式操作可实现出色的线性和负载瞬态响应。
- 过热保护。
- 扁平 SOT 封装。

5.5.2 LTC3406B 芯片框图介绍

LTC3406B 是一种采用恒定频率、电流模式架构的高效同步降压稳压器。查看 LTC3406B 规格书，如图 5-17 所示，先来看一看整个芯片系统的主要模块。

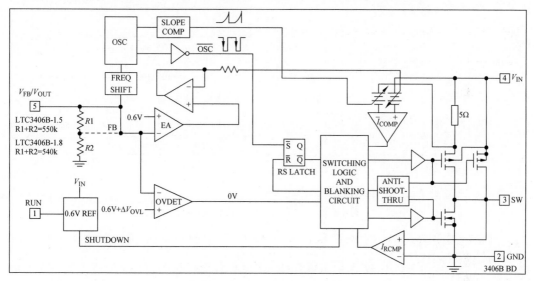

图 5-17 LTC3406B 芯片框图

从图 5-17 中可以看到此芯片模块可简单划分为几个模块：使能与内部参考源电路、内部时钟电路、内部误差放大器电路、电流采样与补偿电路、开关控制逻辑电路及驱动电路等部分。

LTC3406B 在正常工作情况下，当振荡器使得 RS 锁存器输出置位时，内部高端功率 MOSFET 在每个开关周期导通，而当电流比较器 I_{COMP} 使得 RS 锁存器复位时则关断。I_{COMP} 使得 RS 锁存器复位的电感峰值电流由误差放大器 EA 的输出来控制。当负载电流增加时，它将导致反馈电压 FB 相对于 0.6V 的基准电压发生轻微的下降，而这又会使 EA 放大器的输出电压升高，直到平均电感电流与新的负载电流相匹配为止。当高端 MOSFET 关断时，低端 MOSFET 导通，直到电感电流开始反向（由电流反向比较器 I_{RCMP} 来指示）或下一个时钟周期开始为止。

5.5.3 LTC3406B 芯片分模块建模

接下来将对上述的 LTC3406B 各模块电路进行分析与建模。

1. 使能与内部参考源电路

这部分的电路主要是判断输入电压等是否满足规格参数从而启动内部 Bandgap 电路产生一个稳定的内部基准电压源。从数据手册中可以看到,RUN 引脚就是芯片的使能引脚,而且其参数值如表 5-2 所示。

表 5-2　LTC3406B 芯片使能阈值

参　　数	参 数 描 述	最小值	典型值	最大值	单位
V_{RUN}	RUN 阈值	0.3	1	1.5	V
I_{RUN}	RUN 引脚漏电流	—	± 0.01	± 1	μA

根据上面的参数可以对这部分电路进行建模,如图 5-18 所示。

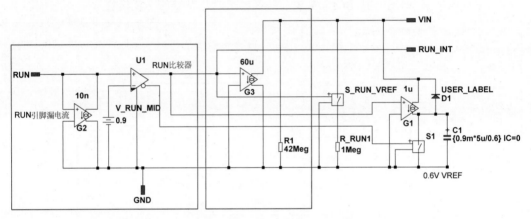

图 5-18　LTC3406B 使能电路建模

图 5-18 中的 V_RUN_MID 取自表 5-2 中 V_{RUN} 的最大值和最小值的平均值,即 $\dfrac{(0.3V+1.5V)}{2}=0.9V$,比较器 U_RUN_COMP1 参数设置如图 5-19 所示。

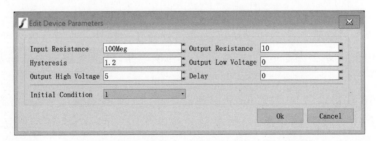

图 5-19　使能比较器 U_RUN_COMP1 参数设置

重点关注其中的 Hysteresis 值的设置,即$(1.5V-0.3V)=1.2V$,这样就可以根据 V_RUN_MID 和这个滞环比较器得出 V_{RUN} 的全范围值:$\dfrac{0.9V-\dfrac{1.2V}{2}}{2}=0.3V$ 到 $\dfrac{0.9V+\dfrac{1.2V}{2}}{2}=1.5V$ 之间。

G3 是一个压控电流源，配合 U1 和 R1 来模拟功耗，其参数设置如图 5-20 所示。

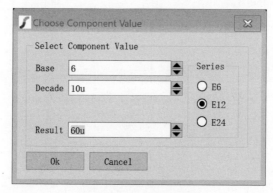

图 5-20 G3 参数设置

这里 G3 增益的设置和 R1 的阻值选择规格书中对静态电流 I_S 的描述如表 5-3 所示。

表 5-3 LTC3406B 静态电流

参 数	参 数 描 述	条 件	最小值	最大值	单位
I_S	输入直流偏置电流	$V_{FB}=0.5V$ 或 $V_{OUT}=90\%$	300	400	μA
		$V_{RUN}=0V$，$V_{IN}=4.2V$	0.1	1	μA

图 5-18 中的电容 C1 及 G1 等电路组成了一个简单的软启动电路，软启动时间设定为 0.9ms。

描述完了使能电路和静态电流后应考虑内部参考电压基准源。一般这个基准源用来作为内部误差放大器的基准电压 V_{FB}，根据规格书可以得到如表 5-4 所示的参数。

表 5-4 LTC3406B 内部基准电压

参 数	参 数 描 述	条 件	最小值	典型值	最大值	单位
V_{FB}	基准电压	LTC3406B $T_A=25℃$	0.5880	0.6	0.6120	V
		LTC3406B $0℃\leqslant T_A\leqslant 85℃$	0.5865	0.6	0.6135	V
		LTC3406B $-40℃\leqslant T_A\leqslant 85℃$	0.5850	0.6	0.6150	V
ΔV_{FB}	基准电压变化	$V_{IN}=2.5\sim5.5V$	—	0.04	0.4	$\%/V$

可知典型值为 0.6V，且波动范围很小，数据表中还有一项参数也与基准电压有关，即 ΔV_{OVL}，如表 5-5 所示。

表 5-5 LTC3406B 内部基准电压波动

参 数	参 数 描 述	条 件	最小值	典型值	最大值	单位
ΔV_{OVL}	输出电压过压阈值	$\Delta V_{OVL}=V_{OVL}-V_{FB}$，LTC3406B	20	50	80	mV
		$\Delta V_{OVL}=V_{OVL}-V_{OUT}$，LTC3406B-1.5/LTC3406B-1.8	2.5	7.8	13	$\%$

继续搭建完整电路，如图 5-21 所示。

其中，当 RUN 满足使能条件后，G1 开始有电流输出，转换后的电流为电容 C1 充电，U2 是一个压控电压源，带有输出电压钳位功能，其参数设置如图 5-22 所示。

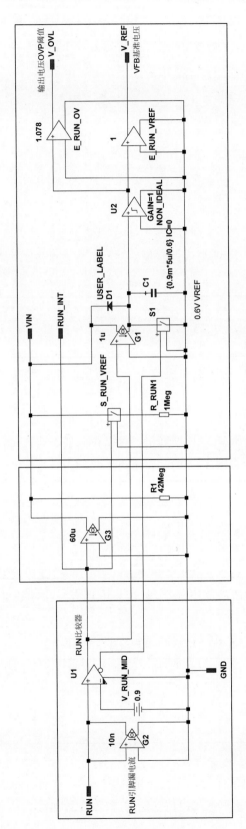

图 5-21　LTC3406B 使能电路建模

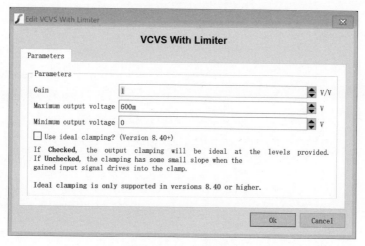

图 5-22 G1 参数设置

G1 输出的就是一个带软启动功能的电压,这个电压就是我们需要的内部参考电压。经过 RC 滤波器和 Buffer 的 V_REF 就是最终的内部基准源,将会提供给外部其他模块。V_OVL 表征了内部参考电压的最大锁定值。

LTC3406B 数据手册内并没有定义一个软启动时间,此处建模中的基准电压参照 LTC3406A 版本中定义的软启动参数并加入了软启动特性,软启动时间配置为 1ms 左右。

2. 内部时钟电路

时钟电路的建模思想是用一个受控电流源对一个电容充放电,电容电压与一个基准源比较产生时钟信号。我们先来看一下 LTC3406B 的时钟信息,如表 5-6 所示。

表 5-6　LTC3406B 时钟频率

参 数	参 数 描 述	条 件	最小值	典型值	最大值	单位
f_{OSC}	时钟频率	$V_{FB}=0.6\text{V}$ 或 $V_{OUT}=100\%$	1.2	1.5	1.8	MHz
		$V_{FB}=0\text{V}$ 或 $V_{OUT}=0\text{V}$	—	210	—	kHz

可以看到,有两个时钟频率参数 f_{OSC},一个是正常工作情况下的时钟频率,即 1.5MHz;另一个是输出短路情况下的时钟频率,即 210kHz。这就意味着充放电的电流控制与 V_{FB} 电压有关,时钟电路建模如图 5-23 所示。

开始阶段:当使能后 RUN_INT 信号为高电平,C_OSC 电容初始电压为 1V,则 U_OSC_COMP1 比较器输出也为高电平,这个比较器比较重要,决定了电容电压的最大值、最小值,并影响着充放电逻辑,其参数设置如图 5-24 所示。

从比较器的滞环参数可知,电容 C_OSC 的电压在 $\left(0.501\text{V}-\dfrac{1\text{V}}{2}=0\text{V}\right)$ 至 $\left(0.501\text{V}+\dfrac{1\text{V}}{2}=1\text{V}\right)$ 范围内摆动。由于其初始电压为 1V,所以与门 U_OSC_CH 输出为高电平,电容 C_OSC 开始放电,放电电流大小为($5\times15\text{mA}=75\text{mA}$)。放电时间可用公式 $I_{discha}\times T_{discha}=C_{osc}\times\Delta V$ 计算,即 $T_{discha}=1\text{nF}\times\dfrac{1\text{V}}{75\text{mA}}=0.0133\mu s$,放电时间很短。当电

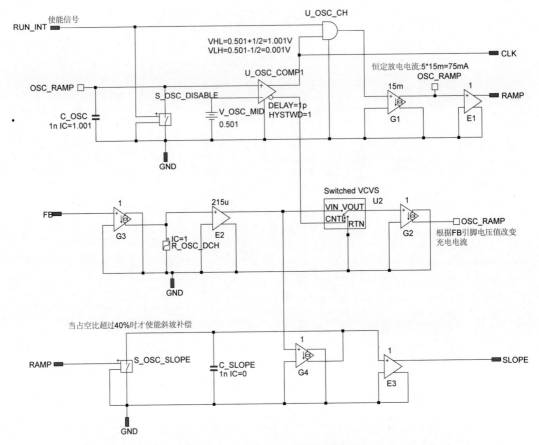

图 5-23　LTC3406B 时钟电路建模

图 5-24　LTC3406B 时钟比较器参数设置

容 C_OSC 的电压低于 0V 时,比较器输出逻辑翻转,电容开始充电,充电的电流由 V_{FB} 电压值控制。可变电阻 R_OSC_DCH 的参数设置如图 5-25 所示。

正常工作情况下 $V_{FB}=0.6V$,流过电阻 R_OSC_DCH 的电流就为 0.6A,所以电阻 R_OSC_DCH 两端电压为 7.14V,充电电流为 $(7.14 \times 215\mu A)$,充电时间为 $1nF \times \dfrac{1V}{7.14 \times 215\mu A}=0.6514\mu s$。由此可以计算得到正常充放电频率为 $\dfrac{1}{0.0133\mu s+0.6514\mu s}=$ 1.5MHz。和数据手册参数一致。

在空载情况下,$V_{FB}=0V$,放电时间不变,充电时间变为 $1nF \times \dfrac{1V}{1V \times 215\mu A}=4.6512\mu s$,

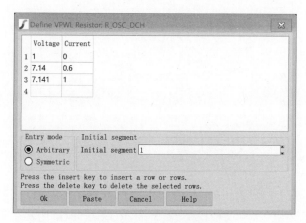

图 5-25 时钟电路建模电阻设定

此时的频率为 $\dfrac{1}{0.0133\mu s + 4.6512\mu s} = 214\text{kHz}$，和数据手册参数也较吻合。

可以看到，如图 5-23 所示电路还有一部分产生了一个 SLOPE 信号，这是用来做斜坡补偿的，其工作原理是当 RAMP（即振荡电容电压信号）低于 400mV 时，开关管 S_OSC_SLOPE 开通（注意它是反逻辑），使用同样大小电流对电容 C_SLOPE 充电，SLOPE 信号上升；反之当 RAMP 高于 400mV 时，电容放电。这样就实现了当只有占空比超过 40% 时才施加的一个补偿信号。

斜坡补偿充电斜率为 $\dfrac{dV}{dt} = \dfrac{\Delta I}{C} = \dfrac{(7.14 \times 215\mu A)}{1\text{nF}} = 1.5351 \times 10^{6}\,\text{V/s}$。

3. 误差放大器电路

误差放大器的作用是将反馈信号与内部基准电压比较产生控制信号，以控制电感电流峰值。误差放大器电路基本上由一个运算放大器或跨导型放大器和补偿电路组成，内部误差放大器电路建模如图 5-26 所示。

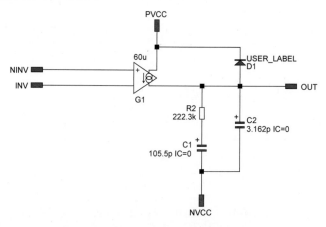

图 5-26 LTC3406B 误差放大器电路建模

NINV 引脚连接到前述内部参考电压源（0.6V），INV 引脚连接到 FB 引脚。G1 是一个跨导型运算放大器，其参数设置较为简单，如图 5-27 所示。

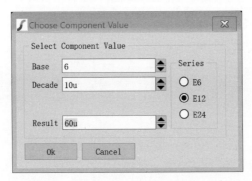

图 5-27　LTC3406B 误差放大器参数设定

PVCC 连接到输入电压,NVCC 连接到 GND,R2、C1 与 C2 组成了一个Ⅱ型补偿器,提供一对零极点。由于 LTC3406B 公开的资料中并没有关于误差放大器和补偿电路的介绍,这里按照前面介绍的内容来介绍与建模。参数的设定后面再细述,因为这与整个系统与应用相关,另外对其输出做了一个输出电压钳位电路,OUT 连接到后面的 PWM 控制器。

4. PWM 控制器电路

由于本系统采用的是峰值电流控制,通过电感电流采样信号、斜坡补偿信号与误差放大器输出信号相比较来产生 PWM 开关信号。PWM 控制器就是实现这个功能的,其电路建模如图 5-28 所示。

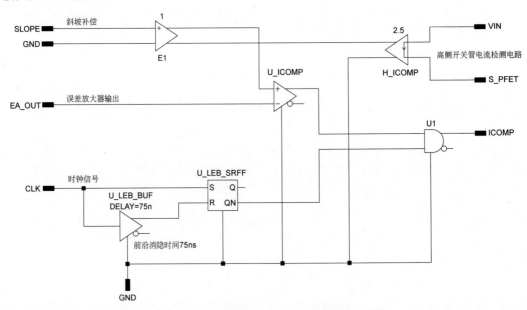

图 5-28　LTC3406B PWM 控制器电路建模

电感电流采样信号与前述 SLOPE 斜坡补偿信号叠加后与反馈 FB 信号比较产生 PWM 的开关信号,这里还加入了一个前沿消隐部分,时间为 75ns。时钟信号延迟 75ns 后判断采样信号与反馈信号的大小再综合决定开关状态。

5．控制逻辑电路

控制逻辑电路就是根据 PWM 开关信号、时钟信号与电路保护信号等一起通过逻辑处理来控制开关管，其建模如图 5-29 所示。

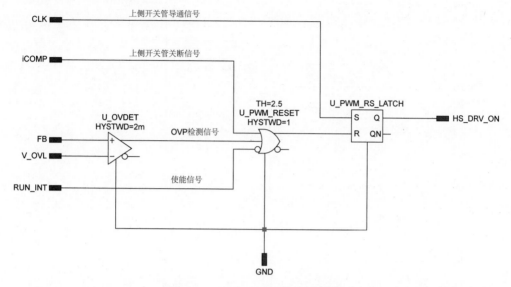

图 5-29　LTC3406B 逻辑电路建模

这个电路主体功能是综合前述 PWM 控制器电路信号和其他逻辑信号一起来综合产生开关控制信号。基本原理是 CLK 时钟信号每次一来时开启高侧开关管 PFET，PWM 控制器的输出信号关断高侧开关管 PFET，开通低侧开关管 NFET。但是我们也可以看到左下角部分还有一些信号，这些信号主要起保护作用，其中 RUN_INT 表示使能完成信号，而 FB 与 V_OVL 信号比较意味着 FB 信号没有超过最大限定值。

6．驱动电路

LTC3406B 芯片内部集成了两个开关管，故有分别驱动两个开关管的驱动电路，除了保证两开关管的正常开关，还需要保证两开关管不能同时导通等。本系统的驱动电路稍微有点复杂，其建模如图 5-30 所示。

下面分别从两个开关管的开启过程展开介绍：

（1）当前述控制逻辑电路输出信号 HS_DRV_ON 为高时，或门 U_LS_NOR 反逻辑输出端为低，即 LDRV 输出变为低，低侧开关管 NFET 关断，当 LDRV 变为低于 300mV 时，与门 U_HS_AND 输出为高，所以高侧开关管驱动信号 HDRV 输出变为低（注意驱动逻辑），高侧开关管 PFET 导通。

（2）当前述控制逻辑电路输出信号 HS_DRV_ON 信号为低时，高侧开关管信号 HDRV 变为高，高侧开关管 PFET 关断，（VIN－HDRV）也小于 300mV，或门 U_LS_NOR 的两个输入逻辑为低，剩下一个 SW 与－0.2V 的比较，由于当高侧开关管关断后，电感电流会沿着低侧开关管 NFET 的体二极管流动，SW 点的电压就变为负值，当 SW 点电压值低于－400mV 时，比较器 U_IRCMP 输出变为低，或门 U_LS_NOR 反逻辑输出端变为高，低侧开关管驱动信号 LDRV 变为高，低侧开关管 NFET 导通。这里 SW 还设定了当其电压高于

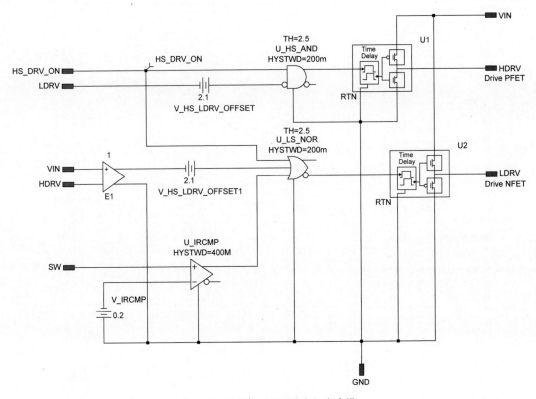

图 5-30　LTC3406B驱动电路建模

0V 时就强制关断低侧开关管 NFET。

上面两个过程就完成了一个完整周期的开关转换。

7．内部开关管

在本系统中，可以直接使用软件自带的 MOSFET 模型，可以自己设定参数，也可以构建自己的 MOSFET 模型，分别如图 5-31 与图 5-32 所示。

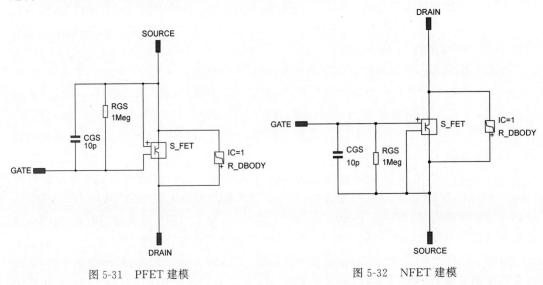

图 5-31　PFET 建模　　　　　　图 5-32　NFET 建模

（1）PFET 模型如图 5-31 所示，导通阻抗设置与数据手册内一致。

（2）NFET 模型如图 5-32 所示，导通阻抗设置与数据手册内一致。

8.总体模型

至此，前面详细描述了系统的各个模块部分的工作原理与电路结构，下面将各个模块整体连接起来构成芯片顶层电路模型，如图 5-33 所示。

在顶层电路中可以使用连线方式将各个模块连接起来，这种方式适合模块比较少、各模块间联系端口比较少的情况，就如同上述 LTC3406B 模型。但对于模块多、信号复杂的模型系统，更适合采用顶层模块间用端口标号的方式，这样更加简洁，对于重要信号，可以用信号连线辅助，帮助阅读者理解和后续修正更新。

5.5.4　应用电路与仿真

搭建了完整的芯片模型以后，就需要搭配合适的外围元器件并调整到合适的参数来验证建立的模型是否准确。

1.电感选择

对于大多数 LTC3406B 应用而言，电感值常选择为 $1\sim4.7\mu H$。电感值的选择基于期望的纹波电流。采用大电感值可降低纹波电流，而小电感值则会导致较高的纹波电流，计算公式如下：

$$\Delta I_{\mathrm{L}} = \frac{1}{f \times L}V_{\mathrm{OUT}}\left(1 - \frac{V_{\mathrm{OUT}}}{V_{\mathrm{IN}}}\right) \tag{5-19}$$

对于 LTC3406B 应用，可设定电感纹波电流为 240mA（600mA×40％＝240mA）。电感的额定直流电流应至少大于最大负载电流与一半纹波电流之和，以防止磁芯饱和。因此，对于大多数 LTC3406B 应用来说，采用一个额定电流超过 720mA（600mA＋240mA/2＝720mA）的电感应该是足够了。为了获得更高的效率，应选用具有低直流电阻的电感。

2.电容选择

在连续工作模式中，高端开关管的源极电流是与占空比一致的一个方波电流。为了防止发生大电压瞬变，必须采用一个按最大 RMS 电流选取的低 ESR 输入电容，输入电容的最大 RMS 电流计算公式如下：

$$I_{\mathrm{RMS}} \approx I_{\mathrm{O\_MAX}} \times \frac{\sqrt{V_{\mathrm{OUT}}(V_{\mathrm{IN}} - V_{\mathrm{OUT}})}}{V_{\mathrm{IN}}} \tag{5-20}$$

该式在 $V_{\mathrm{IN}} = 2V_{\mathrm{OUT}}$ 时具有最大值，此时 $I_{\mathrm{RMS}} = I_{\mathrm{OUT}}/2$。这一简单的最坏情况是设计中常用的，因为即使明显偏离也不会有太大的变化。另外还需要注意，电容制造商所提供的额定纹波电流通常是基于使用寿命仅 2000 小时的数据，一般建议在选择电容时降额使用，或者选择一个比所要求的额定温度更高的电容。

输出电容的选择主要由输出纹波和环路要求等决定。式(5-21)用于计算输出电压的纹波值。

$$\Delta V_{\mathrm{OUT}} \approx \Delta I_{\mathrm{L}} \times \left(R_{\mathrm{COUT\_ESR}} + \frac{1}{8fC_{\mathrm{OUT}}}\right) \tag{5-21}$$

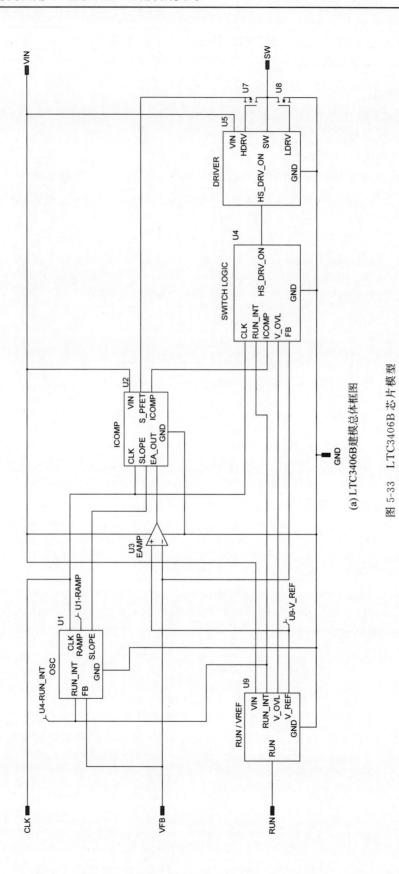

(a) LTC3406B建模总体框图

图 5-33　LTC3406B 芯片模型

(b) LTC3406B封装模型

图 5-33　(续)

对于一个固定的输出电压,输出纹波在最大输入电压条件下最高,因为电感纹波电流随输入电压的增加而增加。对于 LTC3406B 应用,选择陶瓷输入电容 $4.7\mu F$ 和陶瓷输出电容 $10\mu F$。

3. 补偿电路设计

LTC3406B 采用内部补偿的形式,且数据手册内并没有关于补偿参数与电路结构的描述。在这种情况下,可以采用硬件测试方法来指导环路分析与设计,或者按照通用的带宽与相位设计目标法设计补偿器参数,

1) 功率级电路分析

第 4 章介绍过基于峰值电流控制模式的降压稳压器,LTC3406B 就是基于这种控制模式,将 LTC3406B 的应用电路参数代入功率级传递函数可得公式如下:

$$G_{\text{power}}(s) \approx Z_o(s) \times G_{ci}(s) = \frac{R_o}{R_i} \times \frac{1 + sR_{\text{COUT\_ESR}}C_o}{1 + s(R_{\text{COUT\_ESR}} + R_o)C_o} \times$$

$$\frac{1}{1 + s \times \left[\dfrac{V_{se} \times f_{SW} \times L + (0.5 \times V_{IN} - V_o) \times R_i}{V_{IN} \times R_i \times f_{SW}}\right]} \tag{5-22}$$

$$= \frac{R_o}{R_i} \times \frac{\left(1 + \dfrac{s}{2\pi f_{Z\_OUT}}\right)}{\left(1 + \dfrac{s}{2\pi f_{P\_ci}}\right) \times \left(1 + \dfrac{s}{2\pi f_{P\_OUT}}\right)}$$

其中,R_{ESR} 为输出电容等效串联电阻,为 $4\text{m}\Omega$。

LTC3406B 功率级电路零极点频率如式(5-23)至式(5-25)所示。

$$f_{P\_ci} = \frac{V_{IN}R_i f_{SW}}{2\pi[V_{se} \times f_{SW} \times L + (0.5V_{IN} - V_o)R_i]} = 2.865 \times 10^6 \text{Hz} \tag{5-23}$$

$$f_{Z\_OUT} = \frac{1}{2\pi R_{\text{COUT\_ESR}}C_o} = 3.979 \times 10^6 \text{Hz} \tag{5-24}$$

$$f_{P\_OUT} = \frac{1}{2\pi(R_{\text{COUT\_ESR}} + R_o)C_o} = 6.356\text{kHz} \tag{5-25}$$

使用 MathCAD 绘制出的功率级传递函数波特图如图 5-34 所示。

在选择环路穿越频率时,频率越高,环路增益在穿越频率前保持在零分贝以上,环路响应速度越快。一般认为,环路穿越频率不高于开关频率(f_{SW})的 1/10。根据测试结果,选择带宽为 $f_{BW} = 40\text{kHz}$,相位裕度为 $\text{PM} = 50°$。可以从图 5-34 得知功率级在穿越频率处的增益和相位分别如式(5-26)和式(5-27)所示。

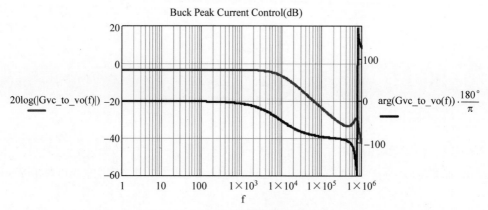

图 5-34　LTC3406B 功率级传递函数波特图

$$20\log(|G_{PS}(f_{BW})|) = -16.124\text{dB} \tag{5-26}$$

$$\arg(G_{PS}(f_{BW})) \cdot \frac{180°}{\pi} = -77.726° \tag{5-27}$$

2) 补偿器设计(K 因子法)

根据前面介绍的 K 因子法计算补偿器传递函数在穿越频率处需要提升的增益和相位量：

$$G = 10^{-20 \cdot \frac{\log(|G_{PS}(f_{BW})|)}{20}} = 6.475 \tag{5-28}$$

$$\text{Boost} = \text{PM} - 90° - \arg(G_{PS}(f_{BW})) \cdot \frac{180°}{\pi} = 35.32° \tag{5-29}$$

可以得知由于相位提升量不超过 90°，故需要选择Ⅱ型补偿器，Ⅱ型补偿器由一对零极点加一个初始极点组成。根据 K 因子法，计算 K 因子如下：

$$K = \tan\left(\frac{\pi}{4} + \frac{\text{Boost} \times \pi}{180°}\right) = 5.861 \tag{5-30}$$

根据 K 因子法，分别放置补偿器零点与极点频率分别为式(5-31)和式(5-32)。

$$f_{\text{COMP\_Z}} = \frac{f_{BW}}{K} = 6.789\text{kHz} \tag{5-31}$$

$$f_{\text{COMP\_P}} = f_{BW} \times K = 233.2\text{kHz} \tag{5-32}$$

根据第 4 章介绍的内容计算补偿器参数分别如式(5-33)、式(5-34)和式(5-35)所示。

$$R2 = \frac{f_{\text{COMP\_P}}}{f_{\text{COMP\_P}} - f_{\text{COMP\_Z}}} \cdot G \cdot \frac{(R_{\text{FB}_{\text{DOWN}}} + R_{\text{FB}_{\text{UP}}})}{R_{\text{FB}_{\text{DOWN}}} \cdot G_{\text{EA}}} \cdot \frac{\sqrt{1 + \left(\frac{f_{BW}}{f_{\text{COMP}_P}}\right)^2}}{\sqrt{1 + \left(\frac{f_{\text{COMP}_Z}}{f_{BW}}\right)^2}} = 222.3\text{k}\Omega \tag{5-33}$$

其中，

- G_{EA} 为误差放大器电抗，为 $60\mu\text{S}$。
- $R_{\text{FB\_DOWN}}$ 为分压电阻下端电阻。
- $R_{\text{FB\_UP}}$ 为分压电阻上端电阻。

$$C1 = \frac{1}{2\pi \cdot f_{\text{COMP\_Z}} \cdot R2} = 105.5 \text{pF} \tag{5-34}$$

$$C2 = R_{\text{FB\_DOWN}} \frac{G_{\text{EA}}}{2\pi f_{\text{COMP\_P}} G(R_{\text{FB\_UP}} + R_{\text{FB\_DOWN}})} = 3.162 \text{pF} \tag{5-35}$$

由于 $C2$ 很小，实际上因为芯片内部的误差放大器输出电容也在 pF 级别，所以这个小电容实际上在很多时候就不需要加上了。

式(5-36)为补偿器传递函数，即

$$G_{\text{C}}(f) = \frac{G_{\text{EA}}(1 + 2\pi f \text{j} R2C1)}{2\pi f \text{j} C1 \times (1 + 2\pi f \text{j} R2C2)} \tag{5-36}$$

根据补偿器的传递函数和上述求解的参数可以绘制出补偿器的波特图，如图 5-35 所示。

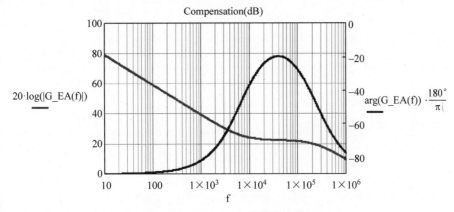

图 5-35　LTC3406B 补偿器波特图

现在将功率级传递函数与补偿器传递函数合二为一，绘制整个系统的开环传递函数波特图，如图 5-36 所示。

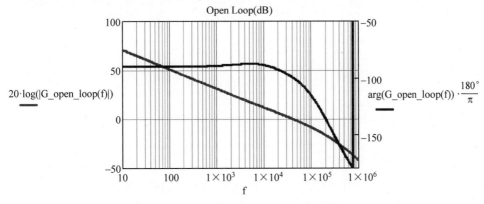

图 5-36　LTC3406B 开环传递函数波特图

最后可以求得开环传递函数的最后穿越频率与相位裕度如式(5-37)和式(5-38)所示。

$$f_{\text{C}} = \text{root}(20\log(|T(f)|), f, 10\text{Hz}, 100000\text{Hz}) = 41.46 \text{kHz} \tag{5-37}$$

$$\arg(T(f_{\text{C}})) \cdot \frac{180^{\circ}}{\pi} - 180^{\circ} = 80.1^{\circ} \tag{5-38}$$

穿越频率和相位裕度满足设计目标。

4．启动仿真

为了将搭建的仿真模型与实际芯片进行对比，参考数据手册中的典型应用电路，利用上述搭建的模型搭建了一个单节锂电池输入、1.2V 输出的降压转换电路，最大输出电流为 0.6A。设置仿真参数：$V_{in}=3.6V$，$V_{out}=1.2V$，$I_{out}=600mA$。应用如图 5-37(a)所示，仿真电路如图 5-37(b)所示，其中，LTC3406B 是输出电压可调的芯片版本，需要外置分压电阻配置输出电压。

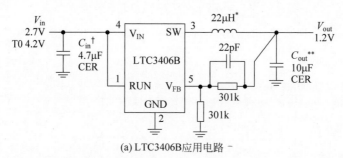

(a) LTC3406B应用电路

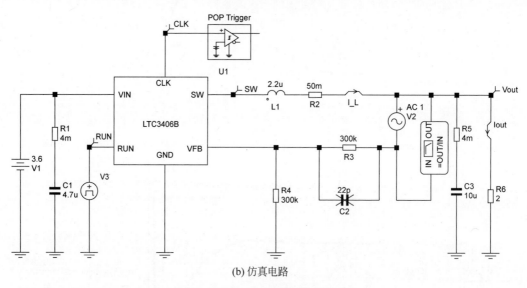

(b) 仿真电路

图 5-37　LTC3406B 应用电路仿真

搭建好仿真电路后先来看一下启动波形，如图 5-38 所示。

从如图 5-38(a)所示的 LTC3406B 测试波形可知，LTC3406B 芯片的软启动机制设计较为薄弱，而我们在前述设计中加入了软启动机制，可以很好地抑制电感电流峰值，从而抑制了输入端的浪涌电流。这种设计也可以从图 5-38(a)中的 LTC3406A 芯片测试结果可以得到印证。

5．负载动态仿真

为了验证环路的稳定性，通常需对其进行负载瞬态仿真与测试，搭建仿真电路如图 5-39(a)所示，设置参数：Vin=3.6V，Vout=1.5V，这里使用分段线性负载电流源负载，输出负载 I1 从 100mA 变化到 600mA，再减小到 0mA。电流源 I1 的详细参数设置如图 5-39(b)所示。

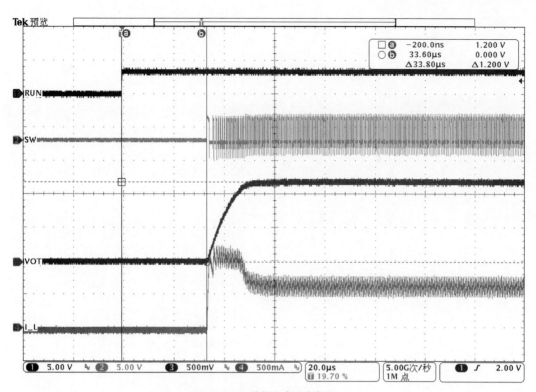

(a) LTC3406B芯片启动测试波形

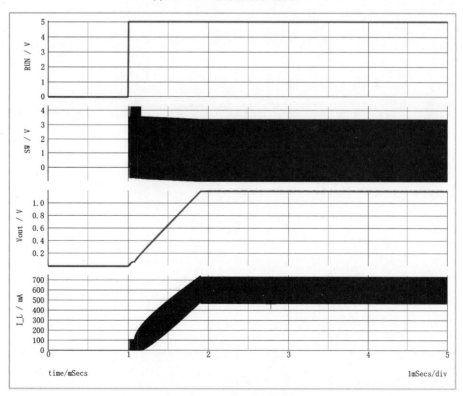

(b) LTC3406B仿真启动波形

图 5-38　启动波形仿真与测试

6. POP 仿真

接着进行 POP 仿真观察稳态工作波形,设置参数如图 5-40 所示。

7. AC 仿真

为了进一步评估环路的稳定性,可以对仿真模型进行交流小信号仿真。设置仿真参数:起始频率为 10Hz,截止频率为 1MHz 如图 5-41 所示。

从仿真结果可以得知,其穿越频率为 33kHz,相位裕度高达 95°,增益裕度达到 9.8dB,表明环路在负载瞬态下是稳定的。

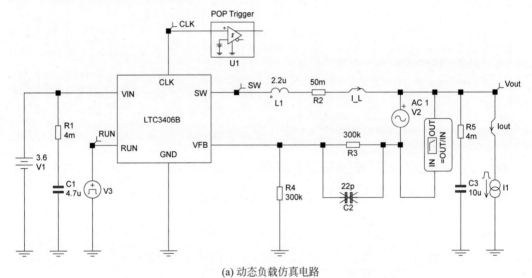

(a) 动态负载仿真电路

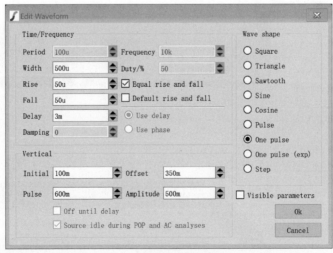

(b) 动态负载参数设置

图 5-39　负载动态仿真与测试

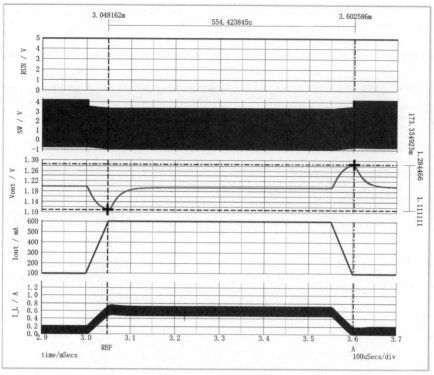

(c) 动态负载仿真波形(无前馈电容)

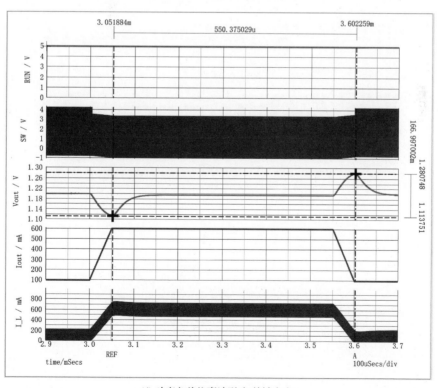

(d) 动态负载仿真波形(加前馈电容)

图 5-39 (续)

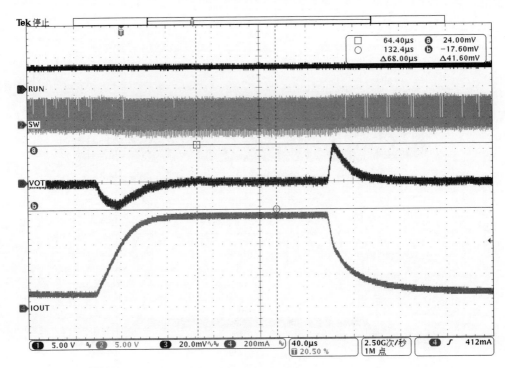

(e) LTC3406B芯片动态测试波形

图 5-39　（续）

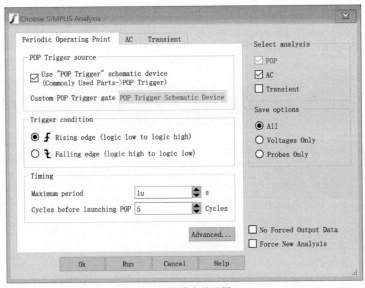

(a) POP仿真参数设置

图 5-40　稳态 POP 仿真

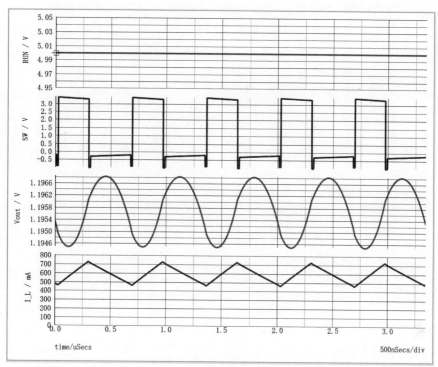

(b) POP仿真结果

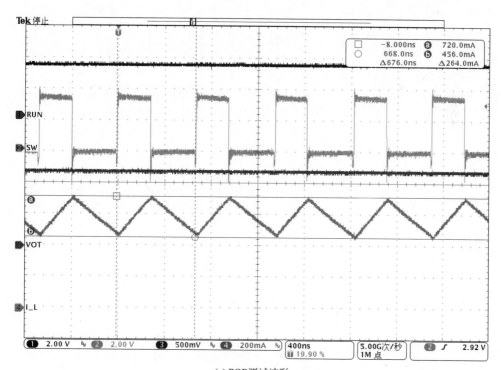

(c) POP测试波形

图 5-40 （续）

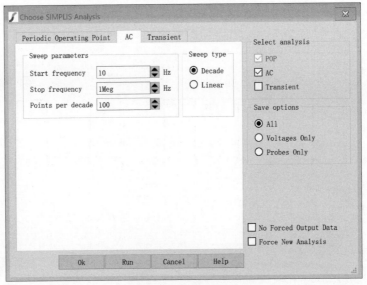

(a) AC仿真参数设置

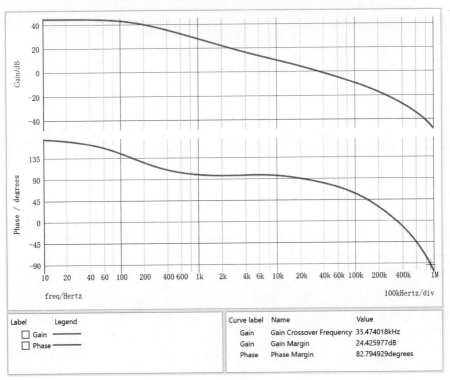

(b) AC仿真结果

图 5-41　AC 仿真与测试

8．跳周期模式

为了验证在轻载下 LTC3406B 是否会进入跳周期模式（Pulse Skipping Mode）来提升效率，可以按照前面仿真动态负载的电路来设置仿真电路与参数。图 5-42(a)为仿真电路，将负载端的轻载电流设置接近空载。

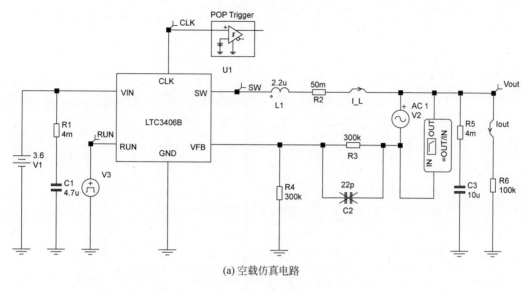

(a) 空载仿真电路

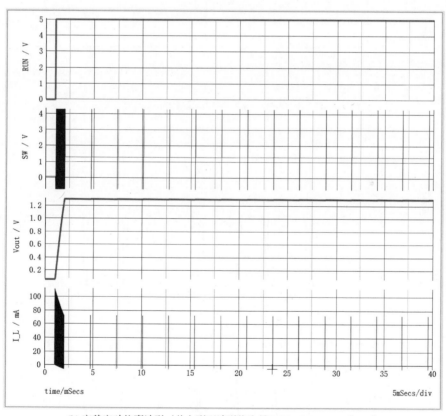

(b) 空载启动仿真波形（从上到下波形依次是RUN、SW、Vout和I_L）

图 5-42　跳周期模式仿真与测试

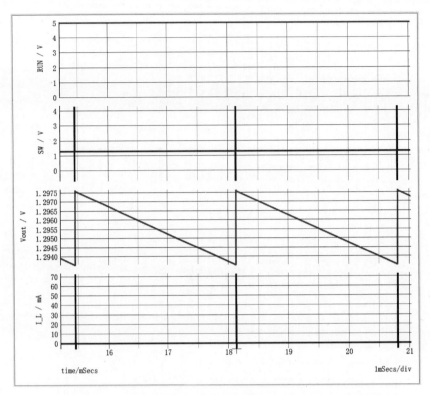

(c) 空载启动仿真稳定工作波形（从上到下波形依次是RUN、SW、Vout和I_L）

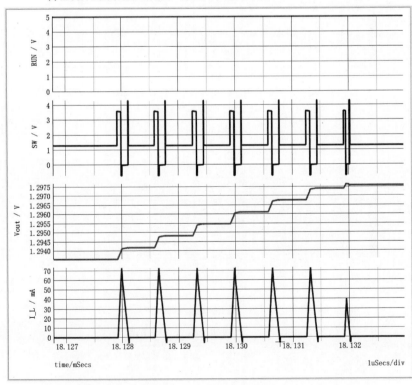

(d) 空载启动仿真波形局部波形（从上到下波形依次是RUN、SW、Vout和I_L）

图 5-42 （续）

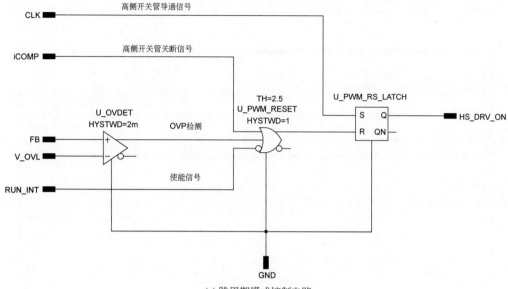

(e) 跳周期模式控制电路

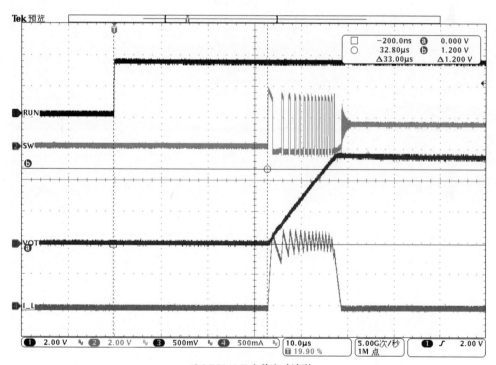

(f) LTC3406B空载启动波形

图 5-42 （续）

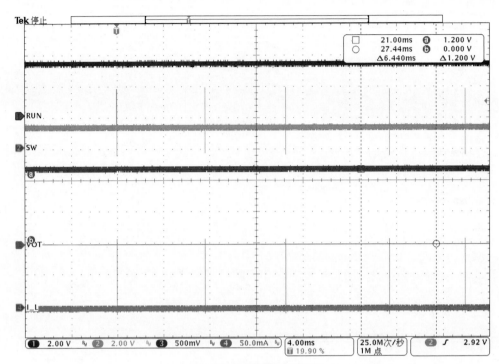

(g) LTC3406B空载稳定工作波形

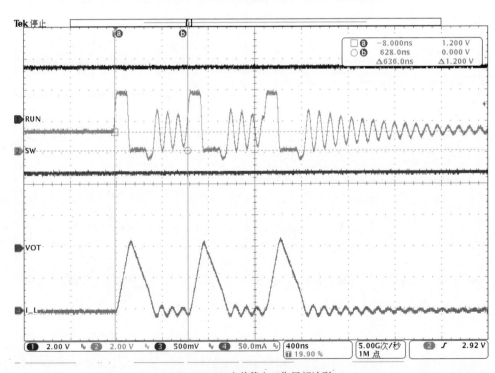

(h) LTC3406B空载稳定工作局部波形

图 5-42　（续）

从图 5-42(b)和图 5-42(h)中可以看出,当负载电流减为 1mA 时,从 SW 波形上可以看到 SW 连续正常开通一段时间后会关断一段时间再重新开启。从图 5-42(c)、图 5-42(d)、图 5-42(g)、图 5-42(h)为局部放大波形中以及对应的局部控制电路(见图 5-42(e))中可以看出进入跳周期模式的原因是在轻载下反馈引脚 FB 上的电压上升到超过 FB 的 OVP 阈值 V_OVL 后触发了 OVP 保护,导致高侧开关管关断,直到 FB 引脚电压下降到阈值以下才能正常进行下一次开关。

9. 短路保护

当 LTC3406B 的输出短路至地时,振荡器的频率降低至约 210kHz,为标称频率的 1/7。这种频率折返确保电感电流有更多的时间衰减,从而防止失控。当 VFB 或 Vout 上升到 0V 以上时,振荡器的频率将逐渐增加到 1.5MHz。

如图 5-43(a)所示为对输出负载进行短路仿真的电路图,其中 S1 和 V3 实现对负载的短路控制。

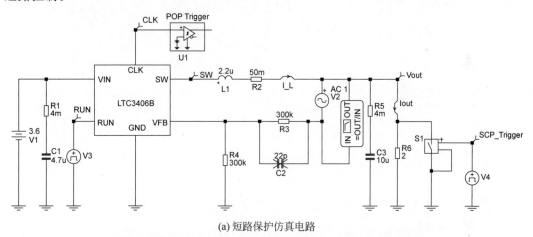

(a) 短路保护仿真电路

(b) V3参数设置

图 5-43　短路保护仿真与测试

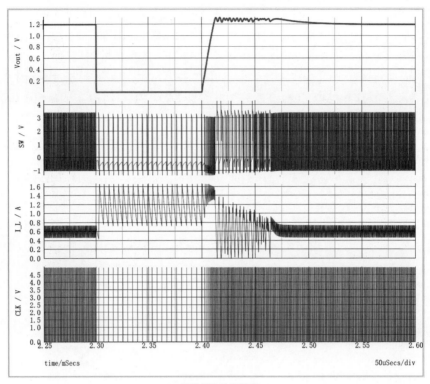

(c) 短路保护仿真波形

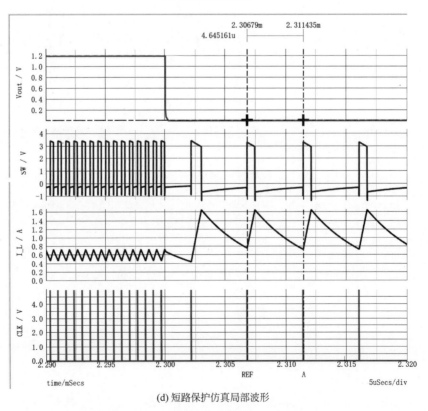

(d) 短路保护仿真局部波形

图 5-43 （续）

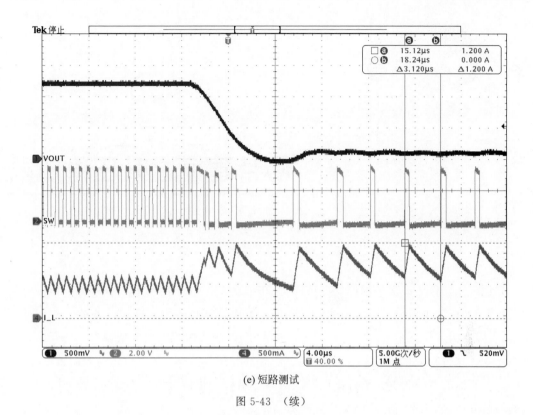

(e) 短路测试

图 5-43 （续）

从图 5-43(c)和图 5-43(d)中可以看出，在 $100\mu s$ 时刻 V4 控制开关 S1 导通将负载短路到地后 Vout 和 VFB 都变为零电平，可以从时钟信号 CLK 降频为 214kHz 左右，极大地降低了开关损耗。在短路情况消失后，时钟开关又恢复到 1.5MHz 左右。

本节根据数据手册信息分析并搭建了 LTC3406B 的模型，并用仿真验证了系统功能。对于一些模块我们还可以继续优化改进，比如增加对电感的限流保护电路等。

5.6　本章小结

本章首先对降压稳压器做了简单的介绍，包括电路结构、基本工作原理与控制模式，接着选取了一个主流的降压稳压器芯片作为例子对其建模，详细阐述了建模的思路、方法和技巧。通过本章的学习，应该初步了解构建一个比较完整的芯片的建模过程与方法，后面的任务就是扩展学习广度和深度，了解其他拓扑结构的电源芯片工作原理与控制策略，掌握更多的知识点。

芯片建模之升压稳压器

升压稳压器作为最基本的稳压器结构,存在于众多的应用中,尤其是一些低电压供电应用场景,例如电池供电。由于电池的电压变化范围比较宽且各类便携式设备的电池容量不是很大,因此为了保证系统内部各种设备的正常工作,很多时候需要将低输入电压升高一个电位。本章先带领大家回顾一些基本知识,包括基本分类、结构、工作原理与控制策略等,然后以一个具体的芯片实例介绍升压稳压器的内部结构。相信学习完本章以后,可以掌握更多的控制方法、芯片建模方法以及实践经验。

本章包含如下知识点:

(1) 升压稳压器的结构与工作原理。

(2) 升压稳压器的常见控制策略。

(3) 峰值电流+恒定关断时间控制策略。

(4) 升压稳压器建模。

6.1 升压稳压器概述

升压稳压器无处不在,在移动互联网和物联网时代,各种智能设备与 IoT 设备等都使用电压波动范围很宽的各类电池。为了尽可能地延长工作待机时间,需要维持稳定的电压向电子产品的内部电路供电,这时通常需要一个升压稳压器来帮助实现。另外,在各种显示驱动芯片的供电场合也可以看见升压稳压器的身影。

升压稳压器可以分为很多种,例如按照输入电压范围可以分为低压升压稳压器、中压升压稳压器和高压升压稳压器;按照是否隔离可以分为非隔离式升压稳压器、隔离式升压稳压器;按照性能特色和应用需求可以分为低 EMI 升压稳压器、高功率密度升压稳压器、低静态电流升压稳压器;等等。

按照比较通用的分类方法,我们可以参考 TI 从集成度角度将升压稳压器分为升压转换器和升压控制器,如表 6-1 所示。

表 6-1　升压稳压器分类

分　类	升压转换器	升压控制器
典型结构	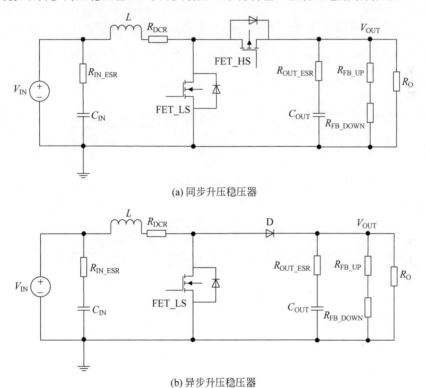	
特点	升压转换器内置开关管,适用于小尺寸解决方案、低系统成本和高功率密度的需求	升压控制器不集成开关管,适用于高压和大功率应用场景,搭配外部 FET 和电感、电容等为大功率应用提供了更大的设计灵活性

升压稳压器一般搭配两个 MOSFET 开关管工作,也可以将其中一个开关管变为二极管(一般为肖特基二极管,压降较低,效率更高),根据是否有两个开关管也可以分为同步升压稳压器(两个开关管)和异步升压稳压器(一个开关管加一个肖特基二极管),电路结构如图 6-1 所示。

(a) 同步升压稳压器

(b) 异步升压稳压器

图 6-1　升压稳压器电路结构

另外一种分类方法也很重要,即按照控制模式可以将升压稳压器分为峰值电流控制升压稳压器、电压控制升压稳压器、自适应恒定关断时间升压稳压器等。后面会详细分析各种控制模式的基本工作原理、优缺点和应用场景。

6.2　升压稳压器基本工作原理

根据升压稳压器中的电感电流在开关周期内是否会返回到零值将其工作状态分为 3 种:连续导通模式(Continuous Conduction Mode,CCM)、临界导通模式(Boundary Conduction

Mode,BCM)和非连续导通模式(Discontinuous Conduction Mode,DCM),其中临界导通模式是CCM 模式与 DCM 模式的分界点,电感电流在开关周期结束时都会减小为零,下一次开关周期也从零开始变化。

如图 6-2 所示为升压稳压器工作于 CCM 模式。

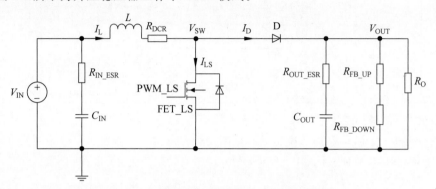

图 6-2 升压稳压器工作于 CCM 模式

以工作于 CCM 模式为例,结合图 6-2 和图 6-3 来简单梳理升压稳压器的工作原理。以开关管 Q1 开始导通为起始点,分析如下。

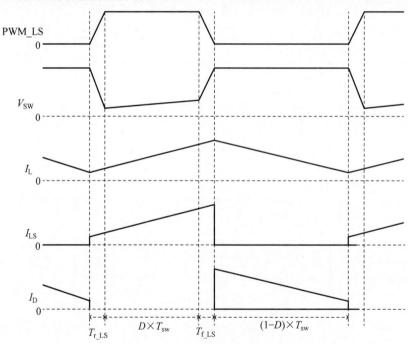

图 6-3 升压稳压器 CCM 工作波形

(1) 在 T_{r_LS} 时间段内,低侧开关管 FET_LS 被逐渐开启,逐渐打开从 V_{IN} 经过开关管 FET_LS、电感 L 到输出电容 C_{OUT} 和负载 R_O 的导通路径。在实际中,这段时间是比较短暂的,大约在数十纳秒级别。

(2) 经过低侧开关管打开时间后来到了第二时间段($D \times T_{sw}$),其中,D 定义为低侧开关管被打开的时间,T_{sw} 为开关周期。在此时间段内,电感电流开始从上一次开关周期结束末尾的电流值开始爬升储能,这段时间内由输出电容 C_{OUT} 为负载 R_{O} 供电,在时间段结束时,电感电流达到峰值点。

（3）紧接着低侧开关管开始逐渐关断,开始切换到由二极管导通工作,低侧开关管关断时间为 $T_{\text{f\_LS}}$,同样,实际中这段时间是比较短暂的,大约在数十纳秒级别。

（4）至此,低侧开关管在一个完整周期内的使命已经完成了,接下来二极管 D 开始导通。二极管导通以后,进入完整的导通时间段（$(1-D) \times T_{\text{sw}}$）（注意,此处的计算方法忽略了高侧开关管和低侧开关管的导通关断时间,实际高侧开关管和低侧开关管开通时间要小于此值）,在二极管导通时间内,电感中存储的能量与输入电源一起开始向输出负载提供能量,电流保持流向,从电感经过负载和低侧开关管形成闭环。

（5）开关时钟重新触发下一次开关周期。

当负载需求的功耗比较低时,电感电流在开关周期结束前就会提前回到零点状态,这就是前面提到的 DCM 工作模式。如图 6-4 所示为升压稳压器工作于 DCM 下的波形。在 DCM 模式下,除了 CCM 下的高低侧开关管分别导通阶段,还有一个第三阶段,也就是说,当电感电流降低到零点后（即低侧开关管关断后）高低侧开关管都会保持关闭直到本次开关周期结束。关于详细过程,此处不再赘述。

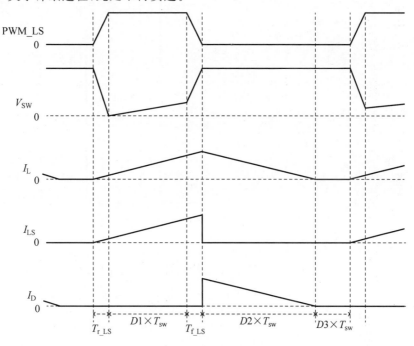

图 6-4　升压稳压器 DCM 工作波形

6.3　升压稳压器常见控制策略

与前面的描述一致,升压转换器也存在多种控制策略。当然,出现这么多的控制策略就是为了满足各种不同的应用需求。还是那句话,没有完美的控制策略,只有最适合的控制策略。下面介绍非隔离式升压稳压器的各种控制模式。

6.3.1　定频控制

定频控制的特点是开关频率固定,需要芯片内部或外部提供固定的时钟,开关频率不随输入电压、输出电压和输出电流的变化而变化。升压稳压器常用的定频控制策略为峰值电流控制模式。

1. 峰值电流控制模式

与第 5 章介绍的一样,如图 6-5 所示为峰值电流控制模式的升压稳压器。这是一种使用广泛的控制方法,有很多升压稳压器都是采用此种方法。

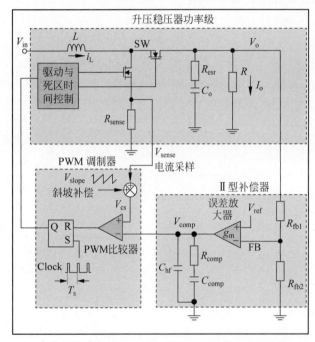
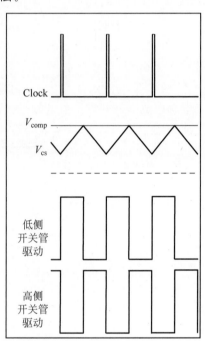

图 6-5　峰值电流控制模式的升压稳压器

峰值电流控制模式的工作原理与前述电流控制升压稳压器有点类似,每个时钟边沿产生低侧开关管的开启信号,低侧开关管关闭的触发信号来自于电感电流采样信号加上斜坡补偿信号总值与来自反馈补偿网络输出信号相比较:当 V_{cs} 超过 V_{comp} 时,关闭低侧开关管,高侧开关管(或异步结构中的二极管)开始导通,直到此次开关周期结束关闭高侧开关管,重新开启低侧开关管。

峰值电流控制模式的优点在于其开关频率固定,输出电压的纹波频率也固定,同时容易设计相应的滤波器避免造成干扰。另外一个优点是峰值电流升压稳压器可以实时地检测电感的峰值电流,并且在每个周期监控,这样可以实现快速的过电流保护等。

同样,其缺点包括需要时钟电路,需要斜坡补偿,因为同样需要前沿消隐电路而导致无法实现很小的占空比,很难实现很大的电压转换比,等等。

2. 斜坡补偿

峰值电流控制模式由于其补偿设计较为简单、响应速度快等特点变得十分流行,但是内部的电流环在占空比大于50％时会不稳定,一般称之为次谐波振荡,表现形式通常为可以在开关引脚看到不规则的大小波波形,而不是在稳态下看到的相同占空比的开关波形。

当在电流模式下占空比小于50％时,电感电流上的扰动会随着开关周期而逐渐减小,如图6-6所示,V_{comp}为误差放大器输出控制信号,I_L为电感电流,m_1为电感电流上升斜率,m_2为电感电流下降斜率,ΔI_0为电感电流初始扰动量,ΔI_1为经过一个开关周期后的电感电流变化量。

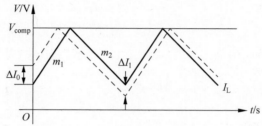

图 6-6 电流模式下占空比小于50％时电流干扰逐渐衰减

根据数学关系,可以计算出如下关系:

$$\Delta I_1 = -\Delta I_0 \frac{m_2}{m_1} \tag{6-1}$$

因为此时占空比小于50％,则$m_1 > m_2$,所以电感电流扰动量逐渐减小直至消失,不会引起电路不稳定。

而当占空比大于50％时,$m_1 < m_2$,电感电流扰动量会随着开关周期逐渐增加,引起电路不稳定,如图6-7所示。

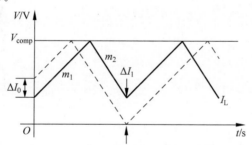

图 6-7 电流模式下占空比大于50％时电流干扰逐渐增大

针对此种情况,可引入一个斜坡信号量,该信号量可被添加到电感电流信号内或从误差放大器输出信号减去,如图6-8所示为从误差放大器输出信号上减去斜坡信号的示意图。

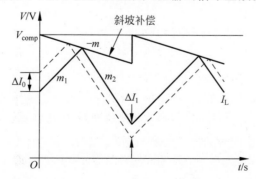

图 6-8 电流模式下占空比大于50％时加入斜坡补偿,电流干扰逐渐减小

加入的电感电流斜坡斜率为$-m$，根据数学关系可以推导出电感电流扰动量关系如下：

$$\Delta I_1 = -\Delta I_0 \frac{m_2 - m}{m_1 + m} \tag{6-2}$$

若要满足电感电流扰动量衰减，则需要满足$\frac{m_2 - m}{m_1 + m} < 1$，又可根据伏秒平衡可得$m_1 \times D = m_2 \times (1-D)$，代入电感电流扰动量衰减条件可知需要满足下式：

$$m > \left(1 - \frac{1}{2D}\right) m_2 \tag{6-3}$$

当占空比$D=1$时，m值最大，故可得保持电流环稳定时斜坡补偿斜率需要满足下式：

$$m > \frac{1}{2} m_2 \tag{6-4}$$

6.3.2　变频控制

为了更快地应对复杂的负载瞬态响应需求、性价比要求以及其他特殊应用需求等开发出了恒定关断时间峰值电流控制模式升压稳压器、恒定导通时间谷值电流控制模式的升压稳压器、电压迟滞峰值电流控制模式升压稳压器和电流迟滞控制模式升压稳压器等。

1. 恒定关断时间峰值电流控制模式

这种控制方式无须监测高侧开关管流过的电流值，只需与峰值电流模式一样检测低侧开关管电流。且低侧开关管关断时间受控于输入输出电压值，可快速地响应输入/输出电压的变化，具有快速响应的表现。

如图6-9所示，与前述降压控制模式有些类似，只不过在此控制模式下恒定的是低侧开关管关断的时间。这种控制模式下的恒定关断时间受控于输入电压和输出电压，当输入电压改变时可自适应地保持开关频率的相对稳定。当恒定关断时间到达以后主动触发下一次的低侧开关管开通，当电感电流检测信号幅值超过误差放大器补偿输出后的幅值时关闭低侧开关管。

相对于峰值电流控制模式而言，恒定关断时间峰值电流控制模式不需要斜坡补偿电路，也不需要时钟电路，可以在实现快速响应的情况下减少芯片的内部电路，从而降低成本。

其缺点也很明显，就是因为缺乏固定的时钟电路导致其开关频率不固定。

恒定关断时间峰值电流控制模式的升压稳压器适合于负载动态响应快、EMI要求不敏感且成本要求高的产品，如移动电源、蓝牙音箱等。

2. 恒定导通时间谷值电流控制模式

这种控制模式与前述恒定关断控制时间峰值电流控制模式是对偶的。如图6-10所示，由于这种电路结构实时监测流经高侧开关管的电流，故可以判断当电感电流降低到零时关断高侧开关管进入低功耗模式等，另外还可在直通模式下检测输出的电流值，保护芯片。

与前述控制模式的优点类似，这种控制模式不需要斜坡补偿电路与时钟电路。缺点也类似，即开关频率不固定，同时又需要检测高侧开关管流过的电流，可能需要查分采样电路，实现成本略高。

这种控制模式由于可在直通模式（低侧开关管断开，高侧开关管一直导通）下检测流向

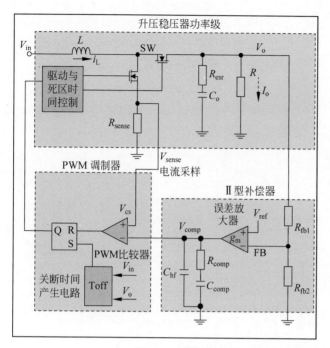
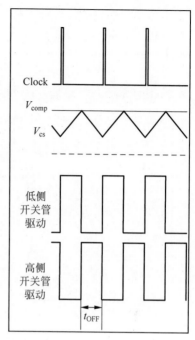

图 6-9 恒定关断时间峰值电流控制模式升压稳压器

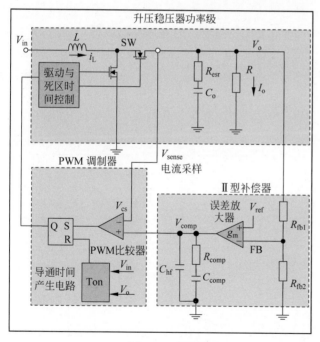
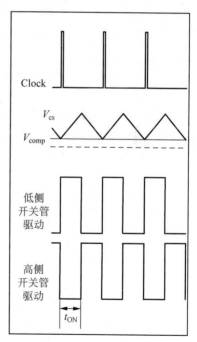

图 6-10 恒定导通时间谷值电流控制模式升压稳压器

输出的电流,适合一些需要直通工作模式的应用场景,如物联网设备、手机设备等,同时由于其变频工作模式,适合为低功耗设备供电。

3. 电压迟滞峰值电流控制模式

如图 6-11 所示,这种控制方式直接比较输出采样电压与基准电压值,当输出电压采样值低于基准值时,就开启新的开关周期,开启内部低侧开关管,当检测到电感电流采样值超过芯片内部电流限值后就关闭低侧开关管打开高侧开关管。

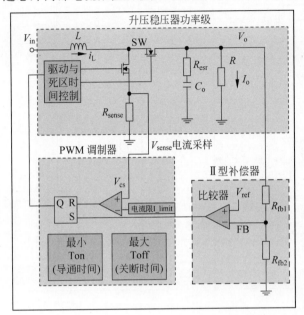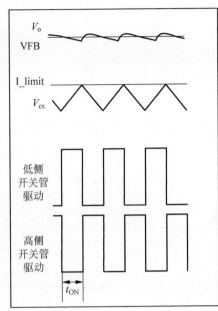

图 6-11　电压迟滞峰值电流控制模式升压稳压器

电压迟滞峰值电流控制模式继承了峰值电流控制模式的逐周期电流保护能力,并且由于反馈控制环路中直接通过比较器控制开关管,所以可满足快速的瞬态响应要求。

4．电流迟滞控制模式

如图 6-12 所示,这种控制方式同时检测流经高侧开关管和低侧开关管的电流,同时使用误差放大器控制电感电流的峰值和谷值。

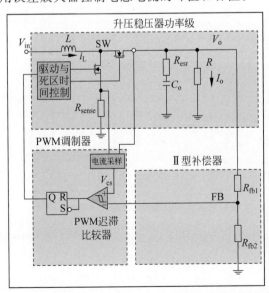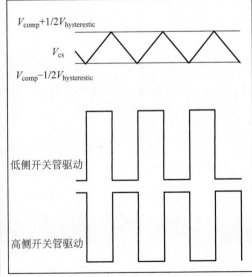

图 6-12　电流迟滞控制模式升压稳压器

这种控制模式无须斜坡补偿电路,无须时钟电路,控制实现比较简单,可以实现比较高的转换效率,缺点同样为开关频率会受各种采样参数的影响而变化,适合低功耗应用场景。

6.3.3　升压稳压器控制模式总结

因为没有一种控制方式可以满足所有的应用需求,所以需要详细地分析应用需求,比对各种控制方式的优缺点,选择最合适的而并非看起来更优秀、更复杂的。总的来说,定频控制策略的升压稳压器更适合那些精度要求和稳定性要求更高的应用场合,以及对 EMI 敏感的应用,如汽车电子。而变频控制模式升压稳压器则更适合那些负载变化比较快、对低功耗要求比较高、希望得到高转换效率的应用场合。

6.4　升压稳压器关键参数

下面以图 6-13 中的工作于 CCM 模式下的非同步升压稳压器为例来分析一些重点参数。之所以选择异步结构,是因为异步结构中存在一个肖特基二极管 D,工作过程稍微复杂一点,同步分析过程中将此二极管压降变为零时即可。

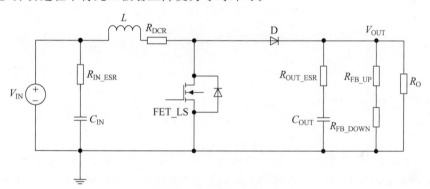

图 6-13　异步升压稳压器

6.4.1　升压稳压器静态工作点计算

在计算之前先定义一些升压转换器中的变量如下:
- 输入电压——V_{IN};
- 输出电压——V_{OUT};
- 输出电流——I_{OUT};
- 二极管正向压降——V_D;
- 开关频率——f;
- 开关周期——T_{SW};
- 占空比——D;
- 输入纹波要求——ΔV_{VIN};
- 输出纹波要求——ΔV_{VOUT};
- 负载电阻——R_O;
- 电感值——L;

- 输入电容值——C_{IN}；
- 输入电容串联等效电阻值——R_{CIN_ESR}；
- 输出电容值——C_{OUT}；
- 输出电容串联等效电阻值——R_{COUT_ESR}；

忽略开关管上的压降时，低侧开关导通时，电感两端电压差为V_{IN}，开关导通时间为T_{ON}，电感电流线性增加，低侧开关断开时，二极管导通，电感电流线性减小，电感两端电压差为$(V_{IN}-V_{OUT}-V_D)$（此时左端电压低于右端电压），稳态下电感处于稳态，根据式(6-5)可以将上述分析式代入得到式(6-6)。

$$导通时电感电压 \times 导通时间 = 关断时电感电压 \times 关断时间 \qquad (6-5)$$

$$V_{IN} \times T_{ON} = -(V_{IN}-V_{OUT}-V_D) \times T_{OFF} \qquad (6-6)$$

再根据在CCM模式下$T_{ON}+T_{OFF}=\dfrac{1}{f}$，可以求出导通时间、关断时间和占空比分别如下：

$$T_{ON} = \left(1 - \frac{V_{IN}}{V_{OUT}+V_D}\right) \times \frac{1}{f} \qquad (6-7)$$

$$T_{OFF} = \frac{V_{IN}}{V_{OUT}+V_D} \times \frac{1}{f} \qquad (6-8)$$

$$D = \frac{T_{ON}}{T} = 1 - \frac{V_{IN}}{V_{OUT}+V_D} \qquad (6-9)$$

6.4.2 电感的选择

电感是升压稳压器中最重要的外部元器件之一，电感的选择主要考虑3个参数：电感值、电感饱和电流和电感串联等效电阻。

如果电感量过小，那么电感电流纹波会比较大，即流过电感电流的峰值会很高，电感饱和电流就会很高。与此同时，在开关切换时，过大的电流会导致EMI问题会更加明显。如果电感量过大，那么电感电流纹波会比较小，会导致动态响应变差。

先来分析一下电感中的电流情况。

由于升压稳压器中的电感与输入电源始终串联在一起，所以可以知道流过电感的平均电流与输入电源输出的平均电流是一致的，忽略开关管和电感损耗，根据能量守恒定律可以推算出电感平均电流为

$$I_L = \frac{V_{OUT}+V_D}{V_{IN}} \times I_{OUT} \qquad (6-10)$$

电感电流纹波值为

$$\Delta I_L = \frac{V_{IN}}{L} \times \left(1 - \frac{V_{IN}}{V_{OUT}+V_D}\right) \times \frac{1}{f} \qquad (6-11)$$

从式(6-11)中可以看出，电感电流纹波值大小与负载电流的大小没有关系。

电感电流的峰值为

$$I_{Lpeak} = I_{OUT} + \frac{\Delta I_L}{2} = I_{OUT} + \frac{V_{IN}}{2 \times L} \times \left(1 - \frac{V_{IN}}{V_{OUT}+V_D}\right) \times \frac{1}{f} \qquad (6-12)$$

求出这个电感电流峰值的意义就在于选择电感时要选择饱和电流值超过此峰值并加足

裕量的电感。那到底如何计算电感值呢? 我们依据电感电流纹波因素来选择电感值,一般建议将电感电流的纹波因素选择为电感平均电流的 $20\% \sim 40\%$ 比较适合,即

$$\Delta I_{L} = (0.2 \sim 0.4) \times I_{L} \tag{6-13}$$

根据式(6-10)、式(6-11)和式(6-13)即可计算出所需电感值为

$$L = \frac{V_{IN}}{f \times (0.2 \sim 0.4) \times I_{OUT}} \times \left(1 - \frac{V_{IN}}{V_{OUT} + V_{D}}\right) \times \frac{V_{IN}}{V_{OUT} + V_{D}} \tag{6-14}$$

当然,根据公式计算得到的电感值可能没有现成的元器件,需要从标准电感中选择相近的代入公式验证。

以上步骤没有考虑到电感的串联等效电阻,实际上这个电阻值当然越小越好,因为是电路的损耗,但实际上需要综合考虑体积、成本及效率等多种因素来选择最适合的。

升压稳压器电感计算步骤总结如下:

(1) 根据输出电流得到电感电流平均值。

(2) 计算电感电流纹波值。

(3) 计算电感电流峰值。

(4) 根据电感电流纹波因素推荐关系计算电感值。

(5) 根据计算电感值与饱和电流以及损耗要求选择电感值,代入公式验证是否满足饱和电流及电感电流纹波因素等要求。

6.4.3 输入电容的选择

输入电容的作用是帮助输入电源提供给负载瞬态的能量,当然这样认为的前提是输入电源是来自很远的地方,是没办法提供快速变化的电流,或者输入电源的能力是有限的,不能在瞬间提供足够大的能量,例如电池等。在实际应用中,输入电源可能距离很远,经过很远的走线,这时寄生电感就很大,无法快速响应升压稳压器输入电流的需求。

有了这个输入电容的存在,就可以在一个周期内将输入电流看作是恒定的,也就是 I_{IN}。

输入电容的选择主要考虑电容容量、耐压值、电感电流纹波值和串联等效电阻等,那如何计算所需输入电容的容量呢? 我们知道,容量与电压纹波直接相关,而输入电压纹波就是输入电容上的电压变化。电容上的电压纹波可以分为两部分。

(1) 电容充电或放电,电荷发生变化引起的电压纹波。

(2) 电容串联等效电阻上流过电流引起的电压纹波。

如图 6-14 所示为升压稳压器输入电容处的电流波形。

根据电容充电电荷公式 $I \times \Delta T = C \times \Delta V$,其中,$I$ 为电容充电电流,ΔT 为电容充电时间,充放电时间均为 $T/2$,C 为充电电容,ΔV 为电容上的电压改变量,可以求得升压稳压器输入电容充放电引起的电压纹波量为

$$\Delta V_{C_{IN\_Q}} = \frac{\frac{1}{2} \times \frac{T}{2} \times \Delta I_{L}/2}{C_{IN}} = \frac{V_{IN}}{8 \times f^{2} \times L \times C_{IN}} \times \left(1 - \frac{V_{IN}}{V_{OUT} + V_{D}}\right) \tag{6-15}$$

对串联等效电阻 ESR_CIN 上的电压纹波分析如下:

(1) 在开关断开时,等效串联电阻上的压降为 $\Delta I_{L}/2 \times R_{CIN\_ESR}$。

(2) 在开关导通时,等效串联电阻上的压降为 $-\Delta I_{L}/2 \times R_{CIN\_ESR}$。

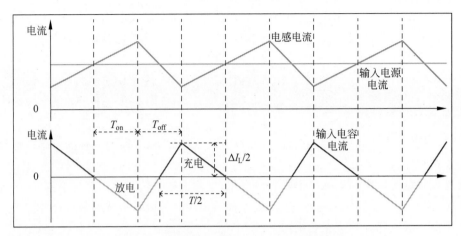

图 6-14　升压稳压器输入电容处的电流波形

两者相减就可以得到一个周期内等效串联电阻引起的纹波电压大小为

$$\Delta V_{C_{\text{IN\_ESR}}} = \Delta I_L \times R_{\text{CIN\_ESR}} = \frac{V_{\text{IN}}}{f \times L} \times \left(1 - \frac{V_{\text{IN}}}{V_{\text{OUT}} + V_{\text{D}}}\right) \times R_{\text{CIN\_ESR}} \qquad (6\text{-}16)$$

综合式(6-15)和式(6-16)就可以得到输入电容总的纹波电压为

$$\Delta V_{C_{\text{IN}}} = \Delta V_{C_{\text{IN\_Q}}} + \Delta V_{C_{\text{IN\_ESR}}} = \frac{V_{\text{IN}}}{f \times L} \times \left(1 - \frac{V_{\text{IN}}}{V_{\text{OUT}} + V_{\text{D}}}\right) \times \left(R_{\text{CIN\_ESR}} + \frac{V_{\text{IN}}}{8 \times f \times C_{\text{IN}}}\right)$$

$$(6\text{-}17)$$

　　根据求得的升压稳压器总输入电容纹波电压公式就可以计算选择合适的输入电容值。有一点需要注意的是,上述推导与计算并没有分析由电容充放电引起的纹波电压与由等效串联电阻引起的纹波电压之间的相位关系,实际上两者不是单纯叠加的关系。

　　另外也可以根据输入电容的种类来简化计算与选择过程。

　　(1) 若输入电容选择陶瓷电容,由于陶瓷电容的等效串联电阻较小,容量较小,则电容充放电引起的纹波电压起主要作用,可以直接使用充放电公式(见式(6-14))来计算所需电容值。

　　(2) 若输入电容选择铝电解电容,由于铝电解电容等效串联电阻较大,容量较大,则等效串联电阻引起的纹波电压起主要作用,可以直接使用等效串联电阻公式(见式(6-15))来计算所需的电容值。

6.4.4　输出电容的选择

　　升压稳压器的输出电容选择更加重要,因为其不仅影响输出电压的纹波大小,还主要影响着控制环路的稳定性。输出电容的选择同样需要严格考虑耐压值、容量和纹波电流大小等。

　　升压稳压器输出电容端的电流变化波形如图 6-15 所示。

　　稳态下负载电流恒定不变化,根据基尔霍夫定律,电感电流的变化量就等于电容的电流变化量,由于电容上的平均电流为零,所以可以根据下开关导通期间由输出电容供电推导电压变化量。

　　根据电容充放电的电荷变化量可以求得电容充放电纹波为

$$\Delta V_{C_{\text{OUT\_Q}}} = \frac{I_{\text{OUT}} \times T_{\text{ON}}}{C_{\text{OUT}}} = \frac{I_{\text{OUT}}}{f \times C_{\text{OUT}}} \times \left(1 - \frac{V_{\text{IN}}}{V_{\text{OUT}} + V_{\text{D}}}\right) \qquad (6\text{-}18)$$

同样,输出电容串联等效电阻上产生的电压为

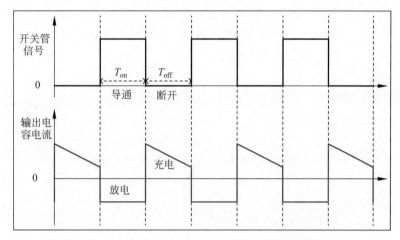

图 6-15　升压稳压器输出电容端的电流变化波形

$$\Delta V_{C_{OUT\_ESR}} = \left(I_L + \frac{\Delta I_L}{2} - I_{OUT} \times R_{COUT\_ESR}\right) - \left(-I_{OUT} \times R_{COUT\_ESR}\right)$$

$$= \left(\frac{V_{OUT} + V_D}{V_{IN}} \times I_{OUT} + \frac{V_{IN}}{2 \times f \times L} \times \left(1 - \frac{V_{IN}}{V_{OUT} + V_D}\right)\right) \times R_{COUT\_ESR}$$

$$(6\text{-}19)$$

在不考虑两种电压纹波之间的相位情况下理解为两者叠加,综合式(6-18)和式(6-19),就可以得到输如电容总的纹波电压为

$$\Delta V_{C_{OUT}} = \Delta V_{c_{OUT\_Q}} + \Delta V_{c_{OUT\_ESR}} = \frac{I_{OUT}}{f \times C_{OUT}} \times \left(1 - \frac{V_{IN}}{V_{OUT} + V_D}\right) +$$

$$\left(\frac{V_{OUT} + V_D}{V_{IN}} \times I_{OUT} + \frac{V_{IN}}{2 \times f \times L} \times \left(1 - \frac{V_{IN}}{V_{OUT} + V_D}\right)\right) \times R_{COUT\_ESR}$$

$$(6\text{-}20)$$

前述输入电容选择方法一般根据所需总纹波大小要求选择合适的电容,陶瓷电容和铝电解电容可分别以充放电纹波和等效串联电阻为主要因素,考虑电容值的计算选择。

6.5　升压稳压器建模实例——TPS610891

本节将通过实例对前面介绍的升压稳压器工作原理和控制策略进行系统和综合的介绍。并且利用前面介绍的仿真基础知识,对一款高集成度、大电流、面向消费市场且采取流行峰值电流与恒定关断时间控制模式的升压转换器进行建模,从而了解升压芯片内部的基本模块。

6.5.1　芯片介绍

TPS610891 是 TI 推出的一款全集成同步升压转换器,具有一个 19mΩ 主电源开关管和一个 27mΩ 整流开关管。该器件为便携式设备提供了一种高效、小尺寸的电源解决方案。TPS610891 具有 2.7～12V 的宽输入电压范围,以支持由单节或两节锂离子/聚合物电池供电的应用。TPS610891 具有 7A 连续开关电流能力,并提供高达 12.6V 的输出电压。

TPS610891 使用自适应恒定关断时间的峰值电流控制拓扑来调节输出电压。在中到重负载条件下，TPS610891 工作在脉宽调制（PWM）模式。在轻负载条件下，TPS610891 仍然工作在 PWM 模式，以避免低开关频率引起的应用问题。

TPS610891 的芯片特点如下：

- 输入电压范围为 2.7～12V；
- 输出电压范围为 4.5～12.6V；
- 在 $V_{IN}=3.3V$、$V_{OUT}=9V$ 和 $I_{OUT}=2A$ 时效率高达 90％；
- 电阻可编程峰值电流限制，高达 10A，适用于高脉冲电流应用；
- 可调开关频率为 200kHz～2.2MHz；
- 4ms 内置软启动时间；
- 轻负载下的强制 PWM 操作模式；
- 13.2V 时的内部输出过压保护；
- 逐周期过流保护；
- 热关断保护；
- 2.00mm×2.50mm VQFN HotRod 封装。

6.5.2　TPS610891 芯片框图介绍

如图 6-16 所示，整个芯片系统可以简单分为欠压检测、使能与内部参考源电路、内部时钟电路、内部误差放大器电路、电流采样与反馈与补偿电路、开关控制逻辑电路、驱动电路与内部开关管和保护电路等。TPS610891 采用前面介绍过的自适应恒定关断时间加峰值电流控制模式。

6.5.3　TPS610891 芯片分模块建模

1. 输入欠压检测、使能与关断逻辑

从芯片规格手册中可查找到欠压判断阈值与使能电压阈值等信息。另外，当芯片未使能时处于关断状态，当芯片使能且满足 VIN 未欠压或 VCC 未欠压时芯片处于正常工作状态。参数值分别如表 6-2 和表 6-3 所示。

表 6-2　TPS610891 芯片输入欠压阈值

参　数	参数描述	条　件	最小值	典型值	最大值	单位
V_{IN_UVLO}	输入欠压锁存阈值	V_{IN} 升高			2.7	V
		V_{IN} 降低		2.4	2.5	V
V_{IN_HYS}	输入欠压锁存阈值迟滞值			200		mV

表 6-3　TPS610891 芯片使能阈值

参　数	参数描述	最小值	典型值	最大值	单位
V_{EN_H}	EN 高电平阈值			1.2	V
V_{EN_L}	EN 低电平阈值	0.4			V
R_{EN}	EN 下拉电阻		800		kΩ

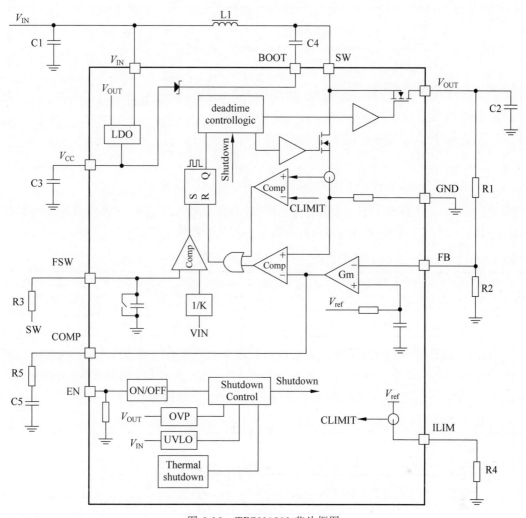

图 6-16 TPS610891 芯片框图

根据上面的参数可以得到以下信息：

- TPS610891 的欠压阈值为 2.6V(上升沿)和 2.4V(下降沿)，迟滞电压为 200mV；
- TPS610891 的使能高电平阈值为 1.2V，禁止使能电平阈值为 0.4V，且 EN 引脚内部下拉电阻为 800kΩ；

对这部分电路进行建模思路较为简单，使用模拟比较器建模如图 6-17 所示。

当输入电压高于最大 UVLO 上升阈值 2.7V，且 EN 引脚被拉到高阈值以上时，TPS610891 使能。当 EN 引脚被拉低于低阈值时，TPS61089x 进入关机模式。关机模式下停止开关，电流消耗小于 3μA。由于高侧整流场效应管的体二极管，在关闭模式下，输入电压通过体二极管并出现在 V_{OUT} 引脚。

2. 芯片内部供电

一般开关电源芯片内部都会有一个或多个 LDO，一般为芯片内部模拟电路、数字电路或外部供电。以 TPS610891 芯片为例，因为设计为集成开关管的同步方案，当驱动内部上

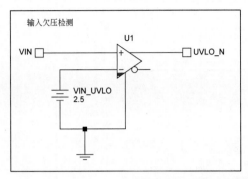
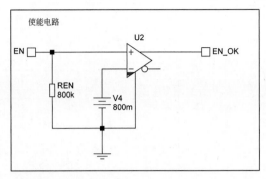

图 6-17 TPS610891 输入欠压检测与使能电路建模

N 型开关管时,通常需要一个 Bootstrap 电容,这个电容的充电电源一般来自芯片内部的 LDO。我们可以从数据手册规格书内查看到对其相关参数的描述,如表 6-4 所示。

表 6-4 TPS610891 芯片内部电源 V_{CC} 参数

参　　数	参　数　描　述	条　　件	电　压　值	单　　位
V_{CC}	V_{CC} 正常电压	$I_{CC}=2\text{mA},V_{IN}=8\text{V}$	5.8	V
V_{CC_UVLO}	V_{CC_UVLO} 阈值	V_{CC} 下降	2.1	V

可见,其设计输出电压为 5.8V(典型值),且内部欠压保护阈值为 2.1V。如图 6-18 所示为 TPS610891 芯片内部电源框图,根据 TPS610891 芯片框图中的关于 VCC 的部分可以看出 VCC 是芯片内部的一个 LDO 部分,其输入可来自 VIN 或 VOUT。

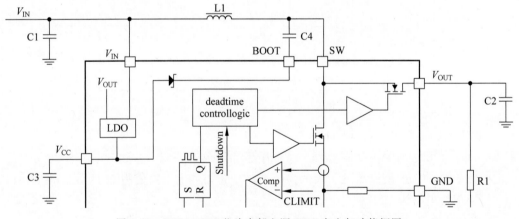

图 6-18 TPS610891 芯片内部电源 VCC 产生与功能框图

如此设计主要考虑了如下几个因素:

(1) 在芯片开始工作之前,V_{IN} 上电,V_{OUT} 还未建立时,LDO 输入来自 V_{IN},且这时若 $V_{IN} < 5.8\text{V}$,则 V_{CC} 跟随 V_{IN},若 $V_{IN} \geqslant 5.8\text{V}$,则 V_{CC} 输出稳定的 5.8V 电压。

(2) 当芯片输出电压建立完成以后,当 V_{OUT} 高于 V_{IN} 后(这是必然的,因为这是一个升压电路),LDO 的输入来自 V_{OUT},同样,若 $V_{OUT} < 5.8\text{V}$,则 V_{CC} 跟随 V_{OUT},若 $V_{OUT} \geqslant 5.8\text{V}$,则 V_{CC} 稳定产生一个 5.8V 的输出电压。

根据芯片框图结构与上述描述,可以将 V_{CC} 产生电路建模如图 6-19 所示。

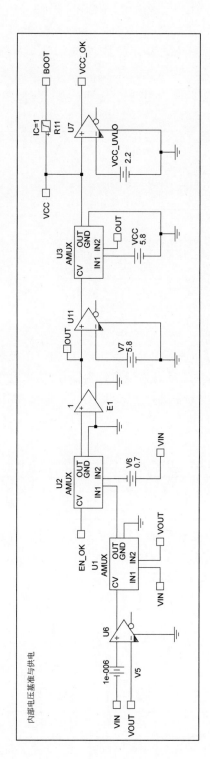

图 6-19　TPS610891 内部电源 VCC 电路建模

这个电路可以分为 4 部分：第一部分为 V_{IN} 与 V_{OUT} 电压判断,第二部分为使能判断,第三部分为与 5.8V 比较判断 VCC 电源来源,最后一部分为 V_{CC} 输出判断和 Boot 电容供电电路。

其中的 U1、U2、U3 可以理解为通道选择器,当 CV 引脚为高逻辑电位时,输出连接到 IN1 输入,否则连接到 IN2 输入。

结合芯片的输入欠压检测,使能与内部电源 V_{CC} 可以组合成芯片的关断逻辑,建模如图 6-20 所示。

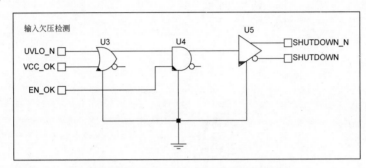

图 6-20 TPS610891 关断逻辑电路建模

3. 软启动电路

软启动的目的在于控制启动过程中的占空比,将输出电压慢慢地建立起来,同时减少从输入端进去的浪涌电流。因为一开始若占空比过大,同时输出电压很低,输出电容上的电压也很低,在开关导通期间路径上的阻抗很小,这时若不限制占空比的大小,则会出现很大的浪涌电流,同时电感也容易出现饱和。查看数据手册规格表,可以看出软启动设计典型时间值约为 4ms,如表 6-5 所示。

表 6-5 TPS610891 内部软启动时间参数

参数	参数描述	条 件	最小值	典型值	最大值	单位
t_{SS}	软启动时间	C_{OUT}(有效)$=47\mu F, I_{OUT}=0A$	2	4	6	ms

建模中的一般做法是利用电流源对一个电容充放电,然后得到一个带钳位的基准源,如图 6-21 所示,同时输出一个软启动结束标志信号。

从建模电路可以看出,需要满足前述的非关断条件才可以启动软启动过程。

4. 可编程峰值电流保护

为避免意外的大峰值电流,TPS610891 采用内部逐周限流。当峰值开关电流触及极限时,低侧开关立即关闭。电感的峰值电流可以通过选择正确的外部电阻值与所需的电流限制相关联来设定。表 6-6 为芯片规格书内关于芯片内部限流的规格参数。

表 6-6 TPS610891 限流规格参数

参数	参数描述	条 件	最小值	典型值	最大值	单位
I_{LIM}	开关的峰值电流限制	$R_{ILIM}=127k\Omega$	7.3	8.1	8.9	A
		$R_{ILIM}=100k\Omega$	9.0	10	11	A
V_{ILIM}	ILIM 引脚的内部参考电压			1.212		V

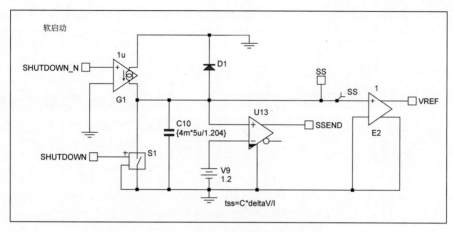

图 6-21　TPS610891 软启动电路建模

可用下面的公式计算 TPS610891 的正确电阻值：

$$I_{LIM} = \frac{1030000}{R_{ILIM}} \tag{6-21}$$

其中，

- R_{ILIM} 是连接在 I_{LIM} 引脚和接地之间的电阻。
- I_{LIM} 是开关的峰值电流限制。

电路实现原理是在芯片内部通过电流镜产生一个基准电流与经过低侧开关管的采样电流值做比较，从而保护芯片。从建模角度来实现这一功能非常简单。如图 6-22 所示，这里通过一个电压源与外接设定电阻产生一个基准电流，然后通过匹配增益来满足式（6-21）中的关系，最后得到电流限值。

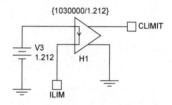

图 6-22　TPS610891 峰值电流限制电路建模

5. 误差放大器电路

TPS610891 采用的是自适应恒定关断模式＋峰值电流模式，通过内部电流环加外部电压环实现输出电压的稳定，通过恒定关断电路实现快速的瞬态响应。外部电压环依靠误差放大器监测输出电压采样值与内部基准电压值的误差，进而调整开关占空比。

数据手册中关于误差放大器的部分参数如表 6-7 所示。

表 6-7　TPS610891 误差放大器参数（部分）

误差放大器	参　　数	条　　件	典型值	单位
I_{SINK}	COMP pin sink current	$V_{FB} = V_{REF} + 200\text{mV}, V_{COMP} = 1.9\text{V}$	20	μA
I_{SOURCE}	COMP pin source current	$V_{FB} = V_{REF} - 200\text{mV}, V_{COMP} = 1.9\text{V}$	20	μA
V_{CCLP_H}	High clamp voltage at the COMP pin	$V_{FB} = 1\text{V}, R_{ILIM} = 127\text{k}\Omega$	2.3	V
V_{CCLP_L}	Low clamp voltage at the COMP pin	$V_{FB} = 1.4\text{V}, R_{ILIM} = 127\text{k}\Omega$	1.4	V
G_{EA}	Error amplifier transconductance	$V_{COMP} = 1.9\text{V}$	190	μS

可以看出，误差放大器的增益 G_{EA} 为 $190\mu S$，输出电压钳位值最高为 2.3V、最低为

1.4V,另外两个参数值表明在一定条件下的驱动能力,对其建模如图 6-23 所示。

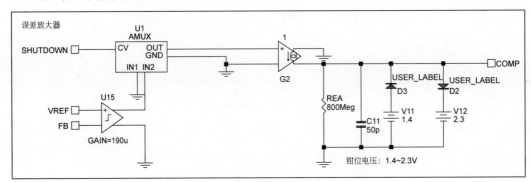

图 6-23　TPS610891 误差放大器参数电路建模

6. 启动逻辑控制电路

TPS610891 是一个同步的升压转换器,其启动过程较为复杂,具体描述如下:

- 在系统使能之前,输入电源通过高侧开关管的体二极管(PFET)连接到输出上,$V_{OUT} = V_{IN} - V_D$,其中 V_D 为高侧开关管体二极管压降,V_{FB} 为输出电压分压。

- 接收到输入电压信号与使能信号后,判断是否满足启动条件,进而产生内部 LDO 信号 VCC。

- 当上述输入、使能与内部 LDO 信号都准备就绪后开始软启动过程,产生基准电压 V_{REF},因为此时输出 V_{FB} 上已经有一部分来自输入的电压分压,所以在 $V_{REF} < V_{FB}$ 过程中不开启时钟也不开启任何开关操作。

根据分析结果,对其建模如图 6-24 所示。

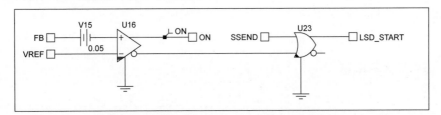

图 6-24　TPS610891 启动输出判断电路建模

- 当内部软启动参考电压值 V_{REF} 超过 V_{FB} 后,使能内部时钟与开关操作。

- 由于启动过程中 V_{OUT} 偏低,若一开始就让恒定关断时间(Constant T_{OFF})电路参与,则会造成 T_{OFF} 时间过长、开关频率太低,容易进入音频噪声范围内,故设计为在启动过程中使用一个低频的内部固定时钟源。

- 在 $V_{IN} \times 1.1 > V_{OUT}$ 之前使用内部 300kHz 时钟,且此过程中只开启低侧开关管,高侧开关管不导通,继续使用其体二极管传输能量到输出端。

- $V_{IN} \times 1.1 < V_{OUT}$ 后开启内部环路控制时钟,开放高侧开关管导通信号,这时高侧开关管就可以正常导通了。

- 此后就由峰值电流模式与恒定关断时间逻辑电路来控制高低侧开关管的开关状态。

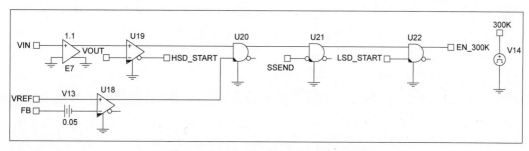

图 6-25　TPS610891 启动逻辑电路建模

7. 自适应恒定关断时间控制逻辑电路

TPS610891 同步升压变换器工作在准恒频率脉宽调制（PWM）在中等到高负载条件下。根据 V_{IN} 与 V_{OUT} 的比值，电路可以预测开关周期所需的断开时间。在每个开关周期的开始，低侧 N-MOSFET 开关被打开，电感电流上升到由内部误差放大器输出决定的峰值电流。当达到峰值电流后，电流比较器输出逻辑翻转，关闭低侧 N-MOSFET 开关，电感电流在死区持续时间内通过高侧 N-MOSFET 的体二极管。在死区时间之后，高侧 N-MOSFET 开关打开。由于输出电压高于输入电压，所以电感电流减小。高侧开关不关闭，直到固定的关闭时间到达。死区时间后，低侧开关再次打开，重复开关周期。

高侧开关管导通的时间是根据输入输出电压自适应调整的，那么这个自适应的关断时间是如何产生的呢？下面就重点介绍这一部分的电路与工作原理。

如图 6-26 所示，FSW 经过一个电阻连接到 SW 开关节点，在低侧开关管关断期间（高侧开关管导通或其体二极管导通）V_{SW} 电压即 V_{OUT} 电压经过一个电阻对电容进行充电，PV_{OUT} 是一个与输出电压幅值有关的信息量，而 PV_{IN} 是 SW 节点对地的一个电阻分压信号，SW 节点的平均电压为 $V_{OUT}(1-D)\dfrac{T}{T}=V_{IN}$，即 PV_{IN} 代表一个与 V_{IN} 成正比的信号量，而 PV_{OUT} 与 PV_{IN} 相比较产生高侧开关管关断信号，即 T_{OFF}，当 V_{IN} 和 V_{OUT} 处于稳态时，T_{OFF} 就是一个恒定量，与负载大小无关。

1）恒定关断时间计算过程

（1）$PV_{IN}=V_{IN}\times K1$，其中 $K1$ 为电阻分压比，如 $\dfrac{800\text{k}\Omega}{800\text{k}\Omega+2400\text{k}\Omega}=0.25$。

（2）$PV_{OUT}=V_{OUT}/R\times T/C$，其中 R 为 SW 与 FSW 之间连接的外部电阻，C 为芯片内部充电电容，T 为低侧开关管关断时间，即高侧开关管导通时间。

（3）稳态下 $PV_{IN}=PV_{OUT}$，即 $V_{IN}\times K1=V_{OUT}/R\times T_{OFF}/C$，可以推导出 $T_{OFF}=V_{IN}\times K1\times C\times R/V_{OUT}$，$T_{OFF}=2.7\text{V}\times0.25\times24\text{pF}\times301\text{k}\Omega/5\text{V}=934\text{ns}$。

2）如何计算开关频率

TPS61089x 具有从 200kHz 到 2.2MHz 宽可调开关频率范围。开关频率由连接在 TPS61089x 的 FSW 引脚和 SW 引脚之间的电阻设置。TPS61089x 规格书内提供了计算开关频率所需的电阻值公式如下：

$$R_{FREQ}=\dfrac{4\times\left(\dfrac{1}{f_{SW}}-t_{DELAY}\times\dfrac{V_{OUT}}{V_{IN}}\right)}{C_{FREQ}} \tag{6-22}$$

其中,

- R_{FREQ} 是连接在 FSW 引脚和 SW 引脚之间的电阻。
- C_{FREQ} 为 24pF。
- f_{SW} 是所需的开关频率。
- t_{DELAY} 为 86ns。
- V_{IN} 为输入电压。
- V_{OUT} 为输出电压。

也可以根据前述的 T_{OFF} 推导过程来计算开关频率。由于在 CCM 模式下 $V_{\text{OUT}} = V_{\text{IN}}/(1-D)$,可得 $1-D = V_{\text{IN}}/V_{\text{OUT}}$,则 $(1-D) \times T = V_{\text{IN}}/V_{\text{OUT}} \times T$,即 $T_{\text{OFF}} = V_{\text{IN}}/V_{\text{OUT}} \times T$,则 $T = T_{\text{OFF}} \times V_{\text{OUT}}/V_{\text{IN}}$,将上述 $T_{\text{OFF}} = V_{\text{IN}} \times K1 \times C \times R/V_{\text{OUT}}$ 表达式代入,可得开关周期时间为 $T = K1 \times C \times R$,则可以得知开关周期完全由 $K1$、C 和 R 决定。如图 6-26 所示,$T = 0.25 \times 23\text{pF} \times 301\text{k}\Omega = 1.73\mu\text{s}$。由于上述推导没有考虑到路径上的损耗和死区时间以及延迟等,故与实际有偏差,但应当比较接近。

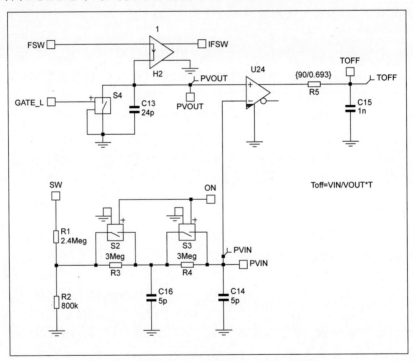

图 6-26 TPS610891 自适应恒定关断时间电路建模

8. 开关管逻辑与驱动电路

TPS610891 芯片的工作过程前面已经讨论过,详细的 PWM 逻辑电路建模如图 6-27 所示。正常工作时,导通时间由峰值电流检测电路与反馈环路电路控制,关断时间由自适应恒定关断控制电路决定。

关于开关管关断时间的逻辑,在软启动阶段是由内部低频 300kHz 时钟控制的,而当软启动结束后就由自适应关断时间逻辑电路接管。正常工作时的导通时间由峰值电流模式决定。

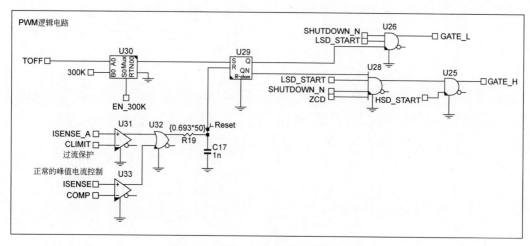

图 6-27　TPS610891 开关逻辑电路建模

图 6-27 中的 GATE_L 和 GATE_H 是逻辑电路产生的控制开关管的信号,还需加上防止同时导通的逻辑处理以及死区时间处理,如图 6-28 所示。

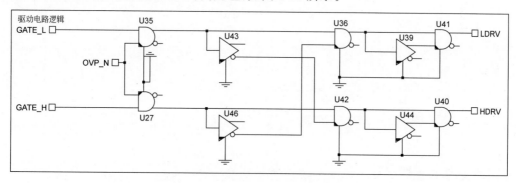

图 6-28　TPS610891 驱动逻辑电路建模

9. 电感电流检测电路与内部开关管

TPS610891 集成了两个开关管,此处利用分立的元器件搭建了 NFET 开关管,好处在于可以自由地设置开关管参数,包括开启电压、寄生体二极管与电容等。芯片规格书内关于开关管的参数说明如表 6-8 所示。

表 6-8　TPS610891 开关管规格参数

参数	参数描述	条件	最小值	最大值	单位
$R_{DS(on)}$	高侧开关管导通阻抗	$V_{CC}=6V$	27	44	mΩ
	低侧开关管导通阻抗	$V_{CC}=6V$	19	31	mΩ

对 TPS610891 开关管与电流检测电路的建模如图 6-29 所示。ISW 为流过高侧开关管的采样电流,用来判断在高侧开关管导通期间电感电流是否降低到零并反向流动。

ISENSE_A 检测的是流过低侧开关管的电流,是用来控制低侧开关管的关闭,受控于电流和电压控制环路。低侧开关管的采样等效电阻为 80mΩ,该值来自于 TPS61089x 数据手册中应用电路章节给出的 Rsense 值。由于前述误差放大器低压钳位输出为 1.4V,所以此处也需要对低侧开关管的采样电流值加一个 1.4V 的偏置电压。

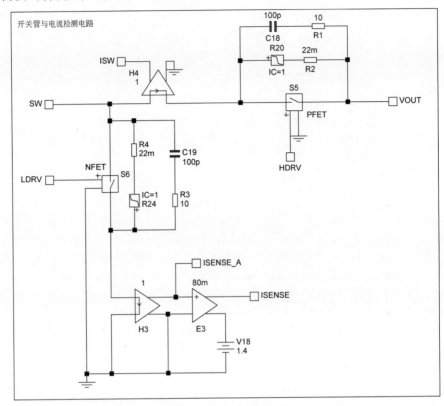

图 6-29　TPS610891 开关管与电流采样电路建模

10. 过零点检测电路

过零点检测电路的原理比较简单,即当高侧开关管导通时,检测流过高侧开关管的电流(即电感电流),当电流小于零时,表明检测到了过零点时刻。

在轻负载条件下,TPS610891 实现了 PFM 模式的轻负载高效率应用需求。TPS610891 为需要固定开关频率的应用实现强制 PWM 模式,以避免意外的开关噪声干扰。

1) 强制 PWM 模式

在强制 PWM 模式下,TPS610891 在轻负载条件下保持开关频率不变。当负载电流减小时,内部误差放大器的输出也减小,以使电感的峰值电流降低,从输入到输出的功率更少。当输出电流进一步减小时,通过电感的电流将在关闭时间内减小到零。即使通过 MOSFET 的电流为零,高侧 N-MOSFET 也不会关闭。因此,电感电流在降低到零后改变方向。功率从输出侧流向输入侧。这种模式的效率很低,但在固定开关频率的情况下,没有音频噪声等问题以及在轻负载条件下开关频率低可能造成的问题。

2) PFM 模式

TPS610891 通过 PFM 模式提高了轻负载时的效率。当变换器在轻负载条件下工作时,内部误差放大器的输出降低,使电感的峰值电流降低,给负载的功率更少。当输出电流进一步减小时,通过电感的电流将在关闭时间内减小到零。一旦通过高侧 N-MOSFET 的电流为零,高侧 MOSFET 将关闭,直到下一个开关周期的开始。当误差放大器的输出连续下降,达到相对于峰值电流 ILIM 的 1/10 时,误差放大器的输出被固定在这个值,不再下降。如果负载电流小于 TPS610891 提供的,那么输出电压增加到额定输出电压以上,TPS610891 会延长开关周期的关闭时间,以提供更少的能量到输出,并将输出电压调节到比标称设置电压高 1.0%。在 PFM 工作模式下,TPS610891 在负载电流降至 1mA 时仍能保持 70% 以上的效率。在轻负载情况下,由于低峰值电感电流,输出电压纹波小得多,如图 6-30 所示。

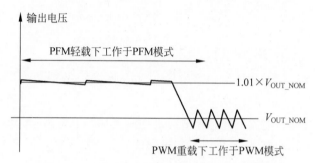

图 6-30　TPS610891 工作在 PWM 和 PFM 模式

在 PWM&PFM 模式下,检测到电感电流降低到零后,立即关闭高侧开关管,可以建模如图 6-31 所示。

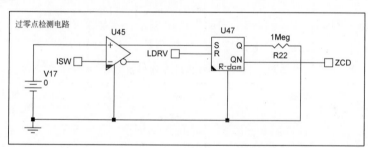

图 6-31　TPS610891 过零点检测电路建模

在 PWM&PFM 模式下,由于当检测到电感电流降低到零时,还会继续打开高侧开关管,所以可以将上述 ZCD 信号直接连接到一个高电平,这样就可以避免检测到电感电流为负时对开关管动作的影响。

11. 保护电路

TPS610891 芯片的保护措施有过压保护、过流保护。

1) 过压保护

芯片数据手册内关于输出过压保护的参数规格如表 6-9 所示。

表 6-9　TPS610891 过压保护参数

参数	参数描述	条件	最小值	典型值	最大值	单位
V_{OVP}	输出过压保护阈值	V_{OUT} 升高	12.7	13.2	13.6	V
V_{OVP_HYS}	输出过压保护迟滞	V_{OUT} 降至低于 V_{OVP}		0.25		V

从数据手册中了解到过压保护的机制与表现为:当检测到输出电压超过 13.2V(典型

值)后,立即停止开关管的工作,直到输出电压低于安全阈值后才正常开始工作。可以建模如图 6-32 所示,对开关管的逻辑作用可以见图 6-28 驱动逻辑电路。

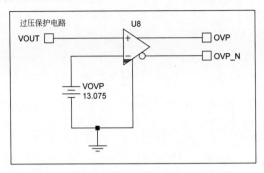

图 6-32　TPS610891 过压保护电路建模

2）过流保护

为了避免过大的峰值电流流经芯片造成损伤或毁坏,TPS610891 器件在芯片内部会实时监测流过低侧开关管的电流,当检测到超过阈值后会立即关断低侧开关管,避免电感过流饱和。该电感峰值阈值由连接到 I_{LIM} 引脚的电阻决定。

电流峰值与电阻的关系式为

$$I_{\mathrm{LIM}} = \frac{1030000}{R_{I_{\mathrm{LIM}}}} \tag{6-23}$$

其中,$R_{I_{\mathrm{LIM}}}$ 是连接到 I_{LIM} 引脚和地平面间的电阻值,I_{LIM} 为开关峰值电流。

从规格书中可以查看到关于电流峰值的规格参数如表 6-10 所示。

表 6-10　TPS610891 电流峰值参数

参数	参数描述	条件	最小值	典型值	最大值	单位
I_{LIM}	开关的峰值电流限制,TPS610891	$R_{I_{\mathrm{LIM}}}=127\mathrm{k}\Omega$	7.3	8.1	8.9	A
		$R_{I_{\mathrm{LIM}}}=100\mathrm{k}\Omega$	9.0	10	11	A
$V_{I_{\mathrm{LIM}}}$	I_{LIM} 引脚的内部参考电压			1.212		V

可以简单理解是一个电压源与一个电阻设定了该阈值,然后用此阈值与实时流经低侧开关管的电流做比较,建模电路如图 6-33 所示。

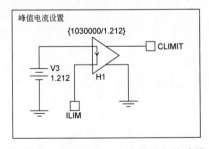

图 6-33　TPS610891 过流保护电路建模

12. 总体模型

前面介绍了系统的各个模块部分电路,下面看一下整体连接起来的电路,如图 6-34 所示。

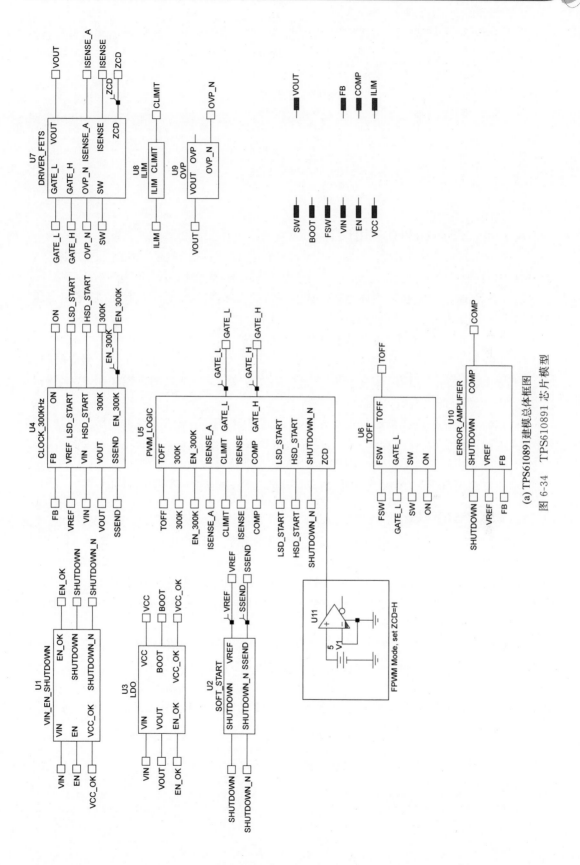

(a) TPS610891建模总体框图

图 6-34 TPS610891 芯片模型

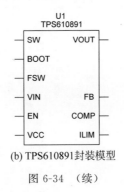

(b) TPS610891封装模型

图 6-34 （续）

6.5.4 TPS610891 应用设计

TPS610891 主要应用在蓝牙扬声器、快充移动电源等消费产品上,这些产品通常要求电流较大、瞬态响应速度快、尺寸小、高性价比等。本节将结合 TPS610891 规格书的应用章节介绍其应用。

首先需要确定应用规格,主要是客户或者项目的实际需求,如输入电压范围、输出电压、输出最大电流、输出电压纹波、输出瞬态响应、效率等。

确定了上述应用规格后,再计算和选取外围配置的元器件参数。

- 选择开关频率。开关频率的选择需要考虑尺寸大小、效率和外围元器件供应等很多方面,从数据手册推荐的一些值开始设计会比较合适。通过配置连接在 SW 引脚与 FSW 引脚的电阻值可以设定开关频率。
- 选择电流保护点。需要在最小输入电压、最高输出电压及最大输出功率下计算电感电流的峰值,并在此基础上加上足够的裕量来保证各种元器件和环境的变化等。通过配置连接在 ILIM 与地平面间的电阻就可以设定该值。
- 设定输出电压值。输出电压值的设定比较常规,通过电阻分压比即可设置。

1. 选择合适的电感

因为电感的选择会影响到电路的稳态工作、瞬态响应、环路稳定性与转换效率等,所以电感的选择需要慎之又慎。选择电感时主要考虑以下 3 个参数:电感值、直流阻抗和饱和电流。

TPS610891 支持 $0.47 \sim 10\mu H$ 的电感。通常 $0.47\mu H$ 的电感较小,$10\mu H$ 的电感较大但可以实现较小的电感电流纹波。通常如果受限于相同的电流限保护阈值,那么使用较大的 $10\mu H$ 电感可以尽可能地输出更大的电流。

电感电流的饱和参数一般定义为当流过其中的电流值超过阈值时,其电感值会比零电流流过时的电感值低 $20\% \sim 35\%$,同时还要考虑电感的参数误差范围,务必要保证在最恶劣条件下(对于升压器件来说,就是最低输入电压、最大输出电压、最大负载,考虑电感值误差分布后的最小电感值、最低转换效率)保证电感电流峰值低于其饱和电流参数定义值,且加一定裕量。

可以使用下式计算电感电流的直流量:

$$I_{DC} = \frac{V_{OUT} \times I_{OUT}}{V_{IN} \times \eta} \tag{6-24}$$

其中,

- V_{OUT} 是升压转换器输出电压。
- I_{OUT} 是升压转换器输出电流。

- V_{IN} 是升压转换器输入电压。
- η 是功率转换效率。

使用下式计算电感电流峰峰值:

$$I_{PP} = \cfrac{1}{L \times \left(\cfrac{1}{V_{OUT} - V_{IN}} + \cfrac{1}{V_{IN}} \right) \times f_{SW}} \qquad (6\text{-}25)$$

其中,

- I_{PP} 是电感电流峰峰值。
- L 是电感值。
- f_{SW} 是开关频率。
- V_{OUT} 是输出电压。
- V_{IN} 是输入电压。

因此,电感电流的峰值可以计算如下:

$$I_{Lpeak} = I_{DC} + \frac{I_{PP}}{2} \qquad (6\text{-}26)$$

在使用 TPS610891 时,设置电流峰值保护限高于电感电流峰值,同时选择饱和电流超过设定电流值的电感。

升压稳压器的效率取决于路径上的阻抗、开关管的开关损耗及电感磁芯损耗等。由于 TPS610891 内部集成了开关管与驱动电路,当选定开关频率后无法继续优化,那么只能从外部电感的直流阻抗 DCR、等效交流阻抗 ESR 及磁芯损耗入手了。首先磁芯损耗主要取决于磁芯材料与厂家的制造工艺,其次一般情况下电感电流交流纹波越大,直流与交流损耗也会越大,有意思的是通常电感厂家不会提供磁芯损耗和 ESR 值。细致的分析需要咨询电感厂家获取相关信息。表 6-11 是 TI 推荐的几款适合于 TPS610891 的电感。

表 6-11 推荐电感参数

产品料号	$L(\mu H)$	DCR max ($m\Omega$)	饱和电流/热恒定电流(A)	尺寸($L \times W \times H$ mm³)	供应商
CDMC8D28NP-1R8MC	1.8	12.6	9.4/9.3	$9.5 \times 8.7 \times 3.0$	Sumida
744311150	1.5	7.2	14.0/11.0	$7.3 \times 7.2 \times 4.0$	Wurth-Elektronik
744311220	2.2	12.5	13.0/9.0	$7.3 \times 7.2 \times 4.0$	Wurth-Elektronik
PIMB103T-2R2MS	2.2	9.0	16/13	$11.2 \times 10.3 \times 3.0$	Cyntec
PIMB065T-2R2MS	2.2	12.5	12/10.5	$7.4 \times 6.8 \times 5.0$	Cyntec

2. 输入电容的选择

由于升压稳压器的输入电流一般是连续的,但是输入电源与电感间的寄生电感与电阻会影响输入电压的纹波,输入电容的目的在于减小此电压纹波,一般升压转换器的输入电容无须很大,但需要尽量靠近芯片的供电输入端。

对于 TPS610891,VIN 引脚处推荐的输入电容是 $10\mu F$ 的陶瓷电容,另外,VCC 引脚连接着内部的 LDO,需要在此引脚连接一个至少 $1\mu F$ 的陶瓷电容。

3. 输出电容的选择

一般而言,对于升压稳压器而言,输出电容在低侧开关管闭合电感蓄能阶段为负载提供能量,需要选择足够容量的电容值。目前陶瓷电容的应用越来越广泛,陶瓷电容有两个特性需要多加注意:一是直流偏压效应,即实际陶瓷电容容值会随加在其两端的电压值的升高而降低；二是压电效应，若加在陶瓷电容两端的电压纹波幅值够大且频率在音频范围内，则容易造成陶瓷电容振荡，产生音频噪声，这在一些消费应用场合较易出现。

输出纹波主要由两部分组成：一是由电感电流在输出电容充放电产生的，二是电感电流在输出电容串联 ESR 上产生的。可以使用下式分别计算升压转换器的输出电压纹波值：

$$V_{\text{ripple\_dis}} = \frac{(V_{\text{OUT}} - V_{\text{IN\_MIN}}) \times I_{\text{OUT}}}{V_{\text{OUT}} \times f_{\text{SW}} \times C_{\text{O}}} \tag{6-27}$$

$$V_{\text{ripple\_ESR}} = I_{\text{Lpeak}} \times R_{\text{ESR}} \tag{6-28}$$

其中，

- $V_{\text{ripple\_dis}}$ 是输出电容充放电产生的纹波。
- $V_{\text{ripple\_ESR}}$ 是输出电容 ESR 产生的纹波。
- $V_{\text{IN\_MIN}}$ 是升压转换器最低输入电压。
- V_{OUT} 是输出电压。
- I_{OUT} 是输出电流。
- I_{Lpeak} 是电感电流峰值。
- f_{SW} 是转换器开关频率。
- C_{O} 是输出电容有效值，需要考虑直流偏置效应。
- R_{ESR} 是输出电容串联阻抗。

4. 环路设计

研究环路与补偿器的目的就是需要保证系统在各种目标应用场景中都是稳定的，这就需要按照前面介绍的分析过程来分析与设计补偿电路。

1）估算系统带宽

开关电源系统的带宽与很多因素相关，包括芯片外围元器件的选择、芯片应用场景与芯片的控制模式和内部/外部补偿等。

从芯片建模角度来说，最重要的就是全面分析系统应用场景，尤其是如何在最恶劣应用条件下保证系统的稳定性，从新项目角度更需要这样分析与设计。从一个已实现的芯片建模角度来说，因为集成化程度越高，我们能够获取的信息就越少，所以最简洁的方式就是从芯片的负载瞬态变化角度来估算系统的带宽。

以 TPS610891 为例，我们可以以查看芯片厂商提供的一些测试数据或自己制作一块应用电路板测试一些表现。如图 6-35 所示为芯片厂商提供的 TPS610891 评估板测试数据，测试条件为输出 9V、负载在 1A 和 2A 间跳变的测试波形。

从这个测试波形中可以大致估算出系统的带宽和相位裕度，其带宽可以用以下公式估算：

$$\Delta V_{\text{O}} = \frac{\Delta I_{\text{O}}}{2 \times \pi \times f_{\text{BW}} \times C_{\text{O\_effective}}} \tag{6-29}$$

其中，

- V_{O} 为输出电压瞬态变化幅值。
- I_{O} 为输出负载电流变化幅值。
- f_{BW} 芯片系统带宽。
- $C_{\text{O\_effective}}$ 为输出电容有效值，需考虑直流偏置效应。

将 $\Delta V_{\text{O}} = 400\text{mV}$，$\Delta I_{\text{O}} = 1\text{A}$，$C_{\text{O\_effective}} = 22\mu\text{F} \times 50.7\% \times 3$ 代入式（6-29）即可估算出

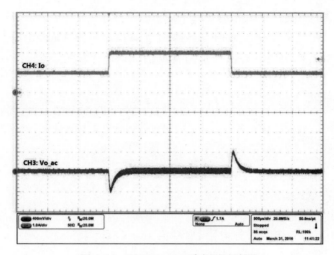

图 6-35　TPS610891 瞬态测试波形

系统带宽为

$$f_{BW} = \frac{\Delta I_O}{2 \times \pi \times \Delta V_O \times C_{O\_effective}} = 11.89 \text{kHz} \tag{6-30}$$

至于相位,从瞬态波形中可以看出其输出没有出现振荡,说明系统至少是临界阻尼状态或者是过阻尼状态,相位裕度至少 45°以上。

图 6-36 为 TPS610891 评估板波特图测试结果。

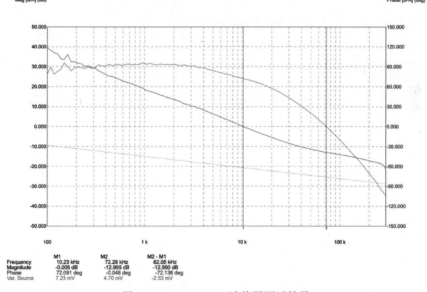

	M1	M2	M2 - M1
Frequency	10.23 kHz	72.28 kHz	62.05 kHz
Magnitude	-0.005 dB	-12.955 dB	-12.950 dB
Phase	72.091 deg	-0.048 deg	-72.138 deg
Var. Source	7.23 mV	4.70 mV	-2.53 mV

图 6-36　TPS610891 波特图测试结果

从图 6-36 可以看出,系统带宽为 10.23kHz,相位裕度为 72.091°。接下来就根据此目标来设计补偿环路。

2) 功率级传递函数

TPS610891 使用外部补偿,一方面是该升压转换器输入/输出应用场景多,很难使用一种内部补偿涵盖多种应用场景,另一方面是升压转换器通常需要设计的补偿器的电容值较大,为了减小芯片面积,通常使用外部补偿电路。

对于 TPS610891 这种恒定关断时间加峰值电流控制电路来说,在稳态下,恒定关断控制其实不影响环路特性,所以其环路特性与常见的峰值电流模式类似,其中功率级的传递函数如下:

$$G_{PS}(s) = \frac{R_O \times (1-D)}{2 \times R_{sense}} \times \frac{\left(1 + \frac{s}{2 \times \pi \times f_{ESRZ}}\right) \times \left(1 - \frac{s}{2 \times \pi \times f_{RHPZ}}\right)}{1 + \frac{s}{2 \times \pi \times f_P}} \tag{6-31}$$

其中,

- D 为开关占空比。
- R_O 为输出负载电阻。
- R_{sense} 为内部等效电流采样电阻,典型值为 0.08Ω。
- f_P 为主机点频率。
- f_{ESRZ} 为零点频率。
- f_{RHPZ} 为右半平面零点频率。

其中,D、f_P、f_{ESRZ} 和 f_{RHPZ} 可计算如下:

$$D = 1 - \frac{V_{IN} \times \eta}{V_{OUT}} \tag{6-32}$$

其中,η 为功率转换效率。

- 主极点频率为

$$f_P = \frac{1}{2 \times \pi \times R_O \times C_O} \tag{6-33}$$

其中,C_O 为输出电容值。

- ESR 零点频率为

$$f_{ESRZ} = \frac{1}{2 \times \pi \times R_{ESR} \times C_O} \tag{6-34}$$

其中,R_{ESR} 为输出电容等效串联电阻。

- 右半平面零点为

$$f_{RHPZ} = \frac{R_O \times (1-D)^2}{2 \times \pi \times L} \tag{6-35}$$

图 6-37 为使用 MathCAD 绘制的功率级传递函数波特图。

3) 补偿器设计

在选择环路穿越频率时,频率越高,环路增益在穿越频率前保持在零分贝以上,环路响应速度就越快。一般认为环路穿越频率不高于开关频率(f_{SW})的 1/10 或 RHPZ 频率(f_{RHPZ})的 1/5。根据前面波特图中测试得到的带宽可以从图 6-37 中得知功率级在穿越频率处的增益和相位分别为

$$20\log(|G_{PS}(f_{BW})|) = 6.501 \tag{6-36}$$

$$\arg(G_{PS}(f_{BW})) \cdot \frac{180}{\pi} = -89.341 \tag{6-37}$$

根据前面介绍的 K 因子法计算补偿器传递函数在穿越频率处需要提升的增益和相位量分别为

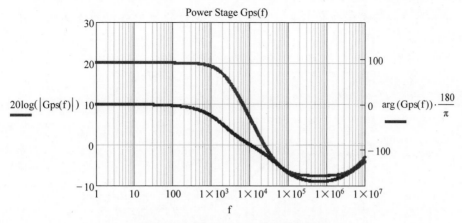

图 6-37 TPS610891 功率级传递函数

$$G = 10^{-20 \cdot \frac{\log(|G_{PS}(f_{BW})|)}{20}} = 0.473 \tag{6-38}$$

$$\text{Boost} = \text{PM} - 90 - \arg(G_{PS}(f_{BW})) \cdot \frac{180}{\pi} = 71.341 \tag{6-39}$$

可以得知,由于相位提升量不超过 90°,因此需要选择 Ⅱ 型补偿器,Ⅱ 型补偿器由一对零极点加一个初始极点组成。将补偿器零点放置在功率级的主极点频率处,补偿器极点放置在功率级输出电容 ESR 零点处。

补偿器传递函数为

$$G_C(s) = \frac{G_{EA} \times R_{EA} \times V_{REF}}{V_{OUT}} \times \frac{\left(1 + \frac{s}{2 \times \pi \times f_{COMZ}}\right)}{\left(1 + \frac{s}{2 \times \pi \times f_{COMP1}}\right) \times \left(1 + \frac{s}{2 \times \pi \times f_{COMP2}}\right)} \tag{6-40}$$

其中,G_{EA} 为误差放大器电抗;R_{EA} 为误差放大器输出阻抗;V_{REF} 为内部基准电压;V_{OUT} 为输出电压;f_{COMP1}、f_{COMP2} 为补偿器极点;f_{COMZ} 为补偿器的零点。

根据开环传递函数在穿越频率处的增益为 0dB 以及前述内容可以计算出补偿器参数如下:

$$R2 = \frac{f_{COMP\_P}}{f_{COMP\_P} - f_{COMP\_Z}} \cdot G \cdot \frac{(R_{FB_{DOWN}} + R_{FB_{UP}})}{R_{FB_{DOWN}} \cdot G_{EA}} \cdot \frac{\sqrt{1 + \left(\frac{f_{BW}}{f_{COMP\_P}}\right)^2}}{\sqrt{1 + \left(\frac{f_{COMP\_Z}}{f_{BW}}\right)^2}} = 17.96 \text{k}\Omega \tag{6-41}$$

$R2$ 实际取值为 $17.4 \text{k}\Omega$。

$$C1 = \frac{1}{2\pi \times f_{COMP\_Z} \times R2} = 4.142 \text{nF} \tag{6-42}$$

$C1$ 实际取值为 4.7nF。

$$C2 = R_{ESR} \times \frac{C_O}{R2} = 1.264 \text{pF} \tag{6-43}$$

$C2$ 很小,实际上因为芯片内部的误差放大器输出电容也在 pF 级别,所以这个小电容实际上很多时候就不需要额外增加外部电路了。就像数据手册中提到的,若用公式计算出的容值小于 10pF,则不需要外接这个小电容。

根据补偿器的传递函数和上述求解的参数,可以绘制出补偿器传递函数波特图,如图 6-38 所示。

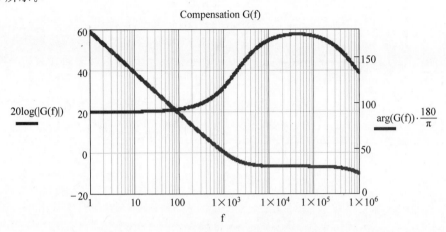

图 6-38　TPS610891 补偿器传递函数波特图

4) 开环传递函数

现在将功率级传递函数与补偿器传递函数合二为一绘制整个系统的开环传递函数波特图,如图 6-39 所示。

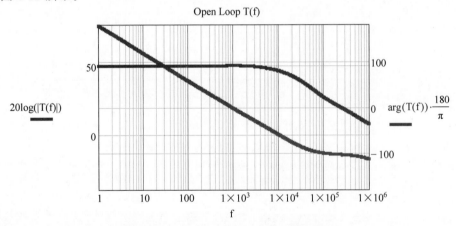

图 6-39　TPS610891 开环传递函数波特图

最后可以求得开环传递函数的最后穿越频率与相位裕度如下:

$$f_{\mathrm{C}} = \mathrm{root}(20\log(\mid T(f)\mid), f, 10\mathrm{Hz}, 100000\mathrm{Hz}) = 10.17\mathrm{kHz} \tag{6-44}$$

$$\arg(T(f_{\mathrm{C}})) \cdot \frac{180}{\pi} = 79.319° \tag{6-45}$$

满足设计目标。

6.5.5　应用电路与仿真

搭建了完整的芯片模型以后,就需要搭配合适的外围元器件并调整到合适的参数来验证建立的模型是否准确。

搭建与 TPS610891 评估板一样的原理图,如图 6-40 所示。TPS610891 SIMPLIS 仿真原理图如图 6-41 所示。

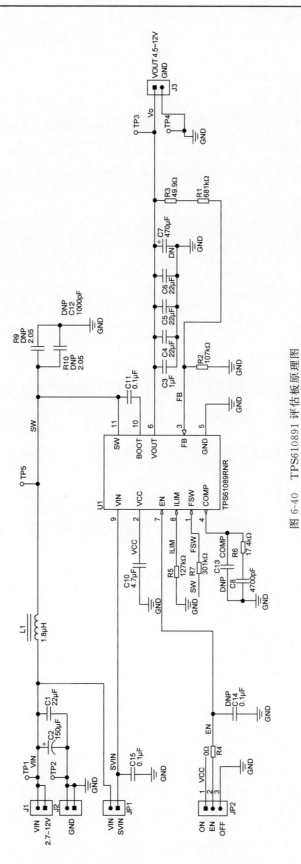

图 6-40 TPS610891 评估板原理图

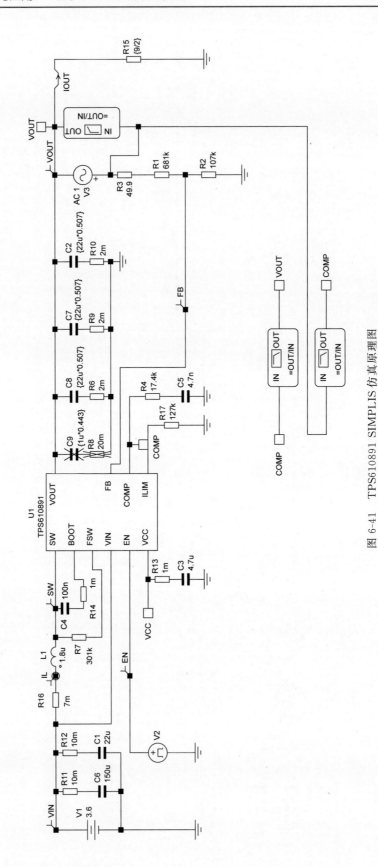

图 6-41 TPS610891 SIMPLIS 仿真原理图

瞬态性能包括开关机时序、负载动态、输入电压瞬态、各种保护表现等。

1）芯片启动

图 6-42 为仿真与测试波形对比。

对比仿真与实测波形，可得出以下几点结论：

（1）仿真波形与实测波形时序及形状表现一致。

（2）仿真波形体输出电压 VOUT 体现出了高侧开关管的二极管特性，在启动前就会发现满足系统规格书中的软启动时间为 4ms（典型值）的要求。

（3）仿真波形满足使能到开关动作的延迟时间要求。

（4）仿真波形满足开关启动过程中先使用定频时钟启动的特性。

2）负载瞬态

如图 6-43 所示为仿真和测试负载在 1A 和 2A 间切换的波形。

从负载瞬态波形可以看出，仿真模型与实测波形在负载瞬态下，输出电压跌落幅度和恢复时间比较接近。

3）交流仿真

设置电路负载为 2A，对电路进行交流仿真并与实际波特图测试结果进行对比，结果如图 6-44 所示。

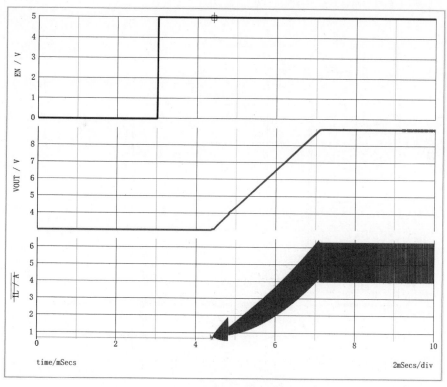

(a) TPS610891启动波形

图 6-42　芯片启动仿真

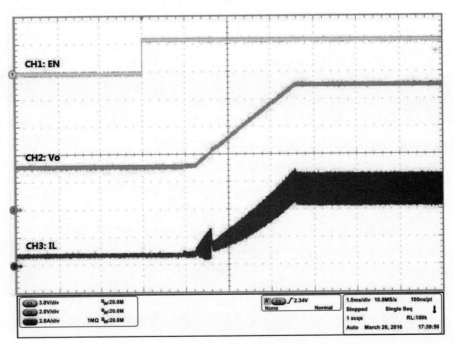

(b) TPS610891 EVM启动测试波形

图 6-42 （续）

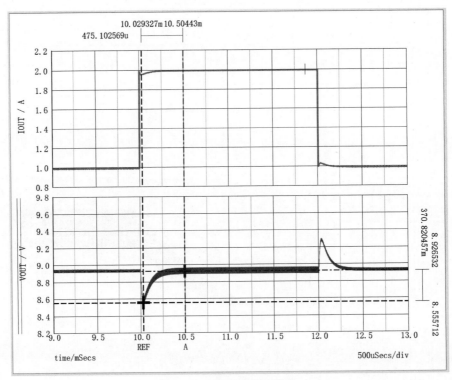

(a) TPS610891负载瞬态波形

图 6-43 TPS610891 瞬态仿真

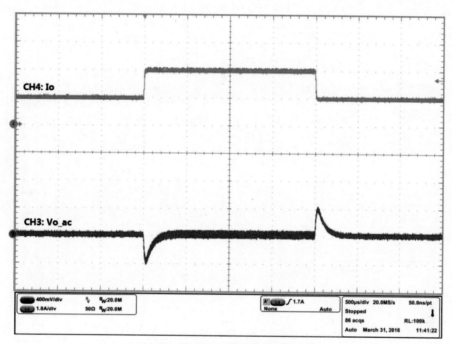

(b) TPS610891 EVM负载瞬态测试波形

图 6-43 （续）

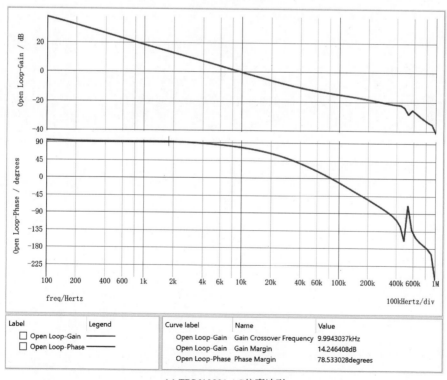

(a) TPS610891 AC仿真波形

图 6-44 TPS610891 AC 仿真

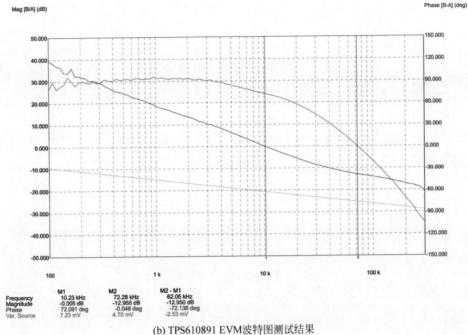

(b) TPS610891 EVM波特图测试结果

图 6-44 （续）

从仿真与测试结果可知,建模电路的穿越频率、相位裕度与实际测试数据相差比较小,且整体曲线形状一致,表明了建模的可靠性。

6.6 本章小结

本章首先对升压稳压器做了简单的介绍,包括分类、基本工作原理与控制模式,接着选取了一个主流的升压稳压器芯片作为例子对其建模,详细阐述了建模的思路、方法和技巧。对于此种非恒定频率(变频)控制策略,了解其模块结构与产生开关的控制策略对于一些需要快速响应的应用场景非常有帮助。

第 7 章

芯片建模之PFC控制器

前面几章介绍了以降压稳压器和升压稳压器为代表的基本直流-直流转换器结构与控制原理,其输入都是直流的电压源。在一些中大功率应用场合,这些通常作为第二级或第三级转换器,而对于稍大功率的应用场合,很多都是以交流电网作为输入电压源,为了减少对电网的干扰并降低转换电路内的电流应力等,需要加一级 PFC(Power Factor Correction,功率因数校正)转换电路。本章就来介绍相关的概念和常见控制策略,并以一款经典的 PFC 控制器为例介绍基本模块结构和控制逻辑。

本章包含如下知识点:

(1) PFC 基本概念与作用。

(2) 常见 PFC 实现原理与特点。

(3) 典型 TM 模式 PFC 控制器结构与建模。

(4) PFC 控制器如何实现 AC 模式仿真。

7.1 PFC 概念

在介绍 PFC 控制器的结构与控制原理之前,需要先了解 PFC 领域的一些基本概念,比如什么是 PFC,为什么需要 PFC 等,如此才能深刻地理解 PFC 控制器的发展过程和挑战等。

功率因数和谐波是 PFC 电路中两个最基本的概念,表征了 PFC 的本质和特性。

1. PF

在介绍 PFC 之前,首先来认识一下 PF(Power Factor,功率因数),其主要表征电子产品对电能的利用效率。功率因数越高,说明电能的利用效率越高。

功率因数定义为有功功率(P)与视在功率(S)之比,即

$$PF = \frac{\text{有功功率}}{\text{视在功率}} = \frac{P}{S} \tag{7-1}$$

其中有功功率是一个周期内电流和电压瞬时值乘积的平均值,而视在功率是电流的有效值与电压的有效值的乘积。

加入 PFC 电路的目的是为了得到高 PF 指标,那是由什么原因引起的 PF 值偏低而不达标呢? 下面就从电网与用电角度去了解一下相关背景。

我们都知道,供电厂输送到各家各户的是交流电,也就是说,供电厂提供的能量呈现出正弦形式的波动,而不是一直持续不变。而且电厂到用电设备之间的传输线是有电阻的,这些电阻会消耗能量。对于供电厂来说,连接到电网上的各种用电设备既有电阻性的,也有电容和电感性的。

不同种类的负载,其对于电网的消耗情况也不相同,图 7-1 示出了 4 种典型负载消耗能量的情况。

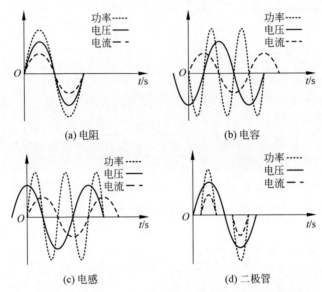

图 7-1　电阻、电容、电感、二极管在交流输入下的功率消耗

我们知道,消耗的功率定义为电压与电流的瞬态乘积,对于纯阻性负载消耗的总是正功,电压与电流之间没有相位差。

电容和电感却不是,一会儿是正功率,一会儿是负功率,也就是说,电感和电容一会儿从供电厂吸取能量,一会向供电厂提供能量。出现这个现象的原因是,电感和电容属于储能设备,本身不消耗能量。在这个储能放能的过程中,能量都被消耗在供电线上了,用电设备由于没有消耗能量,供电厂不能收取电费,但供电厂依然需要架设对应的供电设备,并且不停地提供能量。

二极管形成的整流电路加上电容,用来产生直流输出,这是一种很常见的结构,只有在 AC 电压比电容电压高时,二极管才能导通,此时才有电流。为了提供整个周期的功率,在此范围内必须有很大的电流,也就是说,AC 源必须在短短的时间内提供够用很长一段时间的能量给设备。由于供电厂只能产生正弦形式的功率输出,为了达到这个目的,供电厂必须建设远超出正常消耗的供电设备,以维持用电设备的用电。

在线性电路中,阻抗 $Z=R+\mathrm{j}X$,其中,R 为电阻,X 为电抗。无论是感抗还是容抗,均会使正弦电压和电流波形产生相位差,但电压、电流均为正弦波。所以在线性电路中,功率因数描述了负载的电抗特性,其定义为

$$\mathrm{PF}=\cos\phi \tag{7-2}$$

其中，ϕ 是正弦电流波形相对于电压波形的相位差。当负载为纯阻性时，电压与电流波形同相，此时 PF=1；而对于非纯阻性负载，则由于电流与电压存在相位差，即 PF≠1。PF 的波形表征如图 7-2 所示。

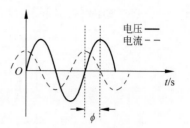

图 7-2　PF 的波形表征

在非线性电路中，当电源电压为正弦波时，输入电流波形发生正弦畸变，导致功率因数很低，简单的相移功率因数已经不能正确反映这种关系，因为非线性负载的功率因数与电流波形的失真情况密切相关。为此，非线性负载的功率因数定义为

$$PF = \frac{P}{S} = \frac{V_{IN} \times I_{IN}\cos\phi}{V_{IN} \times I_{rms}} = \frac{I_{IN}}{I_{rms}} \times \cos\phi = r\cos\phi \tag{7-3}$$

式中，V_{IN} 为输入电压有效值，I_{IN} 为输入电流有效值，I_{rms} 为基波电流有效值，$\cos\phi$ 为基波电流与基波电压的相移因数，r 表示输入电流的失真系数。

由功率因数 PF=$r\cos\phi$ 可知，要提高功率因数，有两个途径：

- 使输入电压、输入电流同相位，此时 $\cos\phi=1$，所以 PF=r；
- 使输入电流正弦化。即 $I_{IN}=I_{rms}$（谐波为零），有 $\frac{I_{IN}}{I_{rms}}=1$，即 PF=$\cos\phi$。

利用功率因数校正技术可以使交流输入电流波形完全跟踪交流输入电压波形，使得输入电流波形呈现为正弦波，并且和输入电压同相位，此时整流器的负载可等效为纯电阻，所以有时又把功率因数校正电路叫作电阻仿真器。

2. 谐波

除了要提高功率因数，还有其他原因导致需要在电源电路中增加 PFC 电路吗？或者说 PFC 电路还有其他功能吗？在了解这些之前，我们需要先知道另外一个概念——谐波。

从 220V 交流电网经整流电路供给直流电压，是当今电力电子技术应用最为广泛的一种基本变流方式。如图 7-3 所示，输入电路通常由半波或全波整流器和后面的储能电容组成。

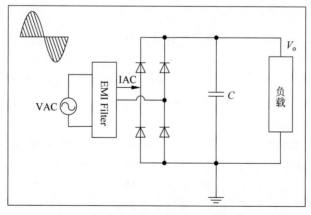

图 7-3　交流输入供电输入整流电路

整流器加滤波电容是一种非线性的元器件组合，因此开关电源对于电网表现为非线性负载。而当工频电压或电流作用于非线性负载时，就会产生不同于工频的其他频率的正弦

电压或电流,如图 7-4 所示。

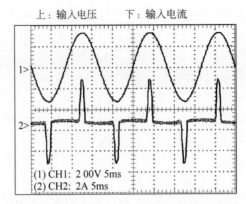

图 7-4　典型无 PFC 功能的开关电源输入特性

这些不同于工频频率的正弦电压或电流,用傅里叶级数展开后如图 7-5 所示,就是大家所知道的电力谐波,本质上就是非阻性负载对电网的影响。

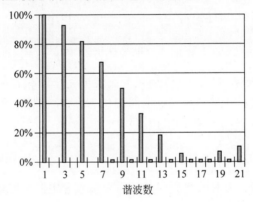

图 7-5　典型无 PFC 功能的开关电源输入电流谐波分量

对比一下带 PFC 功能的输入特性和谐波分量,如图 7-6 所示。

3. 谐波的危害

理想的公共电网所提供的电压应该具有单一而固定的频率和规定的电压幅值。谐波电流和谐波电压的出现,对公共电网是一种污染,它使用电设备所处的环境恶化。近三四十年来,各种电力电子装置的迅速发展使得公用电网的谐波污染日趋严重,由谐波引起的各种故障和事故也不断发生,谐波危害的严重性才引起人们的高度关注。谐波对公共电网和其他系统的危害大致有以下几方面。

(1) 谐波使得公共电网中的元器件产生了附加的谐波损耗,降低了发电、输电及用电设备的效率,大量的三次谐波电流过中性线时会使线路过热甚至发生火灾。

(2) 谐波影响各种电气设备的正常工作。谐波对电机的影响除了引起附加损耗外,还会产生机械振动、噪声和过电压,使得变压器局部严重过热。

(3) 谐波会引起公共电网中局部的并联谐振和串联谐振,从而使谐波放大,这使得上述前两个危害大幅增加,甚至引起严重事故。

(4) 谐波会导致继电保护和自动装置的误动作,并会使电气测量仪表计量不准确。

上：输入电压　　下：输入电流

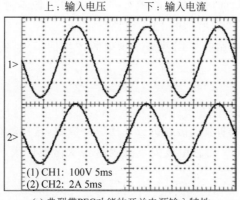

(1) CH1: 100V 5ms
(2) CH2: 2A 5ms

(a) 典型带PFC功能的开关电源输入特性

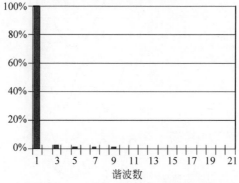

谐波数

(b) 典型带PFC功能的开关电源输入电流谐波分量

图 7-6　接近理想 PFC 功能下的开关电源输入端特性

（5）谐波会对邻近的通信系统产生干扰，轻者产生噪声，降低通信质量；重者会导致地址错位等，使得通信系统无法正常工作。

（6）供电厂产生的电流波形是基波的正弦形式，而其他高次谐波的波形是供电厂无法产生的，因此供电厂必须使出额外的代价来产生所有的高次谐波，因此总谐波失真（THD）实际上描述了供电厂必须具备的额外供电能力，或者说做的无效功。

（7）谐波失真的其他危害还表现为产生了一些高频的信号，这些信号会干扰其他设备，这个干扰可以通过线路传导，也可以通过辐射传播。线路传导称为 RFI，辐射传播称为 EMI。

正因为谐波有这么多危害，所以必须要对谐波进行抑制，这就引出了 PFC 电路的另一个主要作用——谐波抑制。

为了解决电力电子装置和其他谐波源的谐波污染问题，基本思路有两条：一条是装设谐波补偿装置来补偿谐波，这对各种谐波源都是适用的；另一条是对电力电子装置本身进行改造，使其不产生谐波，且功率因数可以控制为 1，这当然只适用于作为主要谐波源的电力电子装置。

谐波补偿的传统方法就是采用 LC 调谐滤波器。这种方法既可补偿谐波，又可补偿无功功率，而且结构简单，一直被广泛使用。这种方法的主要缺点是补偿特性受电网阻抗和运行状态影响，易使系统发生并联谐振，导致谐波放大，使得 LC 滤波器过载甚至烧毁。此外，它只能补偿固定斜率的谐波，补偿效果也不理想。

对于电源产品来说,目前使用最广泛的方式,就是对电源本身进行改造,在输入端增加有谐波改善功能的电路——即所谓的 PFC 电路。

所以简单来讲,PFC 电路的作用就是减少电源产生的谐波,使得电源的功率因数尽可能接近 1。

4．THD(总谐波失真)

如前所述,非正弦的周期波形能够拆分成傅里叶级数,这样就得到了该周期波形的基波和各次谐波,如图 7-7 所示。用总谐波失真来表示各次谐波的大小,在供电领域,谐波的大小特指电流的大小。

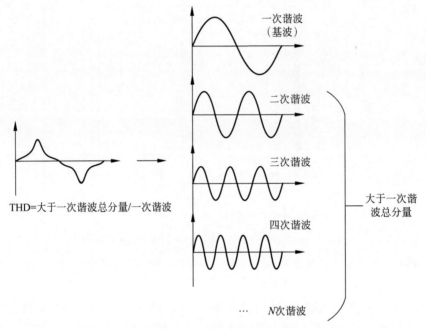

图 7-7　各次谐波波形

5．总谐波失真的具体计算

信号的总谐波失真定义为除基波以外的谐波($n=2$ 到 $n=\infty$)的有效值除以基波本身的有效值,其公式如下:

$$\text{THD} = \frac{\sqrt{\sum_{n=2}^{\infty} I_{n,\text{rms}}^2}}{I_{1,\text{rms}}} \tag{7-4}$$

6．谐波失真的图形表示

总谐波失真代表了供电能力的浪费,而高次谐波的幅度则代表了电磁干扰的强度,因此通常还会使用图标来表示谐波失真,如图 7-8 所示。这样可以比较形象地看出谐波失真的电磁干扰危害程度。

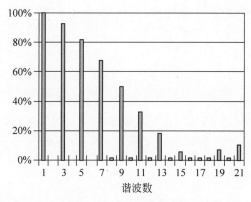

图 7-8 谐波失真波形

7. 偶次谐波和奇次谐波

仔细观察可以发现,在电流谐波失真图中,偶次谐波的分量几乎为 0。这个不是偶然现象。在电力领域,谈到谐波失真,都不需要考虑偶次谐波,只考虑奇次谐波,因为偶次谐波分量可以忽略。

偶次谐波分量为 0 的原因在于电流波形总是呈现正负对称的形式,这种对称波形称为奇谐波形,其偶次分量为 0,其分析如图 7-9 所示。

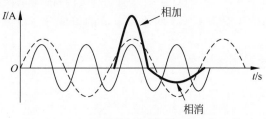

(a) 基波与偶次谐波组合

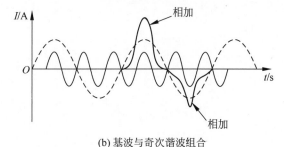

(b) 基波与奇次谐波组合

图 7-9 基波与谐波组合

(1) 基波和偶次谐波组合,必然会出现波峰波谷相加与相消的情况,不可能组合出现正负对称的波形。

(2) 基波和奇次谐波组合,可以出现完全相加的情况,从而组合出正负对称的波形。

8. 考虑 THD 后的 PF

在真实应用中,设备往往同时包含电容、电感和有源器件,因此电流波形既表现出和电

压正弦波的相位差,又表现出非正弦特性,如图 7-10 所示,此时功率因数也可定义为

$$PF = Kd \times \cos\theta \tag{7-5}$$

其中,Kd 为失真系数,定义为

$$Kd = \frac{1}{\sqrt{1 + THD^2}} \tag{7-6}$$

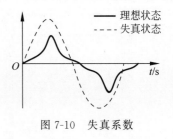

图 7-10　失真系数

7.2　PFC 基础

相信大家已经对 PFC 的作用和概念有了比较直观的认识。综上所述,PFC 电路就是用来实现的两个主要目标:一是高 PF 值,二是低 THD。

现在可以看到,对用电设备的友好性可以用 PF 来衡量,很多时候 PF 和 THD 是存在关系的,THD 越大,PF 越低,但 THD 小不意味着 PF 高,还要考虑电流相位的影响。THD 既要小,同时还要在高频处的谐波分量尽量小,以减少干扰。

7.2.1　PFC 相关法规

国际电工委员会(IEC)61000-3-2:2014 是取代 IEC 61000-3-2:2006 的电磁兼容性(EMC)的新标准,于 2017 年 6 月 30 日生效。受注入公共供应系统的谐波电流的限制,它规定了在特定条件下测试的设备所产生的输入电流的谐波分量的限值,并且适用于与公共低压配电系统连接的每相输入电流高达 16A 的电气和电子设备。在 IEC 61000 中,在谐波电流限制的情况下,设备分为 4 类。

1. A 类

- 三相平衡设备。
- 家用电器,不包括被标识为 D 类的设备。
- 工具,不包括便携式工具。
- 白炽灯调光器。
- 音响设备。

2. B 类

- 便携式工具。
- 不是专业设备的电弧焊接设备。

3. C 类

- 照明设备。

4. D 类

- 个人计算机和个人计算机监视器。
- 电视接收器。

- 具有一个或多个变速驱动器以控制一个或多个压缩机电动机的冰箱和冰柜。

未指定的设备被认为是A类。在所有4类中,D类最为严格,因为其最大允许谐波电流限制与其功率有关。换句话说,如果设备在低功率水平下工作,则最大允许谐波电流限制会更低。谐波频率下的输入电流不得超过表7-1中的值。

表 7-1 IEC 61000-3-2：2014 规定的各类设备谐波电流要求

谐波次数	电流限制				
	A 类设备	B 类设备	C 类设备	D 类设备	
			基波频率下输入电流百分数表示的最大允许谐波电流	每瓦允许的最大谐波电流	最大允许谐波电流
n	[A]	[A]	[%]	[mA/W]	[A]
2	1.08	1.62	2	—	—
3	2.30	3.45	$3*\lambda$	3.4	2.30
4	0.43	0.64	—	—	—
5	1.14	1.71	10	1.9	1.14
6	0.30	0.45	—	—	—
7	0.77	1.15	7	1.0	0.77
8	0.23	0.34	—	—	—
9	0.40	0.60	5	0.5	0.40
10	0.18	0.27	—	—	—
11	0.33	0.49	3	0.35	0.33
12	0.15	0.22	—	—	—
13	0.21	0.31	3	0.29	0.21
14	0.13	0.19	—	—	—
15	0.15	0.22	3	0.25	0.15
16	0.11	0.16	—	—	—
17	0.13	0.19	3	0.22	0.13
18	0.10	0.15	—	—	—
19	0.11	0.16	3	0.20	0.11
20	0.09	0.13	—	—	—
21	0.10	0.15	3	0.18	0.10
22	0.08	0.12	—	—	—
23	0.09	0.13	3	0.16	0.09
24	0.07	0.10	—	—	—
25	0.09	0.13	3	0.15	0.09
26	0.07	0.10	—	—	—
27	0.08	0.12	3	0.14	0.08
28	0.06	0.09	—	—	—
29	0.07	0.10	3	0.13	0.07
30	0.06	0.09	—	—	—
31	0.07	0.10	3	0.12	0.07
32	0.05	0.07	—	—	—
33	0.06	0.09	3	0.11	0.06

谐波次数	电流限制				
	A 类设备	B 类设备	C 类设备	D 类设备	
			基波频率下 输入电流百分 数表示的最大 允许谐波电流	每瓦允许的最大 谐波电流	最大允许 谐波电流
n	[A]	[A]	[%]	[mA/W]	[A]
34	0.05	0.07	—	—	—
35	0.06	0.09	3	0.11	0.06
36	0.05	0.07	—	—	—
37	0.06	0.09	3	0.10	0.06
38	0.04	0.06	—	—	—
39	0.05	0.07	3	0.09	0.05
40	0.04	0.06	—	—	—

注:
- 所有极限值均以精度 0.01 表示。
- λ 为电路的功率因数。

D 类设备的谐波电流值如表 7-2 所示。

表 7-2　D 类设备的谐波电流值

谐波次数(n)	每瓦允许的最大 谐波电流(mA/W)	最大允许谐波电流(A)
3	3.4	2.3
5	1.9	1.14
7	1.0	0.77
9	0.5	0.4
11	0.35	0.33
13	0.3	0.21
$15 \leqslant n \leqslant 39$ (odd harmonic only)	$3.85/n$	$0.15 \times 15/n$

7.2.2　PFC 主流实现方法

目前业界实现 PFC 的方法主要分为两种:无源 PFC 和有源 PFC。

1. 无源 PFC

开关电源中功率因数较差的根本原因是在整流二极管之后的直流回路中有一个大电容。无源 PFC 通常使用电感器补偿来减小基本输入电流和 AC 输入电压之间的相位差,以增加功率因数。但是无源 PFC 的功率因数不是很高——只有 0.7～0.8。而且由于电感器工作在线路开关频率上,所以无法避免听到噪声。被动式 PFC 由于其电感尺寸和电容尺寸均太大,所以只适合数百瓦功率范围内的应用。图 7-11 显示了典型的无源 PFC 电路。

2. 有源 PFC

有源 PFC 电路有很多种类,按照是否隔离可分为隔离式 PFC 和非隔离式 PFC。
- 隔离式 PFC 需要借助变压器和光耦等完成隔离,常见拓扑包括反激 PFC、桥式 PFC 等。

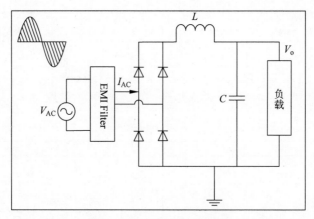

图 7-11　典型无源 PFC 电路

- 非隔离式 PFC 包括降压 PFC、升降压 PFC、升压 PFC 等。在工业领域，非隔离式升压 PFC 非常受欢迎，因为升压 PFC 电路可以很好地处理比较宽的交流输入电压范围（85～270V）。

表 7-3 给出了有源 PFC 和无源 PFC 之间的比较。

表 7-3　无源 PFC 和有源 PFC 之间的比较

	无源 PFC	有源 PFC
PF（功率因数）	0.6～0.8	＞0.99
THD	20％～30％	＜10％
输入电压范围	窄	宽
电感尺寸	大	小
输出电压纹波	大	小
EMI 影响	小	大
成本	小	中等
解决方案尺寸	大	小
功率等级	＜250W	均适用

3. 有源 PFC 拓扑结构简介

下面介绍目前主流的几款升压 PFC 电路结构与优缺点。

1）单相经典升压 PFC 电路

图 7-12 为单相经典升压 PFC 电路结构与工作原理。

- 适用功率范围：100W～4kW。
- 优点：低成本，元器件少；简单的控制方法即可实现稳定控制。
- 缺点：与其他拓扑结构相比，由于在全桥侧交流电压始终流过两个桥式二极管，导致效率较低。

2）无桥双升压 PFC 电路

图 7-13 为无桥双升压 PFC 电路结构与工作原理。

- 适用功率范围：100W～4kW。
- 优点：交流半周期内只会经过一个桥二极管，整流桥桥臂损耗小，效率相对单相经典升压 PFC 较高。

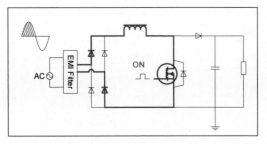
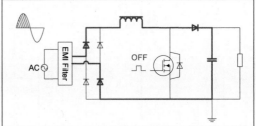
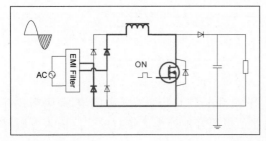
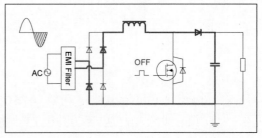

图 7-12　单相经典升压 PFC 电路

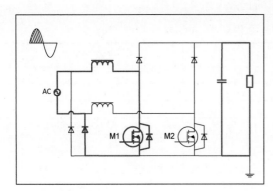
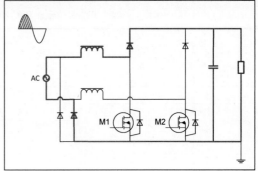
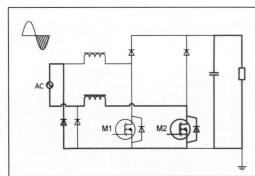
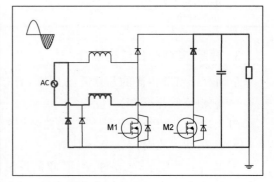

图 7-13　无桥双升压 PFC 电路

- 缺点：电路利用率较低，与前述经典升压电路相比成本更高。

3）图腾柱无桥 PFC 电路

图 7-14 为图腾柱无桥 PFC 电路结构与工作原理。

在图腾柱无桥 PFC 中常使用 GaN 器件，该器件可以工作在很高的开关频率下且无反向恢复损耗。相对于传统的硅开关管器件，GaN 具有更小的 Rdson 和 Qg，且无须反向恢复

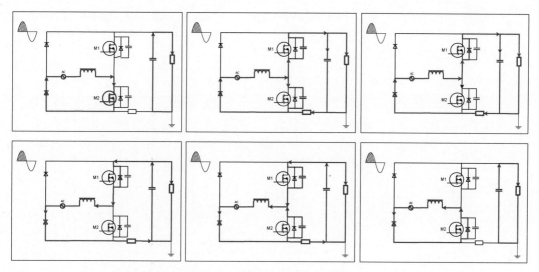

图 7-14　图腾柱无桥 PFC 电路

时间，特别适合高频率应用。

- 适用功率范围：1kW～5kW。
- 优点：可实现零电压开通，实现更高效率；外围元器件少。
- 缺点：EMI差，共模干扰高；使用 GaN 器件，成本高。

4）交错式升压 PFC 电路

图 7-15 为交错式升压 PFC 电路结构与工作原理。

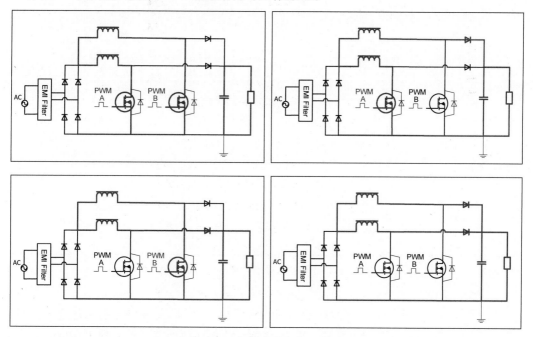

图 7-15　交错式升压 PFC 电路

- 适用功率范围：3～7kW。
- 优点：更好的热表现特性，输出电流纹波小以及输入电流谐波小。

- 缺点：与经典 PFC 电路相比，成本更高。

4. PFC 工作模式简介

图 7-16 显示了典型的有源升压 PFC 电路。

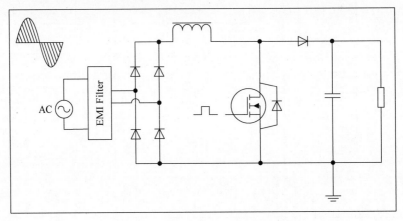

图 7-16　典型的有源升压 PFC 电路

根据电感中的电流在每个开关周期内是否回到零点可分为以下 3 种电流工作模式，如表 7-4 所示。

表 7-4　3 种电流工作模式

种类	工 作 模 式	电 流 波 形	特　　点
1	连续导通模式（Continuous Conduction Mode，CCM）		• 总是硬切换 • 电感值最大 • 最小有效值电流
2	非连续导通模式（Discontinuous Conduction Mode，DCM）		• 最高均方根电流 • 降低线圈电感 • 最佳稳定性
3	临界导通模式（Critical Conduction Mode，CrM）或过渡模式（Transition Mode，TM）		• 最大均方根电流 • 开关频率不固定

在这种拓扑结构中，如果电感的电流如表 7-4 中第 1 种所示，那么在一个电网交流电周期中，电感电流将不会越过零点并连续工作，称为连续导通模式（CCM）PFC。如果电感的电流如表 7-4 中第 2 种所示，则意味着在每个开关频率周期中，电感器电流都越过零点且保持一段时间为零，即非连续导通模式（DCM）PFC。处于这两种模式中间的工作模式则称为临界导通模式，即每个开关周期结束时电感电流恰好归于零点。

从表 7-4 可以得出结论，在相同的功率输出下，CCM PFC 的输入电流纹波较小。这意味着可以获得更好的 THD 性能。另一方面，在相同功率下，CCM PFC 在 PFC 扼流电感上的均方根(RMS)电流较小。这意味着可以获得较高的效率,因为较低的 RMS 电流可以减少 S1 的开关损耗。但是,因为 TM PFC 的电感器电流在每个开关频率周期都越过零点,所以升压二极管 D1 上没有恢复损耗。

7.2.3 PFC 控制方式分类

PFC 控制方式主要可分为电流控制和电压控制两类,其中电流控制方法最为流行。其电流控制方法也可分为峰值电流控制、平均电流控制和滞环电流控制等种类。

1. 电流控制模式

传统的控制器通常使用电流模式控制,工业界也有很多来自各家半导体厂商的引脚和功能兼容的低成本器件。这些控制器的关键共同属性是:

- 使用跨导误差放大器进行反馈误差处理,以适应对 PFC 工作至关重要的过压保护(OVP)功能。一些设备使用替代技术进行 OVP 检测,并设法保留使用传统误差放大器进行反馈处理。
- 乘法器输入,用于检测缩放的瞬时输入电压信息,以创建当前波形的参考信号。
- 瞬时电流检测输入,连接到 PWM 比较器和保护电路。
- 零电流检测(ZCD)输入,用于检测电感电流何时达到零并使驱动器导通。

1) 峰值电流控制模式

峰值电流控制模式属于双环控制系统,其内部的电感等构成了一个内部的电流环,如图 7-17 所示,这样可以提高系统的瞬态响应等。

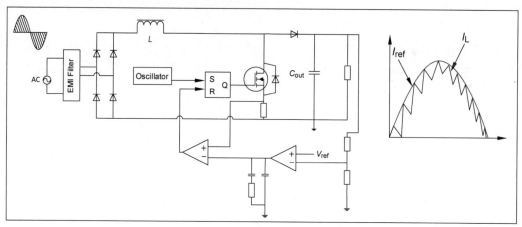

图 7-17 峰值电流控制模式框图

基本工作原理为:内部时钟开启新的开关周期,采样电感电流信号与误差放大器输出信号比较,当电感电流采样信号幅值超过误差放大器输出信号幅值时,则关闭开关管直到下一个时钟周期到来。

如果电感电流的纹波很小,则会接近平均电流控制模式。峰值电流控制模式具有非常快速的瞬态响应,例如输入电压波形等。另外,逐周期的电流保护也提高了系统的安全性;但是缺点就是对噪声敏感,控制电路上的噪声会导致系统快速关断等。另外,需要斜坡补偿来保证在占空比超过 50% 情况下保持系统稳定。

（1）优点：
- 快速的瞬态响应特性。
- 自然的逐周期的限流保护特性。
- 输入电流连续,电流纹波小。

（2）缺点：
- 抗噪声能力差,需要斜坡补偿。
- 峰值至平均电流存在误差。

2）平均电流控制模式

平均电流控制模式通过在电流环路中插入一个高增益的电流积分误差放大器来克服上述峰值电流模式的缺点,如图 7-18 所示。

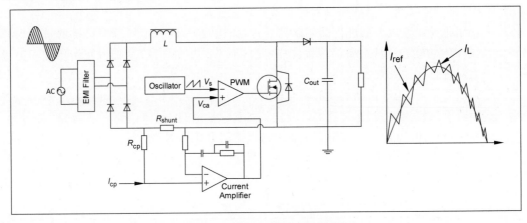

图 7-18　平均电流控制模式框图

基本工作原理为：电感电流采样信号作为基准值与电压反馈信号一起组成误差放大电路,将误差放大电路输出信号与三角波信号比较来决定开关管开通关断。误差放大器输出信号高于三角波信号幅值时,开关管开启；否则关断。

- 优点：可以非常精准地实现电流跟随交流电压的控制,并且抗干扰性能好。
- 缺点：控制方法复杂。

（1）优点：
- 平均电流以高精度跟踪电流标准值。
- 抗噪性能好。

（2）缺点：控制方式复杂。

3）滞环电流控制模式

与前述峰值电流模式有些类似,电感电流采样值高于上阈值时关断,但是开通机制不同,滞环电流控制模式是当电感电流采样值低于下阈值时开通,而不是由内部时钟开启新周期,如图 7-19 所示。

（1）优点：
- 输入电流连续,电流纹波小,电感与开关管的峰值电流小。
- 非常快速的瞬态响应。

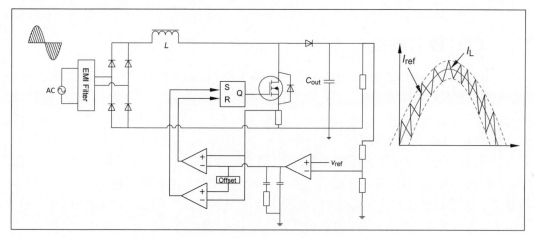

图 7-19　滞环模式电流控制框图

（2）缺点：

- 变频控制导致 EMI 效果不理想。
- 难以控制过零点时间。
- 需要在全周期内检测电感电流。

2. 电压控制模式

与电流控制模式相比，电压控制模式具有一定的优势，包括如下特点：

- 无须通过电阻分压器检测输入电压。除了减少元器件数量外，它还可以降低轻负载或无负载条件下的功耗。这是满足低待机功耗要求的关键特性。
- 电流检测信号仅用于保护，不使用 PWM 比较器。这在输入电压过零点附近是有益的，其中电流感测信号幅度低并且噪声注入对电路性能产生负面影响的可能性高。
- 缺少乘法器，消除了电路中常见的不准确性。

电压控制模式框图如图 7-20 所示。

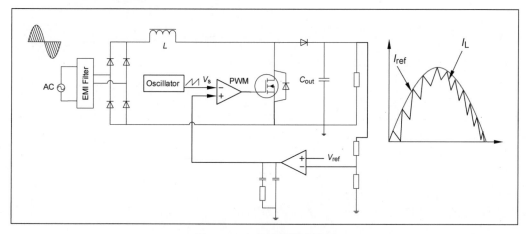

图 7-20　电压控制模式框图

7.3 PFC 控制器建模实例——L6562A 建模与应用

L6562A 是业界有名的一款经典 PFC 控制器电路,本章以此芯片为例介绍主流 PFC 控制器的工作原理和建模方法。

7.3.1 L6562A 简介

L6562A 是意法半导体公司推出的一款工作在过渡模式(Transition Mode,TM)与电流模式控制的 PFC 控制器,内部集成了一个特殊的高度线性的乘法器电路,能够减少交流输入电流失真,即使在较大的负载范围内,也可以以极低的 THD 进行宽范围市电工作。输出电压通过电压模式误差放大器和准确的内部参考电压进行控制。

L6562A 由于可靠、稳定、易用的特性广泛地应用在各种电源适配器中。时至今日,仍然可以看到它的身影。通过学习 L6562A 的工作原理与建模方法可以帮助我们掌握以下几个知识点。

(1) 临界/过渡模式的 PFC 控制器工作原理。

(2) 电流模式 PFC 控制机理。

(3) 乘法器实现相位控制。

(4) 如何实现 THD 优化。

(5) 如何实现过零点检测。

7.3.2 L6562A 框图解析

如图 7-21 所示为 L6562A 芯片框图。

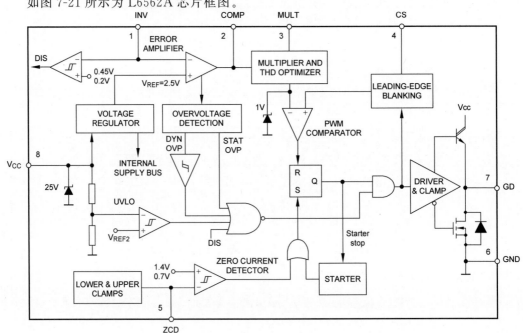

(a) L6562A芯片框图

图 7-21 L6562A 芯片

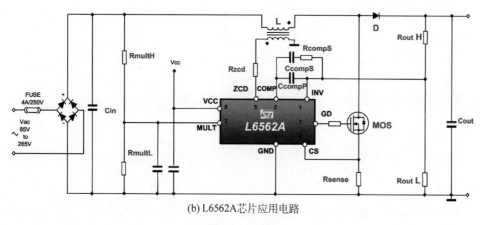

(b) L6562A芯片应用电路

图 7-21　（续）

由图 7-21 可知,L6562A 可以分为以下几个模块:

- 输入欠压检测电路。
- 内部参考与供电电源。
- 时钟电路。
- 过零点检测电路。
- 误差放大器与环路补偿。
- 正弦参考信号与乘法器电路。
- 电流采样与前沿消隐电路。
- THD 总谐波抑制优化电路。
- 保护电路。

结合图 7-21 和前述介绍来概述 L6562A 芯片工作原理。

L6562A 是一款基于升压模式并工作于 CrM 或 TM 与峰值电流模式下的 PFC 控制器,其目的在于控制 AC 输入端的电流为正弦模式,频率和相位跟踪 AC 输入电压。

误差放大器将升压稳压器输出电压的分压采样信号与内部基准电压相比较,产生一个与它们之间的差成比例的误差信号。如果误差放大器的带宽足够窄(低于 20Hz),那么误差信号是一个给定半周期内的直流值。误差信号被送入乘法器,并乘以整流电源电压的一部分。结果得到一个整流的正弦信号,其峰值幅值与主电源峰值电压和误差信号的值有关。

乘法器的输出反过来被馈入电流比较器的正输入端,因此它代表了 PWM 的正弦参考。事实上,由于电流检测引脚上的电压(瞬时电感电流乘以检测电阻)等于电流比较器(＋)上的值,MOSFET 的传导终止,因此,电感的峰值电流被整流的正弦信号包围。TM 控制导致在每 AC 半周期的恒定导通时间工作。

在 MOSFET 被关闭后,升压电感将其能量释放到负载中,直到其电流变为零。升压电感现在已经耗尽能量,漏极节点浮动,电感器与漏极的总电容共振。漏极电压迅速下降到瞬时线电压以下,ZCD 引脚上的信号再次驱动 MOSFET,另一个转换周期开始。这种使 MOSFET 在低电压情况下的导通行为减少了开关损耗和总漏极电容能量,在 MOSFET 内部耗散。

此控制模式下的电感电流波形如图 7-22 所示,可知在 TM 模式下,平均输入电流为电感峰值电流的一半。

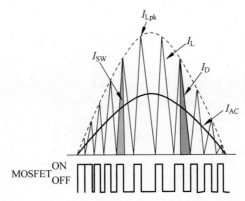

图 7-22 L6562A 电感电流与 MOSFET 开关波形

L6562A 工作于临界模式,除了简单和所需的外部部件外,该系统最大限度地减少了电感的大小,因为这种系统需要低电感值。另一方面,电感上的大电流纹波涉及整流主母线上的高有效值电流和高噪声,这需要一个更加笨重的 EMI 滤波器来帮助消除噪声。这些缺点限制了 TM PFC 控制器只适合在较低功率范围内应用。

接下来将结合芯片框图和规格参数来分模块介绍各模块电路的原理、结构、参数与如何建模等。

7.3.3 L6562A 模块建模

下面就按照前面所分析的芯片框图模块来逐一介绍 L6562A 的工作原理与建模方法。

1. 输入欠压检测电路

芯片数据手册中关于芯片供电部分的参数如表 7-5 所示,其中重点关注芯片欠压阈值和静态功耗。可以看到下面几条信息:

- 芯片向上启动阈值电压为 12.5V。
- 芯片向下关闭阈值电压为 10V。
- 启动电压迟滞为 2.5V。
- VCC 内部钳位电压为 25V。
- 芯片启动电流为 $30\mu A$。
- 芯片正常启动以后静态功耗为 2.5mA。
- 静态下的功耗。

有一点需要声明,对芯片行为表现级别的建模不必执着于描述一些特定工作条件下的功耗表现,因为这些通常与工艺和特殊设计有关,除非涉及多模式控制和低功耗优化考虑,才需要特别考虑。这里,仅考虑启动电流和静态功耗。

表 7-5 L6562A 芯片供电部分参数

参数	参数描述	条件	最小值	典型值	最大值	单位
V_{CC}	工作电压范围	开启工作后	10.5		22.5	V
$V_{CC_{On}}$	开启阈值		11.7	12.5	13.3	V
$V_{CC_{Off}}$	关断阈值		9.5	10	10.5	V

续表

参数	参数描述	条　　件	最小值	典型值	最大值	单位
Hys	电压迟滞		2.2		2.8	V
V_Z	钳位电压	$I_{CC}=20\text{mA}$	22.5	25	28	V
$I_{\text{start-up}}$	启动电流	开启工作前，$V_{CC}=11\text{V}$		30	60	μA
I_q	静态电流	After turn-on		2.5	3.75	mA
I_{CC}	工作电流	@70kHz		3.5	5	mA
I_q	静态电流	当触发过压保护(静态过压或动态过压)或$V_{INV}\leqslant150\text{mV}$		1.7	2.2	mA

如图 7-23 所示建立响应电路模型。当输入供电电压高于 12.5V 时，UVLO_bar 信号输出为高，表明没有出现输入欠压现象，若输入供电电压低于 10V 时，UVLO 为高电平，表明输入电压欠压；2.5mA 表征启动后的静态电流；30μA 表征未正常启动(输入欠压)下的静态电流(参照规格书中的 $I_{\text{start\_up}}$ 和 I_q)。

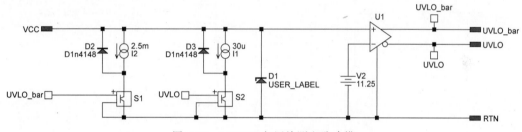

图 7-23　L6562A 欠压检测电路建模

2. 内部参考与供电电源

VDD 为内部电路模块供电，输出电压为 5V，VREF 是内部电压环的参考基准电压，输出电压为 2.5V，如图 7-24 所示。

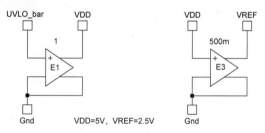

图 7-24　L6562A 内部参考与供电电路建模

3. 时钟电路

数据手册的框图中画出了一个 STARTER，它与 ZCD 引脚实现的 ZERO CURRENT DETECTION 电路输出的信号经过或逻辑后输出到 RS 触发器的 S 端。这两个信号就是内部实现开关开启的触发信号。规格参数中的 t_{START} 指定了内部一个固定时钟，其周期典型值为 190μs，如表 7-6 所示。

表 7-6　L6562A 时钟电路参数

参　　数	参　数　描　述	最　小　值	典　型　值	最　大　值	单　　位
t_{START}	启动时钟周期	75	190	300	μs

其电路表示及其内部电路实现如图 7-25 所示。

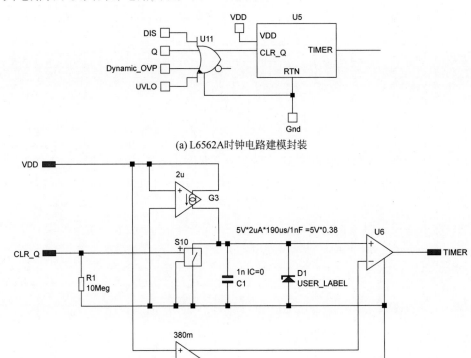

(a) L6562A时钟电路建模封装

(b) L6562A时钟具体电路建模

图 7-25　L6562A 时钟建模

其实现原理非常简单,就是通过控制一个电流源对一个固定电容充放电,当电容电压高于参考值时输出高电平,否则输出低电平。当然这个时钟一般只在系统刚启动时工作,待进入稳态后该时钟就不起作用了。

U11 的 4 个输入信号是用来给电容放电和关闭时钟模块的。待进入稳态后系统周期低于 $190\mu s$,当开关管开启时 Q 为高电平,该信号会释放 C1 上的能量,相当于给时钟电路复位。DIS、Dynamic_OVP、UVLO 都是在出现错误状态下关闭该时钟的信号。

4. 过零点检测电路

芯片框图和数据手册中提到 ZCD 引脚上的下降沿是用来触发开关管开启的。该引脚连接在辅助电源线圈上,且同名端相同,即开关管导通时,该引脚电平为低电平,关断后低电平变为高电平,电压与变压器原边两端电压成比例,随着电感中的能量不断传递到输出后,流过电感的电流逐渐下降,当原边电感中的电流下降到零,即能量传递完时,变压器原边线圈两端压下降,此时副边线圈电压也下降,随后触发 ZCD 电流过零点检测电路,输出一个高电平触发下一次开关周期。

L6562A 数据手册中关于过零点检测参数如表 7-7 所示。

表 7-7 L6562A 过零点检测参数

参　数	参 数 描 述	条　　件	最小值	典型值	最大值	单　位
V_{ZCDH}	上钳位电压	$I_{ZCD}=2.5\text{mA}$	5.0	5.7	6.5	V
V_{ZCDL}	下钳位电压	$I_{ZCD}=-2.5\text{mA}$	-0.3	0	0.3	V
V_{ZCDA}	上升沿触发电压阈值			1.4		V
V_{ZCDT}	下降沿触发电压阈值			0.7		V
I_{ZCDb}	输入偏置电流	$V_{ZCD}=1\sim4.5\text{V}$		2		μA
I_{ZCDsrc}	输出电流能力		-2.5			mA
I_{ZCDsnk}	吸入电流能力		2.5			mA

从表 7-7 中可以得到以下几点信息：

- 过零点引脚在芯片内部存在钳位电路，钳位范围为 $0\sim5.7\text{V}$；
- 过零点引脚内部触发阈值分别为 1.4V（正向边沿）和 0.7V（负向边沿）；
- ZCD 引脚的下降沿触发下一次开关周期。

电路如图 7-26 所示。

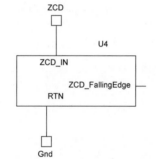

(a) L6562A过零点检测电路建模封装

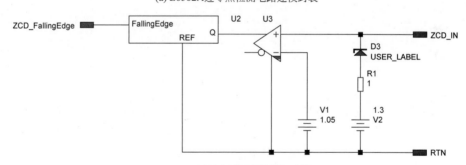

(b) L6562A过零点检测电路详细建模

图 7-26 L6562A 过零点检测电路

其中 ZCD 的高低阈值可参考数据手册规格参数中的 V_{ZCDH} 和 V_{ZCDL}，触发电压值可参考 V_{ZCDA} 和 V_{ZCDT}。D3 和 V2 一起实现一个钳位电路，也可以使用 PWL 电阻实现（对 VDD 正接一个二极管，对地反接一个二极管也可以实现钳位）。U1 比较器判断 ZCD 引脚电平检测。其中的下降沿检测电路如图 7-27 所示。

这是一个通用的下降沿检测电路，使用异或门对同一端口信号比较实时电位和前一时刻的延迟电平来判断下降沿。U4 加一点延迟是为了防止因 U2 的传输延迟导致比较器 U1 的逻辑误触发。

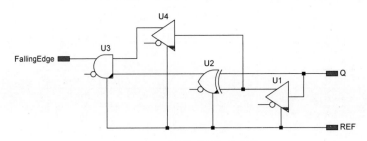

图 7-27　下降沿检测电路建模

5. 误差放大器与环路补偿

VREF 来自于前述的参考电压 2.5V，INV 是电压反馈引脚，由数据手册中关于"ERROR AMPLIFIER"部分的参数规格，可知 Gv＝80dB，对应 U14 的 Gain＝10k，根据 Vcomp 的 Upper Clamp Voltage(5.7V) 和 Lower Clamp Voltage(2.25V)设置 U14 的上下输出限值，如表 7-8 所示。

表 7-8　L6562A 误差放大器参数

参　数	参 数 描 述	条　件	最小值	典型值	最大值	单位
V_{INV}	反馈电压阈值	$T_J=25℃$	2.475	2.5	2.525	V
		$10.5V<V_{CC}<22.5V$	2.455		2.545	
	输入电压调整率	$V_{CC}=10.5\sim22.5V$		2	5	mV
I_{INV}	输入偏置电流	$V_{INV}=0\sim3V$			-1	μA
Gv	电压增益	开环	60	80		dB
GB	增益带宽积			1		MHz
I_{COMP}	输出电流能力	$V_{COMP}=4V,V_{INV}=2.4V$	-2	-3.5	-5	mA
	吸入电流能力	$V_{COMP}=4V,V_{INV}=2.6V$	2.5	4.5		mA
V_{COMP}	上钳位电压	$I_{SOURCE}=0.5mA$	5.3	5.7	6	V
	下钳位电压	$I_{SINK}=0.5mA$	2.1	2.25	2.4	V
V_{INVdis}	关断阈值		150	200	250	mV
V_{INVen}	重启阈值		380	450	520	mV

由数据手册中的公式 $V_{CS}=K\times V_{MULT}\times(V_{COMP}-2.5)$ 和 Figure 11 可确定 V1 的值为 2.5V，由数据手册中的 Figure 11 可知，$K\times V_{MULT}\times(V_{COMP}-2.5)$ 是非线性的，但是在不同的 V_{COMP} 下，V_{CS} 与 V_{MULT} 信号局部呈现线性关系，由 Figure 11 可得出 V_{CS}/V_{MULT} 在不同 V_{COMP} 下的 Gain(比例关系)，并可确定 R3 的不同值，得出不同的 Gain，如图 7-28 所示。

如图 7-29 所示为误差放大器电路建模部分，R3 就是通过($V_{COMP}-2.5$)经过这个电阻转化成为 $K\times(V_{COMP}-2.5)$ 的值 KxComp，这个值后面与 V_{MULT} 信号相乘得到 V_{CS} 的控制信号。

6. 正弦参考信号与乘法器电路

PFC 控制器的目的在于使整流器的输出电流跟随输出电压变化，由于整流器输出电压呈半正弦状，故整流器输出电流也需要成为半正弦形状。LP6562A 通过前述 MULT 引脚连接电阻至整流桥的输出，采样输出电压波形并以此调制整流器输出电流也呈半正弦波形状，该部分电路如图 7-30 所示。

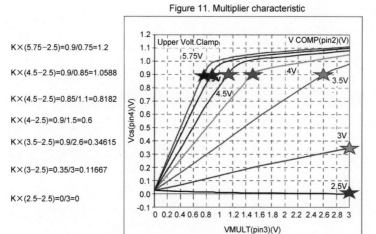

图 7-28　L6562A 乘法器曲线

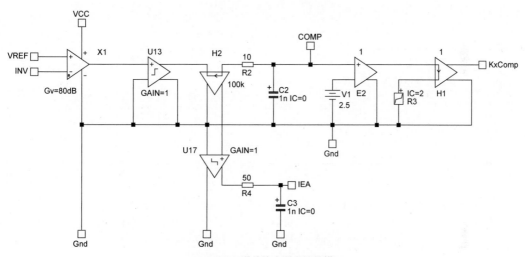

(a) L6562A误差放大器电路建模

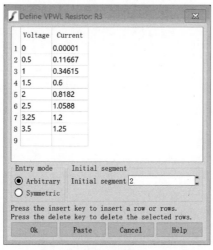

(b) $R3$电阻值

图 7-29　L6562A 误差放大器建模

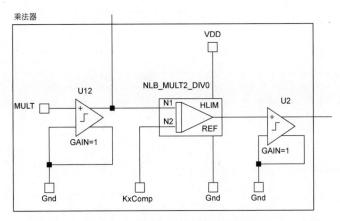

图 7-30　L6562A 乘法器电路建模

MULT 引脚的电压范围为 $0\sim3V$（由规格书中的 V_{MUL} 规定，如表 7-9 所示），KxComp 来自误差放大器输出，该参数决定了 V_{CS}、V_{MULT}、V_{COMP} 之间的关系。

表 7-9　L6562A 乘法器参数

参　数	参数描述	条　件	最小值	典型值	最大值	单位
I_{MULT}	输入偏置电流	$V_{MULT}=0\sim4V$			-1	μA
V_{MULT}	线性工作范围		$0\sim3$		3	V
$\dfrac{\Delta V_{CS}}{\Delta V_{MULT}}$	输出最大斜率	$V_{MULT}=0\sim1V$， $V_{COMP}=$ 上钳位电压	1	1.1		V/V
K	增益	$V_{MULT}=1V,V_{COMP}=4V$	0.32	0.38	0.44	V

V_{MULT} 与 V_{KxComp} 相乘以后得到调制信号，该信号与 V_{CS} 信号（电流采样信号）相比较得到控制开关信号，这样便可以使整流器输出电流信号能跟随 MULT 引脚采样的整流器输出电压信号波形，这样就可实现 PFC 功能。U2 是一个缓冲器，同时其最大输出值 1.16V 也限定了 V_{CS} 的最大电压值（见数据手册的 Figure 12），如表 7-10 所示。

表 7-10　L6562A 电流采样参数阈值

参　数	参数描述	条　件	最小值	典型值	最大值	单位
V_{CS}	电流采样钳位电压	$V_{COMP}=$ 上钳位电压， $V_{MULT}=1.5V$	1.0	1.08	1.16	V

缓冲器输出是 OVP 保护电路，S2 是负逻辑开关，当 Soft_OVP 为高时 S2 断开，S3 导通，这样在出现 OVP 时可将 V_{CS} 值钳位在 100mV，以防出现过流，损坏芯片。

7. 电流采样与前沿消隐电路

为了采样电感的实时电流，会在低侧开关管处连接一个采样电阻至地，该电阻两端的电压等于开关管开启时的电压，CS 连接在该采样电阻与开关管之间实现峰值电流控制。在开关管开启瞬间，由于寄生参数的影响，通常会出现一个尖峰毛刺，实际中要通过一个前沿消隐电路去除该毛刺。通常采用在开关管开启后加一段延迟时间才去采样电流信号的方法实现。

表 7-11 为数据手册中关于电流采样电路的参数。

表 7-11 L6562A 电流采样电路参数

参 数	参 数 描 述	条 件	最小值	典型值	最大值	单位
I_{CS}	输入偏置电流	$V_{CS} = 0$			-1	μA
t_{LEB}	前沿消隐时间		100	200	300	ns
$t_{d(H-L)}$	输出延迟时间			175		ns
V_{CS}	电流采样钳位电压	$V_{COMP}=$ 上钳位电压, $V_{MULT}=1.5V$	1.0	1.08	1.16	V
$V_{CS_{offset}}$	电流采样偏置电压	$V_{MULT}=0$		25		mV
		$V_{MULT}=2.5V$		5		

从表 7-11 中,可以得到以下几条信息:

- CS 引脚为高阻抗输入,漏电流很低;
- 前沿消隐时间为 200ns;
- 比较器翻转延迟时间为 175ns;
- CS 引脚电位钳位电压为 1.16V。

具体建模实现电路如图 7-31 所示。

CS 即芯片的电流采样引脚,Q 为开关管驱动信号,该模块内部电路如图 7-32 所示。

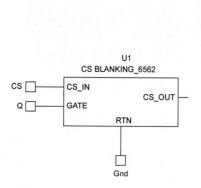

图 7-31 电流采样电路建模封装

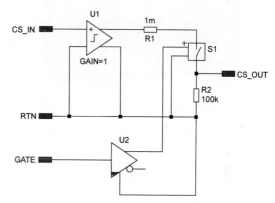

图 7-32 电流采样详细电路建模

CS_IN 即 CS 引脚输入信号,GATE 即 Q 信号,RTN 为电压参考信号,即地电位。U2 是一个带有延迟时间的缓冲器,当开关管开启后,经过 U2 的 200ns 延迟(由数据手册中的 t_{LEB} 参数决定)产生的 CS_OUT 即经过前沿消隐的电流采样信号。

8. THD 总谐波抑制优化电路

THD 的工作原理为:该器件配备有一个特殊电路,该电路可以减小线路电压在零交叉附近产生的交流输入电流的传导死角(交叉失真)。这样,电流的 THD(总谐波失真)就大幅降低了。

造成这种失真的主要原因是当瞬时电网交流电压非常低时,系统无法有效地传输能量。放置在桥式整流器之后的高频滤波电容器会放大此效应,该电容器会保留一些残余电压,这些残留电压会导致桥式整流器的二极管反向偏置,导致输入电流会暂时停止传输。

为了克服这个问题,与控制回路的控制相比,设备中嵌入的电路迫使 PFC 预调节器在电网电压过零点附近转换传输更多的能量。这样既可以使缺乏能量传输的时间间隔最小化,又可以使电桥后的高频滤波电容器完全放电。电路的仿真效果如图 7-33 所示,其中将标准 TM PFC 控制器的关键波形与 L6562A 的关键波形进行了比较。

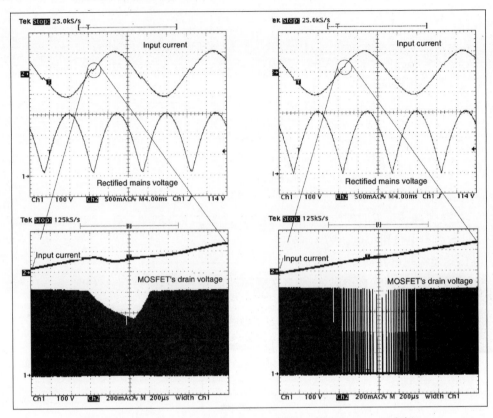

图 7-33 THD 优化:标准 TM PFC 控制器(左侧)和 L6562A(右侧)

本质上,该电路人为地增加了电源开关的导通时间,并在线路电压过零附近向乘法器的输出增加了正偏移。随着瞬时线电压的增加,该偏移减小,因此电网交流电压向正弦波的顶部移动时,该偏移可以忽略不计。

为了最大程度地受益于 THD 优化器电路,应将桥式整流器后的高频滤波电容器最小化,以适应 EMI 滤波需求。实际上,大电容本身会引入交流输入电流的导通死角——即使通过 PFC 预调节器进行了理想的能量传递——也使得优化器电路的作用几乎没有效果。

具体原理可参考数据手册中 4.2 节的描述,总结下来就是在采样到整流器输出电压过零点附近人为加入一个偏置量,该偏置量很小,几乎不影响非过零点处的采样电压。基本原理与效果如图 7-34 所示。

具体建模电路如图 7-35 所示。

$V2$ 的取值是由 MULT 引脚的取值范围(0~3V)设定的,该值与 V_{MULT} 相比较决定偏置量的大小,由数据手册中 $V_{\text{CS}_{\text{offset}}}$ 参数(当 $V_{\text{MULT}}=0$V 时,$V_{\text{CS}_{\text{offset}}}=25$mV;当 $V_{\text{MULT}}=2.5$V 时,$V_{\text{CS}_{\text{offset}}}=5$mV)决定 $R1$ 值的变化,如表 7-12 所示。

表 7-12 L6562A 的 THD 优化参数

$V_{\text{CS}_{\text{offset}}}$	电流采样偏置电压	$V_{\text{MULT}}=0$	25		mV
		$V_{\text{MULT}}=2.5$V	5		

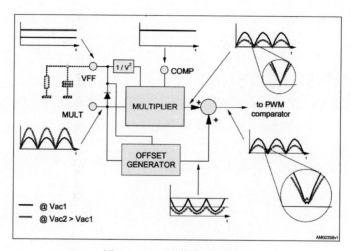

图 7-34 THD 优化电路原理

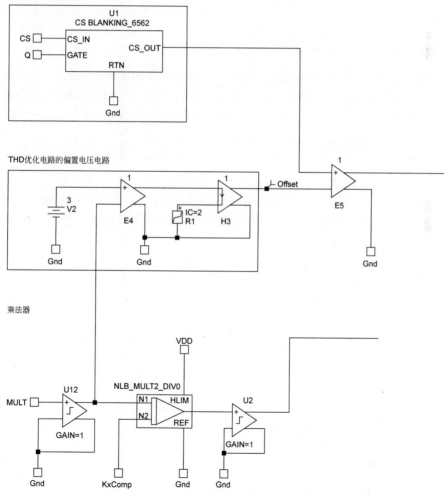

图 7-35 L6562A THD 优化电路建模

图 7-36 为电阻 $R1$ 的参数定义。

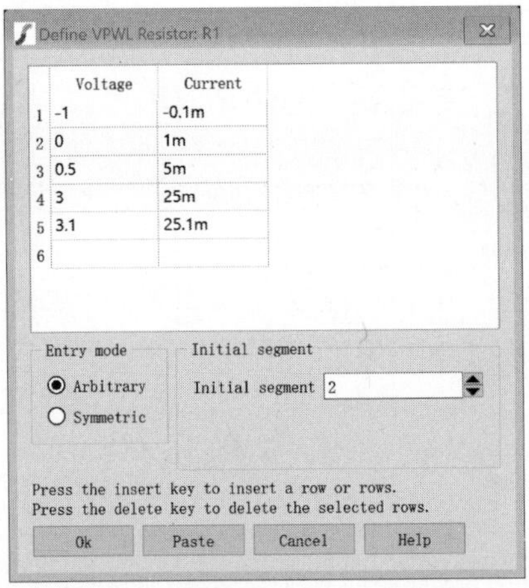

图 7-36　L6562A THD 电路电阻参数

当 $V_{MULT}=0V$ 时，$E4$ 输出为 3V，$R1$ 两端电压为 3V，则根据 $R1$ 参数可知，流过 $R1$ 的电流为 25mA，$H3$ 为电流控制电压源且增益为 1，则此时输出电压即 V_{CS} 偏置电压为 25mV；同理，当 $V_{MULT}=2.5V$ 时，V_{CS} 偏置电压为 5mV。

这样我们既得到了 CS 引脚采样后经过前沿消隐电路得到的实时电流信号，也得到了提高 THD 表现的偏置电压信号，通过 $E5$ 将这两个电压信号相加以后即得到最后的电流采样信号，将该电压信号与前述调制半正弦控制信号比较去控制开关管。根据峰值电流的控制方法可知，当电流采样信号高于控制信号时关断开关管。整个关断控制电路如图 7-37 所示。

U8 比较电流采样信号和控制信号，当电流采样信号高于控制信号时，输出高电平，反之输出低电平，U6 是四输出或逻辑门，其他 3 个信号输入端 TonMax 表示开关周期超出规定值，OVP 表示输出电压超过设定值，DIS 表示过零点检测失败，这些信号都会导致 U6 输出一个高电平。U22 为两输入与门，TonMin 表示开关周期大于最小额定值，当 U6 输出高电平且开关周期大于最小额定值时关断开关管。

9. 保护电路

先来看一看 OVP 的规格参数，如表 7-13 所示。

表 7-13　L6562A OVP 参数

参数	参 数 描 述	最小值	典型值	最大值	单位
I_{OVP}	动态 OVP 触发电流	23.5	27	30.5	μA
Hys	迟滞量		20		μA
V_{OVP_static}	静态 OVP 阈值	2.1	2.25	2.4	V

可以知道动态 OVP 电流阈值为 $27\mu A$，迟滞为 $20\mu A$，如前述误差放大器中检测 COMP 端电流检测增益设置为 100k，转化为电压则为 $27\mu A\times100k=2.7V$，即动态 OVP 检测阈值则可设定为 2.7V。

数据手册参数规格表中规定 Static OVP threshold 为 2.25V。可建模如图 7-38 所示。

至此，L6562A 芯片的各个模块电路原理分析与电路结构就已详细分析并建模完成。接下来将各子模块电路封装以后在顶层电路互连，得到完整的 L6562A 芯片模型，如图 7-39 所示。

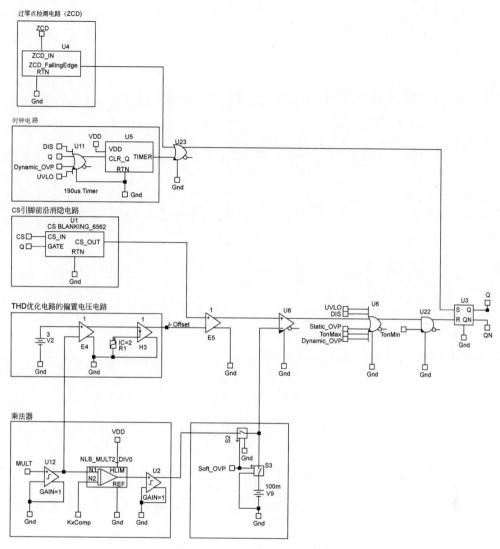

图 7-37 L6562A 控制电路建模

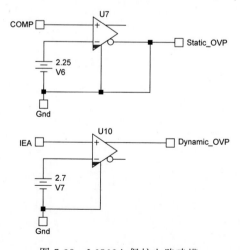

图 7-38 L6562A 保护电路建模

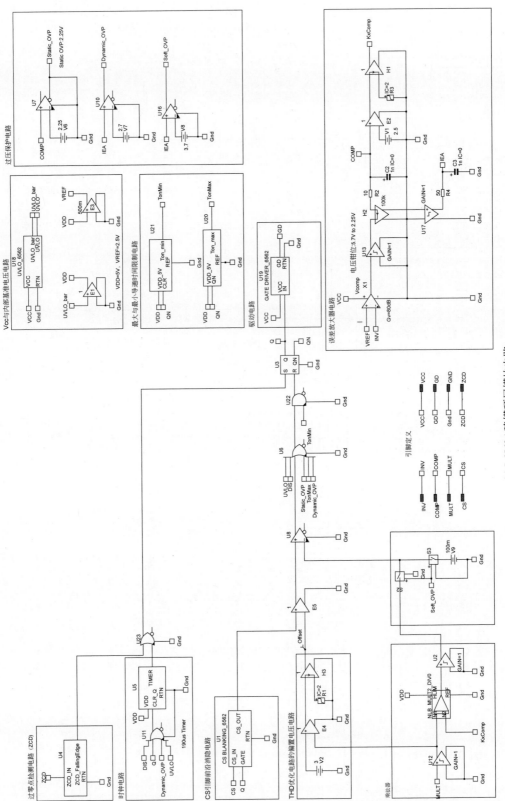

(a) L6562A建模顶层模块电路

图7-39 L6562A 完整建模电路

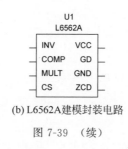

(b) L6562A建模封装电路

图 7-39 （续）

7.3.4 L6562A仿真应用设计

参照官方参考设计一款基于 L6562A 的 80WPFC 控制器电路,具体规格如下:

- 交流输入电压范围,$\text{VAC}_{min} = 85\text{V}$,$\text{VAC}_{max} = 265\text{V}$。
- 交流线路最低频率,$f_{L\_min} = 47\text{Hz}$。
- 稳压输出电压,$V_{out} = 400\text{V}$。
- 额定输出功率,$P_{out} = 80\text{W}$。
- 最大 2 倍交流电压频率下输出电压纹波,$\Delta V_{out} = 20\text{V}$。
- 保持时间: $t_{Hold} = 10\text{ms}$(考虑保持下最小可接受输出电压为 $V_{out\_min} = 300\text{V}$)。
- 最低开关频率: $f_{sw\_min} = 35\text{kHz}$(一般选择超过音频范围,而且不能设太高,否则会影响效率,一般选择 $20 \sim 50\text{kHz}$)。
- 输出最大过压值,$\Delta OVP = 55\text{V}$(由于 PFC 转换器输入电源频率为 100Hz 或 120Hz,故一般设计带宽较低,一般为几十赫兹。且因为带宽较窄,所以输出级在启动瞬间或负载切换瞬间易出现电压过冲现象,故这里还需要固定一个过压保护阈值)。
- 最低估计效率,$\eta = 93\%$。
- 预估 PF 值,$\text{PF} = 0.99$。

1. 根据规格参数计算一些电压和电流参数

(1) 直流输出电流:$I_{out} = \dfrac{P_{out}}{V_{out}} = \dfrac{80\text{W}}{400\text{V}} = 0.2\text{A}$。

(2) 输入最大功率:$P_{in} = \dfrac{P_{out}}{\eta} = \dfrac{80\text{W}}{93\%} = 86\text{W}$。

(3) 输入电流 RMS 值:$I_{in\_RMS} = \dfrac{P_{in}}{\text{VAC}_{min} \times \text{PF}} = 1.022\text{A}$。

(4) 电感电流峰值:$I_{L\_pk} = 2 \times \sqrt{2} \times I_{in\_RMS} = 2.891\text{A}$。

(5) 电感电流 RMS 值:$I_{L\_RMS} = \dfrac{2 \times I_{in\_RMS}}{\sqrt{3}} = 1.18\text{A}$。

(6) 电感电流 AC 值:$I_{L\_AC} = \sqrt{I_{L\_RMS}^2 - I_{in\_RMS}^2} = 0.59\text{A}$。

(7) 流经开关管的电流 RMS 值:$I_{SW\_RMS} = I_{L\_pk} \times \sqrt{\dfrac{1}{6} - \dfrac{4\sqrt{2} \times \text{VAC}_{min}}{9\pi \times V_{out}}} = 1.019\text{A}$。

(8) 流经续流二极管的电流 RMS 值:$I_{D\_RMS} = I_{L\_pk} \times \sqrt{\dfrac{4\sqrt{2} \times \text{VAC}_{min}}{9\pi \times V_{out}}} = 0.596\text{A}$。

（9）流经整流桥单个二极管的电流 RMS 值：$I_{\text{bridge\_RMS}} = \dfrac{\sqrt{2} \times I_{\text{in\_RMS}}}{2} = 0.723\text{A}$。

（10）流经整流桥单个二极管的电流平均值：$I_{\text{bridge\_avg}} = \dfrac{\sqrt{2} \times I_{\text{in\_RMS}}}{\pi} = 0.46\text{A}$。

2. 输入电容选择

输入电容用来减小电感电流在输入端引起的电压纹波，当输入电压最低时为系统最恶劣工作条件，一般纹波设置为最低输入电压的 5%～20%，此处按照 20%可计算输入电容有效容值为

$$C_{\text{in}} = \frac{I_{\text{in\_RMS}}}{2\pi f_{\text{sw\_min}} \times 20\% \times \text{VAC}_{\text{min}}} = 0.2734\mu\text{F}$$

3. 输出电容选择

输出电容的选择主要取决于输出电压、纹波和功率等。输出电压中包含 2 倍于交流输入电压频率的低频电压纹波，该纹波值由电容充放电以及电容串联电阻 ESR 值所组成，可计算如下：

$$\Delta V_{\text{out}} = 2 \times I_{\text{out}} \times \sqrt{\frac{1}{(2\pi \times 2 \times f_{\text{L\_min}} \times C_{\text{out}})^2} + R_{\text{ESR\_Cout}}{}^2}$$

对于低串联等效电阻的输出电容，其 ESR 纹波可忽略不计，可根据规格说明书中的输出电压纹波计算输出有效电容值，即

$$C_{\text{out\_min1}} = \frac{I_{\text{out}}}{2\pi f_{\text{L\_min}} \times \Delta V_{\text{out}}} = 33.86\mu\text{F}$$

另一个对输出电容的考虑因素为需要在掉电时间内满足一定保持时间，那么在掉电时间内需要由输出电容供电，这需要有一定的容量，可计算如下：

$$C_{\text{out\_min2}} = \frac{2 \times P_{\text{out}} \times t_{\text{Hold}}}{(V_{\text{out}} - \Delta V_{\text{out}})^2 - V_{\text{out\_min}}^2} = 29.41\mu\text{F}$$

综合纹波和掉电两方面的考虑，可选择输出电容值为 $C_{\text{out}} = 47\mu\text{F}$。

接着使用选定电容值再计算保持时间和纹波如下：

$$t_{\text{Hold}} = \frac{C_{\text{out}} \times \left[(V_{\text{out}} - \Delta V_{\text{out}})^2 - V_{\text{out\_min}}{}^2\right]}{2P_{\text{out}}} = 16\text{ms}$$

$$\Delta V_{\text{out}} = \frac{I_{\text{out}}}{2\pi \times f_{\text{L\_min}} \times C_{\text{out}}} = 14.41\text{V}$$

输出电容的电流 RMS 值为

$$I_{\text{Cout\_RMS}} = \sqrt{I_{\text{D\_RMS}}{}^2 - I_{\text{out}}{}^2} = 0.562\text{A}$$

4. 电感选择

根据 L6562A 的工作原理，电感值的选择直接决定转换器的开关频率，电感值的选择要保证最低开关频率下对应的开关周期要短于前面建模中提到的启动时间 $190\mu\text{s}$。

当 PF 值为 1 时,由于 L6562A 工作于临界模式,可以推导出在每个开关周期内的开关管导通时间为恒定值,与交流输入电压角度 θ 无关,即

$$t_{on}(VAC,\theta) = \frac{L \times I_{L_{pk}} \times \sin\theta}{\sqrt{2}\,VAC \times \sin\theta} = \frac{L \times I_{L_{pk}}}{\sqrt{2}\,VAC}$$

每个周期内开关管的关断时间为

$$t_{off}(VAC,\theta) = \frac{L \times I_{L_{pk}} \times \sin\theta}{V_{out} - \sqrt{2}\,VAC \times \sin\theta}$$

将上述导通时间和关断时间结合到一起,不考虑死区时间,则开关频率可计算如下:

$$f_{sw}(VAC,\theta) = \frac{1}{2 \times L \times P_{in}} \times VAC^2 \times \frac{V_{out} - \sqrt{2}\,VAC \times \sin\theta}{V_{out}}$$

当 $\theta = \dfrac{\pi}{2}$ 时,即交流电压最高时开关频率最低,在 $\theta = 0$ 或 π 时,也即在交流电压过零点穿越附近时开关频率最高,因为这个时候 t_{off} 基本为零。

可以根据上述开关频率计算公式分别计算在 VAC_{min} 和 VAC_{max} 下的电感值为

$$L(VAC) = \frac{VAC^2 \times \left(V_{out} - \sqrt{2}\,VAC \times \sin\dfrac{\pi}{2}\right)}{2f_{sw\_min} \times P_{in} \times V_{out}}$$

在 VAC 为最低时电感值计算为

$$L(VAC_{min}) = \frac{VAC^2 \times \left(V_{out} - \sqrt{2}\,VAC_{min} \times \sin\dfrac{\pi}{2}\right)}{2f_{sw\_min} \times P_{in} \times V_{out}} = 0.8393\text{mH}$$

在 VAC 为最高时电感值计算为

$$L(VAC_{max}) = \frac{VAC^2 \times \left(V_{out} - \sqrt{2} \times VAC_{max} \times \sin\dfrac{\pi}{2}\right)}{2f_{sw\_min} \times P_{in} \times V_{out}} = 0.7357\text{mH}$$

选择其中的最小值,最终可选择为 0.7mH。

将此电感值代入最低开关频率,计算如下:

$$f_{sw\_min} = \frac{1}{2L \times P_{in}} \times VAC_{max}^2 \times \frac{V_{out} - \sqrt{2}\,VAC_{max} \times \sin\dfrac{\pi}{2}}{V_{out}} = 36.79\text{kHz}$$

将此电感值代入开关频率计算公式,可观察到开关频率与交流电压相位关系如图 7-40 所示。

5. MOS 管与续流二极管选择

MOS 管的选择主要考虑导通阻抗、耐压值、电流值和热阻等参数。一般选择耐压值超过输出电压最大值的 120%,额定电流选择超过电感电流 RMS 值的 3 倍,然后根据所选择的 MOS 管参数计算 MOS 管的损耗(导通损耗、开关损耗与电容损耗等),判断 MOS 管本身的热阻是否可以满足散热要求,如若不满足,则需外加散热器。

在选择 PFC 升压转换器中的续流二极管时一般需要考虑反向耐压值、额定电流值、正向压降与热阻等参数。一般选择其反向耐压值超过输出电压加上过压值之和的 120%,额

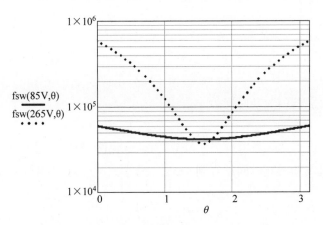

图 7-40　L6562A 开关频率与交流电压相位关系曲线

定电流选择输出电流的 3 倍以上,热性能参数与 MOS 管考虑一致。

6. L6562A 外围参数选择

1) 反馈电阻值选择

INV 引脚为电压反馈输入引脚,连接到芯片内部的误差放大器,由于前述 OVP 动态电流 I_{OVP} 为 $27\mu A$,所以据此可计算出上分压电阻值为

$$R_{outH} = \frac{\Delta OVP}{I_{OVP}} = 2.037 M\Omega$$

故,上分压电阻可取为 $R_{outH} = 2M\Omega$,根据输出电压可计算出下分压电阻值为

$$R_{outL} = \frac{R_{outH}}{\left(\dfrac{V_{out}}{V_{ref}} - 1\right)} = 12.58 k\Omega$$

其中,V_{ref} 为基准电压,为 2.5V。

2) 电感电流采样电阻值选择

CS 引脚为电流检测引脚,L6562A 通过检测 CS 引脚电压获得电感电流信息,需要在此引脚连接电阻。CS 引脚钳位电压值可以从 L6562A 数据手册得知:$V_{CS\_min} = 1.0V$,$V_{CS\_max} = 1.16V$,由此可计算出连接到 CS 引脚的电阻值为

$$R_{CS} = \frac{V_{CS\_min}}{I_{L\_pk}} = 0.346\Omega$$

最终电流采样电阻可取 0.34Ω。采样电阻上的功耗计算如下:

$$P_{R_{CS}} = R_{CS} \times I_{SW_{RMS}}^2 = 0.353 W$$

3) MULT 引脚分压电阻选择

MULT 引脚是内部乘法器的一个输入引脚,一般通过一个电阻分压网络连接到整流桥输出部分,以获得半正弦参考电压信号。通过乘法器可以得到输出信号表达式如图 7-30 所示;$V_{CS} = K \times V_{MULT} \times (V_{COMP} - 2.5)$,其中,$K$ 为乘法器增益,V_{MULT} 为 MULT 引脚电压值,CS 引脚与 MULT 引脚的电压关系如图 7-41 所示。

从图 7-41 可以看出,在 MULT 引脚电压从 $0\sim3V$ 范围内电流采样引脚 CS 电压为 $0\sim1.16V$,且基本保持线性关系(取决于补偿器输出电压值)。从图 7-41 中可以得知最大斜率

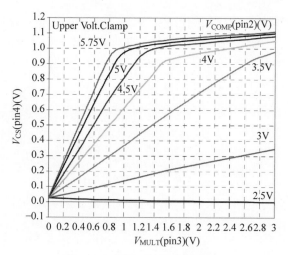

图 7-41　误差放大器特性曲线

如下：

$$\frac{dV_{CS}}{dV_{MULT}} \approx 1.1$$

那么，如何设计这个乘法器分压电阻呢？

首先要选定 V_{MULT} 的最大值，当交流输入电压值为最大值时，因为固定的分压电阻比例，所以采样值也会随之增大，一般选择在 3V 以下。

$$V_{MULT\_max} = \frac{I_{L\_pk} \times R_{CS} \times VAC_{max}}{1.1 VAC_{min}} = 2.786V$$

接着可以求得连接在 MULT 引脚上的电阻分压比为

$$kp = \frac{V_{MULT\_max}}{\sqrt{2} VAC_{max}} = 0.007434$$

假设流入 MULT 引脚的电流为 $I_{MULT} = 200\mu A$，则可以求得分压电阻值为

$$R_{MULTL} = \frac{V_{MULT\_max}}{I_{MULT}} = 13.93k\Omega$$

R_{MULTL} 可取值 15kΩ，则上分压电阻值为

$$R_{MULTH} = \frac{(1 - kp) \times R_{MULTL}}{kp} = 2M\Omega$$

则乘法器输入端电阻分压增益为

$$kp = \frac{R_{MULTL}}{R_{MULTL} + R_{MULTH}} = 0.007444$$

4）ZCD 引脚过零点电阻选择

ZCD 引脚是过零点电流检测引脚，连接在辅助电源绕组上，是负脉冲触发模式，当该引脚上的电压低于 0.7V 时，会触发锁存器导致开关 MOS 管打开。

当开关 MOS 管断开时，必须要有足够的辅助线圈匝数比保证该引脚电压高于 1.4V，一般外加 15% 的裕量，则可以计算出主线圈对辅助线圈匝数比为

$$N_{aux} = \frac{N_{primary}}{N_{auxiliary}} = \frac{(V_{out} - \sqrt{2} VAC_{max})}{1.4V \times (1 + 15\%)} = 15.673$$

另外,还要保证辅助绕组线圈能够为芯片提供足够的电压且不能超过主芯片的供电电压范围。当选择 $N_{aux}=10$ 且限制有 0.8mA 的电流流入芯片 ZCD 引脚时,可以据此计算出分压电阻值。查阅规格书可知,ZCD 引脚上的钳位电压分别为:$V_{ZCDH}=5.7\text{V}$,$V_{ZCDL}=0\text{V}$。考虑此两种开关状态下的限流电阻值为

$$R_{ZCD\_OFF}=\frac{\left(\dfrac{V_{out}}{N_{aux}}-V_{ZCDH}\right)}{0.8\text{mA}}=42.87\text{k}\Omega$$

$$R_{ZCD\_ON}=\frac{\left(\dfrac{\sqrt{2}\,\text{VAC}_{max}}{N_{aux}}-V_{ZCDL}\right)}{0.8\text{mA}}=46.85\text{k}\Omega$$

选择上述两者中的较大值作为 ZCD 引脚限流值电阻,即 $R_{ZCD}=47\text{k}\Omega$。

5)补偿器设计

L6562A 的功率级传递函数分析与补偿设计分析可参考参考文献[47]。

输出等效输出电阻为

$$R_{out}=\frac{V_{out}^2}{P_{out}}=2\text{k}\Omega$$

乘法器输入端电压分压增益如前所述为 $\text{kp}=0.007444$,乘法器的大信号增益可用下式表达:

$$\text{KM}(V_{comp})=0.651\times(1-85.29\times e^{-1.776\times V_{comp}})$$

接下来将上式代入计算误差放大器的静态工作点

$$2.5+\frac{2P_{out}R_{CS}}{\eta\times\text{KM}(V_{comp})\times\text{kp}\times\text{VAC}_{max}^2}-V_{comp}=0$$

通过上式可计算得到 $V_{comp}=2.864\text{V}$。

乘法器小信号增益可计算如下:

$$\text{km}=\frac{\text{d}\left[\text{KM}(V_{comp})\times(V_{comp}-2.5)\right]}{\text{d}V_{comp}}=0.529\text{V}$$

根据参考文献[47]可得 L6562A 的功率级传递函数为

$$G(f)=\frac{\text{km}\times\text{kp}\times\text{VAC}_{max}^2}{2V_{out}}\times\frac{1}{R_{CS}}\times\frac{1}{2\pi fj\times C_{out}}$$

可知该功率级为一个单极点系统,绘制其波特图如图 7-42 所示。

从图 7-42 可以看出,功率级传递函数的穿越频率超过 1kHz,带宽太高,需要加补偿电路调整。下面使用 K 因子法设计补偿器。

- 首先明确带宽 $f_c=20\text{Hz}$,相位裕度 $M=50°$。
- 计算功率级传递函数在带宽处的增益与相位值

$$Gf_c=20\log(|G(f_c)|)=44.718\text{dB}$$

$$P=\arg(G(f_c))\times\frac{180°}{\pi}$$

- 补偿器相位提升量与增益提升量为

$$\text{Boost}=M-P=50°$$

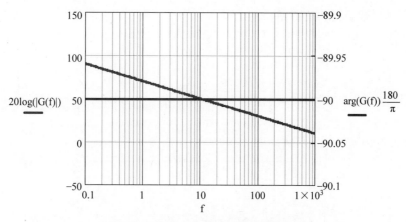

图 7-42 L6562A 功率级传递函数波特图

$$G = 10^{-20\frac{\log(|G(f_\text{c})|)}{20}} = 0.005809$$

相位提升量小于 90°,故选择Ⅱ型补偿器即可,如图 7-43 所示。

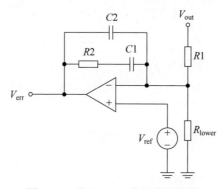

图 7-43 基于 OPA 的Ⅱ型补偿器

- 计算 K 因子

$$K = \tan\left[\frac{\left(\dfrac{\text{Boost}}{2} + 45°\right) \times \pi}{180°}\right] = 2.747$$

故补偿器极点与零点频率设置如下:

$$f_{\text{comp\_p}} = K \times f_\text{c} = 54.95\,\text{Hz}$$

$$f_{\text{comp\_z}} = \frac{f_\text{c}}{K} = 7.279\,\text{Hz}$$

- 计算补偿器参数值。

上分压电阻值选择 $R1 = 2000\text{k}\Omega$,则其他补偿元器件参数计算如下:

$$C2 = \frac{1}{2\pi f_\text{c} \times G \times K \times R1} = 0.2493\mu\text{F}$$

$$C1 = C2 \times (K^2 - 1) = 1.633\mu\text{F}$$

$$R2 = \frac{K}{2\pi f_\text{c} \times C1} = 13.39\text{k}\Omega$$

- 补偿器传递函数和波特图。

补偿器传递函数如下：

$$H(f) = \frac{-R2 \times C1}{R1 \times (C1+C2)} \times \frac{\left(1+\dfrac{2\pi f_{\text{comp\_z}}}{2\pi f\text{j}}\right)}{\left(1+\dfrac{2\pi f\text{j}}{2\pi f_{\text{comp\_p}}}\right)}$$

补偿器传递函数波特图如图 7-44 所示。

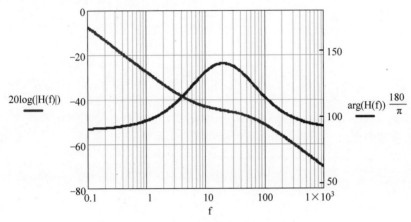

图 7-44 L6562A 补偿器传递函数波特图

- 开环传递函数。

最后将功率级传递函数与补偿器传递函数结合得到开环传递函数，绘制出波特图如图 7-45 所示。

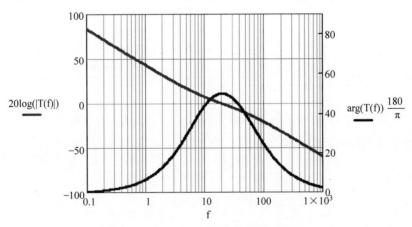

图 7-45 L6562A 开环传递函数波特图

从开环传递函数可计算出穿越频率为 20Hz，相位裕度为 50°，满足设计要求。

7.3.5 L6562A 仿真应用仿真

根据前述设计步骤与参数值，搭建 L6562A 仿真电路如图 7-46 所示。

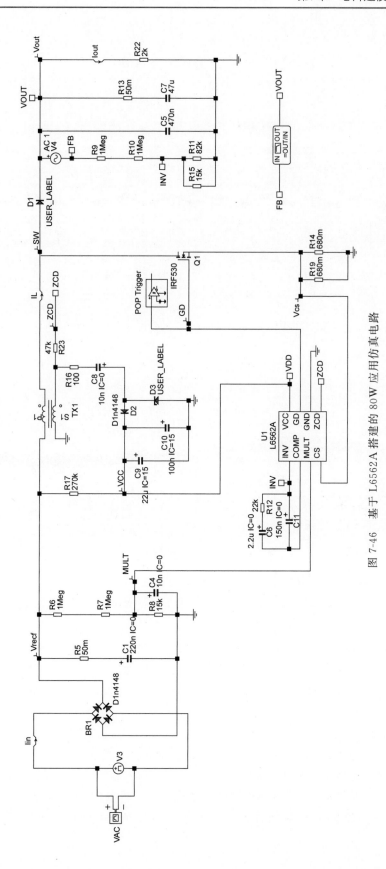

图 7-46 基于 L6562A 搭建的 80W 应用仿真电路

1. 瞬态仿真

仿真设置 VAC 参数为 230VAC、50Hz,负载 80W。仿真结果如图 7-47 所示。

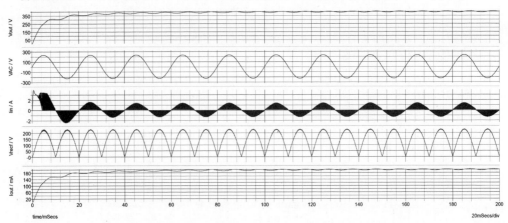

(a) 瞬态仿真结果 (波形从上到下依次为Vout、VAC、Iin、Vrecf、Iout)

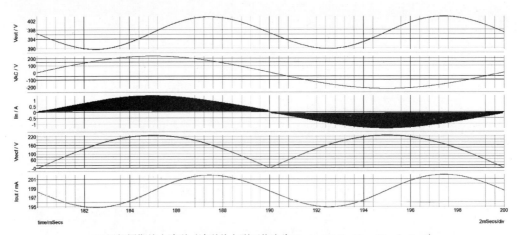

(b) 局部周期放大波形 (波形从上到下依次为Vout、VAC、Iin、Vrecf、Iout)

图 7-47   L6562A 瞬态仿真结果(230VAC,50Hz)

从仿真结果可以看出,L6562A 很好地实现了升压与功率因数校正功能。输出电压稳压在 400V 左右,输出电流在 200mA 左右,输出功率达到 80W 左右。查看输入端的电流波形 I_{in},可以看出呈现与输入电压 VAC 同频同相的正弦波形状。

接下来再看看具体的芯片工作情况是否如我们所理解和搭建的一致。如图 7-48 所示为放大的开关波形。

可以看出,L6562A 确实工作在 TM 模式下,电感电流在开关周期开始时电流为零,且开关周期结束时也回归零点。且过零点检测电路在电感电流下降到零时也出现下降沿,芯片内部电路就会触发下一个开关周期。

再来看看芯片内部 THD 优化电路的工作情况。从图 7-49 中可以看出,在过零点附近增加了 Offset 偏置电压,这导致在过零点附近开关管导通时间增长,以便于传输更多的能量。

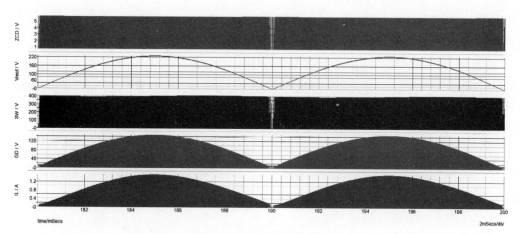

(a) L6562A一个交流周期开关波形（波形从上到下依次为ZCD、Vrecf、SW、GD、IL）

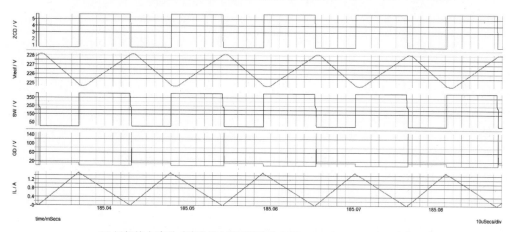

(b) 局部放大波形（波形从上到下依次为ZCD、Vrecf、SW、GD、IL）

图 7-48　L6562A 开关仿真波形

2. AC 分析

在 SIMPLIS 中进行 AC 分析的前提是 POP 分析成功，也就是说，时域电路上的任何交流分析都要求电路处于稳态。但是典型的 PFC 没有稳态工作点，因为存在两个主要频率：

（1）交流线路频率。

（2）开关频率(可能是变化的)。

L6562A 仿真电路中有两个频率：一个是交流输入电压频率(50Hz 左右)；另一个是芯片内部的开关频率，且工作在 TM 模式下的开关频率是变化的。采用下面几种可行的方式可以对 PFC 控制电路进行 AC 分析。

- 直流输入：电路现在是 DC/DC 转换器，可以运行 POP/AC。
- 选择开关频率为交流信号谐波倍数(仅限于固定变频器)：例如，PFC 电路存在 100kHz 的开关频率和 50Hz 的线路频率，可以在 50Hz 上进行 POP 分析，100kHz 是 50Hz 的 1000 倍数谐波。
- 多频率交流分析：将多个时域正弦频率注入环路，使用傅里叶技术提取频率响应。

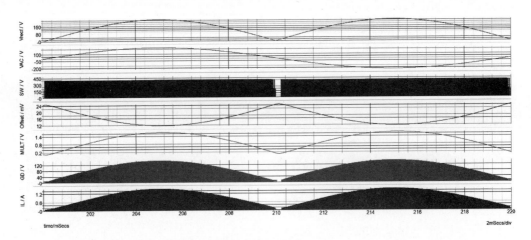

(a) L6562A THD仿真（波形从上到下依次为Vrecf、VAC、SW、Offset、MULT、GD、IL）

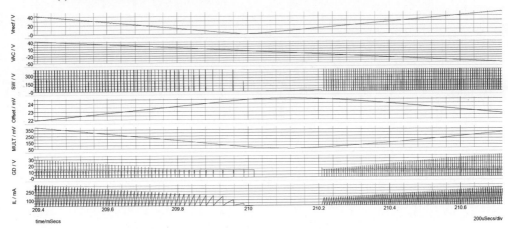

(b) THD仿真局部放大波形（波形从上到下依次为Vrecf、VAC、SW、Offset、MULT、GD、IL）

图7-49　THD仿真

于是就可以使用直流电压源来代替交流电压源进行交流分析，并且当输入源变为直流电压源后，开关频率也固定了。由于之前的L6562A建模中使用了乘法器这个元器件来获取交流电压的频率和相位信息，且这个元器件是一个非线性元器件，所以阻止了对其进行POP和AC仿真。

如图7-50所示为更新后的乘法器电路（去掉了乘法器元器件）。

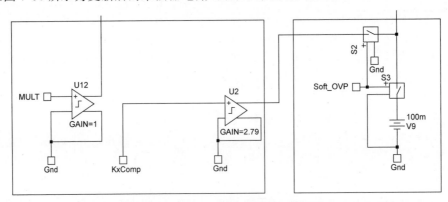

图7-50　L6562A乘法器更新电路建模

图 7-51 是替换了输入电压源和乘法器电路的 PFC 仿真电路与仿真结果。

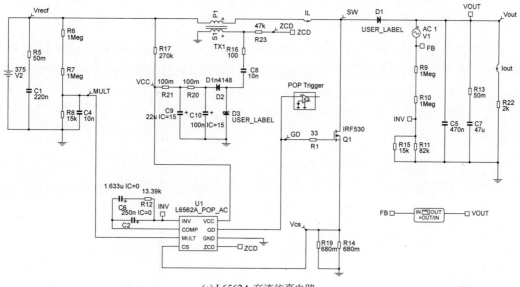

(a) L6562A 交流仿真电路

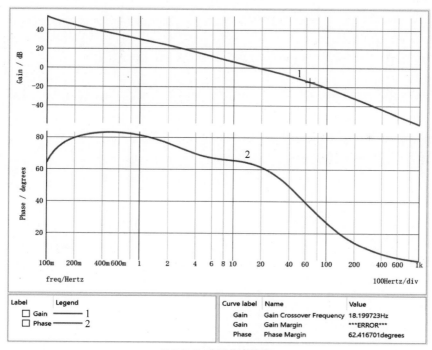

(b) L6562A交流仿真结果

图 7-51 L6562A 交流仿真

从仿真结果可以看出,经过改进后的 L6562A 可顺利实现交流仿真,其穿越频率为 20.8Hz,相位裕度为 69.8°,符合典型 PFC 电路的设计要求和表现。

7.4　本章小结

　　本章全面介绍了PFC的基本概念,论述了PF和THD的定义和意义,还介绍了PFC控制器的拓扑结构与控制方法分类,重点介绍了广泛引用的经典升压拓扑结构和电流控制方法。最后以LT6562A为例,详细介绍了其工作原理与各个模块的建模方法,仿真结果也验证了建模的思路和方法。利用本章介绍的知识与方法可以较为快速地理解其他结构和控制方法的PFC控制器。

第 **8** 章

芯片建模之反激控制器

在涉及安全工规要求、直流高压转低压场合以及市电供电场景中,通常需要选择一个隔离电源拓扑结构,利用变压器隔离原副边的电源轨以及利用变压器的原副边匝数比来降低控制器极大或极小占空比的设计难度。本章将会首先介绍一些常见的隔离拓扑结构,接着重点介绍反激电源基本知识以及反激变换器的变种——谐振反激电源,最后以一个较为通用的准谐振反激控制器为例介绍芯片的内部结构和建模原理等。

本章包含如下知识点:

(1)隔离电源简单种类。

(2)反激电源结构与工作原理。

(3)准谐振概念与优缺点。

(4)准谐振反激转换器工作原理与建模。

8.1 隔离电源简介

隔离电源根据其功率输出的能力大小适用于不同的应用场景,还要根据输入电压、输出电压、负载电流、功率水平和其他因素考虑不同的拓扑选择。本节将介绍 4 种最常见的电源拓扑:反激式(Flyback)、正激式(Forward)、半桥式(Half-Bridge)和全桥式(Full-Bridge),将如何根据成本、大小和效率进行选择拓扑。另外,每种拓扑都有变体,使其更适合于特定的应用场景。

表 8-1 从功率范围、效率、成本和特点等角度对比了以上 4 种电源结构。

表 8-1 常见隔离电源特点对比

分类	反激(Flyback)	正激(Forward)	半桥(Half-Bridge)	全桥(Full-Bridge)
电路结构	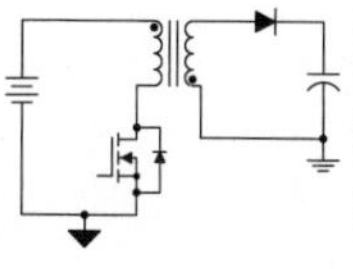	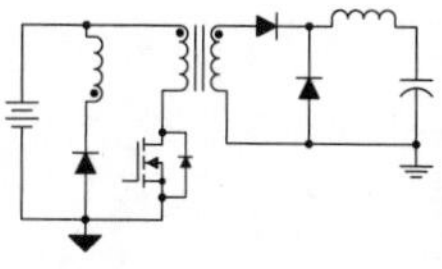	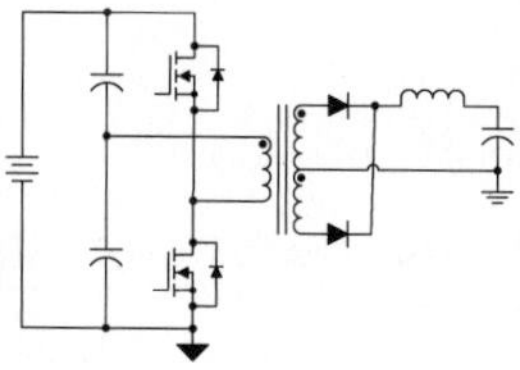	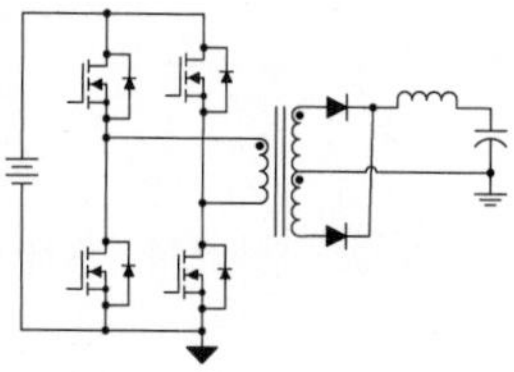

续表

分类	反激（Flyback）	正激（Forward）	半桥（Half-Bridge）	全桥（Full-Bridge）
适用功率范围	＜100W	100～500W	100～500W	＞500W
效率	83％～94％	85％～96％	88％～96％	90％～98％
成本	最低	中等	中等	高
适用场景特点	• 低成本 • 宽输入电压范围 • 多路输出 • 高输出电压	• 负载电流高达40A • 中等输入输出电压比（＜4∶1）	• 有辐射EMI担心 • LLC结构适合多路输出	• 总线转换器 • 可控制输出0V • 大功率输出
不适合场景特点	• 输出功率超100W • 负载电流超5A	• 高输出电压 • 多路输出	• 低输入电压 • 宽输入输出电压比（如LLC不适合输入输出电压超过2∶1）	• 多路输出

8.2 反激电源基础

反激式转换器应用非常广泛,市面上低于50W的绝大多数隔离电源都是反激式的。反激式转换器非常适合笔记本(通常小于100W)、机顶盒(通常为10～35W)、充电器和辅助偏置电源(3～5W)。如图 8-1 所示为反激式转换器的电路结构。

反激式转换器在低至中功率应用范围场合对比其他拓扑具有许多优势。反激式转换器中使用的单个磁性器件(变压器)充当耦合电感器,结合了能量存储、能量传输和隔离的功能。消除了对每个输出使用单独的 LC 滤波器的需求,这大大降低了多路输出电源设计的总体成本。仅凭成本优势,反激式转换器就成为当今大众市场生产

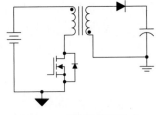

图 8-1 反激转换器结构

环境中的首选。但是它的优势并不仅限于外围元器件数量少,这种转换器的拓扑结构可以适应较宽的输入电压范围,并具有高于或低于输入电压的输出特点。输出数量仅受变压器骨架上可用引脚数的限制。总的来说,反激式转换器具有如下特点:

- 适用于低功率(＜50W)应用。
- 可实现很高的电压传输比。
- 可以提供电气隔离。
- 宽范围的输入电压。
- 在隔离式电源转换器中的组件数量最少。

8.2.1 反激式转换器的变种

从控制特点、拓扑结构和所用器件等角度来看,反激转换器也有很多变种,表 8-2 总结了常见的几类反激式转换器的变种结构,它们因其各自的特点适用于不用的应用场景。

表 8-2　反激转换器变种

反激转换器变种	拓扑结果或控制模式	特　点
准谐振反激式转换器(Quasi-resonant Flyback/QR Flyback)		在谷底开关的 DCM 反激式变换器,在最大负载下,主开关管在第一个谷底期间开启。 • 针对小于 60W 的消费电源应用进行了优化 • 高转换效率 • 超低待机功耗
原边反馈反激式转换器(Primary-side regulated Flyback/ PSR Flyback)		通过原边辅助绕组采样调节消除了误差放大器和光耦合器的需要。 • 超低成本 • 通常以 QR 模式操作 • ±5% 的调整率 • 不建议用于多路输出场景
有源钳位反激式转换器(Active clamp Flyback/ACF Flyback)		耗散式钳位电路被无损钳位电路所取代,并将能量回收存储在漏电感中。 • 最佳效率,最高功率密度 • 优化适合 GaN 器件和高频应用 • 可实现 ZVS(Zero Voltage Switching)
两开关管反激式转换器		两个开关同时导电。将泄漏能量通过初级二极管回收到输入端。 • 效率高,但成本更高 • 降低了开关管的电压应力 • 占空比限制在 50% 以内
BJT 反激式转换器		主开关由一个 NPN 晶体管代替。 • 低成本 • 适用于更高的额定电压应用 • 限于约 10W 内应用

续表

反激转换器变种	拓扑结果或控制模式	特　　点
SiC 反激式转换器	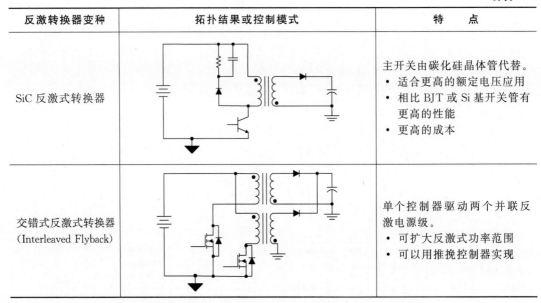	主开关由碳化硅晶体管代替。 • 适合更高的额定电压应用 • 相比 BJT 或 Si 基开关管有更高的性能 • 更高的成本
交错式反激式转换器 (Interleaved Flyback)	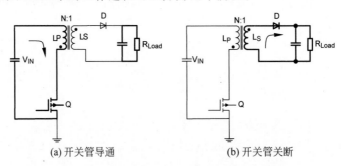	单个控制器驱动两个并联反激电源级。 • 可扩大反激式功率范围 • 可以用推挽控制器实现

8.2.2　反激式稳压器工作原理

根据电感中电流在开关周期内是否回到零点可将反激式稳压器的工作模式分为 3 类：连续导通模式(CCM)、非连续导通模式(DCM)和临界导通模式。

1. CCM 模式下的工作波形

如图 8-2 所示，CCM 中的工作过程可以分为两个阶段。

(a) 开关管导通　　　　　　　　　　(b) 开关管关断

图 8-2　反激式稳压器 CCM 模式下开关状态

（1）阶段 1：MOSFET 处于导通状态。能量从源转移到电感的初级绕组（输出电容继续传递能量给负载）。

（2）阶段 2：MOSFET 处于 OFF 状态。能量从电感的次级绕组传递到输出电容和负载（输出电容器继续传递负载）（"变压器"实际上是两绕组电感）。

如图 8-3 所示为反激式稳压器工作在 CCM 模式下的工作波形。

2. DCM 模式下的工作波形

与 CCM 模式相比，DCM 模式多出了一个阶段，即磁芯内的能量归零后，在这个新增的第三阶段中，负载能量由输出电容提供，如图 8-4 所示。

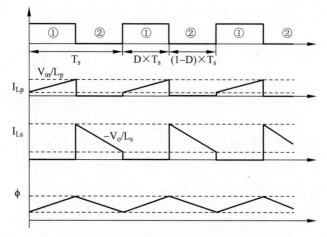

图 8-3 反激式稳压器 CCM 工作波形

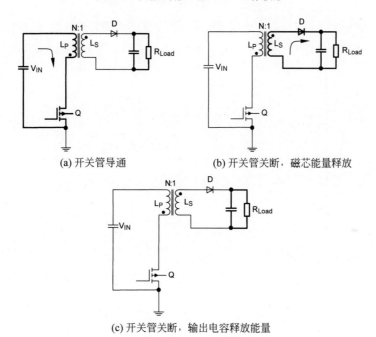

(a) 开关管导通　　　　　　(b) 开关管关断，磁芯能量释放

(c) 开关管关断，输出电容释放能量

图 8-4 反激式稳压器 DCM 模式下开关状态

当反激式稳压器工作在 DCM 模式下时，电感电流在开关周期的开头和结尾处能量都为零，而 BCM(临界导通模式)正好处于这两种模式中间，类似于 CCM 模式的两个阶段，但是其特点是第二阶段结束时，次级侧电感能量正好回归零点。

将 CCM 和 DCM 模式下的工作波形绘制到一起可以更加清楚地看出两种模式的差别。如图 8-5 所示为反激式稳压器工作在 DCM 模式下的工作波形。

3. CCM 与 DCM 对比

如图 8-6 所示为反激式稳压器工作在 CCM 和 DCM 模式下的工作波形对比。

在 CCM 模式中，D_2 扩展为 $(1-D)$，与连续电流模式(CCM)反激相比，不连续电流模式(DCM)反激提供了更好的线路和负载瞬态响应特性，这主要是因为不连续电流所需的电感小于

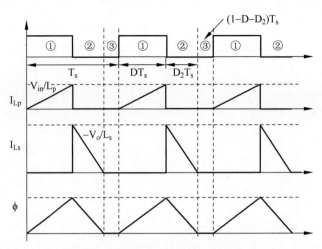

图 8-5　反激式稳压器 DCM 工作波形

连续电流所需的电感。工作于 DCM 模式下的反激式稳压器也更容易补偿,因为它们的右半平面零值超出了稳压器的开关频率一半值,这对于工作于 CCM 模式下的反激式稳压器是无法实现的。

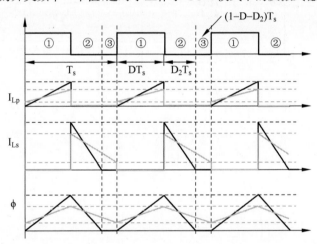

图 8-6　反激式稳压器 CCM 与 DCM 工作波形对比

4. CCM、DCM 和 BCM 模式反激式稳压器比较

表 8-3 将工作于 CCM、DCM 和 BCM 模式下的反激式稳压器进行对比。

表 8-3　反激式稳压器工作模式对比

工作模式	优　势	劣　势
CCM	• 小纹波和均方根电流 • 较低的 MOSFET 传导损耗 • 较低的初级 MOSFET 关断损耗 • 低铁损 • 更好的交叉控制特性 • 更低的电容器耗散 • 较小的 EMI 滤波器和输出滤波器 • 恒定的开关频率	• 较高占空比时需要进行斜坡补偿（峰值电流模式控制） • 二极管反向恢复损耗 • 次级二极管的电压应力更高 • 右半平面零点 • 同步整流器缓冲器损耗 • 低轻载效率

工作模式	优 势	劣 势
DCM	• 无二极管反向恢复损耗 • 峰值电流模式中不需要斜坡补偿 • 没有 RHPZ 问题 • 较低的电感可以使变压器尺寸更小 • 甚至在电压模式控制中可简化为一阶系统 • 恒定的开关频率	• 大纹波和峰值电流 • 更高的 MOSFET 导通损耗 • 更高的铁损 • 较高的初级 MOSFET 关断损耗 • 更高的电容器耗散 • 更高的 MOSFET 电压应力 • 大型 EMI 滤波器和输出滤波器
BCM	• 无二极管反向恢复损耗 • 可以进行软导通开关,可以使用 RDS(on) 较低的 MOSFET • 无二次缓冲损失 • 不需要斜坡补偿 • 没有 RHPZ 问题 • 一阶系统 • 瞬态响应 • 较低的电感可以使变压器尺寸更小	• 大纹波和峰值电流 • 更高的铁损 • 较高的初级 MOSFET 关断损耗 • 更高的 MOSFET 导通损耗 • 更高的电容器耗散 • 大型 EMI 滤波器和输出滤波器 • 可变开关频率 • 主 MOSFET 的电压应力可能更高

为了避免给人一种应该在任何地方都可使用反激式稳压器的错误印象,如果选择此拓扑结构,则必须在一些性能需求上做出一些取舍和让步。迄今为止,哪种单一的磁铁如此擅长于提供多个输出,确保隔离并减少总元器件数量? 与具有相同功率水平的其他转换器相比,反激式稳压器实际上利用率很低,而且体积很大,因为它兼任了能量传输和能量延迟的双重任务。输出的交叉调节取决于耦合电感和输出负载。当主输出负载很重时,轻负载的次级侧绕组往往会具有较高的输出电压。因此,当需要在每个输出上进行严格的电压调节时,通常使用后级调节器。

DCM 反激虽然易于补偿,但具有很高的峰值电流和尖锐的开关沿,需要大的输入滤波器才能满足电磁干扰(EMI)标准。这些高峰值电流还降低了反激式稳压器输出的实际功率限制。500W 反激式稳压器在理论上是可能的,输出电容空间要求很大,通常空间上不满足。由于初级电感值与所需功率成反比,因此适用功率也受到限制。高功率将需要相对较小的电感,但是使用这么小的电感以至于电路的寄生参数将完全占据主导地位是不明智的。这将导致不可靠的设计,而该设计可靠性不足,无法在批量生产的产品中实用。

即使考虑到缺点,在合适的功率范围内,成本敏感、具有多数量的输出且需要隔离的电源也是反激式稳压器的理想选择。但是,一旦选择了反激式稳压器,在设计时需要在反激式稳压器的优秀性能表现和不佳方面做出取舍,从而获得可靠、经济高效的稳压器。

8.3 准谐振反激式稳压器

前面介绍了反激式稳压器的基本结构和工作原理,但反激式稳压器的一个缺点就是转换效率不够高,而导致反激式开关电源效率相对较低的原因包括如下几点:

(1) 开关管的关断损耗,开关管在电感电流最大时关断,关断过程承受着大电流和高压。

(2) 变压器的漏感相对较大,由于变压器漏感产生的直接、间接损耗在各种电路拓扑中最大。

（3）开关管的开通损耗。

为了提升反激式开关电源的转换效率,围绕减小关断损耗提出了很多方法。最简单的是在开关管的漏－源极间并联一个电容,如图 8-7 所示,在开关管关断过程中,变压器的电流就会从开关管转移到电容中。

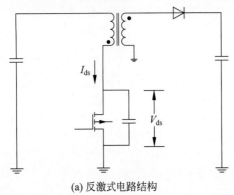

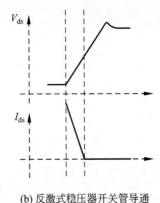

(a) 反激式电路结构　　　　　　　(b) 反激式稳压器开关管导通

图 8-7　反激式稳压器结构与开通过程

由于电容的电压不能突变,因此在开关管关断过程中,其漏源电压就是电容的端电压,按电容充电规律变化,如果电容的电压上升速率明显低于开关管的开关速度,则开关管可以在很低的漏源极电压下关断,电容缓冲了开关管漏源极电压上升,如此可以极大地减小开关管的关断损耗。

那么关于开关管的开通损耗如何减小或消除呢？一个最基本的思路是：如果能控制在开关管漏源极电压为极小值时开通开关管,那么这时电容器上的电压最低,储能最少,这时的开通损耗最低,这种控制模式就是下面介绍的准谐振工作模式。

8.3.1　谐振与准谐振

在介绍准谐振之前,先介绍谐振的概念。谐振转换器是这样一种转换器,其开关在正弦形的电压或电流通过零时发生,从而导致几乎无损的过渡。谐振转换器的功率波形为正弦波。图 8-8 显示了漏极电流 ID 的波形形状示例。

准谐振转换器有点像谐振转换器。准谐振转换器中的功率波形不像真正的谐振转换器中那样为正弦波；准谐振反激仍然保留典型的反激式稳压器波形形状。准谐振反激式稳压器和传统反激式稳压器之间的区别仅在于,电路寄生效应引起的刺激性振铃已投入实际使用。称为"准"的谐振不包含在开关周期的功率转换环节中,而是在磁芯退磁后的空载时间内；该振铃用作控制器启动下一个开关周期的指示器。

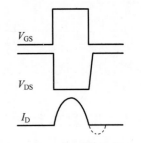

图 8-8　典型的谐振转换器的功率波形

由于 CCM 反激中没有死区时间,因此准谐振反激被迫在 DCM 或 DCM/CCM 工作的临界状态工作,称为临界导通模式。图 8-9 显示了不在谐振谷底导通的 DCM 反激和谐振谷底导通时的反激电源的漏源电压波形。

图 8-9　DCM 反激和谐振谷底导通时的反激电源的漏源电压波形比较

8.3.2　准谐振的优点

准谐振转换器实际上是一个软开关。利用可用的谐振 LC,切换发生在由电路的初级电感和寄生电容产生的谐振环的谷值处,如图 8-10 所示。因此,它的最初优势可能是利用本身特点,无须添加额外的电感和电容,因为该电路使用的是现有的电路元器件。准谐振描述了金属氧化物半导体场效应晶体管(MOSFET)的软开关作用。软开关具有许多优点,最显著的是减少了开关损耗。在谐振谷(漏极至源极电压最低)处接通 MOSFET 开关,可降低与 MOSFET 输出电容相关的损耗。

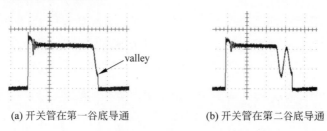

(a) 开关管在第一谷底导通　　　　(b) 开关管在第二谷底导通

图 8-10　反激式稳压器在谷底开通开关管

软开关的另一个优点是产生的传导和辐射 EMI 更少。输入电容器上的电压纹波会导致开关频率发生轻微变化,因为波谷是一个移动目标。寻找并接通可用谷值而产生的抖动会扩展射频频谱并降低 EMI。但是,所需的 EMI 滤波器在设计上可能会更具挑战性,因为不仅要过滤一个开关频率,而且还要考虑一系列需要过滤的开关频率。尽管存在这一挑战,但过滤器仍将更小,从而节省了总成本和尺寸。

表 8-4 总结了硬切换传统反激式稳压器和软切换 QR 反激之间的区别。

表 8-4　传统和 QR 反激式稳压器之间的比较

工作模式	优　点	缺　点
QR 反激	• 开关损耗低 • 可用更小的 EMI 滤波器 • 元器件少,成本低 • 电气隔离 • 适合多路输出 • 适合宽输入电压范围 • 工作在 DCM 或 TM 模式下 • 瞬态响应好 • 环路易于补偿	• 变压器利用率低 • 交叉调整性差 • 仅限于 DCM/TM 模式工作 • 功率受限
传统反激	• 元器件少,成本低 • 电气隔离 • 适合多路输出 • 适合宽输入电压范围 • 工作在 CCM、DCM 或 TM 模式下	• 变压器利用率低 • 交叉调整性差 • CCM 模式补偿设计困难 • EMI 滤波器尺寸大 • 功率受限

8.3.3　准谐振电路的频率钳位

在自谐振转换器中,开关频率随着负载的减轻而增加,随着负载的增加而降低。这如何理解呢? 更高的功率意味着需要更长的导通时间来存储更高的能量,同样需要更长的去磁时间来传递更多的能量。更长的导通时间和更长的消磁时间将导致更长的开关周期和更低的开关频率。在较高的输入电压下,可以在较短的时间内存储和传输相同数量的能量,因此,相同负载的开关频率将更大。开关频率的无限增加将是非常糟糕的,MOSFET 和输出二极管的开关损耗以及较高的铁芯损耗,轻负载时的功率损耗仍会过高,所以需要限制开关频率。

一般有两种常见方法来限制最大开关频率,分别介绍如下。

1．频率钳位(频率折返)

如图 8-11 所示为频率钳位与折返的示意图。在负载降低过程中,开关频率增加直到最大频率值 Fmax 后降低开关频率,进入电压控制开关频率模式。

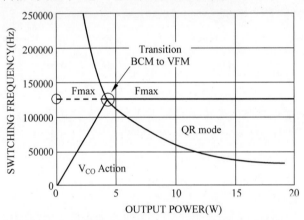

图 8-11　频率折返工作模式钳位最大开关频率

这种控制模式具有如下特点:
- 可能出现多个谷值跳变状况。
- 有可能会将开关频率降低到音频范围内。
- 开关频率变化范围宽,有可能导致电源系统不稳定。

2．谷底跳变与锁存

如图 8-12 所示为谷底锁存示意图,在轻载以上范围内,工作于准谐振状态,随着负载的降低,谷底不断切换,从第一个切换到第四个,且每个谷底切换间距较大,当负载变化较为明显时才切换谷值,提升了稳定性。在轻载下进入 VCO 模式,开关频率随着负载降低而降低。

这种控制模式具有如下特点:
- 无谷底切换噪声或不稳定。
- 自然的频率钳位表现。

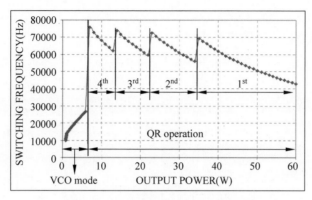

图 8-12 谷底钳位限制最大开关频率

8.4 反激控制器建模实例——NCP1380

NCP1380 是 Onsemi(安森美半导体)公司面向消费适配器市场推出的一款大功率准谐振电流模式控制器。利用专有的谷底锁定系统,随着负载功率的减小,控制器可以换挡并降低开关频率。尽管始终在漏极-源极谷底电压时发生开关事件,但仍可实现稳定的操作。该系统可支持工作到第四波谷,并切换到超出此范围的变频模式,从而确保出色的待机功率性能。

为了提高过载情况下的安全性,控制器包括一个过功率保护(OPP)电路,该电路将在高输入线电压下对输送的功率钳位。从安全角度来看,固定的内部计时器依靠反馈电压来检测故障。一旦计时器过去,控制器将停止并为 A 和 C 版本保持锁存状态,或者为 B 和 D 版本进入自动恢复模式。

控制器特别适合适配器应用,其引脚既可以实现组合的过压/过热保护(A 和 B 版本),又可以实现组合的欠压/过压保护(C 和 D 版本)。

NCP1380 系列芯片具有如下特点:

- 准谐振峰值电流模式控制模式。
- 具有噪声抑制和谷值锁定的谷值切换工作模式。
- 轻负载时的频率折返可提高轻负载效率。
- 可调过功率保护。
- 自动恢复或锁存的内部输出短路保护。
- 固定的内部 80ms 计时器用于短路保护。
- 过压和过热保护(A 和 B 版本)。
- 过压和欠压保护(C 和 D 版本)。
- 驱动＋500mA/－800mA 峰值电流源/灌电流能力。
- 内部过热保护关闭。
- 外壳直接连接光耦反馈。
- VCC 工作电压高达 28V。
- 极低的空载待机功率。

• SO-8 封装。

NCP1380 的典型应用框图如图 8-13 所示。

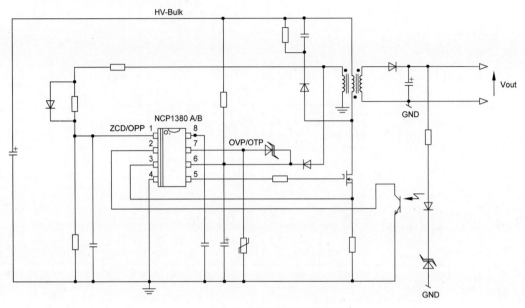

(a) NCP1380 A/B版本芯片应用框图

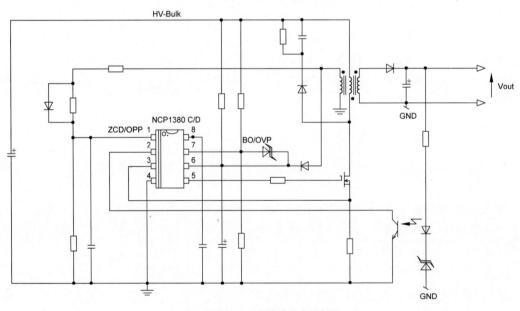

(b) NCP1380 C/D版本芯片应用框图

图 8-13　NCP1380 芯片典型应用框图

8.4.1　NCP1380芯片简介

如图 8-14 所示为 NCP1380 A/B 版本和 C/D 版本芯片框图,可以看出,芯片功能可以划分为芯片供电模块、时钟振荡器模块、电流采样与限流模块、过零点检测模块、反馈与工作模式切换模块、保护与报错机制模块以及驱动模块。

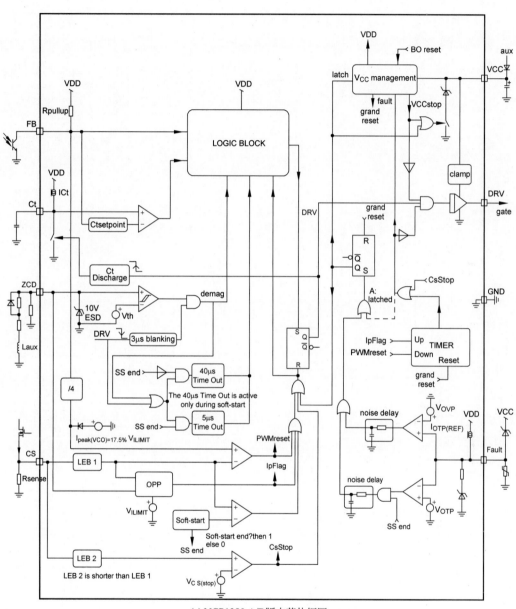

(a) NCP1380 A/B版本芯片框图

图 8-14 NCP1380 芯片框图

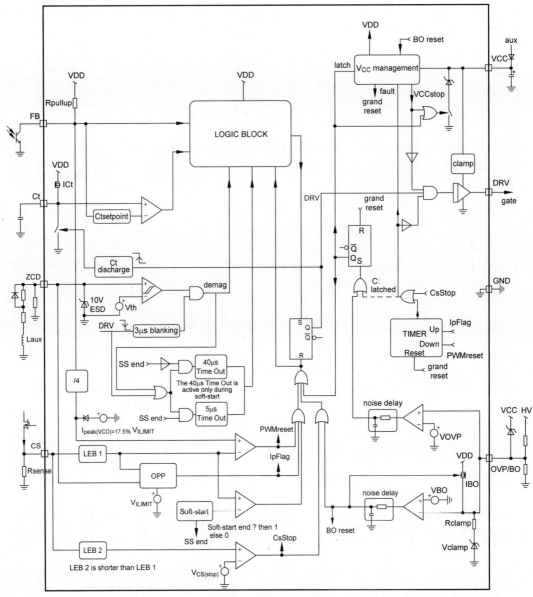

(b) NCP1380 C/D版本芯片框图

图 8-14 （续）

8.4.2 芯片供电模块

从前述 NCP1380 典型应用电路中可以看出，该芯片的供电引脚为 VCC，使用变压器原边辅助线圈供电。表 8-5 为芯片数据手册中有关芯片供电与使能部分的参数规格。

表 8-5 NCP1380 芯片供电参数规格

参数	参数描述	条件	最小值	典型值	最大值	单位
$V_{CC(on)}$	电源电压 启动电压阈值	V_{CC} 增加	16	17	18	V

续表

参数	参数描述	条件	最小值	典型值	最大值	单位
$V_{CC(off)}$	最低工作电压	V_{CC} 减小	8.3	9	9.4	
$V_{CC(HYS)}$	迟滞电压 $V_{CC(on)}-V_{CC(off)}$		7.2	8.0	9.2	
$V_{CC(latch)}$	锁存时的 V_{CC} 钳位电压	V_{CC} 减小,$I_{CC}=30\mu A$	6.2	7.2	8.2	
$V_{CC(reset)}$	内部逻辑复位电压阈值		6	7	8	
$t_{VCC(off)}$	$V_{CC}(off)$ 噪声滤除		—	5	—	μs
$t_{VCC(reset)}$	$V_{CC}(reset)$ 噪声滤除		—	20	—	
$I_{CC(start)}$	启动电流	FB 引脚开放 $V_{CC}=V_{CC(on)}-0.5V$	—	10	20	μA
$I_{CC(disch)}$	当控制器锁存时,V_{CC} 放电电流	$V_{CC}=12V$	3.0	4.0	5.0	mA
$I_{CC(latch)}$	保持控制器锁存状态下进入 V_{CC} 的电流	$V_{CC}=V_{CC(latch)}$	30	—	—	μA
I_{CC1}	工作电流 器件未使能/错误状态,仅存在于 B、C、D 版本	$V_{CC}>V_{CC(off)}$	—	1.7	2.0	mA
I_{CC2}	器件使能/第5引脚无输出负载	$F_{SW}=10kHz$	—	1.7	2.0	
I_{CC3A}	器件正常开关状态($F_{SW}=65kHz$)	$C_{DRV}=1nF,F_{SW}=65kHz$	—	2.65	3.0	
I_{CC3B}	器件开关状态(VCO 模式)	$C_{DRV}=1nF,V_{FB}=1.25V$	—	2.0	—	

对于芯片供电的设计主要考虑两点:工艺因素和低功耗设计。其中工艺因素不用考虑太多,重点关注低功耗设计,特别是低功耗状态机设计与各模块的使能设计。

对于我们考虑的行为级别建模,其实是很难精确建模的。在表 8-5 中列出的诸多参数中,重点关注的是芯片的欠压使能参数,至于各个状态下的消耗电流,可以适当地考虑模拟芯片静态功耗与正常工作下的功耗。

从表 8-5 中可以看出,芯片启动电压为 17V,最低工作电压为 9V;当芯片锁存时,供电电压会钳位在 7.2V;当供电电压低于 7V 时,内部逻辑电路复位,对此部分建模如图 8-15 所示。

其中比较器 U65 设置阈值为 $(17V+9V)/2=13V$,滞回电压为 $(17V-9V)=8V$。其中,OneShot_300n_d 为延迟电路,产生上电触发信号 PONRST,欠压触发信号 UVLORST和电压复位信号 VCCreset。

关于芯片功耗,很大部分取决于工艺,对于这一块的建模并非重点内容,因为这部分对芯片功能没有影响。可对 NCP1380 的静态功耗与正常功耗建模如图 8-16 所示。

当发生供电电压欠压时,芯片处于锁存状态,此时功耗较小,为 $10\mu A$,而当芯片正常工作时,功耗为 $1.7mA$。

8.4.3 软启动电路模块

表 8-6 为 NCP1380 的软启动参数规格。

表 8-6 NCP1380 软启动参数规格

参数	参数描述	条件	最小值	典型值	最大值	单位
t_{SSTART}	软启动期间	$V_{FB}=4V$,从 DRV 引脚上出现第一个脉冲开始测量 V_{CS} 引脚电压值,直到 V_{CS} 引脚电压增加达到 V_{ILIM} 设定值的 90%	2.8	3.8	4.8	ms

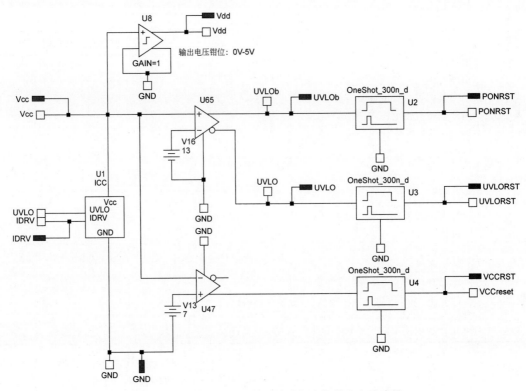

图 8-15　NCP1380 芯片供电检测与内部供电电路建模

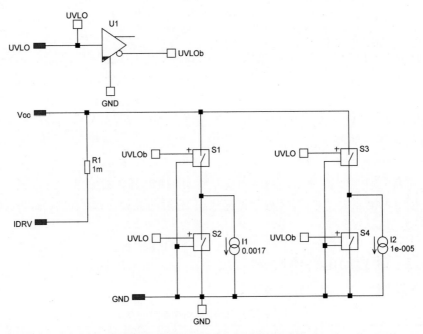

图 8-16　NCP1380 芯片功耗电路建模

利用电容充电原理对软启动电路建模，如图 8-17 所示。

其中的 SSTART 信号来自于电感电流检测信号与软启动电容电压信号相比较的结果。当电感电流检测信号超过软启动信号时，关断开关管，如此可以逐周期地控制电感电流峰

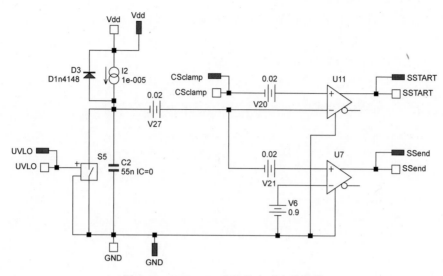

图 8-17 NCP1380 芯片软启动电路建模

值,从而可达到针对电感电流的软启动。

8.4.4 电流检测与比较电路模块

NCP1380 设计为峰值电流模式,在开关管导通期间,检测电感电流信息,当其超过阈值后就关闭开关管。表 8-7 和表 8-8 为规格参数表内有关的参数。

表 8-7 NCP1380 软启动参数规格 1

参　数	参 数 描 述	条　　件	最小值	典型值	最大值	单位
V_{ILIM}	电流采样阈值电压	$V_{FB} = 4V$,V_{CS} 电压增加	0.76	0.8	0.84	V
t_{LEB}	V_{ILIM} 前沿消隐时间	最小导通时间减去 t_{ILIM}	210	275	330	ns
I_{bias}	输入偏置电流	DRV 引脚高电平输出	−2	—	2	μA

表 8-8 NCP1380 软启动参数规格 2

参　数	参 数 描 述	条　　件	最小值	典型值	最大值	单位
t_{ILIM}	传输延迟时间	当检测到 $V_{CS} > V_{ILIM}$ 后,DRV 引脚输出低电平	—	125	175	ns
$I_{peak(VCO)}$	VCO 模式下的最大峰值电流比例	$V_{FB} = 0.4V$,V_{CS} 增加	15.4	17.5	19.6	%
$V_{OPP(MAX)}$	ZCD 引脚为 −300mV 时的设置点	$V_{ZCD} = -300mV$,$V_{FB} = 4V$,V_{CS} 增加	35	37.5	40	%
$V_{CS(stop)}$	激发错误保护模式的电压阈值点		1.125	1.200	1.275	V
t_{BCS}	V_{CS} 引脚的前沿消隐时间		—	120	—	ns

从表 8-7 和表 8-8 中可以提取出几条信息。

(1) 电流限定阈值为 $V_{ILIM} = 0.8V$;超过此值即关断开关管。

(2) 电流检测的前沿消隐时间为 $t_{LEB} = 275ns$。

(3) 当检测到过流到开关管关断的时间为 $t_{ILIM} = 125ns$。

(4) 进入到 VCO 模式下的电流限定值 $I_{peak(VCO)}$ 为正常模式下的 17.5%(0.8V×17.5%)。

(5) 过功率检测时,施加在 OPP 引脚上的负阈值 $V_{OPP(MAX)}$ 为正常模式下的 37.5%(0.8V×37.5%,以此来计算 ZCD 上的分压电阻值)。

（6）过流检测阈值 $V_{\mathrm{CS(stop)}}$ 为 1.2V，一旦超过此值时关闭开关管，A/C 版本芯片锁存，而 B/D 版本芯片不锁存。

（7）过流检测前沿消隐时间 t_{BCS} 为 120ns。

根据上述几点信息可对电流检测与保护功能建模如图 8-18 所示。

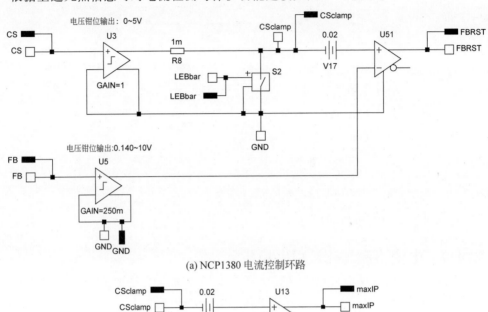

(a) NCP1380 电流控制环路

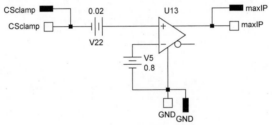

(b) NCP1380 电流限制比较器

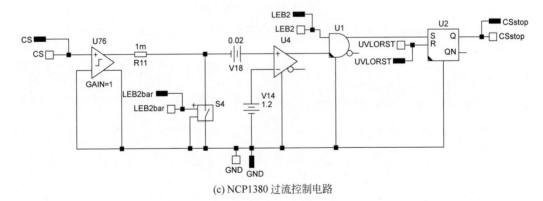

(c) NCP1380 过流控制电路

图 8-18　NCP1380 芯片电感电流检测电路建模

- FBRST 信号是正常电流控制环路的输出信号，当电感电流检测信号超过 FB 反馈引脚传递阈值（经过系数衰减）后，立即关闭开关管，让存储在变压器磁芯内的能量传递到副边。

- FB 引脚电压经过了一个钳位电压配置，最低为 0.14V，对应 VCO 模式下的钳位值，

8.4.6 节会介绍 VCO 模式。

- maxIP 信号是直接逐周期比较电感电流检测信号与 0.8V 电感电流阈值比较的输出信号,当检测到电感电流信号 CS 超过 0.8V 时,立即关断开关管。

- CSstop 信号是将 CS 信号与过电流保护阈值 $V_{CS(stop)}$ 逐周期比较的输出信号,经过前沿消隐时间 t_{BCS},一旦 CSstop 信号为高,则立即关断开关管并触发 VCC 锁存或不锁存。

8.4.5　反馈与工作模式切换模块

NCP1380 具有两种工作模式:准谐振工作模式和频率折返的 VCO 工作模式。运行模式由 FB 电压固定,如图 8-19 所示。由于采用了专有电路,所以该控制器可防止波谷跳跃的不稳定性,并在功率需求下降时稳定锁定在所选波谷中。一旦达到第四波谷,控制器将继续降低频率,从而在较宽的工作范围内提供出色的效率。故障计时器与 OPP 电路相结合,使得控制器能够有效地限制高线输出功率。

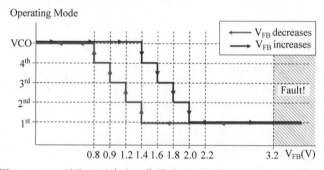

图 8-19　FB 引脚电压决定工作模式(谷底谐振开关和 VCO 模式)

- 当 FB 电压低于 0.8V(FB 电压降低过程中)或高于 1.4V(FB 电压升高过程中)时,会发生准谐振操作,这对应于高输出功率和中等输出功率。峰值电流是可变的,由 FB 电压除以 4 设定。在峰值电流模式控制中实现准谐振操作,NCP1380 通过切换 MOSFET 漏源电压的谷值来优化效率。利用专有电路,控制器锁定选定的谷底,并保持锁定状态,直到输出负载发生显著变化为止。当负载变小时,控制器跳入下一个波谷。如有必要,它可以下降到第四波谷。若超过此点,则控制器通过冻结峰值电流设定值来降低其开关频率。在准谐振操作期间,如果谷值衰减非常明显,则 $5.5\mu s$ 超时计时器将模拟丢失的谷值。

- 当 FB 电压低于 0.8V(FB 降低过程中)或低于 1.4V(FB 升高过程中)时,发生频率折返或 VCO 模式。这对应于低输出功率。

在 VCO 模式下,峰值电流下降到最大值的 17.5%,然后被冻结。开关频率是可变的,并且随着输出负载的减小而减小。开关频率由连接至 CT 引脚的电容器的充电结束时间设置。该电容器由恒定电流源充电,并且将电容器电压与 FB 引脚的电压与内部阈值进行比较。当该电容器的电压达到阈值时,电容器迅速放电至 0V,并开始新的周期。

表 8-9 为 NCP1380 芯片内关于反馈引脚内部配置和波谷检测判断阈值参数。

表 8-9 NCP1380 反馈检测参数

参 数	参 数 描 述	条 件	最小值	典型值	最大值	单位
$R_{FB(pullup)}$	内部上拉阻值		15	18	22	$k\Omega$
I_{ratio}	FB 引脚电压与电流设定比例系数		3.8	4.0	4.2	—
$V_{FB(TH)}$	C_T 钳位至 $V_{CT(MAX)}$ 下 FB 引脚阈值		0.26	0.3	0.34	V
	谷值阈值					V
V_{H2D}	当第 1 波谷结束第 2 谷开始时 FB 引脚电压	V_{FB} 降低	1.316	1.4	1.484	
V_{H3D}	当第 2 波谷结束第 3 波谷开始时 FB 引脚电压	V_{FB} 降低	1.128	1.2	1.272	
V_{H4D}	当第 3 波谷结束第 4 波谷开始时 FB 引脚电压	V_{FB} 降低	0.846	0.9	0.954	
V_{HVCOD}	当第 4 波谷结束 VCO 模式开始时 FB 引脚电压	V_{FB} 降低	0.732	0.8	0.828	
V_{HVCOI}	当 VCO 模式结束第 4 波谷开始时 FB 引脚电压	V_{FB} 降低	1.316	1.4	1.484	
V_{H4I}	当第 4 波谷结束第 3 波谷开始时 FB 引脚电压	V_{FB} 降低	1.504	1.6	1.696	
V_{H3I}	当第 3 波谷结束第 2 波谷开始时 FB 引脚电压	V_{FB} 降低	1.692	1.8	1.908	
V_{H2I}	当第 2 波谷结束第 1 波谷开始时 FB 引脚电压	V_{FB} 降低	1.880	2.0	2.120	

从表 8-9 中可以得到如下信息：

- FB 引脚内部上拉电阻为 $18k\Omega$，FB 引脚与 Cs 引脚电流采样间的增益为 $I_{ratio}=4.0$，这也对应着前述 8.4.4 节的 0.25。
- 当 FB 内部阈值 $V_{FB(TH)}$ 为 0.3V 时，CT 引脚电压最大，约 5.5V，后面有详细介绍。
- FB 引脚电压 V_{FB} 与各波谷的阈值关系。

根据如图 8-19 所示的比较阈值，可对波谷检测与模式切换电路建模如图 8-20 所示。

图 8-20 中比较器的滞环电压值为 600mV，所以从上至下各比较器阈值分别为 $1.7V\pm0.3V$、$1.5V\pm0.3V$、$1.3V\pm0.3V$ 和 $1.1V\pm0.3V$，对应图 8-20 中 FB 引脚在上升和下降过程中对应的谷底检测和 VCO 模式检测阈值。

8.4.6 VCO 模式与频率折返

如 8.4.5 节所述，当第四波谷离开时，控制器降低开关频率，从而通过减少所有开关损耗自然提高待机功率。判断标准为：当 FB 电压低于 0.8V（FB 降低）或低于 1.4V（FB 升高）时，将进入 VCO，这对应低输出功率应用场景。

在 VCO 工作模式期间，电感峰值电流限定值固定为最大值的 17.5%，开关频率可变，并且随着输出功率的降低而扩展降低。开关频率由连接至 CT 引脚的电容充电结束时间设置。该电容由恒流源充电，其电压与由 FB 电压固定的内部阈值（$V_{FB(TH)}$）进行比较。当该电容电压达到阈值时，电容器迅速放电至 0V，并开始新的周期。内部阈值 $V_{FB(TH)}$ 与 FB 电压 V_{FB} 成反比。V_{FB} 和 $V_{FB(TH)}$ 之间的关系由式（8-1）给出

$$V_{FB(TH)} = 6.5 - (10/3) \times V_{FB} \tag{8-1}$$

当 V_{FB} 低于 0.3V 时，V_{CT} 钳位至 $V_{CT(MAX)}$，通常为 5.5V。

表 8-10 为 NCP1380 有关此部分的规格参数。

表 8-10 NCP1380 时钟参数

参 数	参 数 描 述	条 件	最小值	典型值	最大值	单位
$V_{CT(MAX)}$	CT 引脚最大电压值	$V_{FB} < V_{FB(TH)}$	5.15	5.40	5.65	V
I_{CT}	CT 引脚输出电流能力	$V_{CT}=0V$	18	20	22	μA

参　数	参　数　描　述	条件	最小值	典型值	最大值	单位
$V_{CT(MIN)}$	放电开关开启时,CT引脚最低电压值		—	—	90	mV
CT	推荐CT引脚外接电容值			220		pF

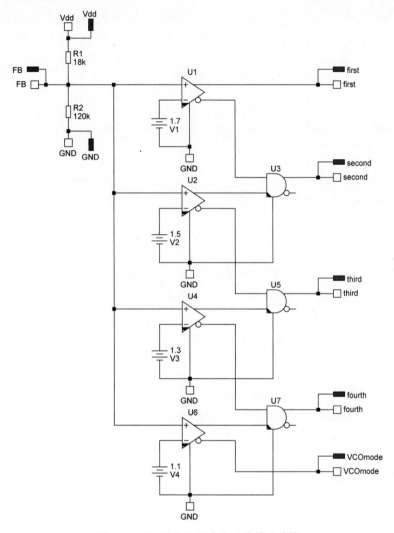

图 8-20　FB 引脚电压决定工作模式建模

图 8-21 为 CT 引脚部分的电路建模,CT 引脚决定 VCO 模式频率。

VCO 模式由前述 FB 引脚电压比较器判断进入。在 VCO 模式下再由 CT 引脚的电容决定开关频率,对连接到 CT 引脚的电容充电电流为 I_{CT} 为 $20\mu A$(典型值)。

图 8-22 显示了如何将 VCO 模式下的电流钳位到最大值的 17.5%,FB 引脚经过衰减的电压被钳位到 $0.14\sim 10V$。

当负载降低时,FB 引脚电压降低,当其进入 VCO 模式后,FB 引脚电压值经过增益衰减后被钳位在最低值 0.14V,也即对应 VCO 模式下峰值电流被钳位为 $I_{peak(VCO)}=17.5\%$,$0.8V\times 17.5\%=0.14V$。

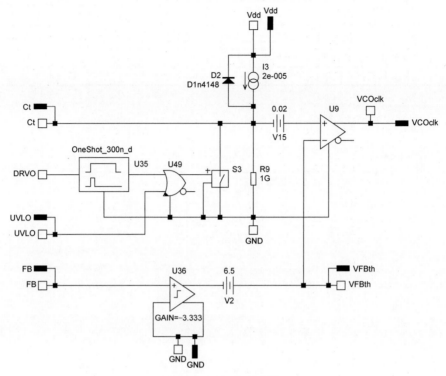

图 8-21　CT 电路建模

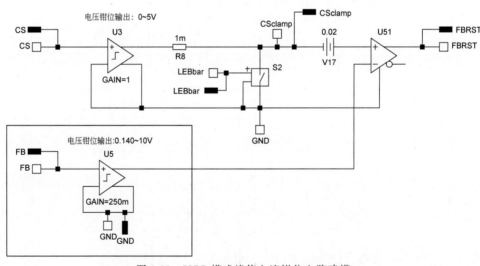

图 8-22　VCO 模式峰值电流钳位电路建模

如图 8-23 所示为 VCO 模式下的工作波形。

如图 8-23 所示，当输出电流 I_{OUT} 降低到 VCO 模式后，开关频率降低，内部 FB 阈值升高，被钳位在 5V 左右。

8.4.7　过零点检测与开关触发电路模块

过零点检测电路用来检测波谷并选择波谷个数。谷值检测是通过监视变压器初级侧辅助绕组的电压来完成的，当 ZCD 引脚上的电压经过 55mV 内部阈值时，检测到一个谷值。

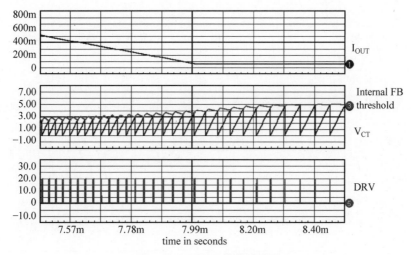

图 8-23 VCO 工作模式波形

当检测到谷底时,内部计数器递增。工作波谷(第一、第二、第三或第四)由 FB 电压对应确定,如图 8-24 所示。

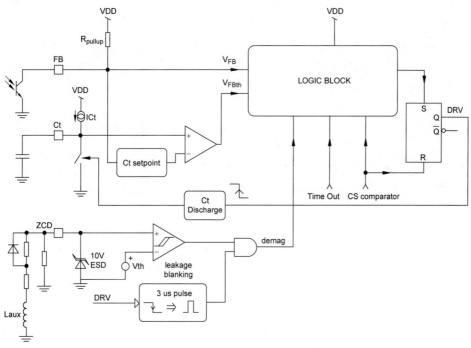

图 8-24 NCP1380 芯片波谷检测与选择结构

随着输出负载的减小(FB 引脚电压减小),谷值从第一个增加到第四个。达到第四个波谷时,如果 FB 电压进一步降至 0.8 V 以下,则控制器进入 VCO 模式。

表 8-11 为 NCP1380 关于过零点检测功能的规格参数。

表 8-11　NCP1380 ZCD 过零点参数

参数	参 数 描 述	条　　件	最小值	典型值	最大值	单位
$V_{ZCD(TH)}$	ZCD 检测阈值	V_{ZCD} 降低	35	55	90	mV

续表

参数	参 数 描 述	条 件	最小值	典型值	最大值	单位
$V_{ZCD(HYS)}$	ZCD 检测迟滞	V_{ZCD} 增高	15	35	55	mV
	输入钳位电压					V
V_{CH}	高电平状态	$I_{pin1}=3.0\text{mA}$	8	10	12	
V_{CL}	低电平状态	$I_{pin1}=-2.0\text{mA}$	-0.9	-0.7	-0.3	
t_{DEM}	传输延时	V_{ZCD} 从 4V 降低至 -0.3V	—	150	250	ns
C_{PAR}	内部输入电容		—	10	—	pF
t_{BLANK}	导通时消隐时间		2.30	3.15	4.00	μs
t_{outSS}	超时检测阈值	软启动过程中	28	41	54	μs
t_{out}		软启动后	5.0	5.9	6.7	
$R_{ZCD(pdown)}$	下拉阻抗		140	320	500	kΩ

从表 8-11 中可以得出以下信息：

- ZCD 过零点检测阈值 $V_{ZCD(TH)}$ 为 55mV（下降沿），迟滞电压 $V_{ZCD(HYS)}$ 为 35mV。
- ZCD 引脚的钳位电压 V_{CH} 和 V_{CL} 分别为 10V 和 -0.7V。
- ZCD 引脚电压跳变延迟时间 t_{DEM} 为 150ns。
- ZCD 引脚输入电容 C_{PAR} 为 10pF。
- ZCD 引脚前沿消隐时间 t_{BLANK} 为 3.15μs。
- 超时检测时间阈值 t_{outSS}（软启动过程中）和 t_{out}（软启动后）分别为 41μs 和 5.9μs。
- ZCD 引脚下拉电阻 $R_{ZCD(pdown)}$ 为 320kΩ。

根据上述描述与参数可对 ZCD 检测电路建模，如图 8-25 所示。

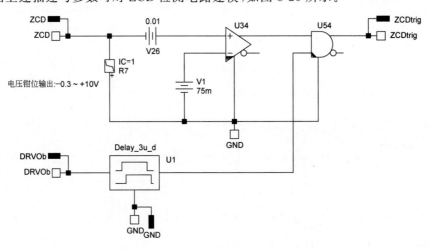

图 8-25　芯片 ZCD 引脚波谷检测电路建模

在 VCO 工作模式下，峰值电流持续下降，直到达到最大峰值电流的 17.5% 后开关频率扩展以提供必要的输出功率，这允许实现非常低的待机功耗功能。

图 8-26～图 8-30 显示了一种模拟情况，其中 19V、60W 适配器的输出电流从 2.8A 降低至 100mA。在谷值过渡期间看不到不稳定的情况。

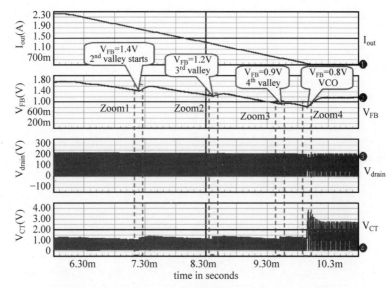

图 8-26 输出电流从 2.8A 降低到 100mA 下的工作波形

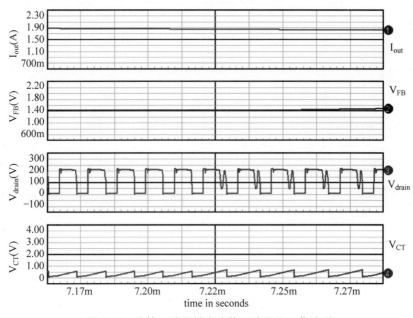

图 8-27 从第一波谷转变为第二波谷的工作波形

8.4.8 超时检测功能模块

如果存在极大的阻尼自由振荡,则 ZCD 比较器可能无法检测到谷值。如图 8-31 所示,为避免这种情况,NCP1380 集成了超时检测功能,该功能用于逻辑块内部十进制计数器的替代时钟,控制器因此继续其正常操作。

前面已介绍过超时检测电路参数,为避免频率步进太大,将正常工作情况下的超时时间设置为 $5.5\mu s$。NCP1380 在软启动期间还具有延长的超时功能,约 $40\mu s$。

实际上,启动时辅助绕组上反射的输出电压很低。由于过功率补偿二极管引起压降,因此

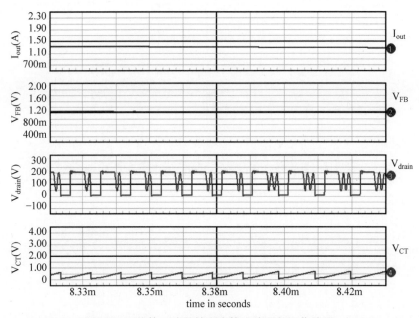

图 8-28 从第二波谷转变为第三波谷的工作波形

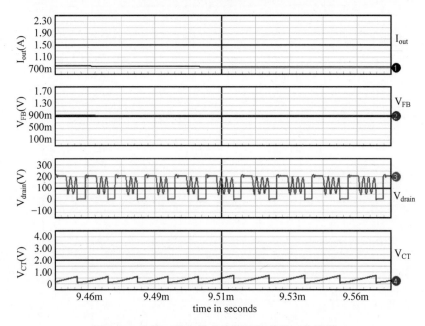

图 8-29 从第三波谷转变为第四波谷的工作波形

ZCD 引脚上的电压非常低,ZCD 比较器可能无法检测到谷值。在这种情况下,将 DRV 锁存器设置为 $5.5\mu s$ 超时会导致软启动开始时的连续导通模式(CCM)。此 CCM 模式仅持续几个周期,直到 ZCD 引脚上的电压升高到足以被 ZCD 比较器检测到为止。为避免这种情况,在软启动期间将超时持续时间延长至 $40\mu s$,以确保在 MOSFET 开启之前将变压器完全消磁。

根据框图和参数介绍,可对此建模如图 8-32 所示。

如图 8-33 所示为超时检测电路的实际工作波形,可以看到第三个波谷检测超时表现情况。

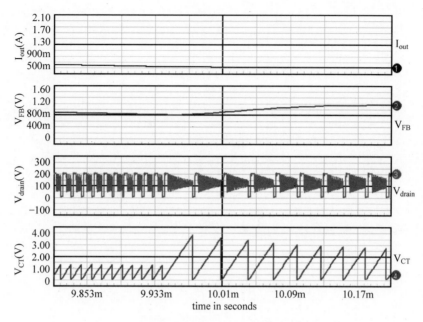

图 8-30　从第四波谷转变为 VCO 模式的工作波形

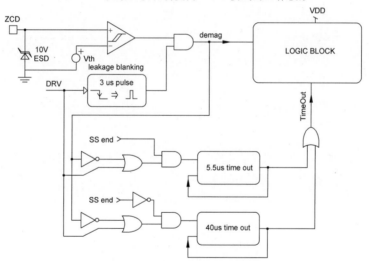

图 8-31　超时检测功能模块电路

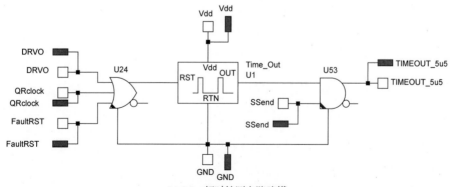

(a) 5.5μs超时检测电路建模

图 8-32　超时检测电路建模

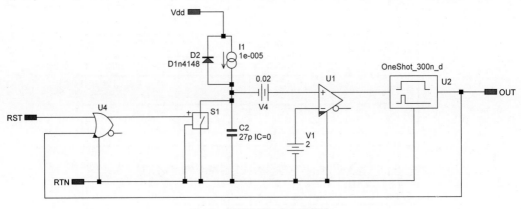

(b) 5.5μs超时检测内部电路建模

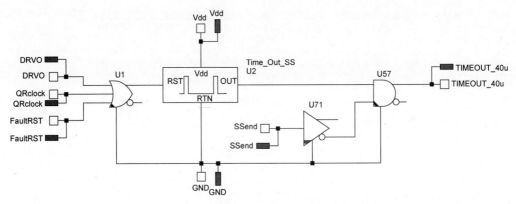

(c) 40μs超时检测电路建模

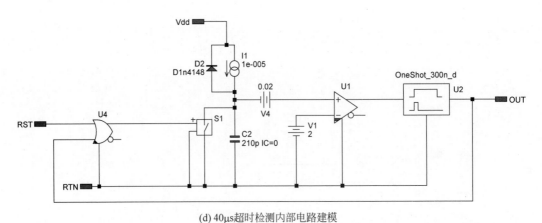

(d) 40μs超时检测内部电路建模

图 8-32 （续）

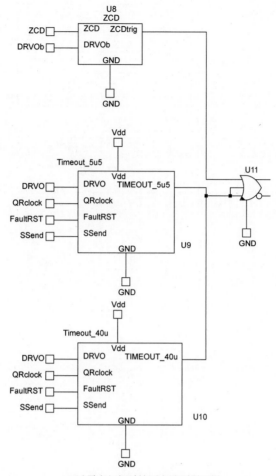

(e) 过零点与超时检测电路顶层逻辑

图 8-32 （续）

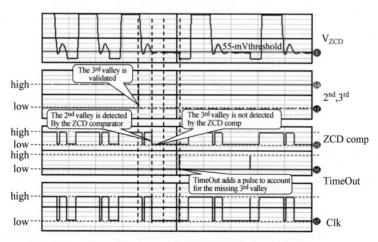

图 8-33 第三个波谷检测超时工作波形

图 8-34 所示为第三与第四个波谷没有正常检测到后超时检测电路工作表现。

综上所述，在正常工作情况下，由波谷检测电路通过 FB 引脚和 ZCD 引脚逻辑组合来

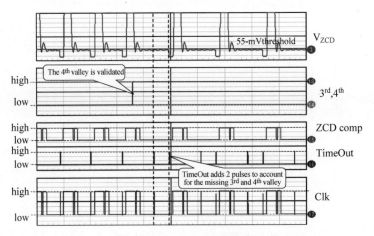

图 8-34　第三与第四个波谷检测超时工作波形

开启下一个开关周期,而当出现超时情况时则由超时检测电路触发下一次开关动作。开关触发逻辑电路如图 8-35 所示。

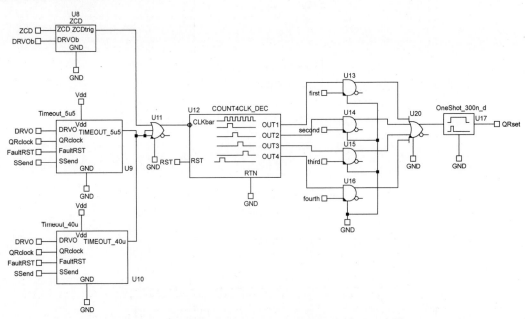

图 8-35　NCP1380 正常工作下的开关触发逻辑电路建模

总的来说,NCP1380 芯片的触发逻辑有两个来源,其一是正常模式下波谷检测和超时检测逻辑电路,其二是 VCO 模式下的 CT 电容决定开关周期。

8.4.9　短路或过载保护电路

当辅助绕组和电源绕组之间的强漏感影响变压器时,短路保护尤其是过载保护很难实现(在存在输出短路的情况下,初级侧辅助绕组的电压不能正常地反馈此情况)。此时,当激活内部最大 0.8V 峰值电流检测阈值电压时,计时器开始递增计数。如果故障消失,则计时器将倒计时。如果在错误标志仍然存在的情况下计时器达到完成状态,则控制器将停止发送脉冲。此保护在 A 和 C 版本(用户必须拔出并重新插上电源才能重启控制器)上锁存,并在 B 和 D 版本上自动恢复(如果故障消失将自动恢复运行)。

此外,所有版本均具有绕组短路保护功能,该功能可检测 CS 信号并在 V_{CS} 达到 1.5 倍 V_{ILIMIT} 即 1.2V 时停止控制器开关动作,即

$$V_{CS(stop)} = 1.5 \times V_{ILIMIT} \tag{8-2}$$

图 8-36 为过载检测原理框图。

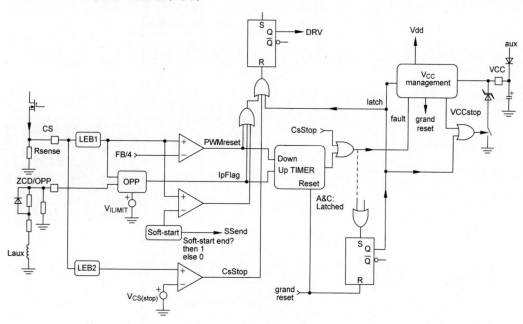

图 8-36 过载检测原理框图

当 MOSFET 中流过的电流高于 V_{ILIMIT}/Rsense 时,比较器跳闸,数字计时器开始计数:计时器计数每 10ms 递增一次。当电流恢复到安全范围内时,比较器再翻转,计时器递减计数:计时器计数每隔 10ms 递减一次。在正常的过载条件下,当计时器经过 8 次 10ms 计数后,计时器将完成计时。

如图 8-37 所示的建模电路,还是利用电容充电来模拟计时电路的工作原理。

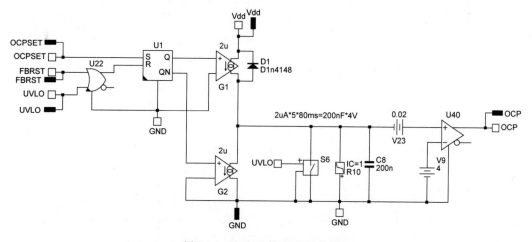

图 8-37 电流过载计时电路建模

在 B 和 D 版本上,当计数器计数完成后,电路进入自动恢复模式:电路停止所有操作,并且 V_{CC} 由于芯片正常自身消耗(I_{CC1})降低。当 V_{CC} 达到 $V_{CC(Off)}$ 时,电路进入启动模式并重新开始开关动作。这确保了故障模式下的低占空比突发操作状态,降低了错误模式下的平均输入功耗。如图 8-38 所示为 B/D 版本过载保护自恢复电路结构。

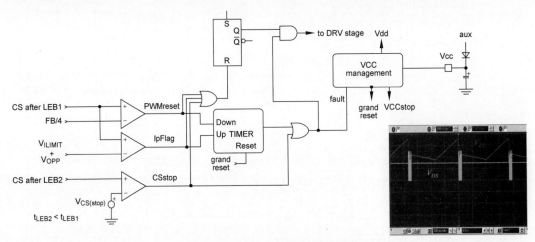

图 8-38　B/D 版本过载保护自恢复电路

如图 8-39 所示为 B/D 版本芯片在过载保护时的工作波形。

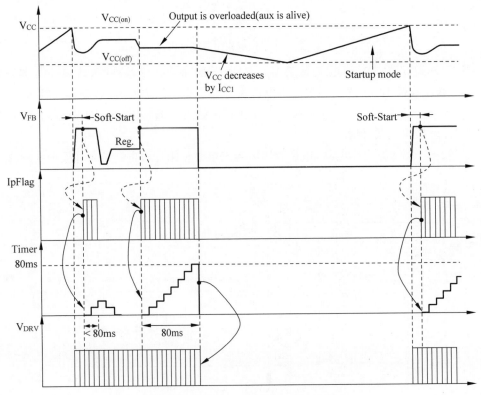

图 8-39　B/D 版本过载保护电路自恢复

在 A 和 C 版本上，当计时器完成 80ms 计时时，电路进入锁存模式：DRV 脉冲停止，V_{CC} 下拉至典型值为 7.2V（$V_{CC(latch)}$）。当在 V_{CC} 引脚中循环的电流下降到 $I_{CC(latch)}$ 以下时，电路解锁，图 8-40 为 A/C 版本过载保护锁存电路结构。

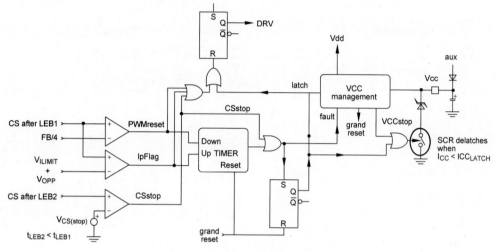

图 8-40　A/C 版本过载保护锁存电路

图 8-41 为 A/C 版本芯片在过载保护时的工作波形。

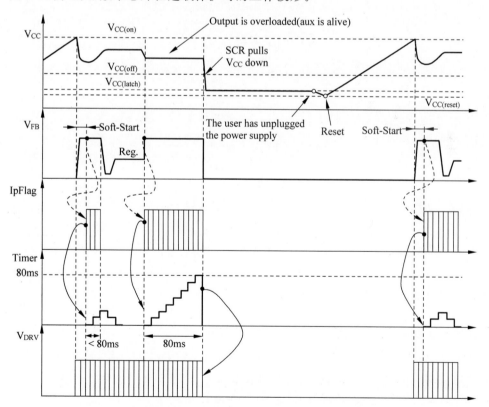

图 8-41　A/C 版本过载保护电路锁存

图 8-42 为 A/C 版本过载保护下 V_{cc} 锁存保护电路建模。

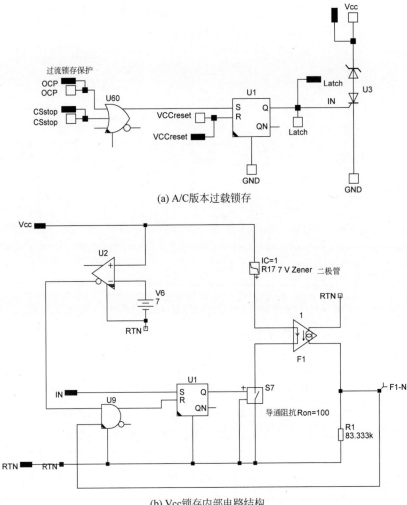

(a) A/C版本过载锁存

(b) Vcc锁存内部电路结构

图 8-42　A/C 版本过载 Vcc 锁存电路建模

当 Vcc 引脚电压低于 7V 时,流过 Ron 开关的电流低于 $30\mu A$,电阻 R1 上端的电压低于 $30\mu A \times 83.333k\Omega = 2.5V$,引起与逻辑门 U9 的输出发生反转,Vcc 放电路径被断开。

与 CS 引脚的逐周期检测并行,另一个具有降低的前沿消隐时间 LEB2(tBCS)和 1.2 V 阈值的比较器能够检测绕组短路并立即关闭控制器。根据芯片不同版本,此附加保护功能分为锁存或自动恢复,如图 8-43 中的组合逻辑 CSstop。

8.4.10　过功率(OPP)补偿电路模块

ZCD/OPP 引脚上会得到一个与输入电压成比例的值。因此,我们可以在导通期间降低峰值电流阈值来限定功率,实现过功率补偿。实际上,施加在该引脚上的负电压会直接影响内部设置最大峰值电流的基准电压值,如图 8-43 所示。

CS 引脚电压与 OPP 引脚电压值的关系如下

$$V_{CS\_max} = V_{ILIMIT} + V_{OPP} = 0.8V + V_{OPP} \tag{8-3}$$

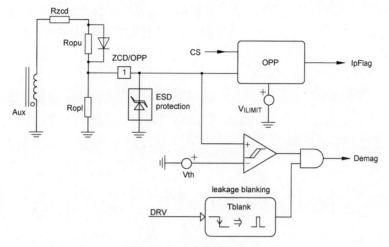

图 8-43 过功率补偿电路

图 8-44 是过功率补偿的一个示意图。

当功率 MOSFET 导通时,辅助绕组电压变为与输入电压成正比的负电压。由于辅助绕组已经连接到 ZCD 引脚以进行谷值检测,因此通过为 R_{opu} 和 R_{opl} 选择正确的值,可以轻松地执行过功率补偿。

建立如图 8-45 所示的过功率补偿电路模型,可以知道 ZCD 引脚电压越负,比较器 U1 输入端的电压值越高,则峰值电流越大,所以需要控制其最小的负值电压,不能让它负的太厉害,这样会引起过功率。OCPSET 信号就是用来实现过功率保护的。

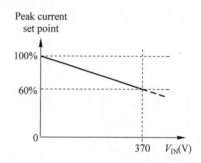

图 8-44 过功率补偿电路对峰值电流调节示意图

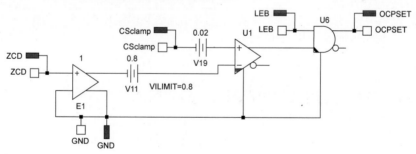

图 8-45 过功率补偿电路模型

为了确保最佳的过零点检测,在关断期间需要一个二极管绕过 R_{opu}。

在开关管导通期间如果在 ZCD/OPP 引脚上应用电阻分压器定律分析,则可获得以下关系

$$\frac{R_{ZCD} + R_{opu}}{R_{opl}} = -\frac{N_{p,aux} \times V_{in} - V_{OPP}}{V_{OPP}} \tag{8-4}$$

其中,

- $N_{p,aux}$ 是辅助线圈与主线圈匝数比:$N_{p,aux} = N_{aux}/N_p$。
- V_{in} 是直流输入电压。
- V_{OPP} 是 OPP 引脚上的负电压值(绝对数值)。

通过选择 R_{opl} 的值,可以使用式(8-4)轻松推导出 R_{opu}。在选择 R_{opl} 的值时,必须注意不要为该电阻选择太低的值,以便有足够的电压在关断期间进行过零点检测。建议在 ZCD 引脚上至少有 8V 的电压,最大电压为 10V。

在开关管关断时间内,ZCD 引脚上的电压可以表示为

$$V_{ZCD} = \frac{R_{opl}}{R_{ZCD} + R_{opl}} \times (V_{aux} - V_d) \tag{8-5}$$

因此,可以推断出 R_{opl} 和 R_{ZCD} 之间的关系

$$\frac{R_{ZCD}}{R_{opl}} = \frac{V_{aux} - V_d - V_{ZCD}}{V_{ZCD}} \tag{8-6}$$

下面通过一个设计实例来介绍具体的计算步骤。

- $V_{aux} = 18V$。
- $V_d = 0.6V$。
- $N_{p,aux} = 0.18$。

如果在 ZCD 引脚上需要至少 8V 电压,即 $V_{ZCD} = 8V$,则可以计算得到 R_{opl} 和 R_{ZCD} 之间的关系如下:

$$\frac{R_{ZCD}}{R_{opl}} = \frac{V_{aux} - V_d - V_{ZCD}}{V_{ZCD}} = \frac{18 - 0.6 - 8}{8} \approx 1.2$$

根据电阻值关系可以选择: $R_{ZCD} = 1k\Omega$ 和 $R_{opl} = 1k\Omega$。

对于过功率补偿,假设需要在高压(370 Vdc)输入应用条件下将电感电流峰值降低 37.5%,则需要设置相应的 OPP 引脚电压(此电压决定了电感电流峰值)为

$$V_{OPP} = -0.375 \times V_{ILIMIT} = -300mV$$

使用式(8-4),可以得到分压电阻关系如下

$$\frac{R_{ZCD} + R_{opu}}{R_{opt}} = -\frac{N_{p,aux} \times V_{in} - V_{OPP}}{V_{OPP}} = \frac{-0.18 \times 370 - (-0.3)}{(-0.3)} = 221$$

因此可以计算出 R_{opu} 电阻值如下

$$R_{opu} = 221 \times R_{opl} - R_{ZCD} = 221 \times 1k - 1k = 220k\Omega$$

8.4.11　过压/过热保护电路模块(A/B 版本)

通过读取 OVP/OTP 引脚上的电压可实现过压和过热检测,如图 8-46 所示为内部电路结构。

$I_{OTP(REF)}$ 电流源(典型值为 $91\mu A$)输出到外部,输出到连接在 Fault 引脚上的负温度系数传感器(NTC)上,从而在 Fault 引脚上自然产生了一个直流电压。

- 当 NTC 电阻值较高时(例如,在 25℃下,$R_{NTC} > 100k\Omega$ 时),Fault 引脚电压上升,内部钳位电路会将 OVP/OTP 引脚的电压限制为 1.2V。
- 当温度升高时,NTC 的电阻减小,从而使得 OVP/OTP 引脚上的电压下降,直到达到 0.8V 典型值时: OTPcomp 比较器跳闸并锁存控制器。

图 8-47 为 OVP/OTP 工作波形。

如果发生 V_{CC} 电压过压情况,则齐纳二极管 D_Z 开始导通并向 Fault 引脚内部钳位电阻 R_{clamp} 注入电流,从而使引脚 7 的电压升高。当该电压达到 OVP 阈值(典型值为 2.5V)时,控制器被锁存:所有 DRV 脉冲停止并且 V_{CC} 被下拉至 $V_{CC(latch)}$(典型值为 7.2V)。当在 V_{CC} 引脚中

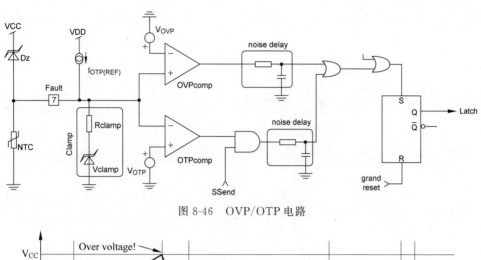

图 8-46 OVP/OTP 电路

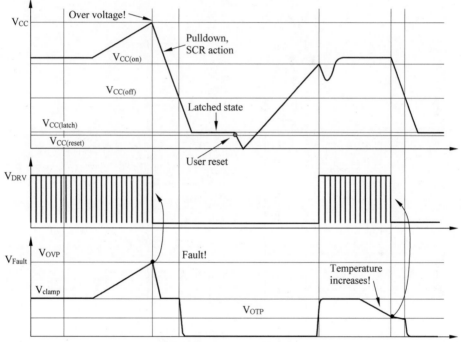

图 8-47 OVP/OTP 工作波形

循环的电流下降到 $I_{CC(latch)}$ 以下时,电路将解除锁存,用户必须拔出并重新插上电源以实现重启。

如图 8-48 和图 8-49 所示为过压和过温检测电路。

8.4.12 过压/欠压保护电路模块(C/D 版本)

NCP1380 的 C 和 D 版本在 BQ/OVP 引脚上结合了掉电欠压和过压检测功能,如图 8-50 所示为电路结构。

为了保护电源免受低输入电压情况的影响,BQ/OVP 引脚会通过分压器监视输入电压的状态。当该电压低于 VBO 阈值时,控制器停止开关动作。当该电压恢复到安全范围内,且 V_{CC} 达到 $V_{CC(on)}$ 时,电路才会重新启动开关脉冲:这确保了流畅的软启动顺序。当欠压比较器输出为高电平($V_{bulk} > V_{bulk(on)}$)时,通过高边电流源 IBO 输入 $10\mu A$ 电流来实现欠压功能比较迟滞,如图 8-51 和图 8-52 所示。C/D 版本芯片包含过压芯片锁存功能和输入欠压自启动恢复功能。

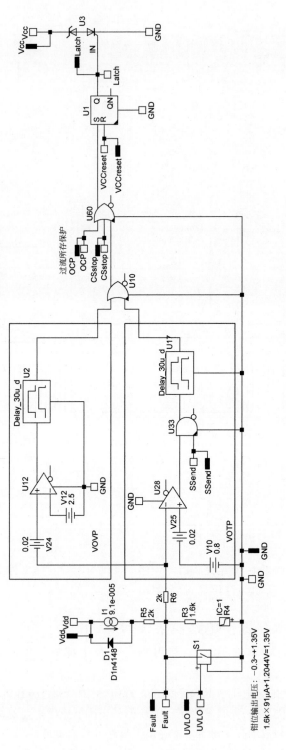

图 8-48 A 版本过压或过热保护电路建模

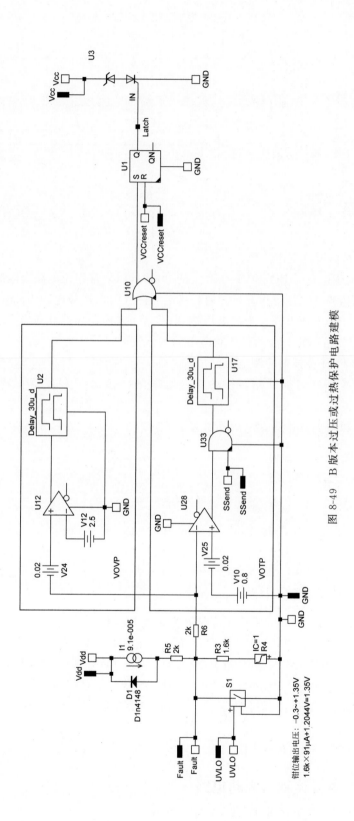

图 8-49 B版本过压或过热保护电路建模

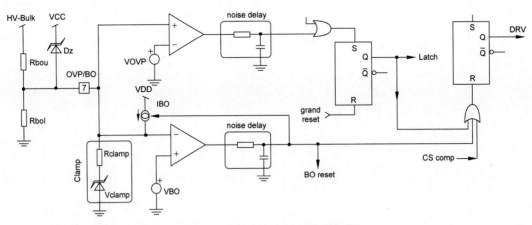

图 8-50　掉电欠压与过压检测电路

图 8-53 所示为掉电工作波形。

为了避免电压过高时 BQ/OVP 引脚上的电压过高,内部钳位电路会限制电压。

发生过压时,齐纳二极管将开始导通并将电流注入内部钳位电阻 Rclamp 内部,从而导致 BQ/OVP 引脚的电压升高。当此电压达到 V_{OVP} 时,控制器会闭锁并保持闭锁状态,直到用户关闭电源为止,图 8-54 为过压状态下的工作波形。

下面讨论如何计算掉电检测电阻。

首先,选择控制器必须开始转换的输入电压值($V_{bulk(on)}$)和要停止转换的输入电压($V_{bulk(off)}$)。

然后,使用以下公式计算 R_{bol} 和 R_{bou}。

$$R_{bol} = \frac{V_{BO} \times (V_{bulk(on)} - V_{bulk(off)})}{I_{BO} \times (V_{bulk(on)} - V_{BO})} \tag{8-7}$$

$$R_{bou} = \frac{R_{bol} \times (V_{bulk(on)} - V_{BO})}{V_{BO}} \tag{8-8}$$

其中,V_{BO} 为触发欠压保护时 Fault 引脚阈值(0.8V,典型值),I_{BO} 为比较器迟滞电流(10μA,典型值)。

8.4.13　VCC 锁存电路

NCP1380 芯片的 VCC 电路锁存情况依芯片版本而不同。

- A 版本,当出现 OTP、OVP 和 OCP 情况下会出现 VCC 锁存的情况。
- B 版本,当出现 OTP、OVP 情况下会出现 VCC 锁存的情况,OCP 情况下可自恢复。
- C 版本,当出现 OVP 和 OCP 情况下会出现 VCC 锁存的情况,欠压可自恢复。
- D 版本,当出现 OVP 情况下会出现 VCC 锁存的情况,OCP 情况下可自恢复,欠压可自恢复。

图 8-55 为 VCC 锁存电路建模。

8.4.14　逻辑控制与驱动电路

驱动 MOS 的逻辑电路可建模如图 8-56 所示。

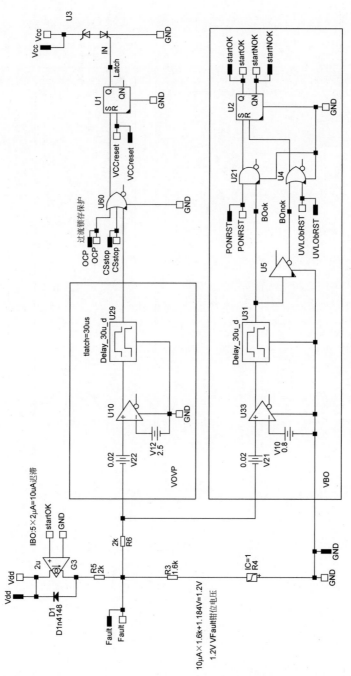

图 8-51 C 版本掉电与过压保护电路建模

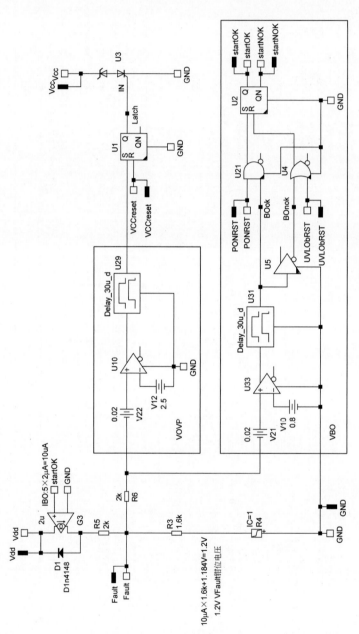

图 8-52 D 版本掉电与过压保护电路建模

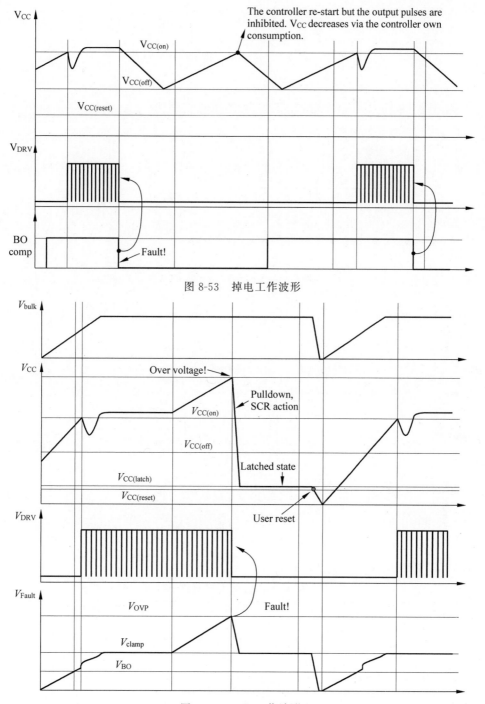

图 8-53 掉电工作波形

图 8-54 OVP 工作波形

- 在未进入 VCO 模式时,由过零点检测电路输出信号 QRset 开始新的转换周期,有电流控制环路输出和保护电路组合输出的 RST 信号关断 MOS,当然如果出现 UVLO 情况也会关断 MOS。
- 在 VCO 模式下,VCO 时钟 VCOclk 开启新的转换周期,同样也是由 RST 信号关断 MOS。

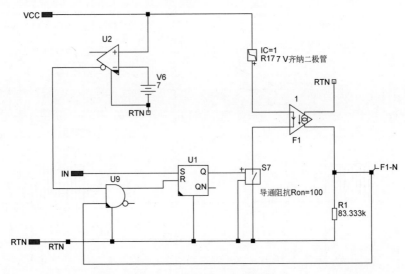

图 8-55　VCC 锁存电路建模

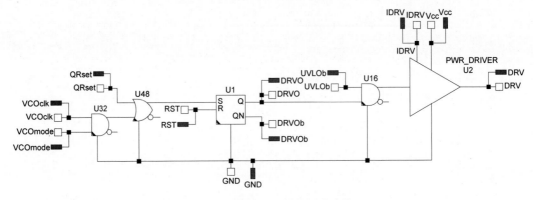

图 8-56　MOS 驱动逻辑电路建模

连接到上图 DRVO 信号上还产生两路前沿消隐信号,分别作为电流环路控制信号与过流保护信号,建模如图 8-57 所示。

表 8-12 为 NCP1380 有关的驱动电路参数。

表 8-12　NCP1380 驱动电路参数

参　数	参 数 描 述	条　件	最小值	典型值	最大值	单位
	DRV 引脚驱动阻抗					Ω
R_{SNK}	DRV 引脚输入电流	$V_{DRV}=10V$	—	12.5	—	
R_{SRC}	DRV 引脚输出电流	$V_{DRV}=2V$	—	20	—	
	DRV 引脚电流能力					mA
I_{SNK}	DRV 引脚流入电流	$V_{DRV}=10V$	—	800	—	
I_{SRC}	DRV 引脚流出电流	$V_{DRV}=2V$	—	500	—	
t_r	上升时间(10%~90%)	$C_{DRV}=1nF,V_{DRV}$ 为 0~12V	—	40	75	ns
t_f	下降时间(90%~10%)	$C_{DRV}=1nF,V_{DRV}$ 为 0~12V	—	25	60	ns
$V_{DRV(low)}$	DRV 输出低电平	$V_{CC}=V_{CC(off)}+0.2V$ $C_{DRV}=1nF,R_{DRV}=33k\Omega$	8.4	9.1	—	V
$V_{DRV(high)}$	DRV 输出高电平	$V_{CC}=V_{CC(MAX)}$ $C_{DRV}=1nF$	10.5	13.0	15.5	V

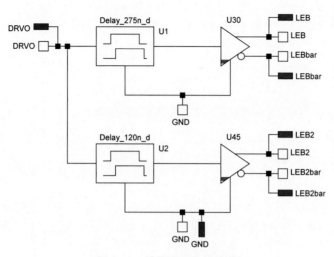

图 8-57　前沿消隐电路建模

从表 8-12 中可以获知如下信息：

- 驱动电路驱动外部开关管导通输出电流下的电阻为 20Ω，开关管关断输入电流下的电阻为 12.5 欧姆。
- 驱动输出灌电流和输入电流分别为 500mA 和 800mA，表征了驱动能力。
- 驱动输出电压上升与下降时间分别为 40ns 和 25ns。

图 8-58 为 NCP1380 驱动电路建模。

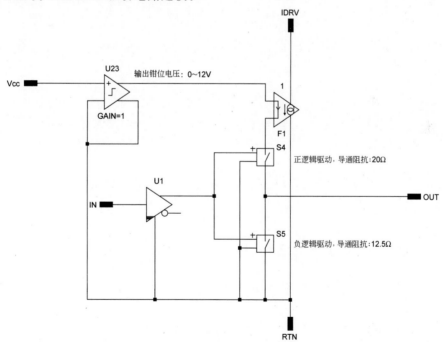

图 8-58　驱动电路建模

图 8-58 模拟了驱动电路导通和关闭时的电阻值，开关上升与关断时间以及输出钳位电压值。

以上详细介绍了 NCP1380 芯片的模块功能、工作原理与建模细节。图 8-59 为将各模块互连构建的 NCP1380 顶层电路模型与封装模型。

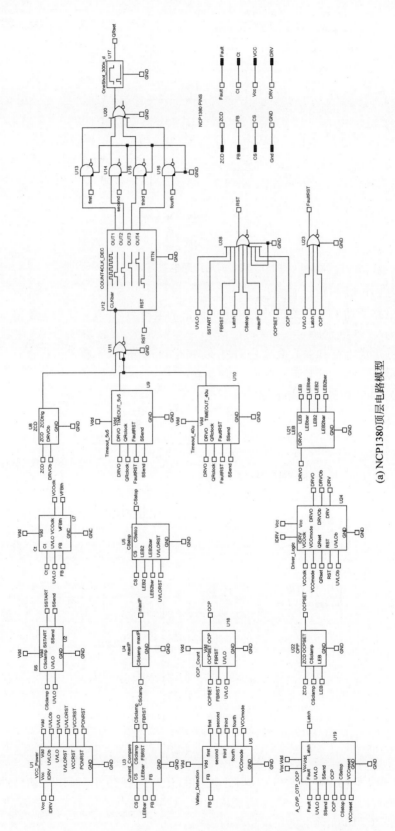

(a) NCP1380顶层电路模型

图 8-59　NCP1380 顶层封装

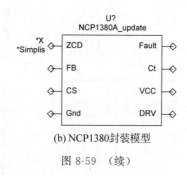

(b) NCP1380封装模型

图 8-59 （续）

8.5 准谐振反激电源系统设计与仿真

下面将基于 NCP1380 芯片设计一个准谐振控制模式电源,介绍如何配置芯片功能以及外围元器件设计等。

表 8-13 是一个常见计算机适配器电源的实例参数。

表 8-13 NCP1380 应用实例参数

参 数 名	参 数 含 义	参 数 值
V_{in_min}	最低输入电压值	85V(rms)
V_{in_max}	最高输入电压值	265V(rms)
V_{out}	输出电压值	19V
P_{out}	额定输出功率	60W
F_{SW}	V_{in_min}、P_{out} 下的开关频率	45kHz

8.5.1 计算准谐振反激电感值

电感值的设计涉及频率、功率、效率等方面,电感值是最重要的一个参数。可以按照如下的步骤计算电感值参数。

1. 计算变压器原副边匝数比

对于准谐振反激电源设计,有一个思路是先选定主开关管的耐压值再决定匝数比。所以要先选定开关管最大漏源间耐压最大值 BV_{dss},然后由此确定开关期间开关管的漏源间最大电压值 V_{ds_max} 要控制如下值

$$V_{ds\_max} = BV_{dss} \times k_D \qquad (8-9)$$

其中,k_D 是降额因子,一般选择 0.85。

接着考虑在最大输入电压条件下,选择最大的钳位电压 V_{clamp}(包括在开关管断开期间输出电压映射到原边的电压 $V_{reflect}$ 和寄生电感电容引起的谐振电压等),如图 8-60 所示。

其中,V_{os} 为二极管过充电压,一般选择为 20V。

钳位电压计算为

$$V_{clamp} = V_{ds\_max} - V_{in\_max} - V_{os} \qquad (8-10)$$

接下来利用下式计算匝数比

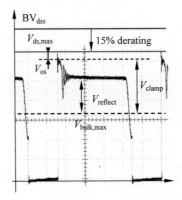

图 8-60　准谐振开关管漏源间开关波形

$$N_{ps} = \frac{N_p}{N_s} = \frac{k_c \times (V_{out} + V_f)}{V_{clamp}} = \frac{k_c \times (V_{out} + V_f)}{BV_{dss} \times k_D - V_{in\_max} - V_{os}} \tag{8-11}$$

其中，V_f 为复变续流二极管压降，k_c 为钳位因子，定义为 $k_c = V_{clamp}/V_{reflect}$。

那么，如何确定合适的 k_c 值呢？一般选择依据为选择 k_c 的值使得 MOS 管导通损耗与钳位电阻损耗相同情况下的比例值。

钳位电阻损耗计算公式为

$$P_{R_{clamp}} = k_{leak} \times \frac{P_{out}}{\eta} \times \frac{k_c}{k_c - 1} \tag{8-12}$$

其中，η 为转换效率，选择 0.85。

开关管的导通损耗和开关损耗分别计算如下：

$$P_{MOS_{on}} = R_{dson} \times \frac{4P_{out}^2}{3\eta^2 V_{in\_min}} \times \left(\frac{1}{V_{in\_min}} + \frac{k_c}{BV_{dss} k_D - V_{in\_max} - V_{os}} \right) \tag{8-13}$$

$$P_{sw\_on} = \frac{1}{2} \times \left(V_{in\_max} + \frac{BV_{dss} k_D - V_{in\_max} - V_{os}}{k_c} \right)^2 \times C_{oss} \times F_{sw\_max} \tag{8-14}$$

图 8-61 分别是选择 600V 开关管和 800V 开关管下的计算绘制图。

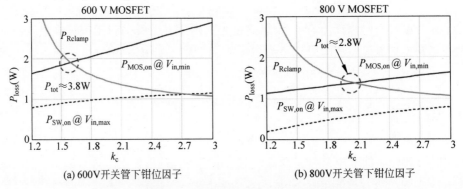

(a) 600V开关管下钳位因子　　　　　　　(b) 800V开关管下钳位因子

图 8-61　根据钳位电阻损耗与导通损耗决定钳位因子

对于本实例，选择 600V 的开关管，根据图 8-61(a)中所示可选择钳位因子为 1.5，则可计算原副边匝数比为

$$N_{ps} = \frac{k_c \times (V_{out} + V_f)}{BV_{dss} \times k_D - V_{in\_max} - V_{os}} = \frac{1.5 \times (19V + 0.8V)}{600V \times 0.85 - 265 \times \sqrt{2} - 20} \approx 0.25$$

2. 计算变压器原副边电流峰值

图 8-62 所示为 DCM 模式下的电感电流波形和开关波形。

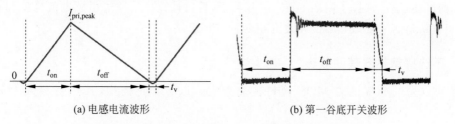

(a) 电感电流波形　　　　　　　　(b) 第一谷底开关波形

图 8-62　根据钳位电阻损耗与导通损耗决定钳位因子

转换器的输出功率计算公式如下：

$$P_{out} = \frac{1}{2} \times L_{pri} \times I_{pri\_peak}^2 \times F_{sw} \times \eta \tag{8-15}$$

开关周期计算公式如下：

$$T_{sw} = \frac{1}{F_{sw}} = \frac{I_{pri\_peak} \times L_{pri}}{V_{in\_min}} + \frac{I_{pri\_peak} \times L_{pri} \times N_{ps}}{V_{out} + V_f} + \pi \sqrt{L_{pri} \times C_{oss}} \tag{8-16}$$

结合式(8-15)和式(8-16)可计算出原边电流峰值如下：

$$I_{pri\_peak} = 2 \times \frac{P_{out}}{\eta} \times \left(\frac{1}{V_{in\_min}} + \frac{N_{ps}}{V_{out} + V_f} \right) + \pi \sqrt{\frac{2 P_{out} C_{oss} F_{sw}}{\eta}}$$

$$= \frac{2 \times 60W}{0.85} \times \left(\frac{1}{85V \times \sqrt{2}} + \frac{0.25}{19V + 0.8V} \right) + \pi \times \sqrt{\frac{2 \times 60W \times 250pF \times 45kHz}{0.85}}$$

$$= 3.32A \tag{8-17}$$

3. 计算电感值

根据输出功率计算公式和电感电流峰值结果即可计算出原边电感值如下：

$$L_{pri} = \frac{2P_{out}}{I_{pri\_peak}^2 \times F_{sw} \times \eta} = \frac{2 \times 60W}{3.32^2 A \times 45kHz \times 0.85} = 285\mu H \tag{8-18}$$

4. 计算变压器原副边电流均方根值

在最大输出功率和最低输入电压下计算转换器的最大占空比如下：

$$d_{max} = \frac{I_{pri\_max} \times L_{pri}}{V_{in\_min}} \times F_{sw\_min} = \frac{3.32A \times 285\mu H}{85V \times \sqrt{2}} \times 45kHz = 0.43 \tag{8-19}$$

即可根据占空比与原边电流峰值计算原副边电流均方根值如下：

$$I_{pri\_rms} = I_{pri\_peak} \times \sqrt{\frac{d_{max}}{3}} = 3.32A \times \sqrt{\frac{0.43}{3}} = 1.26A \tag{8-20}$$

$$I_{sec\_rms} = \frac{I_{pri\_peak}}{N_{ps}} \times \sqrt{\frac{1 - d_{max}}{3}} = \frac{3.32A}{0.25} \times \sqrt{\frac{1 - 0.43}{3}} = 5.8A \tag{8-21}$$

原副边的电流均方根值常用来计算损耗。

8.5.2　开关管与续流二极管的选择

准谐振反激转换器的开关管选择方法可以应用到大部分的 AC-DC 电源应用中,主要从耐压、导通电流、开关速度、导通损耗、散热等角度来考虑。

如前所述,已经选择了耐压 600V 的开关管,且已计算出了原边电感电流峰值和均方根值,这里将从是否需要散热器的角度介绍两种选择思路。

1. 不选择散热器辅助散热

① 可以先选定常见的 MOS 管封装类型,如 TO220 直插型,其热阻参数为 $R_{\theta JA}=62℃/W$。

② 假设正常工作条件低侧开关管周边环境温度为 $T_A=50℃$,且需要控制开关管的结温 $T_J<110℃$。

③ 计算出 TO220 封装需要耗散的功耗为 $P_{TO220}=\dfrac{T_J-T_A}{R_{\theta JA}}\approx1W$。

④ 可以计算出在结温下需要满足的导通电阻限制为 $R_{dson\_110℃}=\dfrac{P_{TO220}}{I_{pri\_rms}^2}=\dfrac{1}{1.26^2}=0.6\Omega$。

根据这些参数即可选择合适的开关管。

2. 选择加散热器

① 首先根据耐压和电流需求选择一款开关管,如 7A、600V 的开关管,其参数为 $R_{dson\_110℃}=1.2\Omega,R_{dson\_25℃}=0.6\Omega$。

② 计算开关管导通损耗:$P_{cond}=R_{dson\_110℃}\times I_{pri\_rms}^2=1.2\Omega\times1.26^2A=1.9W$。

③ 计算所需散热器热阻参数:$R_{\theta S\Lambda}=\dfrac{T_J-T_A}{P_{cond}}-R_{\theta JC}-R_{\theta CS}=\dfrac{110℃-50℃}{1.9W}-2.5℃/W-1.6℃/W=27℃/W$。

副边续流二极管的选择方法也是一样的,需要根据所选的封装类型和计算得到的功耗来判断是否需要增加散热器。

① 例如,选择 TO-220 封装的二极管,型号为 MBR20200,其导通压降为 $V_f=0.6V$,导通电阻为 $R_d=20m\Omega$,其最大耗散功率为 1W。

② 根据前面计算得到的副边电流均方根值可计算二极管功耗:$P_{diode}=V_f\times I_{out}+R_d\times I_{sec\_rms}^2=0.6V\times3.2A+0.02\Omega\times5.8^2A=2.60W$,超过了二极管封装本身的最大耗散功率,故需要外加散热器。

③ 计算散热器的热阻参数计算:$R_{\theta SA}=\dfrac{T_J-T_A}{P_{cond}}-R_{\theta JC}-R_{\theta CS}=\dfrac{110℃-50℃}{2.6W}-2.0℃/W-1.6℃/W\approx19℃/W$。

8.5.3　电容选择

电容的选择主要考虑纹波、瞬态要求以及稳定性,一般通过纹波要求来计算电容参数。

例如,本实例中纹波要求为 $V_{ripple} = 2\% \times V_{out} = 0.38V$,而电容纹波由串联阻抗和充放电构成。由纹波要求可以求得电容等效串联阻抗要求

$$R_{Cout} \leqslant \frac{V_{ripple}}{I_{sec\_peak}} = \frac{0.38V}{13.2A} \approx 30m\Omega \tag{8-22}$$

输出电容的均方根电流可计算如下:

$$I_{Cout\_RMS} = \sqrt{I_{sec\_rms}^2 - I_{out}^2} = \sqrt{5.8^2 - 3.2^2}A \approx 4.83A \tag{8-23}$$

最终选择两个 $680\mu F$ 的电容并联,每个电容的等效串联阻抗为 $40m\Omega$。

并可计算出电容中的损耗如下:

$$P_{Cout} = R_{Cout} \times I_{Cout\_RMS}^2 = 20m\Omega \times 4.83^2A = 0.467W \tag{8-24}$$

8.5.4 补偿环路设计

忽略反激转换器的右半平面零点,并在临界导通模式下设计补偿环路。

(1)分析功率级电路结构如图 8-63 所示。

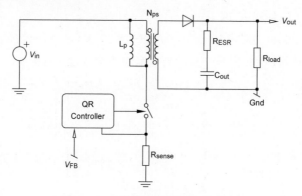

图 8-63 准谐振反激电路功率级结构

开环传递函数如下

$$H(s) = \frac{V_{out}(s)}{V_{FB}(s)} = \frac{\eta V_{in} R_{load}}{2\alpha R_{sense}(2V_{out} + N_{ps}V_{in})} \times \frac{R_{ESR}C_{out}s + 1}{(R_{eq} + R_{ESR})C_{out}s + 1} \tag{8-25}$$

其中,α 为控制芯片内部从 CS 到 FB 的比例系数(通常为 3 或 4,NCP1380 芯片中该参数为 4),R_{eq} 为等效电阻,定义如下:

$$R_{eq} = R_{load} \times \frac{V_{out} + N_{ps}V_{in}}{2V_{out} + N_{ps}V_{in}} \tag{8-26}$$

功率级传递函数波特图如图 8-64 所示。

(2)如前所述,首先要分析环路需求,可根据瞬态特性下的要求估算环路带宽

$$f_c \approx \frac{\Delta I_{out}}{2\pi \Delta V_{out} C_{out}} \tag{8-27}$$

本实例 $\Delta I_{out} = 2.8A$,$\Delta V_{out} = 230mV$ 下的带宽需求如下:

$$f_c \approx \frac{\Delta I_{out}}{2\pi \Delta V_{out} C_{out}} = \frac{2.8A}{2\pi \times 230mV \times 1.38mF} = 1425Hz$$

(3)计算功率级传递函数在穿越频率处的增益和相位。

增益:$20\log(|H(f_c)|) = -21.2dB$

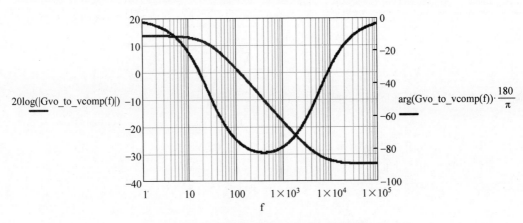

图 8-64　准谐振反激电路功率级波特图

相位：$\mathrm{PS}=\arg(H(f_c))\times\dfrac{180°}{\pi}=-75.3°$

（4）利用 K 因子法计算 K 因子。

相位提升量为：$\mathrm{Boost}=\mathrm{PM}-\mathrm{PS}-90°=70°-(-75.3°)-90°=55.3°$，由于相位提升量低于 90°，故选择Ⅱ型补偿器即可，基于 TL431 与光耦的补偿器电路结构如图 8-65 所示。

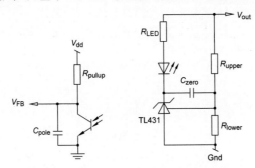

图 8-65　基于 TL431 与光耦的Ⅱ型补偿器

补偿器的传递函数如下

$$G(s)=\frac{V_{\mathrm{FB}}(s)}{V_{\mathrm{out}}(s)}=-\mathrm{CTR}\times\frac{R_{\mathrm{pullup}}}{R_{\mathrm{LED}}}\frac{sR_{\mathrm{upper}}C_{\mathrm{zero}}+1}{sR_{\mathrm{upper}}C_{\mathrm{zero}}}\frac{1}{1+sR_{\mathrm{pullup}}C_{\mathrm{pole}}} \tag{8-28}$$

其中，CTR 为光耦传输比。

根据 K 因子法可计算 K 因子如下：

$$k=\tan\left(\frac{\mathrm{Boost}}{2}+45°\right)=3.2$$

接下来采用 K 因子法将补偿零点放置在 $\dfrac{f_c}{k}$ 处：$\dfrac{f_c}{k}=\dfrac{1}{2\pi R_{\mathrm{upper}}\times C_{\mathrm{zero}}}=445\,\mathrm{Hz}$，将补偿极点放置在 $k\times f_c$ 处：

$$kf_c=\frac{1}{2\pi R_{\mathrm{pullup}}\times C_{\mathrm{pole}}}=4.56\,\mathrm{kHz}$$

（5）计算环路补偿器参数。

根据前述内容可计算出补偿器的元器件参数

$$R_{\text{LED}} = \text{CTR} \times \frac{R_{\text{pullup}}}{10^{\frac{-H(f_c)}{20}}} = 1 \times \frac{18\text{k}\Omega}{10^{\frac{22}{20}}} \approx 1.5\text{k}\Omega \tag{8-29}$$

$$C_{\text{zero}} = \frac{1}{2\pi R_{\text{upper}} \times \dfrac{f_c}{k}} = \frac{1}{2\pi \times 66\text{k}\Omega \times \dfrac{1425\text{Hz}}{12.5}} = 5.4\text{nF} \tag{8-30}$$

$$C_{\text{pole}} = \frac{1}{2\pi R_{\text{pullup}} k f_c} = \frac{1}{2\pi \times 66\text{k}\Omega \times 12.5 \times 1425\text{Hz}} = 1.768\text{nF} \tag{8-31}$$

最终 C_{zero} 取 6.8nF，C_{pole} 取值要去掉光耦本身的极点电容，最后取值 220nF。将这些参数值代入补偿器传递函数可得补偿器波特图如图 8-66 所示。

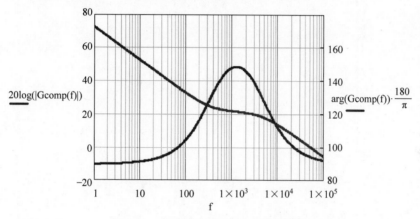

图 8-66　准谐振反激电路补偿器波特图

（6）开环传递函数。

将功率级传递函数与补偿器传递函数结合到一起就可得到开环传递函数波特图如图 8-67 所示。

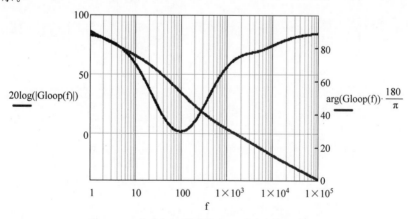

图 8-67　准谐振反激电路开环传递函数波特图

从图 8-67 可知，穿越频率为 $f_c = 1.466\text{kHz}$，相位裕度为 PM=73.2°。

（7）环路仿真。

利用 SIMPLIS 搭建交流仿真电路模型电路如图 8-68 所示。

分别对其功率级电路、补偿器和开环电路进行交流电路仿真，可得传递函数波特图分别如图 8-69～图 8-71 所示。

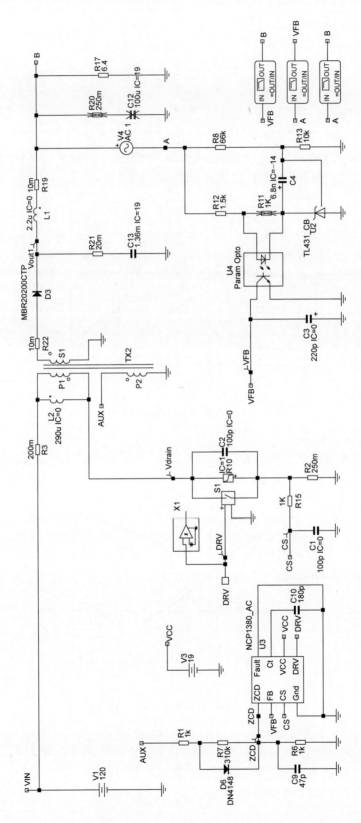

图 8-68 NCP1380 交流仿真电路模型

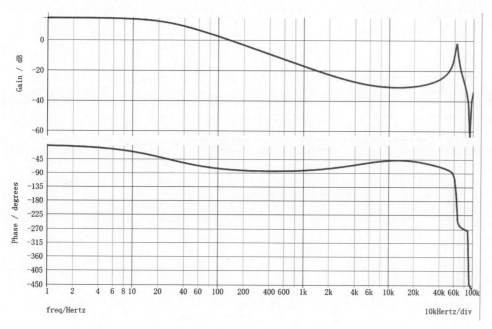

图 8-69 NCP1380 功率级波特图

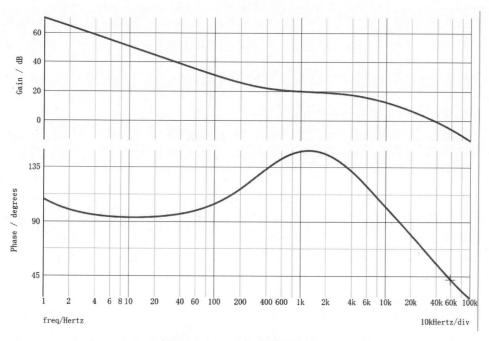

图 8-70 NCP1380 补偿器波特图

设计、计算和仿真的结果对比如表 8-14 所示。

表 8-14 环路数据对比

	设 计 目 标	MathCAD 计算	SIMPLIS 仿真
穿越频率	≥1.425kHz	1.466kHz	1.425kHz
相位裕度	≥70°	73.2°	70.5°

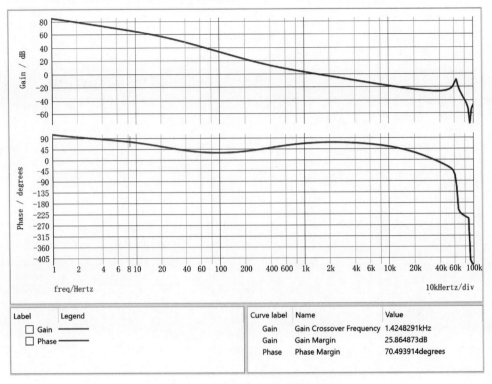

图 8-71　NCP1380 开环电路波特图

由此证明了分析计算与设计方法的可行性与正确性。

8.5.5　NCP1380 芯片功能验证

本节将从功率转换和保护模式等方面来评估仿真模型的行为表现。

1. 启动波形

如图 8-72 所示为根据实例计算配置的仿真电路,使用 NCP1380 A 版本芯片构建。

配置为瞬态仿真模式,仿真时间为 20ms,仿真结果如图 8-73 所示。

将稳态波形仿真放大后如图 8-74 所示。

从仿真波形可知,该仿真电路可稳定实现从直流输入 120V 到 19V 稳定输出,输出电流可达 3A。

2. QR 工作模式与谷底检测

在上述电路基础上配置负载扫描,从轻负载慢慢增加到满负载再慢慢减小到轻负载,图 8-75 为仿真结果。

从仿真波形可以看出以下几个阶段:

(1) 轻负载下,工作于 VCO 变频工作模式。

如图 8-76 所示,工作于轻负载模式下,VFB 电压较低,开关频率较低,本实例中当负载电流约为 500mA 时的开关频率约为 21kHz,此时由连接至 CT 引脚的电容电压与 FB 引脚的电压决定系统的开关频率。

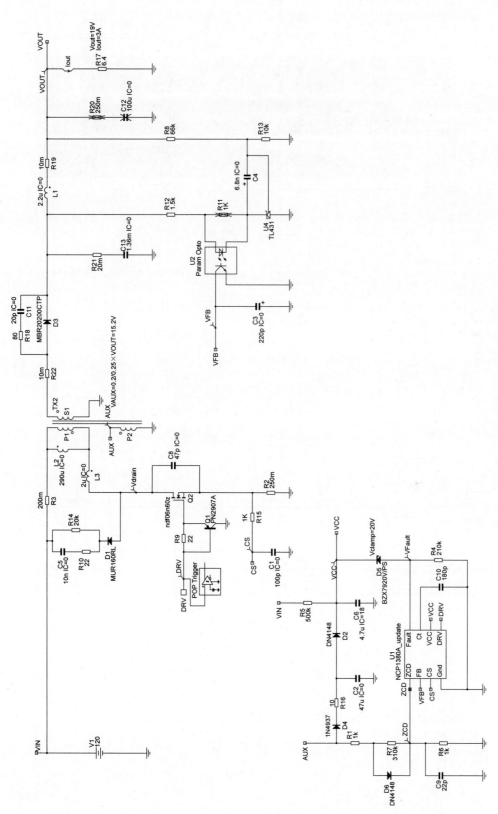

图 8-72　NCP1380 A 版本芯片顶层仿真电路图

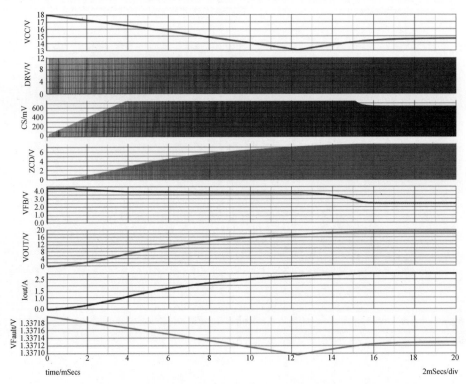

图 8-73　NCP1380 A 版本芯片瞬态仿真电路启动波形（从上至下依次为 VCC、
DRV、CS、ZCD、VFB、VOUT、Iout、VFault）

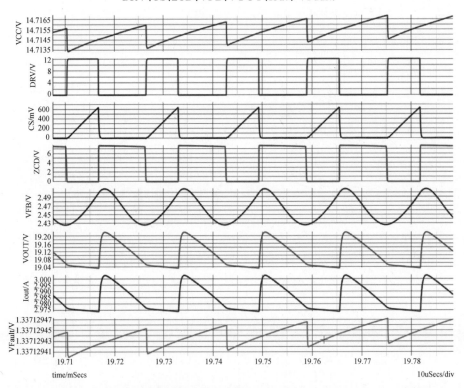

图 8-74　NCP1380 A 版本芯片瞬态仿真电路稳态波形（从上至下依次为 VCC、DRV、CS、
ZCD、VFB、VOUT、Iout、VFault）

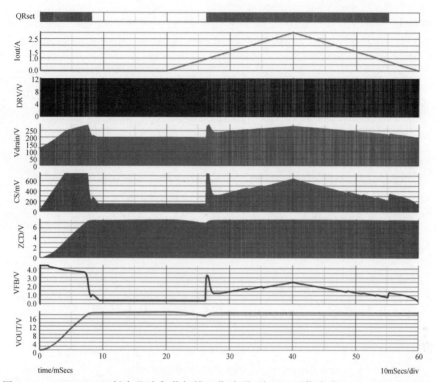

图 8-75　NCP1380 A 版本芯片负载扫描工作波形（从上至下依次为 QRset、Iout、DRV、Vdrain、CS、ZCD、VFB、VOUT）

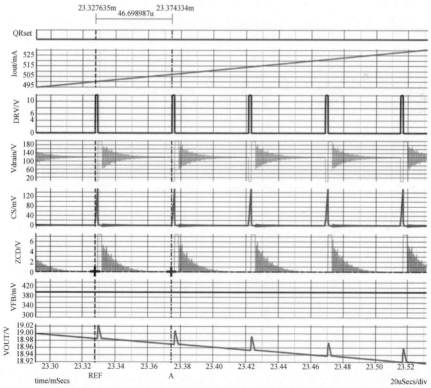

图 8-76　NCP1380 A 版本芯片在轻负载情况下，工作于 VCO 模式（从上至下依次为QRset、Iout、DRV、Vdrain、CS、ZCD、VFB、VOUT）

（2）当负载逐渐增高，且 VFB 超过 1.4V 时，跳出 VCO 模式，进入 QR 模式如图 8-77 所示，从轻负载 VCO 模式跳入 QR 模式后，由于瞬态响应，导致快速切换到第一个谷底开关。

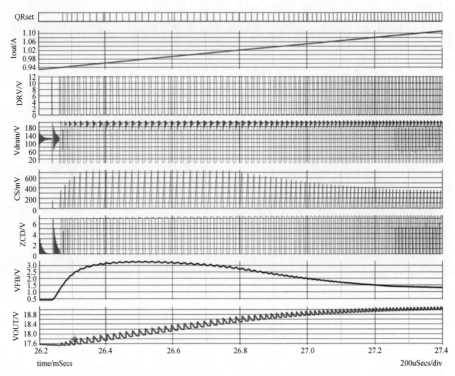

图 8-77　NCP1380 A 版本芯片负载增加从 VCO 模式进入 QR 模式（从上至下依次为 QRset、Iout、DRV、Vdrain、CS、ZCD、VFB、VOUT）

（3）在负载从满负载逐渐降低的过程中，谷底检测电路不断切换开关谷底，当 VFB 电压低于约 0.8V 时，进入 VCO 模式，如图 8-78～图 8-81 所示。

3. 短路保护

如图 8-82 所示为 A/C 版本芯片短路或过载保护工作波形，当出现 OCP 事件且持续 80ms 以后触发 OCP 保护，VCC 引脚内部电路锁定，电压钳位约为 7.2V，无法自动重启，需要在外部将 VCC 引脚电压下拉后才可重新启动。

如图 8-83 所示为 B/D 版本芯片短路或过载保护工作波形，当出现 OCP 事件且持续 80ms 以后触发 OCP 保护，VCC 引脚内部电路耗电，使得 VCC 引脚电压降低。当 VCC 引脚电压触发 UVLO 阈值后，切断耗电路径，VCC 引脚电压因 VIN 输入充电而电压上升，当 VCC 引脚电压超过 UVLO 阈值后开始重新启动。

4. 过功率保护

图 8-84 为电路配置为输入电压突变时的过功率保护工作波形，观察可知 ZCD/OPP 引脚在开关管导通期间与输入电压成正比的负电压值，当输入电压升高时，ZCD 引脚负压更低，电流峰值也随输入电压上升而降低，限制逐周期内的电流。

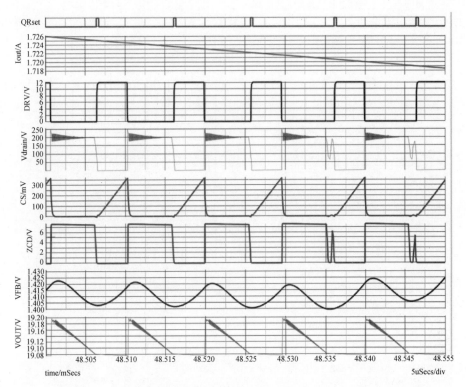

图 8-78　NCP1380 A 版本芯片从第一波谷切换到第二波谷(从上至下依次为 QRset、Iout、
　　　　DRV、Vdrain、CS、ZCD、VFB、VOUT)

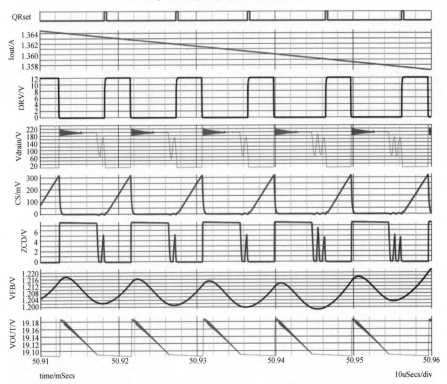

图 8-79　NCP1380 A 版本芯片从第二波谷切换到第三波谷(从上至下依次为 QRset、Iout、
　　　　DRV、Vdrain、CS、ZCD、VFB、VOUT)

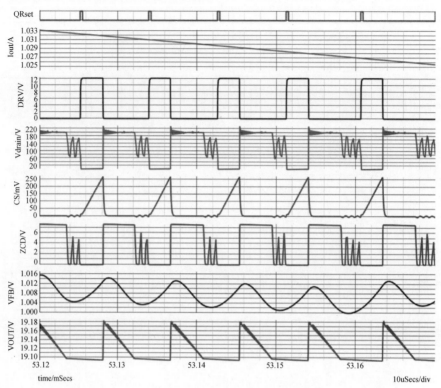

图 8-80　NCP1380 A 版本芯片从第三波谷切换到第四波谷（从上至下依次为 QRset、Iout、DRV、Vdrain、CS、ZCD、VFB、VOUT）

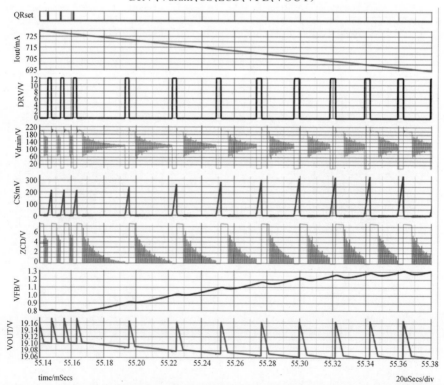

图 8-81　NCP1380 A 版本芯片负载降低第四波谷切换到 VCO 模式（从上至下依次为 QRset、Iout、DRV、Vdrain、CS、ZCD、VFB、VOUT）

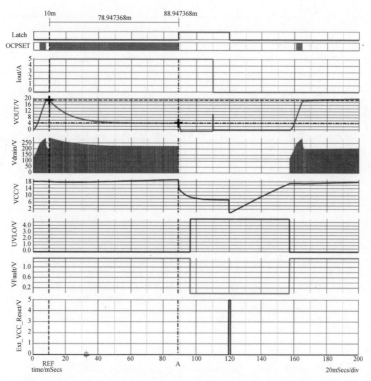

图 8-82　NCP1380 A/C 版本芯片输出短路或过载保护工作波形（从上至下依次为 Latch、
　　　　OCPSET、Iout、VOUT、Vdrain、VCC、UVLO、VFault、Ext_VCC_Reset）

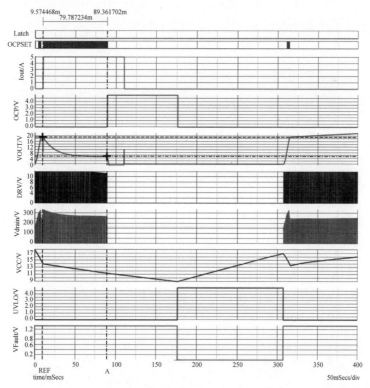

图 8-83　NCP1380 B/D 版本芯片输出短路或过载保护工作波形（从上至下依次为 Latch、
　　　　OCPSET、Iout、OCP、VOUT、DRV、Vdrain、VCC、UVLO、VFault）

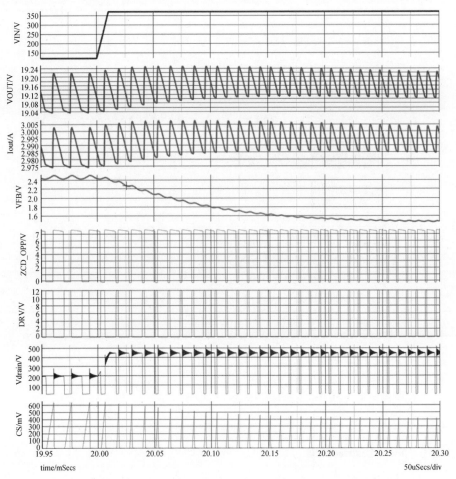

图 8-84　NCP1380 过功率保护工作波形(从上至下依次为 VIN、VOUT、Iout、
VFB、ZCD_OPP、DRV、Vdrain、CS)

5. 过压与过热保护

为了简单模拟 VCC 过压表现,直接在 VCC 引脚施加一个高压信号。当 VCC 引脚上出现高压值后 Fault 引脚电压随之升高,当 Fault 引脚超过 OVP 阈值后触发 OVP 锁存保护。NCP1380 过压保护工作波形如图 8-85 所示。

为了简单模拟过温表现,直接在 Fault 引脚施加一个低压信号,当 Fault 引脚低于 OTP 阈值后触发过温锁存保护。NCP1380 过热保护工作波形如图 8-86 所示。

6. 掉电欠压保护

NCP1380 通过分压电阻检测输入电压来判断输入欠压或掉电,此处选择 $V_{bulk(on)}$ = 110V,$V_{bulk(off)}$,通过下式可计算出分压电阻值

$$R_{bol} = \frac{V_{BO} \times (V_{bulk(on)} - V_{bulk(off)})}{I_{BO} \times (V_{bulk(on)} - V_{BO})} = \frac{0.8V \times (110V - 80V)}{10\mu A \times (110V - 0.8V)} = 22k\Omega \quad (8-32)$$

$$R_{bou} = \frac{R_{bol} \times (V_{bulk(on)} - V_{BO})}{V_{BO}} = \frac{22k\Omega \times (110V - 0.8V)}{0.8V} = 3000k\Omega \quad (8-33)$$

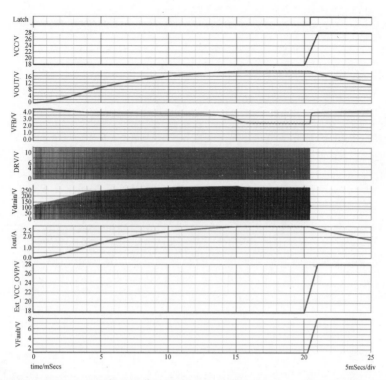

图 8-85　NCP1380 过压保护工作波形（从上至下依次为 Latch、VCC、VOUT、VFB、
DRV、Vdrain、Iout、Ext_VCC_OVP、VFault）

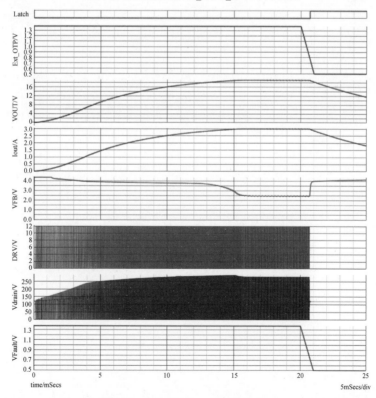

图 8-86　NCP1380 过热保护工作波形（从上至下依次为 Latch、Ext_OTP、VOUT、
Iout、VFB、DRV、Vdrain、VFault）

在仿真电路中设置输入电压模拟掉电状况,在前 20ms 内输入电源保持在 300V,25ms 时输入电压降低到 70V,Fault 引脚电压降低,触发掉电保护,VCC 电源通过内部功耗降低,40ms 后设置输入电压上升,待 VCC 电压上升到欠压阈值后芯片开始重启。仿真波形如图 8-87 所示。

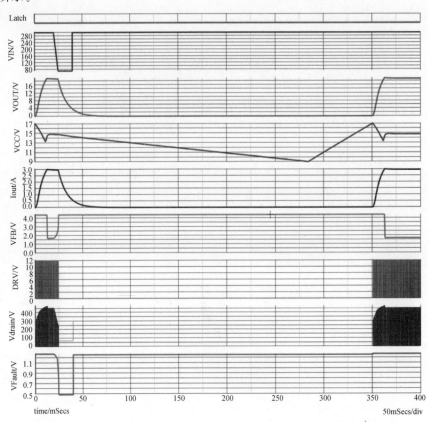

图 8-87　NCP1380 掉电保护工作波形(从上至下依次为 Latch、VIN、VOUT、
Iout、VFB、DRV、Vdrain、VFault)

8.6　本章小结

本章介绍了业界应用比较广泛的准谐振反激转换器工作原理,适合于中小功率应用。以一款比较经典的准谐振控制器——NCP1380 为例,介绍其原理与参数设计并对其内各个模块进行原理分析与建模,最后从应用角度分析如何设计外围元器件参数,并以模型验证了原理与工作表现。